纺织服装高等教育"十四五"部委级规划教材

纺织科学与工程一流学科建设教材

U0962876

2版

纺织品
数码印花技术

Digital Printing Technology of Textiles

王华 胡吉永 主编

吉强 宋水友 王丽 张伟佳 副主编

東華大學出版社

·上海·

内容提要

纺织品数字喷墨印花工业逐渐成为计算机科学与传统印花行业结合的新兴产业。本书围绕数码印花这一核心简述了印花技术的发展演变历程，并对相关概念进行了解析。本书侧重介绍了数码印花设备、印花染料墨水、分色软件的应用、数码印花图案设计、涂料及染料墨水直喷数码印花工艺流程和操作规范，同时书中还列举了纺织品数码印花技术的实际应用案例，对实际案例进行了分析解读，操作性和实践性强。每章附有思考题，引导学生进行学习思考和课后复习以及知识点巩固。本书适合纺织、服装、数码喷印相关专业师生作为教学参考书，也可供数码印花行业从业人员参考。

图书在版编目（CIP）数据

纺织品数码印花技术 / 王华, 胡吉永主编 ; 吉强等副主编. —2版. —上海 : 东华大学出版社, 2025. 9. —ISBN 978-7-5669-2605-0

Ⅰ. TS194.6-39

中国国家版本馆CIP数据核字第2025KV0315号

责任编辑：竺海娟

封面设计：魏依东

纺织品数码印花技术

王　华　胡吉永　主编

吉　强　宋水友　王　丽　张伟佳　副主编

出　　版：东华大学出版社（上海市延安西路1882号 邮政编码：200051）

本社网址：dhupress.dhu.edu.cn

天猫旗舰店：http://dhdx.tmall.com

营销中心：021-62193056　62373056　62379558

印　　刷：上海盛通时代印刷有限公司

开　　本：787 mm × 1092 mm　1/16

印　　张：20.5

字　　数：460千字

版　　次：2025年9月第1版

印　　次：2025年9月第1次印刷

书　　号：ISBN 978-7-5669-2605-0

定　　价：128.00元

“十四五”部委级规划教材《纺织品数码印花技术》

主　编：王　华　胡吉永

副主编：吉　强　宋水友　王　丽　张伟佳

编委委员：

王　华　胡吉永　吉　强　宋水友　王　丽

张伟佳　王首斌　曹学士　邓卫明　张为海

赵树海　赵　强　孙　理　刘惠滨

序

时代经纬，民生锦绣。作为历史经典产业和重要支柱产业，中国纺织工业与时俱进、持续创新，制造能力一骑绝尘。面对风云变幻的外部环境，行业彰显韧性活力，稳经济、促发展、创就业、防风险，构筑大国经济的底盘与底气。新时期，围绕“科技、时尚、绿色、健康”高质量发展新维度，行业正在加快建设现代化产业体系。

印染是纺织产业链上技术密集、价值密集的枢纽环节。在做强国内大循环的战略逻辑下，印染对于行业的重要性更加凸显。印染是提升循环质量的核心引擎，通过技术与设计创新，推动纺织品从“中国制造”向“中国创造”升级；是构筑循环韧性的安全屏障，能对冲外部风险，保障产业链完整、自主、稳定；是激活循环供需的动力源点，通过丰富色彩、提升功能，实现供需在更高层次的平衡。价值越大，责任越大。印染行业面临着更多的社会关注、更强的环境约束和更高的发展期望，是行业高端化、绿色化发展的关键，也是瓶颈所在。

作为重要的技术趋势，数码印花正在为行业带来革命性变化。数码印花摆脱了传统印染对水的高度依赖，以精准的“墨滴”控制，实现了少水/无水印染的绿色生产过程。同时，技术突破了传统制版的限制，能够实现“小批量、多品种、个性化”的柔性制造和快速响应，有力支撑起新的商业模式。数码印花凝结科技之高、演绎时尚之美、落地绿色之实、担当健康之责，数码印花成为构建现代化纺织产业体系的重要引擎。

“创新驱动实质上是人才驱动”。创新技术的推广应用，离不开知识的系统传播、人才的有力支撑。面对数码印花技术的快速发展与广泛应用，行业迫切需要指导产业实践、支撑学科教育的优秀教材。王华教授及其团队编著的《纺织品数码印花技术》，正是回应时代所需、契合产业发展的匠心之作。全书从追溯印花技术千年演进的历史纵深，到剖析喷头、墨水、软件的技术内核，从阐述设计创意的美学法则，到解析工艺优化的科学逻辑，从探讨质量标准的严格把控，到展望AI赋能的无限可能，全书构建起“历史—理论—实践—未来”的立体架构。这为学习者搭建了一个完整的数码印花技术知识体系，铺就了从入门到精通的进阶之路。难能可贵的是教材还融入了大量鲜活的企业案例和实际项目，充分体现了产教融合、知行合一的理念。全书展现出宽广的学术视野、前瞻的产业视角、鲜明的实践导向。

通览全书，深深感佩作者们的专业与用心。作为深耕纺织印染领域的专家学者，王华教授及其团队成员，以知识支援新疆发展，用脚步丈量纺织版图，用心血浇灌育人事业，这种“把论文写在祖国大地上”的情怀与担当，赋予了这本教材独特的生命力与感染力。相信本教材一定能够为广大学生和行业工作者系统了解数码印花发展打开一扇窗户。

知者行之始，行者知之成。希望广大读者能够将开卷所得转化为创新实践，将所学所思应用于纺织现代化产业体系建设。以经纬之才，展锦绣之志。

中国纺织工业联合会会长 孙瑞哲

前　言

自国家“十三五”规划实施以来，全球纺织行业经历了深刻的变革，而数码印花技术作为这一变革的驱动力之一，以惊人的速度推动着产业向数字化、智能化、绿色化方向跃迁。值此“十四五”规划收官之际，《纺织品数码印花技术》教材再版，既是对过去十年技术迭代的总结，也是对未来发展的前瞻。本版教材立足时代需求，融合最新科研成果、产业实践与教育融合的理念，力求为行业从业者、科研人员及高校师生提供一部兼具理论深度与实践价值的参考书。

一、技术革新：从“跟随”到“引领”

1. 技术迭代与核心突破

“十三五”期间，我国数码印花技术以设备和墨水国产化为重点，逐步打破国外垄断。至“十四五”，技术发展已迈入深水区：打印速度从每小时数十米提升至数百米，高速直喷设备（如 Single Pass 技术）的普及显著降低了生产成本；喷头技术持续升级，压电式喷墨的精度与稳定性达到国际领先水平。与此同时，AI 技术与人数据的深度融合，使得图案分色、色彩管理、生产排程等环节实现智能化决策。例如，基于深度学习的缺陷检测系统可将产品良率提升至 99% 以上，而数字孪生技术则为工艺优化提供了虚拟仿真平台。

2. 材料与耗材的革命

纺织新材料的涌现为数码印花开辟了新赛道。功能性纤维（如石墨烯改性纤维、相变调温纤维等）的普及，对墨水的适配性提出了更高要求。活性墨水、分散墨水、涂料墨水的研发不仅环保性显著提升（如水性颜料墨水的 VOC 排放降低 80%），更在色牢度、显色饱和度等关键指标上实现突破，此外，“墨水耗材”概念兴起，通过纳米技术赋予墨水抗菌、阻燃等附加功能，进一步拓展了应用场景。

二、产业生态：从“单点突破”到“全链协同”

数码印花已从单一的加工技术演变为覆盖设计、生产、服务的全产业链体系。在“十四五”政策引导下，产业与数字经济的深度融合催生了新业态：

第一，柔性供应链。小批量、多批次、快反应的生产模式成为主流，ZARA、SHEIN 等快时尚品牌依托数码印花技术将订单周期缩短至 7 天以内。

第二，绿色制造。相比传统印花，数码技术节水 90%、节能 50%，碳排放减少 60%，完美契合“双碳”目标。

第三，文化赋能。国潮崛起与非遗传承推动数码印花与传统文化深度融合，如敦煌纹样的数字化复刻、苏绣图案的喷墨再现等，彰显技术的人文价值。

三、教育升级：从“知识传授”到“产教融合”

1. 教材建设与学科重构

“十三五”期间，部委级规划教材《纺织品数码印花技术》（王华，2019）首次系统梳理了技术框架，而“十四五”新一批规划教材则进一步强化了跨学科交叉。本版教材新增“AI 驱动下纺织品数码印花工艺优化”“AI 赋能纺织品数码印花设计创新”等章节，并配套虚拟仿真实验、微课视频等数字资源，构建“理论—实训—创新”三位一体的教学体系。

2. 人才培养模式创新

面对行业对复合型人才的需求，高校与企业的协同育人机制日趋成熟。将企业真实项目嵌入课程设计；绍兴柯桥区政府联合行业协会设立“数码印花工程师认证”，推动职业标准与教育标准对接。这些实践不仅缩短了学生从课堂到岗位的适应期，更为行业输送了一批精通技术、熟悉市场、具备国际视野的新生代人才。

3. 新时代使命：绿色发展与人才战略的双轮驱动

“双碳”目标下，数码印花技术的环保属性成为核心竞争力。涂料墨水的水性化、可降解耗材的推广，以及零碳工厂认证体系的建立，标志着行业从“被动合规”转向“主动引领”绿色转型。人才是技术落地的根本。面对 AI、物联网等跨学科技术的渗透，高校需打破专业壁垒，构建“纺织 + 计算机 + 材料”的交叉学科课程群。本书主编团队依托东华大学“纺织智能制造”科研平台，将最新研究成果转化为教学案例，推动知识更新与产业需求同步。

4. 产教融合：技术革新与教育创新的双向赋能

数码印花技术的快速发展，对高等教育提出了更高要求。传统的“理论 + 实验”模式已难以满足产业对复合型人才的需求。为此，本书在再版中强化了“产教融合”理念：

教材内容升级：新增“AI 赋能纺织品数码印花设计创新”“AI 驱动下的纺织品数码印花工艺优化”等章节，结合纺织新材料与智能设备案例，构建“技术—应用—管理”三位一体的知识体系。

实践教学革新：引入虚拟仿真实验平台，学生可通过数字化工具模拟印花工艺参数优化、故障诊断等场景，提升解决复杂工程问题的能力。

校企协同育人：与浙江海印数码科技有限公司、东莞市鸿泰烫画材料有限公司、深圳市墨库新材料集团股份有限公司、武汉亿力纺智数码技术有限公司、珠海佳印数码科技有限公司、浙江原色数码科技有限公司 、上海纺客信息科技有限公司（印花社 TopPrint）等领军企业合作，将行业真实项目融入课程设计，让学生直面产业痛点（如墨水稳定性控制、跨材质适配性优化等），培养“懂技术、通市场、重创新”的新工科人才队伍。

四、主编团队：十年磨一剑的坚守与突破

本书再版的背后，是主编团队深耕行业数十年的心血凝结。我本人作为团队核心成员兼具一线生产经验与一定的学术造诣，曾主持多项国家与省部级课题，并参与国际标准制定。在再版编写中，我们团队走访了长三角、珠三角等数十家企业，采集了典型技术案例，确保内容紧贴产业前沿。力求理论严谨性与实践指导性并重。教育部“新工科”建设与“一带一路”纺织产业合作的推进，进一步加速了国际化人才培养进程。本书主编团队中多位专家曾参与乌兹别克斯坦、塔吉克斯坦等国的技术合作项目，将中国数码印花经验融入全球产业链重构。

五、致谢与展望

本版教材的编纂历时两年，主编团队走访了 10 余家领军企业、8 所高校及 3 个国家级实验室，累计整理案例百余个、实验数据千余组。特别感谢中国印染行业协会、东华大学纺织智能制造团队的技术支持，以及编委企业提供的实战素材。编写过程中，团队始终秉持“扎根产业、服务教育”的初心，力求每一处修订都能反映最新技术动态与行业呼声。

展望“十五五”，数码印花技术将向超高速、超精度、超柔性方向持续进化。AI 大模型的应用或彻底颠覆传统设计流程，而量子点墨水、生物基材料的突破可能重塑产业边界。我们期待，这本教材能成为读者探索未知的启蒙，为中国纺织业的全球化竞争注入更多智慧与活力。

王华 教授

2025 年 3 月于上海

目　录

绪 论
纺织品印花技术发展史

自古以来，纺织品印花生产与人类的生活一直紧密相关，千百年来积淀成为具有丰富内涵的历史传统。因此，传统纺织品的印花工艺是一门包含深厚文化元素的传统民间艺术。从原理上说，印花工艺是指用染料或颜料在纺织品上施印花纹的工艺过程。传统纺织印花主要指古代的以及与现代纺织科学技术有着密切联系的手工艺印花。广义的纺织印花，凡所有在纺织品上以染料或颜料留下痕迹的均可称谓，包括手绘和扎经染色等。狭义的纺织印花则是指利用型版印制花纹，或未使用型版，但借助施印某种防染材料或防染手段使纺织品呈现一定规律性花纹的工艺。织物印花条目的种类众多。《中国大百科全书·纺织》“染整”章节下面的“印花”条目中列有：木模版印花、镂空版印花、筛网版印花、筒印花、直接印花、防染印花、拔染印花、转移印花。按照这种条目，20 世纪 90 年代发展起来的数码印花不包括在内，木刻印花属于木模版印花，丝网印花依据镂空版原理，现代的筛网印刷技术属于筛网版印花，防染印花则包括中国传统印花的“三缬”等。

纺织品印花史上重大的转折发生在第一次工业革命之后，自此纺织品印花进入机械时代，100 年后又随着电气和计算机芯片的发展进入纺织品印花自动化时代。目前随着信息技术的快速发展和快时尚的需求，纺织品印花开始进入数码和智能化时代。纵观人类纺织品印花史，其发展历程大致概括为：手工画绘—手工工具印花—大机械辊筒印花—平网、圆网印花（热转印印花）—数码印花—智能化印花。《纺织品数码印花教程》作为一本东华大学专业研究生教材，旨在为中国纺织品印花行业培养应用型人才，必须反映当今纺织品印花行业的新技术、新装备，同时作为专业研究生教材，还必须让学生了解纺织品印花工艺技术发生、发展和演变的历史。因此，我们首先要总结回顾一下纺织品印花的技术史。

根据阮青梅的整理，人类进行印染的历史由来已久，已经从最初的天然印染发展到如今的各种先进印染工艺。根据考古学家的发现，早在新石器时代人类就已经学会了印染。在纺织物上印染的最早的证据出现在安那托利亚的加泰土丘，在那里发现了印染红色的痕迹。根据考古遗迹推断，中国印染历史超过千年。从历史记载和实物论证来看，手工印染工艺中的扎染工艺可能是中国最早的蜡染工艺。关于印染在世界范围内的起源地，包括中国、埃及、印度、西亚、东南亚、非洲等地在内，哪个地方是唯一的起源地至今尚无定论。更多的专家学者认为印染是多元化、多地区共同发展的结果。手工印花最早出现在公元前 4 世纪印度的柯卡萨斯地区，当时人们已经开始使用木版粘上茜红色印染花布了，而这仅是从书籍记载和蛛丝马迹的推测中得到，并无真实有力的实物证明。确有实物为证的现存最早的手工印花布，出现在埃及帕纳帕里斯四世纪柯普特人的坟墓，它是一件保存十分完好的儿童麻布外衣，衣服上印有菱形斜格和星形花纹，衣服边缘还残留着印花木版和圆筒状印版碎片。

0.1 古代印花的研究

关于我国古代纺织品印花的研究成果很多。曹振宇提到《中国纺织科学技术史》（古代部分）对古代纺织品印花进行了系统的研究。该文中第二节专门就印花工艺技术进行了分析，提出了印花的种类有夹缬、蜡缬、绞缬、灰缬、扎经印色、贴金印花等，并对每一种印花工艺都进行了分析。周启澄编著的《纺织科技史导论》对印花部分也有论及。《中国丝绸艺术史》指出印花分为两大类：直接印花和防染印花。直接印花包括手绘、凸版压印、凸版拓印、镂版漏印等；防染印花包括绞缬、蜡缬、夹缬、灰缬等。该书还通过与出土文物的对比，对这些印花工艺进行了详细的分析。黄能馥先生在《中国美术全集　中工艺美术编 6　印染织绣》中对古代印花也有深入研究。另外，屠恒贤在传统染料以及古代纺织品印花方面也有一些研究成果，在研究美术史及艺术史的文献中也都有古代纺织品印花的内容。

阮青梅分析认为，大约在五千年前的原始社会，中国古代人便掌握了用染料在纤维织物上施加花纹的手绘方法。到新石器时代，中国古人会用天然颜料制造纹样。在商周时期，帝王贵族的礼服、仪仗、帷帐、巾布等，都要依照一定的制度画上各种图案花纹，以彰显他们尊贵的身份。在周代，凸版印花被发明了出来，原理如同盖印章，比手绘工艺更为方便快捷。这大概与秦汉时期的印章流行有一定关系，同时凸版印花也是中国手工印花的最早形式之一。在春秋战国时期，凸版印花因被用于织物而得到发展。秦汉时期，南越王墓出土了铜印模。到西汉时，凸版印花有了较高的水平。到了隋朝时期，织物印花行业非常兴盛。在盛唐以前，镂空型纸版印花代替了镂空木版工艺。改革型版后的镂空型纸板印花有两种常见形式，分别为蓝印花布和彩色印花。宋元时期，型版印花有了良好的发展，在印制技艺上达到一个新的高度。明清时期，型版印花继续在民间流行，其中型版镂空印花直至中华人民共和国成立仍在山东、山西、河南等地的部分农村沿用。在清代，中国维吾尔族发展出原木戳模印花，其与现代手工滚筒印花的原理相同。直到现在，新疆维吾尔族仍然保留着这种传统的手工印花工艺。

0.2 古代印花技术的发展与演变

古代印花始于染缬。缬字出现很迟，约在唐代才有三缬之名，用以统称古代防染印花织物。古代印花以防染成花为主，且主要印于丝绸织物，“缬”字也是中国古代丝绸印花的总称。中国古代染印技术中广为流传的主要有三大染缬工艺，即夹缬、绞缬与蜡缬。不过，在中国古代印花的发展过程中也出现过不少同样具有研究价值的其他印花技术，例如印金工艺，又如发展至今的蓝印花布工艺。下面将重点介绍这几种技术以及基于此的演变与创新。

0.2.1 古代印花工艺技术的分类

《中国纺织科学技术史》古代部分，第三编第六章第三节“印花工艺技术”的四级标题列有八个条目，即印花型版的刻制和发展、颜料印花、夹缬、蜡缬、绞缬、碱剂印花、扎经染色、贴金印花。这种分类方法问题有二：一是分类标准没有统一；二是对个别古代印花工艺历史和概念的描述不够准确，容易产生概念混淆及前后内容重复。《中国大百科全书·纺织》在“染整”章节下面的“印花”条目中列有木模版印花、镂空版印花、筛网版印花、滚筒印花、直接印花、防染印花、拔染印花、转移印花。此分类并非针对传统纺织印花，而是就印花工艺进行条目式区分，不同印花工艺之间呈平铺式，难以看出相互间的关系。《丝绸艺术史》第三章“染缬品种”下面的“染缬的种类”条目，将中国古代的染缬粗分为手工染缬和型版染缬。手工染缬又细分为手工描绘、手绘蜡缬、绞缬等。型版印花依据雕版形式分为凸版阳版和镂空版凹版或阴版。凸版有压印和拓印两种方式；镂空版主要是防染，其工艺可分为一次防染和二次防染。

郑巨欣在前人的基础上，尝试从印花原理的角度对前面提到过的所有传统纺织印花进行重新分类。分类如图 0–1 所示。

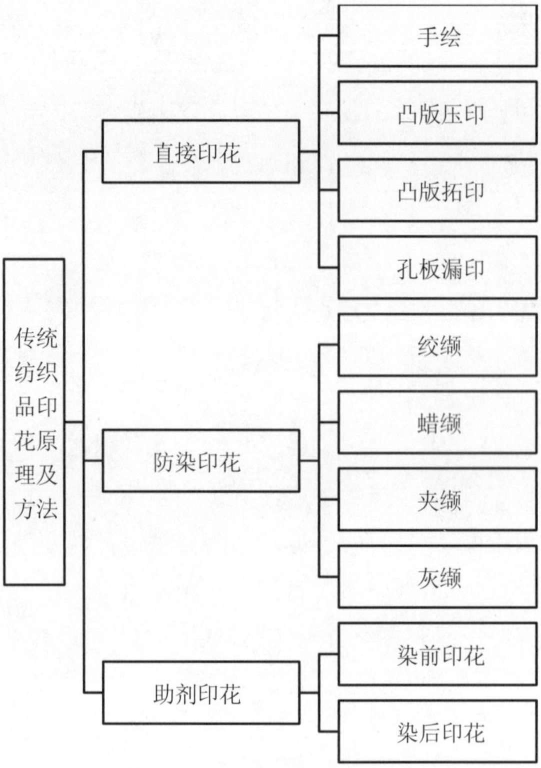

图 0-1　基于技术原理的印花分类框图

0.2.2　古代三大印花技术

0.2.2.1　夹缬

（1）概念与起源

夹缬今称夹染，是一种防染印花工艺，是将纺织品面料夹于刻有相同凹凸花纹的两块型版之间，使得夹板间未被夹到的面料能够进行染色。它的图案具有对称性，制版染色工艺相对复杂。这种印染工艺曾经盛行于唐代的宫廷和民间，至今已有1000多年历史。从唐代遗物彩色夹缬屏风“树下立羊图”“红花绿叶连续纹”“深黄地散花”中，可窥见盛唐夹缬的丰采。之后由于宋代两度对其示禁以致中断，现今在浙南山区的民间有流传下来。根据王业宏等人的描述，夹缬在隋代可能已经出现了，而在唐代发展到了顶峰。夹缬不但有素色夹缬，还有彩色夹缬；不但出现了单套印法，还有多套印法等：在我国传统印染工艺中占有重要位置。现在能看到这些大唐遗珍的地方有两个，英国大英博物馆和日本正仓院。我国夹缬传世最早的实物是在唐代。《唐语林》卷四记载，玄宗时，宫里的柳婕妤过生日，在家乡的妹妹“使工镂版为杂花，象之而为夹缬”，送给姐姐作生日礼物。柳婕妤又转送一匹给王皇后。玄宗大加赞赏，令宫中依样仿制，夹缬一时成为贵族时尚服饰，“当时甚秘，后渐出，遍于天下，乃为至贱所服”。《事物记原》也收有柳婕妤之妹事，但依据的是《潘氏纪闻谭》。柳是浙江睦州人，即今天的桐庐、建德、淳安一带人氏。这表明当时的浙江夹缬工艺走在中原地区之前。

（2）工艺流程

夹缬工艺，是完成夹缬产品的方法，与工具、材料以及夹印加工处理有关。夹缬的品种有单色和多色之分，大体与工艺方法相对应，即不同品种采用不同的工艺，所以夹缬又有一次印单色夹缬法、一次印多色夹缬法、多次套印多色夹缬法的区分。

（3）花版及印花原理

在夹缬工艺中，印版是非常重要的工具。过去，我们认为夹缬印版有凹版、镂空版两种样式。现在看来，严格意义上的凹版似乎并不存在。

0.2.2.2 蜡染

（1）概念与起源

蜡染又名蜡缬，今称蜡染，是以蜡作防染剂，先用蜡液或涂或绘于织物之上，染色后再煮蜡洗净，因封蜡处不能上色而显白花。蜡质脆硬，冷却龟裂后会出现许多裂纹，因此染色后形成蜡纹，别具一格。蜡染工艺中蜡的种类、画蜡工具的选择，因习俗和地理位置不同而有异。根据卓千晓的总结：贵州的丹寨一般采用蜂蜡作为蜡液；麻江绕家喜好用枫香液和牛油混合作为蜡液；黄平绎家喜用松香作为蜡液。在点蜡工具的使用上，有以竹作杆、铜片作蜡刀，亦有用羽毛杆做的蜡笔。宋代末期，蜡染在中原地区日趋衰退，西南少数民族地区还保有这一古老工艺。

关于蜡染的起源，王华等人将中外学者及专家的意见总结成三种说法：印度说、中国说、瓜哇说。印度说认为蜡染是从印度传入中国，依据是我国新疆民丰地区尼雅出土的蜡染棉制品。蜡染的图案是手绘的一位半裸女像，颈饰珠圈，手持牛角状物，头后有背光。据考证这是中西亚地区隆重祭祀的伊什塔尔女神，头后背光具有印度文化因素。中国说认为蜡染可追溯至秦汉之际的西南少数民族。瓜哇说认为蜡染发源于瓜哇，在公元1515年以后到那里旅行的人才把它传至世界各地。

为了能够更好地进行染色，李恩政认为有必要了解织物的性质与特点。这是由于选择适合布料的染料是更好地进行染色的关键。尤其用蜡来进行染色的时候，使用天然纤维比使用人造纤维能够得到更好的染色效果。染色时需要选择表面没有进行加工的布料。

（2）工艺流程

关于蜡染的工艺流程，各地区传统工艺大致相同。陈荣圻介绍了被誉为“东方第一染”的“蜡染之乡”贵州安顺流行的工艺流程，其分为四个工序，即烧蜡、画蜡、染色和脱蜡。蜡防印花的织物一般为棉织品，采用天然靛蓝作为染料，颜色大多为蓝色，通常为蓝底白花，具有浓郁的民族风情和乡土气息。苗族的蜡防印花历史悠久，风格独特。

对于上蜡的工艺和技法，王华归纳出六种：

①竹针画蜡法：中国的西南地区及周边国家如泰国的苗族人尤其是山地的苗族，过去都用竹针作为蜡染上蜡工具。

②蜡笔上蜡法：印度的卡拉姆卡利笔是传统蜡染的上蜡工具。它主要由三部分组成，即铁尖头、中间的楔形吸蜡器及杆。

③蜡刀上蜡法：蜡刀形状各异，有斧形、契形、平头型等，它由木质刀柄以及绑在木柄上的两块或四块薄铜片组成，中间稍空可容蜡。当蜡刀顺着刀缝方向运行时，画出的是线条；当蜡刀沿着垂直刀缝方向涂抹时，画出的则是块面。铜有良好的导热功能，在热蜡液中可很快受热，其两刀片所夹热蜡可较长时间保持蜡温，有利于画蜡时蜡液渗透布面，起到良好的防染作用。

④蜡壶上蜡法：蜡壶由木质手柄和细管出口的壶形容器两部分组成。细管出口的粗细不同，导致所画蜡线的粗细不同。有的铜壶细管出口不止一个，个别的还多达3个管口。蜡壶可储存一定的蜡液，因此可大大提高上蜡效率。印度在近代还有一种新型铜壶，它的储蜡斗呈三角形，前面有根针，在贮蜡斗内装上热蜡液，慢慢地按压手柄，蜡液就会慢慢流出来。这种储蜡斗能储存大量的蜡，方便使用。

⑤漏板上蜡法：漏板印蜡需做漏板，常用木板或原纸板制作漏板，然后将其压在平整的布上，再将热蜡注入。

⑥模印蜡法：模印蜡法是凸版印蜡的方法，即先雕刻凸版，再用其捺印蜡液，经染色去蜡可得花纹。

（3）蜡染的染料与防染剂

在古代的印染工艺中，靛蓝是应用最广泛和最重要的一种植物染料，也是蜡染首选的染料。植物靛蓝加工的蜡染、绞缬、夹缬等花布在唐朝达到成熟期。除此之外，红花为大红色，也可用于蜡防印花。其他如黄栀子，属茜草科的常绿灌木，在周朝之前就开始作为染料，其果实用水浸泡，提取出的黄色染料主要成分为类胡萝卜素，系直接染料，需要沸染，不适用于蜡防印花；茜草属媒染染料；姜黄、冻绿等植物染料都只能在较高温度的热水中染色，蜂蜡已经融化，无法保持防染花形：因此，陈荣圻认为古代很难做出其他颜色的蜡防印花布。

防染剂至今有上千种，但古代最常用的还是蜡质。我国最早的防染剂可追溯到秦汉之际的西南少数民族。当时他们已经熟悉蜜蜡、虫蜡和松脂等物质的防水特征，并将其应用于织物蜡染工艺。蜡的种类很多，纵观蜡染技术史可将蜡质分为植物性蜡、动物性蜡、矿物性蜡和混合性蜡四大类。

0.2.2.3　绞缬

绞缬又名撮缬、撮花，今称扎染，是一种古老的防染印花工艺。它是按预先设计或想好的图案花纹，用绳线将纺织品面料等扎结、折叠、钉缝固定扎牢成型后置于染缸染色，染色完成后，拆去扎线。由于被扎部分未能染色，与染色底纹相衬，从而形成扎染特有的色晕白花。如今扎染在我国的云南大理、川南地区、江浙一带还有生产。

王序曾将中国古代绞缬工艺最基本的方法概括为三种：①缝绞法，用针引线穿过织物，然后抽紧扎绞，进行染色。这是绞缬工艺中最常用、变化最丰富的一种方法，如网纹缬、朵花纹缬、镜纹缬和球路纹缬均属于缝绞法所得到的绞缬；②绑扎法，绑扎法是通过叠坯或不叠坯地将织物进行绑扎、染色形成绞缬的方法。目前所见最多的鱼子纹缬、醉眼纹缬、鹿胎纹缬等小点圈形的图案，都是依靠此法得到的；③打结法，这是简单的绞缬方法，简单得毋需针线，只要打个结，靠织物本身进行防染，产生的是极为有趣的不规则防白花纹。缝绞法、绑扎法、打结法虽然可能大致概括古代绞缬工艺的基本技法，但在长期的实践中，现代民间又系统地整理出绞、缝、扎、捆、撮、叠、缚等数十种技法，以适应各种不同图案风格的表现要求。

0.2.3　古代印花的演变与创新

0.2.3.1　印金工艺

印金技术，是特种工艺技术。具体有泥金、描金、贴金、洒金印花等品种。泥金印花，是将金银粉末和黏合剂调和成金泥，涂刷在纹板上直接在丝织物上印制花纹轮廓，再在花纹块面上敷彩绘制成花卉纹饰的方法。描金印花，又叫勾金，是将色胶版印出枝干花叶，再用金色描纹勾边的方法。图案纹样的枝干印彩、花上敷金、叶中填色，光色相衬，别具一格。贴金印花，其工艺是在花版上先涂刷胶黏剂印制纹样，稍干后将金箔敷贴在花纹处，再加以研光压实，使金箔紧贴于花纹上，待其干后，去除无纹处的金箔，留下贴金的块面花纹。有的还在贴金的纹廓内再旋彩绘，则成贴金敷彩印花织物。洒金印花又称撒金印花，其工艺是将金箔碎屑撒在胶黏剂上，压实后敲去金屑。花纹上呈现出时有间断、块线点缀的闪色效果。

根据陈朝志分析，我国汉、唐两代印金技艺炉火纯青，但实际应用到丝织品上的却并不多，一则是金银昂贵，二则丝织物非宫廷、大贵而不可得。到北宋中期，为与北方的辽金、西北的西夏、西域及东南亚蕃国等进行丝绸贸易和作为使者朝贡的馈赠礼品，同时还要适应国内的少数民族，如女真族、回族、蒙古族、藏族等兄弟民族在衣饰传统上喜爱金银镶边服饰的风尚习俗的需要，印金技艺在一些大城市得到了扶持与发展。据《东京梦华录》记载，北宋首都漂染的印金铺、染金铺、销金铺作坊等很是兴旺发达，仅大相国寺一条街上就有印金铺十二家，至于京畿各街区，则“不能计数”。但是，尽管如此，宋仁宗却认为金银为“山泽之宝，所得至难”，用它去织造衣饰未免太浪费了，于是下旨禁止庶民使用。不过，北方的一些民族及官吏不受宋廷这些限制，仍大量使用销金服饰。明、清两代，古代遗存的印金纺织品文物更加少见，从一些史料看，民间可能还有诸多印花铺和销金铺散见于街头巷尾，保留着印金及其他手工印花服务加工项目。传统金粉的制作方法有磨削法和助剂研磨法两种。

关于印金黏合剂，郑巨欣认为从文献记载和民间工艺调查资料看，古代可能被用作印金黏合剂以及掺合剂促黏的材料有大漆、桐油、褚树浆、桃树汁、骨胶、鱼胶、糯米糊、大蒜液、豆浆液、冰糖水等。为了确证古代印金所用黏合剂的性质，选取元代印金织物标本及可能用作胶黏剂的材料进行红外光谱法测试分析。比较发现桃胶、蒜汁的特征官能团峰值与印金织物标本接近。中国丝绸博物馆馆藏有两片质量很好的元代印金织物，通过高倍放大镜细致观察发现，印金处部分金箔剥落的地方残留玻璃态透明褐色胶质，这种特征与桃胶相仿，而非蒜汁特征，故推断元代印金织物的胶黏剂为桃胶。

0.2.3.2 染经工艺与扎经工艺

染经工艺与扎经工艺利用经纱丝分批扎结、染色，再用白色或浅色纬纱丝织造成经浮较多的织物，从而获得花纹。1975 年在宁夏银川地区西夏墓出土的纺织品中，发现了“茂花闪色锦”残片，其属于扎经染色制品，由此表明这种技术最迟在宋代应用于纺织印花。

徐红、瓦力斯在研究中指出，扎经工艺在新疆称为艾德莱斯绸、织花丝绸和田土花绸，由于这种花绸采用独特的扎经染色，其图案有别于其他印染方式，表现在色彩变化无穷，宛如天上的云霞，故此还称为“云绸”。绞缬染经即扎经染色的艾德莱斯绸始于明末清初，当地人民融汇了丝绸和波斯风格，在学习了植桑、养蚕、缫丝等丝绸生产技术后，吸收古波斯等中亚人染织法创造生产而出，是多种文化交融的活化石。它把经线染上花纹，然后织上素色纬线，由于丝的拉力不同，花纹在织造过程中自然形成参差不齐的轮廓线，使花纹显得十分生动活泼；也因扎的手法不同，扎紧扎松，或受毛细管效应影响，或染液的渗透力不一，出现了深浅不同的色晕，自然和谐、随意、偶然，形成特有的效果——既有国画水印的痕迹，又有渐变裾晕的印象，层次感十分明显，构成了艾德莱斯绸独特的织物风格。

0.2.3.3　灰缬工艺与蓝印花布

灰缬又称碱剂印花，这主要是由于古时碱剂原料主要来自石灰、草木灰，故而得名。黄国松指出，灰缬其实是由蜡缬开始的。一些专家在仔细研究蜡缬的过程中发现，有些织物的印花用碱性物质取代蜡。人们推测是采蜡不太容易而且比较昂贵，所以就用容易得到的石灰和草木灰。碱剂印花是在唐朝时期发展起来的丝绸印花主要工艺之一。碱性化学物质对蚕丝丝胶具有溶解作用，对某些染料具有防染性能。根据1968年新疆阿斯塔那唐墓葬出土的印花丝织品分析结果，唐朝时期的碱剂印花技术已十分成熟。

灰缬工艺可以分为两类：一类是碱剂直接印花，原色生丝作地，花纹部分印上碱剂直接印花浆料，由于蚕丝经碱剂脱胶容易吸收染料，能印浅地深花的图案纹样；另一类是碱剂防染印花，在丝织物上选用碱剂防染浆料印出图案纹样，然后进行染色，由于碱剂对某些染料的防染作用，显出深地浅花的图案纹样。

根据郑巨欣的研究，蓝白印花布图案的完成，可以采用蜡缬、夹缬、灰缬、绞缬等多种加工方法，其中灰缬是主流，现通称蓝印花布。①第一道工艺是镂刻花版，即在牛皮纸上勾出大体的图案，用自制刻刀以刀代笔，进行镂刻。所印花样有蓝地白花和白地蓝花两种，都与雕刻的花版形式有关。印蓝地白花比较简单，只要将花版上面有花纹处镂雕即可。印白地蓝花要用两套版：一套叫繁版，照样蓝地白花版镂雕花纹，并镂空花纹以外的一部分地；另一套镂空第一套版没有镂空的"地"，印花时两版配套拼用。②除了镂刻以外还有替版，早期用过的版面通过涂色把图案保留下来，再进行镂刻，这样可以反复使用。③花版镂空后，刷桐油加固并分类保存，需要用时就可直接印防染浆。④刮灰是第四道工艺，即把染色以后的防染浆刮掉。染好的布抹去了浅浮灰浆，密封处露出本色。灰浆块大的地方，灰层在染色的卷动中自然裂开，蓝靛随着裂缝渗透到坯布上，留下人工无法描绘的自然纹理。

0.2.3.4　基于古代印花工艺的创新

夹缬印蜡法，实际上是蜡缬与夹缬两种防染方法相结合的创意。王华认为这种工艺似乎应该产生于唐代。宋代周去非《岭外代答》中写道："瑶人以蓝染布为斑，其纹极细。其法以木板二片，镂成细花，用以夹布，而熔蜡灌于镂中，而后乃释板取布诸蓝中，布既受蓝，则煮布以去其蜡，故能受成极细斑花，灿然观，故夫染斑之法，莫瑶人若也。"这种方法的优点是蜡能迅速降温固结，印花时间短，夹缬可以反复印蜡，印蜡布投染后一次染成，没有折痕。

0.2.4　总结与反思

（1）古代纺织印花是纺织品印花史的主体部分，近代以来由于机器生产和化学染料的冲击，传统手工印花退出主流地位，到了现代，传统纺织印花在很大程度上是属于保护和发掘的对象，其文化价值似乎远远超过了它作为日用产品的经济价值。开发利用传统纺织印花资源、激活现代时尚热点，是我们当前面临的一项重要课题。由于传统纺织印花在古今之间存在时代差异，只有区分看，才能更好地理解其发展脉络。

（2）通过对古代印花技术与工具的研究，我们发现古人的智慧是十分超前的，例如多色夹缬花版利用孔洞沟通的巧妙，设计难度与巧思可见一斑。

（3）在研究印花技术的过程中，前人查阅了大量的史料，分析了无数的文物，在此基础上大胆假设，小心求证，进行了大量的假设与实验。虽然结果并不总是正确的，但为该领域的研究方向做出了不可估量的贡献。

（4）将古代印花技术与当今科技结合并进行一定程度的去粗取精，再加以创新改进，可为纺织品设计提供重要灵感。

0.3 印花工具和设备的发展

印花经历了长期的发展，所使用的印花工具和机械设备也发生了相应的改变。古代相继出现了绞缬、夹缬、蜡缬和灰缬等印花技术，这些印花技术均为手工操作，生产效率低下，产品质量参差不齐。后来出现了技术更加成熟的木模印花法和镂空印花法。随着科学技术的不断发展以及工业革命的到来，滚筒印花机应运而生，大大提高了印花的生产效率。后来又相继出现了平网印花机、圆网印花机、转移印花机和数码印花机，这些机械为印花产业的发展做出了卓越的贡献。

0.3.1 木模印花与镂空版印花

所谓木模印花就是指把花纹雕刻在木板上，使花纹凸出，印花时用木板蘸取印花色浆，然后盖到织物上。这种印花技术的印花效果并不理想，清洗木板也比较困难，生产效率低下。经过长期的发展，特别是近代工业革命以后，木模印花发展成了凸纹滚筒印花技术。

所谓镂空版印花就是在纸板、金属板、化学板或者木板上雕刻出要印制的花纹，然后把它覆盖到织物上，加入印花色浆，进行刮浆得到印花织物。镂空版印花技术最早出现在战国时期，成熟于唐代，直到近代工业革命以后，才被现代的机械化大生产所取代。根据文献记载，考古学家在 1972 年出土的甘肃武威磨嘴子西汉末至东汉中期墓第 48 号墓女棺盖上发现了 3 件彩绢。经过仔细观察发现，彩绢上的印花痕迹有明显的笔触效果，且局部有渍色现象，很可能就是镂空版印花得到的纺织品。镂空版印花技术经过长时间的发展，演变成了筛网印花技术。

0.3.2 滚筒印花机

滚筒印花，用刻有凹形花纹的铜制滚筒在织物上印花的工艺方法，又称铜辊印花。刻花的滚筒称花筒。印花时，先使花筒表面沾上色浆，再用锋利而平整的刮刀将花筒未刻花部分的表面色浆刮除，使凹形花纹内留有色浆。当花筒压印于织物时，色浆即转移到织物上而印得花纹。每只花筒印一种色浆，如在印花设备上同时装有多只花筒，就可连续印制彩色图案。

辊筒印花机是1780年由苏格兰詹姆士·贝尔（Jams Bell）发明的，他的设计在1783年获得了专利，1785年，他的第一台六套色印花机在苏格兰工厂里安装使用。这种机械可以代替40名凸版印花工人的操作，从而导致手工凸版印花法的淘汰。从18世纪中期到19世纪中期，历时一个世纪的英国工业革命基本完成。使用机器生产的纺织工厂开始蓬勃发展起来，苏格兰人培尔氏发明机器印花以后，大规模的机器印花制品开始进入人们的生活。机器印花是采用雕花滚筒连续上色的方法，可一次印出多种套色的图案，花纹细致繁密，产量多，工本低，许多廉价物美的印花棉布采用此法。机器印花的套色最多可达20种，普通的为1~10色。

滚筒印花印制速度快，每小时能生产超过5.49千米（6 000码）印花织物。因铜滚筒上可以雕刻出紧密排列的十分精致的细纹，故印得的图案十分细致、柔和。但滚筒花筒雕刻周期长、成本高，印制时对花操作复杂，劳动强度大，已然不适合当今小批量、多花色的市场需求，滚筒印花已基本被筛网印花替代。

（1）凸纹滚筒印花机

凸纹滚筒印花机主要用于毛条印花。凸纹滚筒印花一般由进布装置、印花机车头、烘燥机、出布装置和传动设备等主要部分组成。中华民族传统服饰就可以使用凸纹印花技术来进行印花。工艺一般是在印花加工前，先把纺织品铺平、标记、定位，然后在印花板的凸纹部分涂上染料色浆，通过对型版施加一定的压力使染料色浆传递、转移、固定在纺织品上，呈现花版上的图案，有点类似于盖章。但是凸纹印花机的生产效率低下，并且制作铜辊费时费力，已经被市场淘汰。

（2）凹纹滚筒印花机

凹纹滚筒印花机是目前工厂里使用较多的滚筒印花机，主要由进布装置、印花机头、衬布和印花布烘燥装置、出布装置组成，有些先进的凹纹滚筒印花机还配备有衬布的洗涤装置。根据印花机的机头不同，凹纹滚筒印花机可分为放射式、立式、倾斜式和卧式四种类型，其中放射式使用的最多。王佳宁在其论文《印花设备的工艺介绍及其现状》中画出了放射式滚筒印花机的机头示意图，如图0–2所示。

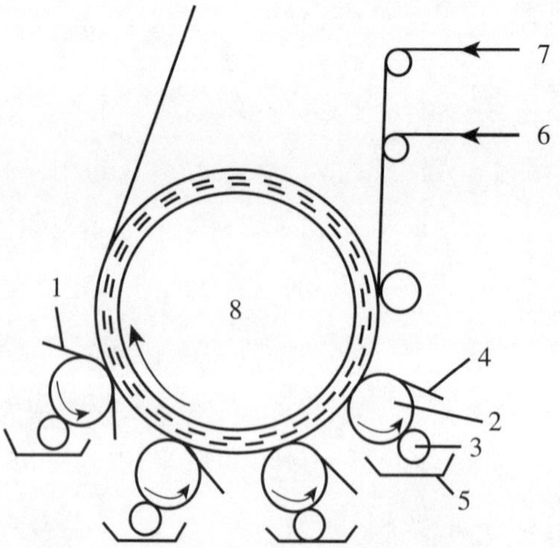

1—织物；2—花筒；3—给浆辊；4—刮浆刀；5—浆盘；6—织物；7—衬布；8—承压滚筒。

图 0-2 放射式滚筒印花机机头示意图

印花前，把印花需要的色浆储存在浆盘里，等到印花时，浆辊把色浆传递到花筒表面，然后用刮浆刀进行刮浆，把色浆刮到凹纹处。之后，衬布和需要印花的织物同时进入承压辊和花筒之间的轧点，由于承压滚筒的挤压作用，花筒凹纹处的色浆就可以印制到织物上，而多余的印花色浆印到衬布上。

凹纹滚筒印花最关键的部分就是制版，目前使用的主要有五种制版方法，分别是缩小雕刻法、照相雕刻法、轧纹雕刻法、手工雕刻法和电子雕刻法。事实上，无论哪种制版方法都费时费力，需要投入过多的成本，这也就限制了凹纹滚筒印花机在实际生产中的应用，因此凹纹滚筒印花机正在逐渐被市场淘汰。

0.3.3 筛网印花机

现代平网印花是在筛网印花原理上发展起来的。筛网印花由刻版发展而来。由日常生活可以得知，在纸板上刻制简单的花版，喷刷油漆或油墨，其穿过小孔后，就印到下面的纸上了。商业用的刻版印花是印字的，它是用上过蜡的纸板或金属板制成的。刻花纸版用丝织物作为连续的支架，这是 19 世纪中叶法国人提出来的。为了取得最好的效果，支撑织物紧绷在一个支架上，这种结合体后来被叫做筛网。这是一个重要的发明，因为这种方法不仅自动提供纽带，还使所用色浆的数量受到控制。随之而来的是将刻花纸版用在筛网织物上涂耐久漆的办法来替代。从这个时候起，筛网印花的优点就很好地展现了出来，特别是越来越受到时尚人士的欢迎。按照筛网的形状，筛网印花机可分为平网印花机和圆网印花机。

平网印花向着现代化高产量的发展是和筛网本身的改进同时进行的。平网印花有手工台板式和半自动平板、全自动平板三种。虽然平网印花产量较低，但其制版方便，花回长度大，套色多，能印制精细的花纹，且不传色，印浆量多，并附有立体感，适合丝、棉、化纤等机织物印花；因为得到的花纹非常清晰浓艳，并且印花时对织物造成的外加张力较小，所以也很适合容易变形的针织物和化纤织物的印花。缺点是生产效率很低，更适合小批量多品种的高档织物印花。印花过程中，色浆通过网眼转移到织物上。

（1）平网印花机

经过漫长的发展，平网印花机种类很多，性能和印花质量也各有不同。根据加工方式和工艺的不同，平网印花机可分为三种类型：网动式平网印花机、布动式平网印花机和转盘式平网印花机。目前市场上使用的也都是这三种类型，型号主要有 CH-8000、HZ3612、FSM-A、ZX-250A、LHM5V、M1336、HLM2611 和 BC-8000T。

①网动式平网印花机：印花之前，用贴布胶把织物平整地贴在固定台板上。印花时，花纹筛网在台板上沿着相应的轨道运动，平放在需要印花的织物上方，然后把色浆倒入网框，用橡皮刮刀在筛网上均匀刮浆，色浆通过筛网上的网眼印到织物上。等到色浆稍干后，可以再印另外一套色。全部色浆印完后，取下织物，把工作台清洗干净，进行下一块织物的印花。

网动式平网印花机的特点是，被印花的织物是平放在工作台上，没有承受机械张力，所以特别适合易变形织物的印花。但缺点也非常明显，那就是生产效率很低，只能进行小批量的印花。

②布动式平网印花机：相比于网动式平网印花机，布动式印花机采用计算机控制技术，实现了自动进布、自动贴布、色框自动升降、自动刮印、自动烘干和自动出布，减轻了操作工人的劳动强度，极大地提高了生产效率，在工厂很受欢迎。布动式印花机主要由以下部分组成：进布装置、印花装置、烘干装置和落布装置。布动式平网印花机的工作过程与网动式印花机的主要区别在于其是织物贴在台板上的橡胶导棒上并与之一起向前运动，筛框只做上下升降运动。图 0-3 是布动式平网印花机的实物照片。

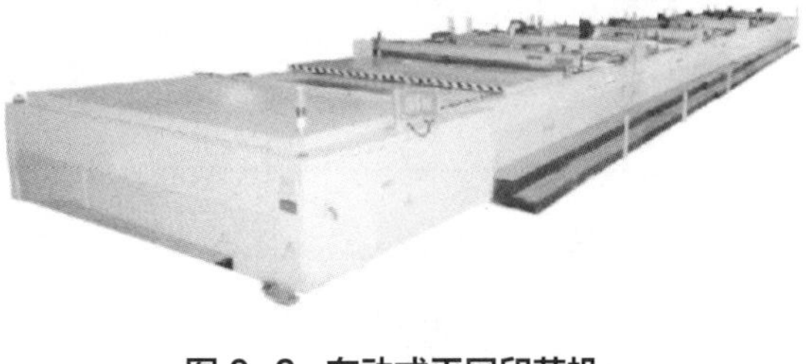

图 0-3　布动式平网印花机

③转盘式平网印花机：转盘式平网印花机的台板等距离地安装在一个旋转的圆柱周围，筛网安装在一个同心圆柱上，可以升降，视觉上很像一个转盘，因此取名为转

盘式平网印花机。印花的时候，圆柱下降，花版与织物接触；刮刀刮浆后，圆柱上升，装有台板的转柱转动一个角度。有的转盘式印花机的花版既可以上升又可以旋转，这两个动作都是由装花版的圆柱来完成。

这种印花机一般为3~6套色，印花尺寸约为400 mm × 500 mm，框架的最大尺寸约为600 mm × 700 mm。因此，转盘式平网印花机只适用于套色较少、面积较小和批量较小的织物，工厂里很少使用。

（2）圆网印花机

圆网印花机是在1963年由荷兰斯托克公司首创，虽然历史不长，但却得到了迅速发展。圆网印花兼有滚筒印花和平网印花的特点，可连续印刷，色泽浓艳，适应性强，生产效率高。

在圆网印花中，刮浆器的性能是影响印花效果的重要因素。合理选用印花刮刀是圆网印花生产技术管理的重要内容之一，它直接影响圆网的给色量，并且会影响织物的渗透性和织物印刮的均匀性等各项印花指标；使用的刮浆器应具有很高的可靠性。圆网印花刮刀形式主要分两类：一类是涂布刮刀；另一类是磁性刮刀。

圆网印花利用刮刀使圆网内的色浆在压力驱使下印制到织物上，圆网印花和辊筒印花一样，是连续工序，印花织物通过宽橡胶带被输送到不断运动中的圆网花筒下面。圆网印花机由进布、印花、烘干、出布等装置组成。印花部分的机械组成可分为印花胶导带、圆网驱动装置、圆网和印花刮刀架、对花装置、橡胶导带水洗和刮水装置，以及印花织物黏贴和给浆泵系统。印花时，当被印花的织物与橡胶导带接触时，由于橡胶导带上预先涂了一层贴布胶，印花织物紧贴在橡胶导带上面而不致移动。印花后织物进入烘干装置，橡胶导带往复环行转入机下进行水洗和刮除水滴。烘干和出布装置采用松式热风烘干。印花后织物即和橡胶带分离，依靠主动辊转动的聚酯导带，并借热风喷嘴的压力使织物平稳地贴在聚酯导带上进入烘房烘干。热风烘干后的织物以适当的张力从烘干部分送出。筛网印花中，圆网印花的生产速度最快，大于每小时3 200 m（3 500码）。筛网使用无缝的有孔金属网或是塑料网。最大的圆周长周大于101.6 mm（40英寸），因此最大的花回尺寸也大于101.6 mm（40英寸）。目前超过20套色的圆印花机也已经生产出来，这种印花方法正慢慢取代滚筒印花。

与平网印花机不同的是，圆网印花机的筛网是圆筒形，通常是由金属镍制成，网眼是六角形的。按照圆网的排列方式，圆网印花机可以分为卧式、立式和放射式等机型。目前市场上运用最多的是卧式圆网印花机，下面重点介绍卧式圆网印花机。

查阅荷兰STORK公司的产品信息可知：卧式圆网印花机主要由进布装置、印花单元、烘干装置和落布装置构成。圆网印花机的工作过程为：待印花的织物通过进布装置进入印花单元，在印花单元初步完成印花后，通过烘干装置去除多余水分子，最后卷绕在落布装置上。汤俊堂画出的结构简图如图0–4所示。

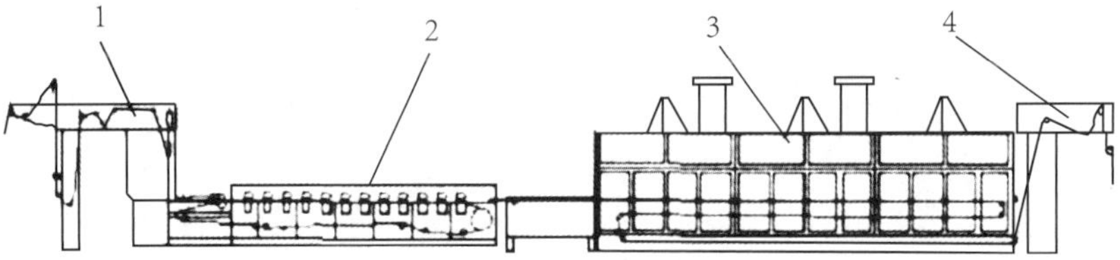

1—进布装置；2—印花单元；3—烘干装置；4—落布装置。

图 0-4　卧式圆网印花机

圆网印花机进布装置有两种：平幅进布和卷装进布。进布装置主要由紧布器、吸尘器、主动辊、松紧架和调节器构成，其主要目的是保证进布时布面平整、居中，并且处于较低张力和门幅正确的位置，为下一步的加工做好准备。值得注意的是，有些圆网印花机的吸边器已经被剥边装置和对边装置取代，进布效果也有明显提高。

印花单元是圆网印花机的核心部分，主要由贴布装置、刮印装置、对花装置、导带整位装置、圆网和导带传动装置、导带清洗机构等组成。印花单元的核心部分是刮印装置。刮印装置的主要零部件是刮浆器，刮浆器可以通过气管膨胀来固定刮浆刀片。在圆网印花机发展初期，人们使用不锈钢刮浆刀片，但其应用范围较小且印花效果并不是很理想。后来，出现了性能更加优越的高分子材料气流式刮浆刀片。相比传统的不锈钢刮浆刀片，气流式刮浆刀片的机械压力可以调节，应用范围更广，而且其由高分子材料制成，与网子之间的摩擦力较小，极大地减少了网子的磨损，延长了使用寿命。

烘干装置的主要目的是通过高温去除多余的水分，保证印花效果。落布装置的主要目的是把印花完成的织物卷绕起来，等待下一步处理。

圆网印花机的突出特点是劳动强度较低，生产效率高，对不同种类的织物有较强的适应性，并且印花效果很好。但也存在一定的缺点，即不能很好地印出云纹、雪花等结构的花型，且花型大小也会受到圆网周长的限制。

（3）转移印花机

转移印花将某种图案预先印在纸等材料上，然后通过热压等方式，使图案转移到织物上的一种印花方法，包括染料升华、泳移、熔解、油墨层剥离等工艺过程。转印印花始于 20 世纪 60 年代，转移印花能够将有色图案十分逼真地从印花纸上转移至纺织品或聚合物的薄膜上，目前在化纤针织品、服装印花等领域应用于生产。比较成熟的转移印花模式有四种类型：

①熔融法转移印花：最初用于转移装饰图案，用热的熨斗压在转移印花纸的反面，该图案熔融转移至与之相接触的织物上。

②脱膜法转移印花：有色膜层凭借黏着力，从转移印花纸上完美无缺地转移到织物上这因为该种黏着力大于膜层与转移印花纸的黏着力。

③半湿法转移印花：此法用于转移印花纸上的水溶性染料。织物预先控制一定的含湿量，通过一种黏性的水溶液介质，并仔细调节压力，花纹图案得以保持。

④气相转移印法：也称热转移法，在高于 180 ℃温度条件下，将染料充分气化，基于转移印花纸上染料的挥发性和与之相接触的织物对挥发染料的良好吸收，达到转印目的。转移印花生产成本低，对环境污染小。1967—1977 年该种印花方法在商业上获得成功，在近代被广泛采用。

加速对热转移印花纸的研发，开发出低定量、多次转印、冷转和水转的转移印花纸，可为纺织、建筑、电子等行业提供更大的发展空间。

转移印花的工艺流程主要分为四步：先将染料调制成油墨，然后印制转印纸，接着通过转移印花机进行转移，最后得到印花制品。通过转移印花得到的图案花型逼真，花纹细致，而且与相对传统的滚筒和筛网印花相比，转移印花加工过程简单，污染较小。按转移原理，转移印花机主要分为冷转移印花机和热转移印花机。

（4）冷转移印花机

冷转移印花的基本原理是先把染料制成色浆，然后调整色浆和纸张之间的表面张力，把需要印制的图案印到纸上，烘干打卷，再把经过前处理的织物与转移印花纸对齐，一起通过转移印花机。在一定的压力作用下，染料对织物的亲和力大于对转印纸的，其可先转移到织物上，然后转印纸与织物分离，织物经过烘箱干燥，冷转移印花完成。冷转移印花机可用于棉等天然纤维素纤维的转移印花。

1984 年丹麦的 DANSK 推出 Cotton Art 转移印花法，后来经过德国 Kusters 公司的开发改造，一款新型的冷转移印花机横空出世，其转印装置如图 0-5 所示。

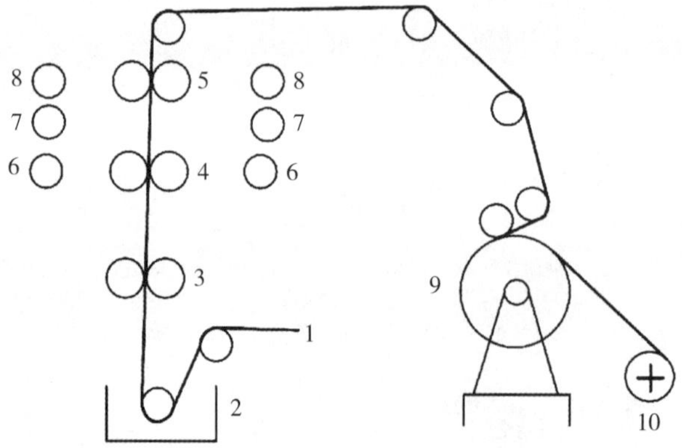

1—前处理后的半制品；2—浸液槽；3—第一道均匀轧车；4—第二道均匀轧车；

5—第三道均匀轧车；6—转移印花纸供给辊；7—转移印花送纸备用辊；

8—剥离纸卷取辊；9—卷布装置；10—塑料衬膜供给装置。

图 0-5　德国 Kusters 转印装置示意图

经过前处理的半制品 1 通过浸液槽 2；均匀轧车 3 的实际作用是将织物上的助剂扎除；均匀轧车 4、5 是实际转印单元。转印之后的半制品与塑料衬膜结合，共同卷绕到卷布装置 9 上。这种装置最明显的优点就是设计简单，易于操作，并且印花均匀度和清晰度很高，左中右色差小。但缺点也比较明显，压辊 4、5 的同步性要求很高，线速度稍差或者弹性织物易引起印刷纸 / 薄膜与织物的相对滑动，从而造成花型重影，影响印花质量。

（5）热转移印花机

与冷转移印花不同的是，热转移印花原理是转印纸上印有图案的一面与被印织物结合后，通过热和压力的作用，使转印纸上的染料升华，从而转移到被印织物上。比较典型的热转移印花机是 ZY 系列热转移印花机，如图 0–6 所示。

图 0–6 ZY 系列热转移印花机

ZY 系列热转移印花机采用整机式主机机架，坚固不易变形，导布机械设计灵巧，操作简单。机器的主要部件主滚筒内部设有内循环系统，并且采用 PID 自动控温仪来自动调节温度。有手动退毯带装置，升降温时可手动脱开毯带，延长毯带的使用寿命。还设有布边纸和垫纸装置，以降低毛毯的污染，减少清洗次数。印花速度控制是采用无极调速，温度一般为 220 ~300 ℃。此转移印花机得到的产品免处理，花样色彩鲜明，柔软亮丽，色质可以保持长时间不变。

0.4 数码印花技术发展历程

0.4.1 数码印花的起源与发展

（1）起源

数码印花技术起源于 20 世纪 90 年代，随着计算机技术和喷墨打印技术的突破而逐步发展。传统印花技术（如丝网印花）存在制版复杂、小批量生产成本高等问题，而数码印花通过无版化、数字化的方式，直接将图案喷印到织物上，解决了这一痛点。早期数码印花主要用于打样和小批量生产，随着喷墨精度、速度和墨水技术的进步，逐渐向工业化生产扩展。

（2）发展历程

第一阶段：技术萌芽期（20 世纪中期—20 世纪 90 年代）

喷墨打印技术的诞生：20 世纪 50 年代，喷墨打印技术初步出现，但主要用于纸张打印。1976 年，IBM 推出首台商用喷墨打印机。

早期探索：20 世纪 80 年代，惠普（HP）和佳能（Canon）开发出热发泡喷墨技术，为数码印花奠定基础。此时，科研人员开始尝试将喷墨技术应用于纺织品印花，但受限于墨水适配性和设备成本，进展缓慢。

第二阶段：初步商业化（20 世纪 90 年代—21 世纪 00 年代初）

首台数码印花机问世：1991 年，荷兰公司 Stork 推出首台工业级数码印花机 TruColor，采用压电式喷墨技术，标志着数码印花技术正式进入纺织行业。

设备与墨水改进：20 世纪 90 年代末，Encad、Roland 等公司推出宽幅面数码印花机，主要用于广告和装饰领域。活性墨水、酸性墨水和分散墨水逐渐成熟，但生产速度低（约 10–20 平方米 / 小时），成本高昂。

第三阶段：技术突破与普及（21 世纪 00 年代—21 世纪 10 年代）

压电式喷墨技术主导：爱普生（Epson）的微压电技术大幅提升打印精度和可靠性，成为主流方案。

工业级设备崛起：2003 年，意大利公司 Reggiani 推出 DReAM 系列，首次实现工业级数码印花生产，速度提升至 150 平方米 / 小时。

应用领域扩展：数码印花开始渗透服装、家纺、汽车内饰、艺术品复制等领域，支持个性化定制和小批量生产。

第四阶段：高速化与智能化（21 世纪 10 年代—21 世纪 20 年代初）

Single–Pass 技术革命：2010 年后，柯达（Kodak）的 Stream、EFI 的 Nozomi 等设备采用 Single–Pass（单次扫描）技术，速度突破 1000 平方米 / 小时，接近传统圆网印花效率。

快时尚推动需求：Zara、H&M 等快时尚品牌采用数码印花技术缩短生产周期，实现按需生产，减少库存浪费。

环保趋势：水性墨水、颜料墨水逐渐取代传统溶剂型墨水，降低污染。无水印花技术（如 Kornit Digital）进一步减少水资源消耗。

第五阶段：智能化与可持续发展（21 世纪 20 年代至今）

AI 与自动化：人工智能（AI）用于图案设计优化和色彩管理，自动化生产线实现“设计－打印－后处理”全流程无人化。

新材料与跨界应用：纳米墨水、导电墨水推动智能纺织品（如温控服装、柔性电子）发展；3D 数码印花技术结合立体效果。

绿色转型：生物基墨水、可降解纺织品和低碳工艺（如 DyeCoo 无水染色技术）成为行业重点，响应全球碳中和目标。

①技术是发展的核心驱动力

市场需求：个性化定制、快时尚、小批量订单需求增长。

技术创新：喷墨技术、墨水化学、软件算法的持续突破。

环保政策：传统印染的高污染倒逼行业向清洁技术转型。

②未来趋势

更高速度与更低成本：Single-Pass 技术进一步优化，降低大规模生产成本。

智能纺织品：结合物联网（IoT）的智能印花产品。

全产业链数字化：从设计到生产的云端协同，推动“按需制造”模式普及。

数码印花技术从实验室走向工业化，不仅重塑了纺织印染行业，更成为推动可持续制造和个性化经济的重要力量。

随着数码印花技术的不断升级和广泛应用，其未来形态已逐渐清晰。数码涂料印花等环保简洁的技术的发展，使得数码印花厂与服装厂的距离日益缩短，甚至成为服装智能制造体系中的重要组成部分。

数码印花工厂的发展将呈现三种主要形态：

第一是规模化智造中枢体系。配备多台 singlepass 设备的大型数码印花厂。这类工厂规模庞大，投资金额高，通常拥有自建厂房和污水处理资质，单机日产能在 5 万立方米以上，是大规模订单的首选合作伙伴。但值得警惕的是，超大规模产能带来的边际效应递减现象，正在削弱其对快反订单的响应弹性，这与传统圆网印花产能陷阱形成历史镜像。

第二是敏捷化服务创新平台。以“快速反应”为核心的服务型数码印花工厂。这类工厂拥有专业的数码印花服务团队，并向用户承诺 48 小时极速交付周期、10 米起订的小批量柔性能力。它们具备独特的核心工艺或差异化产品，能通过技术赋能实现“设计－生产－销售”数据闭环，正在重塑时尚产业的供应链响应机制。

第三是服装智造嵌入式解决方案。与服装企业紧密连接的数码印花工厂。这类工厂将紧密融入服装工厂的生产体系，甚至直接设立在服装工厂内部。印花环节将成为服装制造流程中的一环，构建智能裁床－印花－缝制联动线，它将实现服装制造业三大变革。空间重构，印花单元直接嵌入服装工厂生产流程；时效革命，从设计到成衣的 48 小时极限交付；数据贯通，PLM/ERP/MES 系统无缝对接。这种深度整合催生出“所见即所得”的智能生产范式，使印花环节从配套服务进化为价值创造的核心节点。

0.4.2 商业化与工业化进程

（1）商业化驱动因素

市场需求：快时尚和个性化定制需求增长，推动小批量、快速交货的生产模式。

技术进步：喷墨速度提升（如多 Pass 打印技术）、墨水成本降低。

环保政策：传统印花的高污染问题促使企业转向更环保的数码印花。

（2）工业化应用

工业级设备：如 MS、Kornit 等品牌推出高速设备（>1000 ㎡ / 天），支持连续生产。

行业渗透：从高端时装、运动服饰扩展到家居装饰、汽车内饰、广告标牌等领域。

0.4.3 数码印花的喷墨方式

（1）热发泡式（Thermal Inkjet）

原理：通过加热墨水产生气泡，将墨滴喷出。

特点：成本低，但喷头易损耗，适用于低粘度染料墨水。

（2）压电式（Piezoelectric）

原理：利用压电晶体形变挤压墨水喷出。

特点：喷头寿命长，支持高粘度墨水（如颜料墨水），精度高，工业级设备主流技术。

（3）数码喷墨印花墨水

①类型

染料墨水：色彩鲜艳，适合天然纤维（棉、丝），但耐光 / 水洗性较差。

颜料墨水：耐候性强，适用于化纤和混纺织物，需预处理提高附着力。

活性墨水和酸性墨水分别适用于纤维素纤维和蛋白质纤维（如羊毛）。

UV 固化墨水：快速固化，适用于硬质材料（如标牌），但柔软性较差。

②环保趋势

水性墨水替代溶剂型墨水，减少 VOCs 排放；生物基墨水研发兴起。

0.4.4 数码喷墨印花技术发展

（1）喷头技术

高精度喷头（如京瓷、理光等）支持可变墨滴大小（灰度打印），提升色彩层次。

多 Pass 打印技术提高速度（如 32Pass 打印速度可达 200 ㎡ /h）。

（2）软件优化

色彩管理软件（如 EFI Fiery）实现广色域、高还原度；AI 算法优化图案适配。

（3）预处理与后处理

预处理液（如上浆）提升墨水固色率；后处理（汽蒸、水洗）设备集成化。

数码印花机的应用现状及前景

①现状

工业级设备占据纺织印花市场约 10% 份额，渗透率逐年上升。

桌面级设备用于小批量定制（如 T 恤、文创产品等）。

②前景

个性化定制：C2M（Customer-to-Manufacturer）模式推动需求增长。

可持续生产：无水 / 少水工艺减少污染，符合 ESG 趋势。

智能化：与物联网、大数据结合，实现智能调色和远程监控。

（4）数码印花的优势与问题

①优势

灵活生产：无需制版，支持小单快反。

高精度：可呈现复杂图案和渐变效果。

环保：减少废水排放（比传统印花节水 70%）。

② 问题

成本：设备和墨水价格较高，大规模生产经济性仍待提升。

速度瓶颈：与传统圆网印花（>5 000 m^2/ 天）相比仍有差距。

颜色一致性：不同批次可能存在色差，需严格色彩管理。

（5）喷墨原理详解

数码印花采用 按需喷墨（Drop-on-Demand, DOD） 技术：

压电式喷墨：电压作用于压电晶体，产生形变挤压墨水腔，墨滴通过喷嘴喷出。

热发泡式喷墨：电阻加热使墨水局部汽化，气泡膨胀将墨滴推出。

核心参数：墨滴大小（PL 级）、喷射频率（kHz 级）、定位精度（μm 级）。

数码印花通过数字化与喷墨技术结合，正逐步替代传统工艺，未来将向 高速化、智能化、绿色化 发展，成为纺织工业升级的核心驱动力。然而，设备成本、生产效率和标准化仍是需要突破的瓶颈。

0.5 纺织品数码印花行业 AI 应用方案

纺织品数码印花行业可以通过 DeepSeek 系列模型的 AI 能力实现智能化升级，具体应用场景及技术路径如下：

0.5.1 智能设计与流行趋势预测

（1）图案生成与优化

DeepSeek-R1 的推理能力可结合历史数据和市场需求，生成符合流行趋势的数码印花图案，并通过多模态分析（如文本描述生成图像）实现快速设计迭代。例如，利用 AI 预测色彩搭配、纹理风格，甚至模拟不同材质上的印花效果。

（2）流行趋势分析

基于 DeepSeek-V3 的自然语言处理能力，分析社交媒体、时尚报告等非结构化数据，挖掘全球时尚趋势，辅助企业提前规划产品线，减少设计盲目性。

0.5.2 生产流程优化

（1）参数智能调优

DeepSeek-R1 的推理能力可优化数码印花设备参数（如墨水用量、喷头速度等），结合实时生产数据动态调整工艺，减少材料浪费并提升良品率。例如，通过模拟不同温湿度下的墨水扩散效果，生成最佳生产方案。

（2）设备预测性维护

利用 DeepSeek 的时序数据分析能力，监测设备运行状态并预测故障，减少停机时间。例如，通过分析喷头堵塞、机械磨损等异常信号，提前发出维护警报。

0.5.3 质量检测与控制

（1）视觉缺陷检测

结合 DeepSeek 的多模态处理能力（如 MLA 架构的低内存占用特性），对印花成品进行高分辨率图像分析，快速识别色差、错位、晕染等缺陷，准确率可达 99% 以上。

（2）工艺合规性校验

通过 AI 模型校验印花工艺是否符合环保标准（如 OEKO-TEX 认证），自动生成合规报告，降低人工审核成本。

0.5.4 供应链与库存管理

（1）需求预测与动态排产

基于 DeepSeek 的时序预测能力，结合市场数据和订单历史，动态调整生产计划，实现按需生产，减少库存积压。例如，预测季节性需求峰值并提前调配原材料。

（2）供应商智能匹配

通过自然语言处理分析供应商资质与历史合作数据，推荐最优供应链合作伙伴，缩短采购周期。

0.5.5 个性化定制服务

（1）C2M（用户直连制造）模式

利用 DeepSeek 的 API 接口快速接入电商平台，支持用户上传个性化设计文本或草图，AI 自动生成高精度印花文件并直连生产设备，实现“设计 – 生产 – 交付”全链路自动化。

（2）动态定价策略

结合市场供需数据和用户行为分析，为定制化产品制定差异化定价，提升利润率。

0.5.6 成本与资源效率提升

（1）低推理成本架构

DeepSeek 的 FP8 混合精度训练和 MLA 注意力压缩技术可降低算力需求，使企业以 OpenAI 模型 1/10 的成本部署 AI 质检系统。

（2）弹性算力服务

例如，华孚科技提供的弹性 GPU 集群租用方案，支持企业在生产高峰期按需扩展算力，避免硬件闲置。

0.5.7 数据安全与合规部署

针对纺织行业对数据隐私的高要求，DeepSeek 支持私有化部署方案，确保设计图纸、客户信息等敏感数据本地闭环管理，同时提供专属运维团队保障系统稳定性。

随着 DeepSeek 模型的开源生态扩展，数码印花企业可进一步定制垂直领域的小模型（如针对丝绸印花的专用模型），结合蒸馏技术实现轻量化部署。华孚科技规划的“AI 超级大脑”将整合设计、生产、供应链全链条数据，推动行业向“零库存、全定制”的智能制造模式转型。

0.6 总结

在古代，印花是手工操作，主要有木模印花与镂空版印花，这两种印花技术的效率很低，并且印花质量并不理想。经过长期的发展，特别是工业革命以后，木模印花演变成滚筒印花机，镂空版印花演变成筛网印花机（根据网型的不同分为平网印花机和圆网印花机）。近些年，有人开始研究转移印花机，转移印花机分为热转移印花机和冷转移印花机。20 世纪末，人们开始研究数码印花机，经过几十年的探究，取得相当不错的成果，并且未来数码印花机将朝着高速、高分辨率的方向发展。随着科学技术的高速发展，印花机械必然朝着智能化、信息化的方向发展。

思考题：

1. 中国古代纺织品三大印花技术的原理是什么？
2. 简述纺织品印花技术的发展历程。
3. 大机器印花机的原理是什么？
4. 转移印花的原理是什么？
5. 平网、圆网印花的工艺原理是什么？
6. 简述数码印花技术的发展史。

参考文献：

[1] 曹振宇 . 中国古代纺织品印花 [J]. 河南工程学院学报 (自然科学版)，2008(2):51–54.
[2] 阮青梅 . 手工印花在服装设计中的应用研究 [D]. 上海：东华大学，2014.
[3] 郑巨欣 . 中国传统纺织印花研究 [D]. 上海：东华大学，2005.
[4] 王业宏，刘剑，姜丽 . 苍南夹缬遗存印染工艺研究 [J]. 东华大学学报 (社会科学版)，2009，9:85–87.
[5] 张琴 . 蓝夹缬的历史、现状及前瞻 [J]. 北京民俗论丛，2013:74–93.
[6] 武敏 . 唐代的夹版印花——夹缬——吐鲁番出土印花丝织物的再研究 [J]. 文物，1979(8):40–49.
[7] 赵丰 . 夹缬 [J]. 丝绸，1991(Z1):98–100.
[8] 卓千晓 . 传统手工印染艺术的现状与前景分析 [J]. 现代装饰 (理论)，2013（6）:147.
[9] 王华，周启澄，屠恒贤 . 蜡防印花的起源及其发展和创新 [J]. 东华大学学报 (社会科学版)，2003(4): 78–82.
[10] 李恩政 . 东亚、南亚蜡防印花与中国蜡防印花的比较研究 [D]. 上海：东华大学，2014.
[11] 王华 . 蜡染源流与非洲蜡染研究 [D]. 上海：东华大学，2005.
[12] 陈荣圻 . 中国古老蜡防印花与现代时尚服饰 [J]. 染整技术，2018，40(3):51–55.
[13] 王序 . 中国古代绞缬工艺 [J]. 考古与文物，1986，1.
[14] 陈朝志 . 古代纺织品中的印金技艺及金织技艺 [J]. 中国纺织，1995(1):47–48.
[15] 徐红，瓦力斯 . 具有浓郁地方特色的新疆民间传统染缬 [J]. 上海纺织科技，2005(9):23–25.
[16] 黄国松 . 中国古代纺织品印花 [J]. 苏州大学学报（工科版），2002(3):48–50.
[17] 郭腊梅 . 纺织品整理学 [M]. 北京 : 中国纺织出版社， 2005:207–260.
[18] 黄国松 . 中国古代纺织品印花 [J]. 苏州大学学报， 2002， 22(3): 48–50.
[19] 陈镇 . 汉族传统服饰的古法印花 [J]. 纺织学报， 2018， 3(1): 73–78.
[20] 赵翰生 . 中国古代纺织与印染 [M]. 北京：中国国际广播出版社，2010.
[21] 周启澄 . 纺织科技史导论 [M]. 上海：东华大学出版社， 2002:80–103.
[22] 王佳宁 . 印花设备的工艺介绍及其现状 [J]. 工艺与技术， 2015：8–11.
[23] 崔利军 . 筛网印花的类型特点及其工艺方法 [J]. 上海毛麻科技， 2016(4):15–17.
[24] 陈立秋 . 平网印花机的技术进步 (二)[J]. 印染，2004. 23:11–15.
[25] 陈立秋 . 新型染整工艺设备 [M]. 北京 : 中国纺织出版社， 2002.

[26] 黄茂福 . 印花技术发展动向 [J]. 印染， 2004(6): 43–47.
[27] 张春梅 . 全自动印台式平网印花机的研究 [C]// 第六届全国纺织印花学术研讨会论文集 : 239–241.
[28] 陈冬兰 . 印花行业的机械化 [J]. 材料与设备， 1996:27–28.
[29] 倪晓宇 . 圆网印花机智能化控制系统 [D]. 西安：西安工程大学， 2016.
[30] 汤俊堂 . 圆网印花机结构及性能 [J]. 纺织机械，2006(1): 44–47.
[31] 魏涛 . 全数字式圆网印花机的研制 [J]. 纺织机械，2010(2): 30–32.
[32] 吕小芳 . 纯棉织物的活性染料湿转移印花 [J]. 印染，1999，35(3): 21–24.
[33] 左凯杰 . 冷转移印花设备浅析 [J]. 印染， 2018(5): 47–49.
[34] 方泓钊 . 数码喷墨印花技术的研究现状及发展趋势 [J]. 印染助剂， 2011， 28(9):5–9.
[35] 李明珠 . 数码印花的现状及发展趋势 [J]. 染料与染色， 2011，48(6):32–34.
[36] 徐锡环 . 数码喷墨印花技术新进展 [J]. 江苏丝绸， 2008(4):46–47.
[37] 汪津 . 数码印花技术 [J]. 印染， 2016(11):53–60.

第 1 章
数码印花图案设计

“图案”一词于20世纪初由日本传入中国，英文为design，包含设计、计划、图样、结构等多种含义。图案教育家、理论家雷圭先生在《图案基础》一书中，将图案的定义综述为“图案是实用美术、装饰美术、建筑美术方面关于形式、色彩、结构的预先设计。在工艺材料、用途、经济、生产等条件的制约下，制成图样、装饰纹样等方案的统称。”李佳认为数码印花图案是设计师通过计算机这种辅助工具，在各种图形处理软件的辅助下，将设计师的图案设计稿或者直接绘制的电子设计稿传输到计算机上，进行图案的二次设计和处理。这种通过计算机和图形处理软件对原始设计图案进行二次修改、调整及再创造，最后将之运用于面料或者服饰的图案，即数码印花图案。数码印花技术起源于欧洲，所以相对于国内，国外设计师的数码印花图案设计相对成熟。国外许多设计师由于数码印花技术与计算机辅助设计的操作灵活性，拥有自己独立的艺术设计工作室。在工作室中，他们设计有创新感的作品，供印花面料厂与相应的服装企业挑选并推向市场。

1.1　数码印花图案设计基础

1.1.1　图案设计的素材种类与形式

数码印花元素有三大要素，包括风格、色彩、构图。设计素材更加广泛，色彩更加丰富，构图不拘一格。数码印花图案的素材可分为具象图案和抽象图案两大类。具象图案分为花卉图案、风景图案、动物图案、人物图案、风景图案、器物图案。抽象图案分为几何形图案、随意形图案、幻化图案、肌理图案。数码面料和服装图案实现形式可分为单独纹样、适合纹样、连续纹样（二方连续、四方连续）。设计数码印花图案时，设计师可以将一切感兴趣的图片素材以数字化图案的形式，通过计算机制作或扫描的方法进行重新变化和组合，呈现形式新颖的视觉影像。数码印花技术完全突破了传统印花的套色限制，能够灵活地创建所需要的色彩组合，可快速变化颜色，轻松完成色彩过渡、云纹以及写实色彩等的效果，这些都是传统图案难以达到的。另外，数码印花颜色丰富，图案套色多而精确，图案层次丰富，色彩逼真，可以在很短的时间内直观地显示色彩组合。刘淑纯认为印花图案从形态上大体分为自然形态与抽象形态。自然形态为具象的人物、动物、花鸟、山水等设计的图案，抽象形态多为点、线、面这种不以具象形象所构成的图案。不同的图案类型体现了不同的服装风格。

刘淑纯认为：从数码印花图案流行的趋势来看，自然、人文和科技对数码印花图案设计影响深刻。广大消费者崇尚自然、追求复古，以达到一种人与自然和谐的状态。随着科技的进步，人们对自然的了解也越来越深入，从宏观到微观，大到宇宙星象小到生物细胞，自然元素的印花图案也更加多样化了。从远古的动植物纹到现在星空、烟雾、沙漠、岩层肌理、细菌都能成为印花图案的元素，且这些独特的自然元素在如今追求标新立异的年代越发受到人们的喜爱。

世界各国民族风格图案是民族文化的典型代表。例如，中国的吉祥图案，日本的友禅图案，欧洲的佩兹利图案，印度的沙丽图案等，都是各国民族文化发展至今所凝练的精华，也是文化的传播表现形式与文化传承的经典。世界各国文化艺术的发展对印花图案的影响深远。巴洛克的奢华，洛可可的柔美，波洛克的抽象，印象派的撞色，表现主义的感性，种种艺术风格影响着图案设计的演变及趋势。设计师们向来追逐艺术潮流。人们经常发现，时下发生的重大事件或流行的事物被印在面料和服装上。例如 2012 年伦敦时装周上让人惊鸿一瞥的钞票、邮票图案，还有 burberry 的格子图案，Alviero Martini 的古地图图案，Hermes 的各种丝巾印花图案，甚至是各品牌的 logo 都开始图案化，引领着潮流的发展。

随着科技的快速发展，数码印花图案的科技感越来越强。这些以高科技为载体的数码印花、3D 印花、立体印花成为印花图案中必不可少的一种类型。这些印花图案集图案、颜色、面料为一体，有着极其夸张的表现手法，给人以视觉上强烈的冲击。例如，3D 印花是通过对图案进行 3D 效果处理，再经数码印花转移印染到面料上，其图案非常逼真，立体感很强。英国的新秀品牌 Mary Katrantzou 就以立体感极强的、错综复杂的、浓浓文艺气质的印花图案著称，其品牌创始人 Mary Katrantzou 作为印花和面料专家也一直致力于研究新廓形和印花新技术。

数码印花图案设计必须在适应工艺制作和装饰要求的基础下追求图案的结构形式的完美。单独纹样是指具有相对独立性并能单独用于装饰的纹样。适合纹样是指具有一定外形限制，图案素材经过加工变化，组织在一定的轮廓线以内的纹样。二方连续纹样是指以一个或几个单位纹样，在两条平行线之间的带状形平面上，作有规律的排列，并向上下或左右方向无限连续循环构成的带状形纹样。四方连续纹样是指一个单位纹样向上下左右四个方向反复连续循环排列产生的纹样。这种纹样节奏均匀，韵律统一，整体感强。设计时要注意单位纹样连接后不能出现太大的空隙，以免影响大面积连续延伸的装饰效果。

设计图案时必须注意审美心理。当我们审视周围的空间，总希望环境的层次既富有变化，又呈现一种规律的秩序美。从消费心理需求来看主要存在以下几方面的审美需求：追求展现个人风采的审美心理，体现自己爱好的自满、自足与自信；追求标新立异表现个性的审美心理；以独特的配套形式强化自身，引人注目，主要存在于都市时尚之人；追求与众不同，独一无二的审美心理，主要存在于都市打扮前卫之人，他们具有强烈的现实自身审美欲望与审美价值的意识；追求和平美满，亲密和睦人际关系的审美心理，讲究既有变化又有秩序的视觉美，形成较强的视觉注目性；追求一种时尚审美新认识的荣誉心理。

1.1.2 数码印花图案设计的软件

数码印花设计软件是纺织业的智能革命。在纺织印花行业，色彩管理复杂、分色调色效率低下、小批量订单成本高昂等问题长期困扰着设计师与生产商。而随着人工智能与云计算技术的渗透，新一代数码印花设计软件正以智能化、自动化和云端协作为核心，彻底重构传统工作流程，为行业带来前所未有的变革。

（1）智能化设计模块：效率的飞跃

AI 绘图引擎：以 Geek Design 为代表的软件集成 AI 大模型，支持“以文生图”和“以图生图”功能。设计师输入关键词描述，系统即可自动生成无版权争议的原创花型，将原本数小时的设计工作压缩至 1 小时内完成 10 张高质量图稿，大幅解放创意生产力。

智能配色与分色：秋风分色软件可一键生成 5 - 6 种符合民族禁忌色或国际流行色的配色方案，并支持局部微调。金昌软件的“智能提取”功能则攻克了模糊花稿的分色难题，自动分离多种套色并优化边界效果，解决传统手工分色 70% 以上的耗时问题。

虚拟试衣与效果仿真：秋风分色软件集成 3D 试衣系统，可实时将花型贴附到模特动态模型上，直观展示成衣效果，减少实物打样成本。

（2）全链路生产优化：从设计到交付的闭环

高效 RIP 与拼版技术：蒙泰 RIP V6.0 的纺织连晒模块突破数据瓶颈——仅需处理几十 MB 的花型文件，即可通过智能镜像、翻转和重叠算法生成整卷布料的上百 GB 输出数据，避免电脑资源过载。其拼版功能支持多图案组合位移，满足家纺大幅面对接需求。

跨介质色彩一致性：如 NeoStampa Delta 通过 ICC RGB 输出配置和 PDF/X 标准

兼容性，确保从屏幕显示到棉布、化纤甚至陶瓷的印刷色彩“零偏差”。Caldera 的 Direct-to-X 解决方案则针对服装转印优化白墨管理和背景剔除，适配 DTG/DTF 工艺。

成本与耗材控制：NeoStampa Delta 的 DTG 模块通过半透明区域白墨自动调节，节省 50% 的墨水消耗；Geek Design 的省料排版功能结合雪花算法和嵌套叠排技术，提升布料利用率 10% 以上。

（3）国产化与云化：技术民主化的浪潮

国产软件正通过差异化创新抢占市场。中望 CAD 和华天 CrownCAD 适配国产信创环境，提供 AI 辅助建模功能；金昌软件以全矢量化操作和 30 层管理功能，实现复杂云纹稿的精准编辑；浩辰 CAD 则以 300MB 的轻量化包体兼容 AutoCAD 格式，服务中小型企业。同时，云原生架构成为新趋势——华天 CrownCAD 支持多人在线协同设计，而 Autodesk Fusion 360 通过云端数据同步，打通设计、仿真与制造环节。“操作简单方便，全过程由计算机控制，废品率为零”——HM1800P 热转印机的描述恰是当前数码印花软件的缩影。从 Geek Design 的 AI 创意爆发，到蒙泰的智能拼版，再到秋风分色的虚拟成衣，软件已渗透至设计、生产、管理的全环节。未来，随着生成式 AI 与工业元宇宙技术的成熟，数码印花将步入“零打样、零库存、零延迟”的智能时代，而国产软件的崛起更将加速这一进程的普惠化落地。

（4）行业趋势：云端协作与全链条整合

当前软件生态正呈现三大发展方向：

云平台化：如“图来旺”平台提供在线分色、花型交易及任务协同，支持多地设计师实时协作。

操作轻量化：金昌等软件压缩率超 10 倍，使移动端处理大幅面图案成为可能。

全流程覆盖：Geek Design 等工具已整合设计、分色、排版模块，排版环节采用 AI 算法实现省料优化，较传统排版节省 15% 以上面料。

数码印花软件的价值不仅在于提升单点效率——更在于重构了“创意到产品”的链路。从设计师的灵感火花，到工厂的批量生产，技术正让艺术与工业的边界逐渐消融。

未来随着生成式 AI 与色彩算法的深度进化，“零延时设计生产” 将成为现实。而当下掌握这些工具的设计师与制造商，已在个性化与可持续并重的市场浪潮中抢占了先机。

1.1.3　图案的色彩设计基础

图案的色彩是一种装饰色彩，是在自然色彩的基础上，经过提炼、概括、夸张而形成的。装饰色彩具有平面、感性、抽象、自由而主观的感受，不受自然色彩真实性的限制，能表现自己主观的情感感受，具有联想性和象征性。使用 Illustrator 矢量绘图软件可以快速给图案更换色彩，进行各种色彩组合，完美地展现设计意图。张小玲认为掌握色彩的三要素（色相、明度、纯度）及它们之间的相互关系，并由此关系产生的色彩冷暖、明度、强弱对比与调和规律，再将这些规律应用到图案设计中的色彩表现上，就可以最大限度地发挥色彩的装饰作用。

图案色彩运用的一般规律：

（1）对比统一

任何一个优秀的图案色彩设计都离不开色彩之间的对比关系。并置在一起的色彩效果归纳起来有以下几种对比：①重色和轻色；②明色和暗色；③强色和弱色；④前进色和后退色；⑤冷色和暖色。配色过程中应根据创意的主题决定对比关系的大小。对比关系弱趋于一致，对比关系强视觉冲击力大。

（2）色彩的层次与主调

第一，图案色彩层次感。图案色彩层次感的表现，源于人们对自然色彩变化规律的认识。图案色彩的层次，由色彩的明度高低来区分、决定。在图案的色彩配置中，必须掌握底色与纹样、纹样与纹样之间的明度对比关系，正确处理图案色彩的层次对比关系，这样才能达到层次清楚、协调统一，获得具有美感的图案效果。

第二，色彩的主调。色彩的主调即色调。色调是指画面色彩的总体倾向和基调。通俗地讲，是指统辖整个画面的主要色彩。图案色彩要有主次之分，没有主次就没有主调，没有主调就没有凝聚力，也就会使画面零乱、失去整体感。图案的色调大都是以能影响画面全局的大面积色彩来决定的。图案色调的形成过程，就是把画面中所需配置的各种颜色，分大小、主次、轻重，以服从一个基本色为原则，将它们有机地组织在一个统一的整体内。

图案色调的类型主要有以下几种：①从色性上分，有冷、暖色调：主色倾向于蓝色、青色、青绿、青紫色的为冷色调；主色倾向紫红、橙、黄色的为暖色调。实际上所有的色调都具有一定的倾向性，不是倾向冷就是倾向暖，只是在倾向的程度上有所不同。②从明度上分有亮调、暗调、中间调：主色倾向于橙、黄、白色等浅色的为亮色调；主色倾向于蓝、黑色等深色的为暗色调；主色介于亮色与暗色之间，倾向于灰色的为中间色调。③从纯度上分有艳调和灰调：纯度高的色彩，纯净、明朗、鲜艳为艳色调；纯度弱的为灰色调。④从色相上分，有红、黄、蓝等多种色调：主色倾向于红色的为红色调；主色倾向于黄色的为黄色调；主色倾向于蓝色的为蓝色调；主色倾向于紫色的为紫色调等。

图案的色调处理：图案的色调，一般情况下是由底色来决定的。底色的变化，会引起纹样色彩的变化。通常是依据底色的色调，确定纹样色彩的层次安排与主次搭配，最后再根据整体色彩的需要添加点缀色彩。如底色的明度比较弱，主体纹样的色彩明度就要高一点，陪衬纹样的色彩则选用底色与主体纹样色之间的明度。这样配置，既有三者之间的层次区别，又使三者之间互相联系、自然过渡、整体统一。

不同的民族，有不同的色彩喜好和禁忌。例如：汉族喜好红、黄、绿、青，忌讳黑色和白色；回族非常喜欢黑白、蓝色、红色、绿色；藏族对白色尤其喜爱，认为它很尊贵，还有黑、红、桔黄、紫、深褐也是他们的最爱；维吾尔族喜欢红、绿、粉红、玫瑰红、紫红、青、白，而对黄色比较反感；苗族对青、深蓝、墨绿、黑、褐色情有独钟，但忌讳白、黄、朱红；彝族喜欢天蓝；满族喜欢黄、紫、红，对白色反感。

1.2　服装图案设计

服装图案主要有衣装图案、裤装图案、裙装图案等，因服装的功能、风格、款式、工艺、材料以及穿着者的民族、习惯、年龄、性别等的不同，图案风格迥异。

1.2.1　T 恤衫图案

T 恤，也称文化衫，图案（如图 1-1 所示）多以前胸为装饰部位，采用面积适中的单独纹样形式，内容广泛，常见有植物花草、卡通动物、传统脸谱、名胜古迹、名人明星、抽象纹、广告语文字、标识等。T 恤发展于针织男士圆领衣，其服装样式可以追溯到 17 世纪美国码头工人的服装以及 19 世纪末海员的制服。1942 年，美国人 Navy 受 T 字启发，把它叫作“T Type Shirt”，而后成为一种不分性别的服装样式。1976 年，T 恤的加长改革，更使其发展成为世界范围内的一种实用服装。有统计，现今美国一年的 T 恤消费量为数十亿件，T 恤有大众与平民性的一面，而其流行感正是由图案和色彩来体现的，且易与多种风格服装搭配。T 恤图案因具有商家广告的功能，也被称为“广告衫”，并具有旅游纪念等功能。图案具有轮廓分明、装饰性强、对比醒目等造型特点。传统 T 恤图案以机印工艺为主，现今 T 恤图案除机印外，还有数码喷墨、手绘、机绣、贴补绣、顶珠绣、烫钻等工艺，图案在部位、面积上形式多样，变化灵活。根据现阶段国内外 T 恤设计的情况，可以按照款式变化及图案变化的特点进行分类。T 恤以款式变化进行划分，大体分为性感类、卡通类、素雅类及不规则剪裁类。武文宇认为 T 恤设计中创意图案的分类有流行性创意图案、文化性创意图案和商业性创意图案。流行性创意图案随着网络的发展已经种类繁多，包括网络表情、流行图案、影视作品、明星漫画等多种形式。文化性创意图案一般融合了地域性、国际性文化，因此该类图案更具地域文化吸引力，同时对非地域性人员来说更像艺术品，更具观赏性。商业性创意图案往往与商业化活动联系紧密，不论是明星肖像、文化宣传，还是动画图案、企业 LOGO，都是商业性创意图案设计的领域。这些图案设计往往兼具传播性、审美性及商业性。

(a) (b) (c) (d)

图 1–1　T 恤图案

1.2.2　裙料图案

裙料图案（如图 1–2 所示），又称“独服裙图案”“件料图案”。以半身裙和连衣裙图案设计为目的，传统图案格式采用以裙边的二次连续纹样过渡到裙身的四方连续纹样的组合方式，图形沿布幅边缘向上延伸展开，图案下密上疏，以植物纹为主要内容，被认为是服装面料图案设计中较有难度的设计形式。现代裙料设计加大了面料的幅宽，纹样的形式也更加多样化，工艺除了印花还有手绘、刺绣等，适用的服饰也更加广泛。

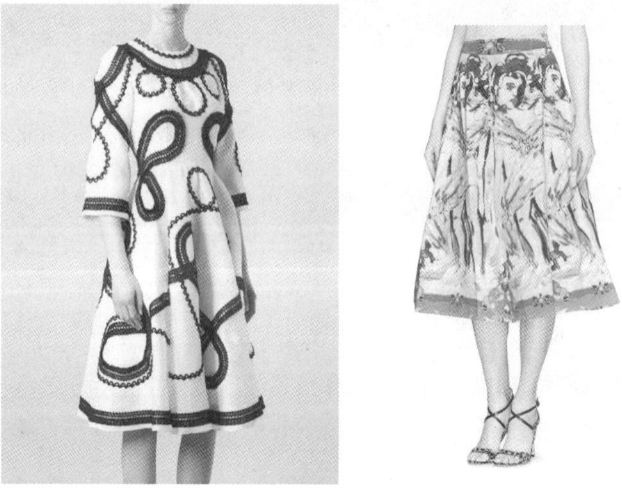

(a) (b)

设计提示：裙料图案设计尺寸大，采用具有抽象、具体、写实、写意以及肌理等手法表现其多样性，使图形获得充分展现。

图 1–2　裙料图案设计

1.2.3　方巾图案

方巾图案（如图 1–3 所示），指外形方正，可用于颈脖、肩、头部、腰部等部位的服饰用品图案。图案内容涉及广泛，造型表现丰富多样。结构有独立式、二分之一对称式、四分之一重复式、中心独立加二方连续边框式、中心连续循环纹加二方连续边框式等，是集单独纹样、适合纹样、角隅纹样、二方连续纹样于一体的图案设计纹样。结合折叠颈饰佩带和披肩佩带等效果，方巾的四角和中心成为纹样设计的重点。方巾图案以真丝印花为典型纹样，因尺寸大、外形方正的特点，也为绘画式图案的表现提供了契机。许多画家名作或风景场景被印在方巾上，使方巾具有旅游纪念功能。

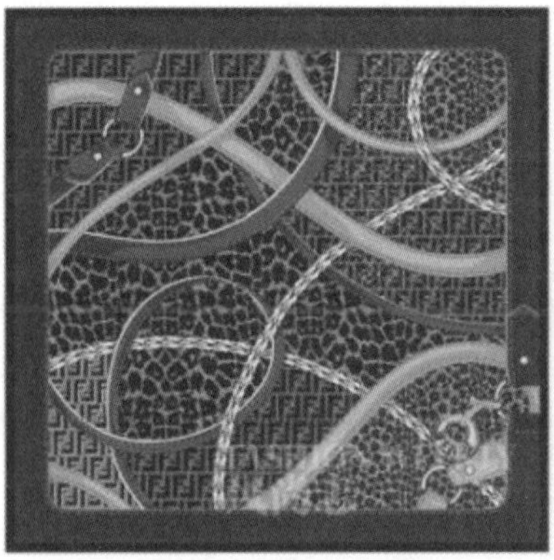

(a)

(b)

(c)

(d)

设计提示：创建于 1837 年的世界著名方巾产品世家爱马仕（Hermes），以主题化的图案设计，把方巾设计推向了世界侈饰品的层面，创造了经典的方巾图案，也谱写了辉煌的方巾历史。

图 1–3　方巾图案

1.2.4 数码印花肌理和非线形图案设计

何苗认为肌理因其自然天成、灵活自由的变现形式逐渐引导纺织面料的印花图案设计走向潮流，国内外均十分重视此方面的研究。计算机技术、计算机辅助技术的广泛应用使得纺织面料肌理图案设计迎来了新的发展机遇，但同时也带来了一定的挑战，如图案各个方面的选择变得越来越复杂。人工肌理与自然肌理有着本质上的差异，但其需要有自然肌理作为基础，也就是说人工肌理是对自然肌理进行改造的过程和结果。通过人工肌理的方式能够使原本材料在形态特征、属性等方面发生些许变化。很多设计师在进行创作时发现，所应用的肌理往往具有多种形态，如有机形态、偶然形态等，不同的形态需要应用不同的技术，这需要根据设计师对整个设计的考量再进行创作。在数码喷墨印花环节，设计师往往需要对数字喷墨印花图案设计有充分的了解，否则其所设计的图案会与纺织面料肌理图案相悖，也无法充分展示其特征。在实际操作中，数码技术提供了极大的创作空间。数码肌理的应用需要现代技术手段作为支撑，一般是计算机技术，或计算机辅助技术，这种方式具有多种优势，如可以虚拟出图案的形状，也可以大幅度提升肌理的速度，在进行创作时设计师也可以任意复制和粘贴，将设计师对图案的理解和想象通过计算机表现和制作出来。数码肌理中常用的软件有很多，如 Adobe、Photoshop 以及 Painter 等。此种设计手法极具现代性特征，可以对图案进行任意的调整，也可以在发觉图案出现问题时对其进行修正，而这个优势是手绘肌理所不具备的。

在设计数码印花肌理图案时，需要遵循一定的设计规律，具体如下：①重复排列。其主要有两种形态，一是纵向排列，二是横向排列。在排列时要体现重复性，然后根据整个排列的走向进行重复性操作，排列时其位置或许会发生变化，后续排列也要随之作出变化，否则会影响整体效果。②渐变。依据基本形的空间、疏密以及色相和明度等指标进行渐变。③多样组合。将几种不同基调风格的肌理图案进行拼合。

王洁和张聿提出了基于非线形图形的印花纹样设计创新，并对其在丝巾图案中的应用作了详细阐述。可以在丝巾的印花纹样上设计非线形印花纹样，即提花织物上的花纹图案。主要题材分为自然景物和各种几何图形（包括变体文字等）两大类，有写实、写意、变形等表现手法。设计纹样不仅要题材新颖、艺术上灵活变化，还要综合考虑织物组织结构特点、织造工艺和织物用途等因素。丝巾是服饰类产品中永不凋零的时尚，是女性使用最多并最具风情的时尚单品。当丝巾的“版图”也被赋予内涵和主题，它便承载起文化的使命，集艺术性、实用性与文化性于一体，并更具收藏和纪念价值。

非线性图形简单而广义地来说就是应用非线性理论，采用数字信息化的方法生成的图形。它与运用 Photoshop、Corel DRAW、CAD 等绘图软件处理的图形不一样，是依据非线性图形理论来确立数学、物理模型以及抽象概念，再凭借 VB 或者其他编程语言，将图案在计算机上演示出来。通过数形转换，将原本抽象、枯燥、缺乏的数据（数值）以图形的方式展现在人们面前，用科学的方法挖掘“不可视”世界的深层美。

非线性图形在丝巾印花纹样图案中的应用体现在丝巾设计稿中：有的印花纹样采用四方连续的清地构图，搭配高级灰的色彩，重点突出光晕效果，有科技未来感；有的采用满地构图，明亮的桔红色搭配若隐若现的光感印花纹样，在体现华贵复古之余带来一丝神秘感；有的采用错落有致的排列方式，让印花纹样显得层次丰富、灵动十足。非线性图形具有丰富的变化，借助数字化可视技术，使构图操作方便，适用于印花图案设计。虽然非线性图形具有较强的时代气息，但是在东方文化艺术强烈的风格下，非线性图形却显现出质朴、素雅的感觉，同时也给东方文化艺术中的纹样设计带来新的冲击。

1.3　丝绸面料数码印花图案设计

真丝印花绸是指用 100% 的桑蚕丝坯绸印制的印花产品。真丝印花绸质地精细、轻薄、柔软舒适，手感、触感滑爽而富有弹性，光泽柔和，色泽饱满，并且吸湿、透气、耐热、坚牢，悬垂感强，是妇女夏天穿着或参加盛宴的最佳高级面料。常用的印花绸品种有纱类、绉类、绸类。

乔其纱为平纹组织的真丝织物，采用二左二右的排列方式相间交织，经纬密度很小，经炼染后起收缩作用，绸面有细致均匀的皱纹和明显的沙孔，质地轻盈飘逸、透明、富有弹性，适宜做夏季妇女衣料和裙子、头巾、围巾等服饰，用途广泛。乔其纱图案宜用较粗线条与块面表现，精细的点、线图案因绸面粗糙而不能印制成纱。用色宜浓艳、鲜明，因为有纱孔，即使浓艳之色也不会显得过于鲜艳。花型大多采用大、中型较写实的花朵。

双绉为平纹组织，经采用两根或三根生丝合并，纬用三根或四根生丝黏合，由于经纬加强捻，且采用二左二右捻向，所以织物表面起隐约的细绒纹状，但没有乔其纱那样明显突出。质地轻柔，绸面平滑光亮，绸身坚韧，富有弹性，宜做各种妇女服装，特别适合选做裙类服装，成品有滑爽飘逸、轻盈柔美的特点，是国内外市场备受欢迎的丝绸品种。双绉图案讲究造型，或工细精美，或粗犷奔放，或细腻通真，或热情抽象，构思巧妙而富有情趣，新颖而富有时代气息，构思不拘一格别出心裁，时而严谨稳重，时而挥洒随意，题材广泛，色彩丰富，表现力强（如图 1-4、图 1-5 所示）。

图 1-4　双绉衬衫图案

图 1-5　双绉裙子图案

斜纹绸为斜纹组织，质地柔软、坚牢，绸面平滑光亮，宜做各式夏季衣着。图案花色与真丝双绉大致相仿，但一般花型较大，构图留底甚多，色彩更倾向于鲜明艳丽。

电力纺为平纹组织。质地轻薄柔软，平挺滑爽，较一般绸料飘逸、透气，比乔其纱细密、光滑，电力纺色泽明亮，具有耐磨易洗的优点，是传统的夏令衣料品种，宜做各种夏装，图案特点与双绉品种类似。

真丝锻为 8 枚锻纹组织。因采用纯真丝制织，质地较其他缎类织物轻柔飘逸、透气滑爽、平挺富有弹性，印花后色泽鲜艳明亮、富丽华美，是市场畅销品种之一。真丝缎图案（如图 1-6 所示）大多采用大中型花卉题材，充分利用“面”的表现，展示缎纹质地的特点。

（a）裙装图案　（b）各种图案的面料

图 1-6　真丝缎的图案设计

真丝印花绸属于高档品种，印制工艺要求高、生产批量小、国际市场花色流行影响大、变化快，要求新颖别致。其图案特点总体上有两种倾向，即造型上或精致优美、工细严谨，或活泼豪放、生动自由，色彩上或和谐雅致、含蓄典雅，或五彩缤纷、绚丽夺目。这两种倾向相互交替，与流行花色融为一体，左右着国际流行花色的潮流。

真丝印花图案的素材十分广泛，有以花卉为主的自然纹样，有几何、半几何纹样，还有民族传统纹样和外来纹样等，表现方法与图案风格多种多样。真丝印花绸光泽柔和，虽然流行倾向明显，但配色往往以间色为主，并且类似色调占首要地位。色彩鲜艳不落俗套，含蓄富有光彩，总体色调明显，富有个性。

1.4　人造丝印花主要品种及图案设计

人造丝印花绸以富春纺为主，它与有光纺、无光纺、青春纺合称人造丝四纺，其中无光纺更为突出。无光纺为平纹组织，经纬均用无光人造丝，其绸身平挺洁白、手感柔软、不黏身，是夏令适销品种。人造丝印花绸属于低档面料产品，由于坯绸的特点和原料性能关系，考虑到生产的工艺条件和成本，一般以少套色（3~5 套）为主，色彩以鲜明、强烈的对比色调效果为好，图案取材一般以写实类的中、小花卉为主，造型要求生动、优美、饱满健康，富有生命力。

棉纬富春纺采用无光人造丝作经，本白丝光棉纱作纬，为平纹组织。该织物厚薄适中，手感爽快柔软，有绸与棉所不及的特点，可作冬夏衣料，属于印花绸中价格便宜的低档品种。图案取材一般以中、小型的写实花卉为主，花型生动饱满，层次清晰，色彩鲜艳，常用对比色调，色套一般不超过 5 或 6 套，工艺以直接印染为主。

乔其绒是由桑蚕丝与人造丝以起毛组织交织而成的，质地柔软，正面绒毛紧密，印花后光彩闪烁，庄丽华贵，可作妇女服装、围巾及窗帘、靠垫等。绒类织物不适合印制精致花纹，故图案造型简练、概括、粗犷、单纯，一般宜用粗线或面的表现技法造型。

烂花乔其绒产品与乔其纱的组织不同，经纱分主副经，主经和纬纱均用生丝捻合线，交织时浮在纱面的副经上，一般采用有光或无光人造丝。坯绸经烂花处理后，表面呈各种不同的花纹，露出乔其纱地。其特点是绸身柔软、纱地透明如蝉翼，宜作妇女服装、头巾、窗帘等。图案风格特点同于乔其绒。

1.5　棉织物数码印花图案设计

棉布印花图案是我国传统的染织图案之一，它的产销面广、量大，由于坯布、染化料、印制设备、工艺流程、销售市场、实用需求等因素与丝绸不同，形成了印花布图案自己的风格面貌。

印花布有高、中、低不同的档次，由坯布的品质决定。高档棉布可作床上用品，触感轻盈柔和；做服装穿着舒适透爽。印制工艺和图案花色都有较高的要求，特种后处理可与真丝媲美，属于高档产品。中低档棉布由于价格相对便宜，牢度好，故需求量极大，是我国市场销售量最大的纺织品之一；印花布图案题材丰富，风格多样，以花卉、动物、几何、风景等寓意美好的内容为主，作为装饰用布图案造型较大。其中，大花被面图案是印花布图案中传统花色的代表，主销农村及内地市场，造型丰满健康，描绘真实工细、排列均匀自然，色彩对比强烈、红花绿叶喜气洋洋。中、小花型的印花布一般用作服装选料，花色品种多样，常以平纹类、斜纹类及府绸等棉布品种作坯布。题材与装饰用布相仿，排列与形式更为多变，表现技法也更多样。有匀变细腻、工整细致、活泼洒脱的"点"的表现；有生动爽利、潇洒流畅、优美飘逸的"线"的表现；有单纯质朴、粗壮刚健、柔美秀丽的"面"的表现。色彩朴素大方、鲜明清新，而又鲜艳夺目、俏丽华美。

几何纹的花布图案是印花图案中最为突出的图案，富有装饰美感；骨骼多变，从单纯中求多样，统一中求变化。利用重复、推移、特异、错位等平面构成原理，组成多种节奏、韵律的美感，给人动与静、刚与柔的丰富联想，形成受人们欢迎的富有时代感的纹样特色。

印花布图案以其严谨的造型、鲜明的色彩、装饰的风格与特殊的表现技法，形成了自己的特色，成为人们喜爱的图案艺术之一。

1.6 印花毛巾图案设计

毛巾是一种底版为平纹或重平组织，表面为重平起圈绒组织的织物，手感柔软舒适，是人们必不可少的生活日用品。它分单色、色织和印花等品种，其中印花毛巾以其题材广、变化大、色彩丰富等特点，在毛巾类产品中富有特色。

印花毛巾图案题材十分丰富，常采用具有美好寓意的象征性图案，以唤起人们对美的联想。印花毛巾的配色，在配置主花色彩时要考虑毛巾坯布有无色彩。如果坯布有底色，印花时需注意与底色的整体色彩形成对比统一的关系，一般采用与底色相似，或小对比、大调和的配色方法。要求配色清新明快，主次分明，有新鲜、清洁、卫生感。

印花毛巾的构图可作为整幅的独幅画面来处理，采用绘画或装饰形式在长方形平面空间内巧妙安排；也可根据毛巾对叠使用晾挂的习惯特点，在毛巾的 1/2 平面中进行构图，同时注意两个 1/2 画面的呼应、对比、统一、对称等。毛巾图案的表现技法，因巾面圈绒肌理所限，不能表现细腻精致的图案，一般要求简洁、粗犷、单纯、概括的表现手法。

1.7　家纺产品图案设计

徐训鑫认为纺织数码印花图案的应用范围十分广泛，除家用纺织品外，旅游用纺织品、服饰、轿车内饰及广告宣传旗帜等都可以采用数码印花技术，印制个性化产品。数码印花图案在家用纺织品的类型上主要应用在床上用品、悬挂装饰、墙饰、家具覆盖这四类之上。

图 1-7　床上用品设计效果图

床上用品类包括床罩、被套、枕套、靠垫等，在空间里占据主要的位置。图案设计简约清新的条纹图案，经典又不失个性，可以让居家生活更加精致，温暖的色系还可以调节卧室的氛围。其中床罩是卧室的重点，床上的其他纺织品以及卧室的窗帘都需要以床罩为中心展开设计。简约的宜家风色调十分百搭，很符合现代家居风格，双面的印花个性十足，可以让卧室氛围既舒适又放松。

悬挂装饰类包括窗帘、屏风、门帘以及各种帷幔，一般采用涤棉混纺面料。窗帘在现代家居中扮演着重要的角色，不仅仅是用来遮光或者保护隐私。优美的窗帘映入眼前，也是一场视觉盛宴。即使只是简单的窗帘，它的风格也是千变万化的。不同风格的窗帘，营造出的氛围也是不一样的。说起田园风，很容易使人联想到碎花元素，的确，碎花可以说是田园风的经典元素了。小小的碎花，显得格外温柔。规则的圆形几何图案，诠释了另一种田园风。如果女孩子适合碎花，那美式田园就很适合男生的房间，简约但又不失个性。

墙饰类包括墙布、壁挂以及墙布装饰挂件。其图案以写实手法的花卉、鸟禽、昆虫为主。儿童的卧室墙布图案还可以设计为卡通类型的图案。墙布的图案设计要注意构图不能过于烦琐，层次不宜过多，色彩宜淡雅，套色宜少，单位纹样要注意整体循环效果。

家具蒙罩类包括靠垫、沙发套、椅套和桌布等。这类纺织品容易脏污，因此颜色不宜选择高明度色调，图案以花卉、几何、文字图案居多。

由于家纺设计是针对室内用纺织品进行的创造性活动，家纺肌理图案的设计不同于服饰或其他产业用纺织品的图案设计。它通过与技术、艺术的结合来对图案的效果进行规范和指导，要求与人的心灵情感进行交流，其物体与人之间的亲和力、感染力远超过产品本身的价值。家用纺织品的设计不仅仅是独立的平面效果设计，更强调的是与周围环境的协调和融合性及产品自身的配套性。

环境协调性。家用纺织品与室内环境的协调性是通过整体构思和设计来实现的，在室内环境中通过各个单体的相互搭配构成和谐统一的整体。家居环境要求温暖舒适、光线充足、安静温馨，现代家居反映了快速变化的社会环境，拥有开放流畅的空间，注重自然环境的融入，反映了主人的文化素养和审美品质，注重主题性概念设计。客厅是家人和客人聚集的场所，为了营造简洁、大方的视觉效果，图案以素雅为主，色系通常一致，外形以曲线、弧线为主，通过与沙发、靠垫、地毯和窗帘搭配，营造舒适环境。

产品配套性。家纺产品图案设计主要包括沙发、桌椅、靠垫等家具装饰织物，床单、被罩、枕套等床上用品，以及窗帘等家用纺织品的图案设计。现代家纺产品要求整体协调配套设计，家纺产品的系列化要求这些产品在各自功能特性的基础上统一于某个共性之中。在家纺配套设计中，既有室内装饰整体配套，也有局部配套，同时要注意款式及装饰手法的协调。肌理图案家用纺织品的配套化设计，使室内环境在装饰风格上形成统一，具有高度的和谐美，这也是现代室内装饰倡导和追求的发展方向。

实用装饰性。在进行家纺肌理图案设计时，要注意其实用性、装饰性、安全性。家用纺织品不同于艺术品，其主要目的是实用性。因此，在设计图案时，设计师需要了解图案的应用场合、产品的使用目的，明确设计意图，然后有针对性地设计。

家纺图案。家用纺织品图案，简称家纺图案（如图 1–8~ 图 1–11 所示），它包容了家居中一切纺织品设计，主要有：床单、被套、床罩、枕头、毯类等床上用品图案设计；窗帘、门帘、沙发与椅座凳套、桌布等家居装饰布图案设计；墙布、地毯图案设计；盥洗室中的巾类、浴帘、洁具三件套等纺织产品的图案设计以及餐巾、靠垫等家居纺织类饰品；居服、围裙、厨房用手套、拖鞋等家居服饰品的图案设计。家纺图案历史久远，图案的内容包罗万象，图案的形式和工艺丰富多样，兼具实用和审美的双重特性，更是人类热爱生活和精神追求的体现。

图 1–8　戏曲图案设计

图 1–9　屏风图案设计

图 1–10　国外传统卷草纹装饰布图案

提示：地毯款式有正方形、长方形、圆形、椭圆形、八角形等，其中最常见的是长方形，因其最宜装饰空间，也便于制作。

图 1-11　各种地毯图案设计

每一项每一款家纺产品，其图案的设计都与产品的功能、款式、材料、工艺以及社会文化、审美习俗、时尚流行、消费对象等因素紧密关联。因此，图案在内容、造型、格式、色彩、风格等方面呈现出极其丰富的样式。家纺是图案的载体，同时家纺又因图案获得了艺术的彰显、赋予了家居文化内涵与魅力。

（1）地毯图案

家纺图案设计中要属地毯图案的历史最悠久，且最富有文化的意韵。古波斯为人类创造了灿烂而辉煌的波斯地毯珍品，并成为世界经典艺术之一，其中图案起到了决定性作用，并形成完整的地毯图案设计格式和风格。

地毯最初是游牧民族用来抵御寒冬的生活必需品，铺在地上抗寒防湿、坐卧之用，经过世代传承，在实用基础上逐渐具有了审美诉求，尤其是波斯地毯已从原来单纯的实用品，发展成为具有高度审美价值的艺术珍品，其图案造型更是达到了高度完美的境界。流行的纹样有：棕榈叶纹、藤蔓缠枝纹、圣树纹、佩兹利纹、庭园纹、狩猎纹、花瓶和油灯纹、藻井纹以及抽象几何纹，其中以来自古希腊象征太阳的莲花变体棕榈叶纹最具代表性。在图案结构上，波斯地毯最常见的有中心与边缘式、连续纹样组合式、绘画场景式等框架，其中以中心与边缘式等最具代表性。

据史料记载，在中国西汉就有萌芽状态的地毯业，清代的地毯已成为朝廷皇亲和官僚贵族的享用品，由此盛行的图案有各种吉祥纹样，包括花草、祥兽、寿字纹、八宝纹等。近现代，“四菜一汤”的中国“京式”地毯纹样也形成了重要的艺术样式，即由中间主花加上四角的纹样来完成图案的布局，在二十世纪八九十年代十分流行。中国地毯著名的产地有西藏、新疆、内蒙古、北京等地，图案各具特色。

（2）桌布图案

桌布最初以保护桌面、清洁为目的，多用在餐桌上。很多国家和民族都有铺桌布的习惯，即使在物质匮乏的年代，一款材质普通而图案别致的桌布也可以给居室增添许多光彩，成为许多家庭迎接新年的必备品。桌布图案种类繁多，风格多样，桌布也因此成为居室装饰的重要手段。

传统的桌布图案通常是独幅设计，多以中间的适合纹样、四角的角隅纹样、四边的二方连续纹样构成。如今，四方连续图案以其尺寸裁剪随意、格式简洁、易于和居室其他织物配套等优点，成为十分流行的桌布样式。

餐桌布最常见的是色织条格图案、传统写实花草和水果的图案，加上明亮轻快的色调，在具备实用功能的同时，也营造了居室的休闲和浪漫气氛。现代工艺的发展，为桌布图案的设计注入了新的活力，如机织蕾丝面料的运用，使桌布变得通透而灵动，更体现了流行与时尚感。

（3）家具布图案

①沙发布与图案设计

来自“SOFA”译音的沙发，是由弹簧或厚垫构成的一种靠背椅，造型多样。外用纺织品蒙面，便是通常说的“布艺沙发”。布艺沙发可追溯到16世纪末至17世纪初的欧洲，当时的人们用马鬃、羽毛、植物绒毛等材料为填充物，以天鹅绒等织物蒙面，并饰有刺绣等图案。

布面的沙发改变了家具的硬质特性，形成与人体柔软的接触感，并体现了沙发的舒适与温暖特点；布面图案更增添了沙发的个性，赋予了沙发文化的韵味，成为人们的钟爱之物。沙发是现代家居客厅等空间中的重要家具之一，沙发布设计则是家纺图案设计的重要组成部分。

由于沙发在居室的体量需求，沙发图案多以大花型为主，层次丰富，满地写实大花的四方连续纹样一直是最受欢迎的图案。由于沙发布的耐污需求，深色调也就成为重要的沙发布图案用色。而几何条纹格子图案显现出的简洁与条理性，非常适合书房等工作空间的装饰。由于沙发布的耐磨需求，多采用具有厚实特性的面料，也可制作成便于脱洗的沙发套。

②椅凳布与图案设计

椅凳文化历史悠久，中国明清时期更是创造了闻名的椅凳艺术。由于审美与价值观的取向，中国的椅凳更侧重材质和造型的线条，西方椅凳则更追求实用与舒适性。因此，欧美的椅凳与布艺的表现分不开，与图案就更分不开了。欧美传统椅凳设计分椅背、座面、扶手三个部分，并衬垫海绵等填充物附着在木制椅凳上，使坚硬的木质具有了触觉和视觉的柔软感，成为家具的一种设计方式。椅凳布面积的大小和形状的变化，决定了图案的大小和外形，适合纹样式的团花是最常用的图案样式，同时还十分注重图案外形的完整性。四方连续的印花图案就必须十分小心剪裁以确保图案的完整性。十字绣等手工定位图案是传统椅凳布图案的重要实现手段，但其制约了生产的规模，成为小型家庭作坊式的设计样式，但椅凳也因为手工化而增加了自身的价值。

③窗帘图案

窗帘具有调节光线、保护隐私、吸声降噪等实用功能，是所有功能空间必备的家纺产品，而图案明确了窗帘的装饰与审美功效。从视觉艺术的角度看，家居中不同功效的室内空间对窗帘有着不同的需求，加上风格等诸多因素，窗帘的图案（如图 1–12 至图 1–13 所示）设计样式也显得极其丰富多彩。

图 1–12　大马革士图案设计

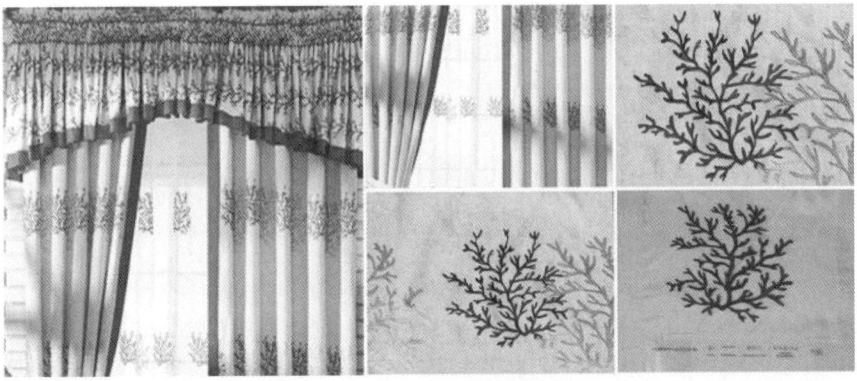

图 1–13　珊瑚图案的窗帘

窗帘的图案样式最常见的是四方连续纹样，近年来也有独幅图案设计。纹样较小的窗帘图案设计，多呈现出居室自然温馨的田园风格；大花型窗帘图案设计，更可表现出室内的豪华与典雅的古典风格；条纹等抽象纹样的窗帘图案设计，呈现的是简洁和富有节奏的美感，使居室呈现出现代风格；同时，家居良好的整体协调感还需将窗帘与其他纺织品相互协调搭配。

④墙布图案（如图 1-14、图 1-15 所示）

墙布也称墙纸，主要由布或纱布等纺织纤维以及纸等材料构成，墙纸具有隔音、保暖、防潮等实用功能，且寿命持久（维护保养好的墙纸可保持 10 到 15 年）。墙纸的图案更具有装饰墙面、营造室内整体视觉氛围的作用。相对于纸质墙纸，纺织纤维材料的墙布具有耐擦洗和防撞击等优点，缺点则是价格比较高。

图 1-14　欧洲传统墙布图案

图 1-15　花卉图案的墙布

对于墙纸的运用，很多国家都有此传统，如在床边的墙面运用纸或布进行贴围，这在中国传统中被称为“墙围子”。20 世纪中期在中国许多简陋的居室中仍能看到用报纸、年历等印刷品来贴墙的现象。现代意义上的墙纸可追溯到 16 世纪的英国，到了 18 世纪维多利亚时代，墙纸的装饰风气已从英国盛行到欧洲乃至世界并进入工业化生产的模式。“新艺术运动”代表人物威廉·莫里斯曾设计了大量的室内墙布，因此产生了著名的莫里斯图案。中国于 20 世纪 70 年代末从日本引进第一条墙纸生产线，第一卷墙纸诞生在北京，从而拉开了中国现代墙纸生产和设计的序幕。墙布的图案造型在内容表现上丰富多样，最常见的是四方连续的花卉植物纹样，最具代表性的有盛行于欧洲的传统缠枝花、树与鸟蝶等题材形成的经典图案，图案丰富华美，典雅中透出律动的美感。随着印染与织造工艺的日益发展，近年来也常有采用印花等工艺生产的大花位和独幅设计墙布，而手绘丝绸墙布、纱线墙布、提花墙布、无纺布墙布等具有绿色环保概念的高科技产品也孕育而生，具有手感舒适、褶皱自然、色彩丰富、图案时尚、个性独特等特征，花草、鸟兽、风景、器具、抽象肌理等各种不同造型的图案，以创意涂鸦、写真写意等不同手段，演绎出多样的墙纸风格，适合各种消费者的家居需求。

1.8　毛衫数码印花图案设计

涂料数码印花在绒毛类产品上的应用存在明显问题。无论施加什么样的预处理，数码涂料印浆在纤维上的成膜性都极差。原因是数码涂料印花过程中色浆是喷附到纤维表面上，由于绒毛纤维间隙较大，毛细效应差，因此在没有挤压力作用的情况下，色浆无法渗透到织物内部。数码涂料印花的色牢度很差，只有 2~3 级。从成膜情况可知，涂料数码印花不适合羊绒制品。

毛衫织物的羊毛纤维表面有小而光滑的鳞片，羊毛纤维自然卷曲，中间有空气层，保暖效果好，弹性好，质量小，光泽自然，手感黏滑异于其他织物，所以其数码印花工艺繁杂。

图片处理（如图 1–16 所示）就是将合适的印花图案原稿通过扫描、数码相机输入或从网上直接下载至与打印机相配套的计算机里（原稿必须要有比较高的分辨率，密度也要足够大），然后用专用的印花图案处理设计软件如 Photoshop、CorelDRAW、Illustator、Painter 等进行编辑处理。由于数码印花的色彩最终格式为 CMYK 的模式，还需要数码印花色彩管理系统进行色彩管理，以达到毛衫织物的最优印花效果。

图 1–16　图片处理

套板铺布是根据毛衫织物的形状选择相应的版型，现在用于毛衫的版型主要有“前后衣片”“十字架”及“袖片”等，制作出符合需要的胶版，将毛衫织物或布片根据大小找到合适的位置进行铺布，注意铺布后织物一定要平整，位置要准确。

调浆上浆即毛衫织物数码印花前，需要先调浆，然后上浆以改善毛纤维对墨水的吸收，同时防止墨水的渗化，加强色牢度及色深度。目前，多数厂家使用活性染料墨水。海藻酸钠作为上浆的主要浆料，用尿素、酒石酸铵等配制而成。不同的毛织物对浆料的配比要求不一样，技术人员需根据实际情况来调浆制浆。

烘干预处理是将毛衫衣片或毛衫织物竖直放入烘房进行烘干，烘房温度一般设定为 70 ℃，给予热风 30 min，冷风 10 min，根据衣片或织物的厚度可重复 2 次。

喷墨打印将烘干的毛衫衣片或织物放到打印机相应的位置上，保持室内的温度在

20~30 ℃，相对湿度在 50%~70%（注意打印机喷头不要有堵塞或者漏墨现象），根据计算机配置好的花型和程序将图片直接打印到毛衫衣片或织物上。打印过程中，要合理设置相关的电脑技术指标，如色彩组合、ICC 曲线及墨水的控制量等。

后处理即毛衫衣片或织物打印后还需要进行一系列的后处理程序，包括烘干、汽蒸、烘干、水洗、再烘干等。前 2 次烘干的温度设置为 70 ℃左右，使用热风 50 min，冷风 10 min，最后的烘干温度设置依然为 70 ℃左右，使用热风 25 min，冷风 10 min，作用是将衣片或织物烘干，以便进行下一步处理。汽蒸的温度设置为 99 ℃，时间为 15 min。汽蒸主要是为了让油墨与纱线充分发生作用，增加色牢度和清晰度；水洗主要是将多余的油墨洗去。

毛衫织物数码印花的特点很多，包括清晰度高、图案多样、色彩丰富、图片生动、反应速度快、能耗低、污染低等。数码印花图案种类繁多，大致可以分为大自然仿真图案、模拟传统手工艺图案、抽象图案、渐变渲染图案及花卉图案等。数码印花图案纹样变化多端且无定形，色彩丰富且色彩之间的过渡平缓无痕迹，呈现自然渐变的效果。毛衫织物因其穿着舒适性越来越受到人们的喜爱，除了功能性需求之外，人们对毛衫织物的时尚性、个性化需求普遍提高。传统的印花工艺已难满足毛衫印花的需要，数码印花技术与毛衫织物的完美结合，可以丰富毛衫织物的设计变化，提升毛衫产品的品质、档次和附加值，增加个性和时尚性，适应现代消费者对毛衫织物不断提升的审美品位。

1.9 时尚女装印花图案设计

随着纺织强国战略的实施，消费市场快速发展、个性需求的提升，纺织品原创设计及知识产权保护显得尤为重要，已成为加快建设创新型国家，推动行业健康、有序发展的重要推手。高质量设计人才、原创设计备受重视，并逐渐成为国家核心竞争力的重要组成部分。绍兴原色数码科技有限公司是一家集分色、设计、研发、生产为一体的国家高新技术企业，在印花设计、分色领域堪称行业翘楚。原创花型设计交易平台——图来旺（www.tulaiwang.com）（如图 1-17 至图 1-20 所示）以“原色”为方向，以引导产品开发与终端市场应用领域对接为目标，以倡导原创、保护原创、应用原创为宗旨，挖掘服装面料印花图案设计人才，展现当下中国设计力量，为面料、印花工艺技术和设备器材、服装设计师提供一个展现的平台，进而更好地维护、助推服装印花图案行业原创设计及知识产权保护工作的顺利开展。

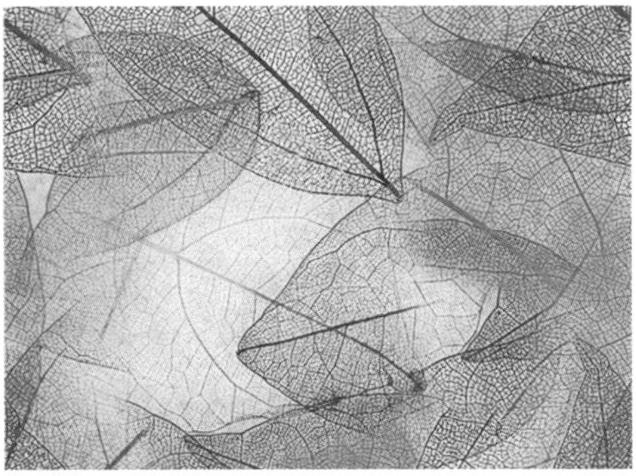

图 1-17　绍兴原色数码女装印花原创图案

图 1-18　绍兴原色数码女装印花原创图案

图 1-19　绍兴原色数码女装印花原创图案

图 1-20　绍兴原色数码女装印花原创图案

目前数码印花图案流行趋势“瓦栏”的定义是：

（1）瓷器的青花印、动物标本和植物装饰品图案。安东尼奥·马拉斯（Antonio Marras）2019 早秋系列：从同款不同色到同花样的拼贴装饰，再到同纹路面料组建的不同款式，设计师没有遗漏任何品牌标志性的卓越元素，甚至在本季探讨家居装饰艺术品的服饰化再创造。例如，将瓷器的青花印刷在连衣裙上，使用动物标本和植物装饰品（如图 1-21 所示）作为集合图案的来源，改造毛毯和墙纸为大衣和夹克。

（2）国际克莱因蓝（如图 1-22 所示）。伊夫·克莱因是个很难被归类的艺术家，他很聪明，1960 年他为自己的专属颜色申请了专利，随即“国际克莱因蓝”诞生了。克莱因蓝被用来创作了很多作品，不仅是架上绘画艺术作品，还包括表现艺术、行为艺术等作品，他也随之成为各大美术馆的宠儿，且与沃霍尔、杜尚和博伊斯一起并称为“20 世纪后半叶对世界艺术贡献最大的四位艺术家”。

（3）植物装置（如图 1-23 所示）。设计工作室 Nastplas 的核心人物是插画家 Fran R.'rrFranken'Learte 和创意总监 Natalia Molinos，这是一对马德里二人组。他们将数字元素和抽象图案组合在一起，制作出让人愉悦和惊奇的精美艺术作品。Botanique 在一系列错综复杂的数字渲染植物和物体组合中探索几何形式、色彩和光线的可能，这些奇怪的纹理和形状的组合汇集在一起形成有高度凝聚力的概念性图像，与 Nastplas 的视觉美学同步。

图 1-21　装饰品图案

图 1-22　国际克莱因蓝

（4）星光下的插画女神 Daria Hlazatova（如图 1-24 所示）。乌克兰是一个艺术发展相对而言比较贫瘠的地区，但是 Daria Hlazatova 从来就没有放弃过她对绘画的热爱和追求。

图 1-23　植物装置

图 1-24　星光下的插画女神

很多人都曾经试图去理解 Daria Hlazatova 画作背后的意义，对此，Daria Hlazatova

是这样回答的："不可否认，几乎每一件艺术品都有它专属的讯息和意义，而对我来说，我也时常对自己所画出的东西感到神秘与好奇。比起分析我的画作或意义，我更希望人们在欣赏他的时候，是可以一起做梦的。我希望我的作品能够像一扇任意门一样，可以通往每个人的梦境之中。"流行文化对图案设计的影响，在一定程度上展现了它对社会发展更为有利的一面，流行文化不仅对经济的发展有所促进，为设计师的创作提供了灵感源泉，为人们完成自我表现、自我满足提供资源，还反映出这个社会为现代的文化民主提供了一定的空间。

1.10　图案设计中的创意思维培养

徐丰认为装饰图案设计的创作过程是思维创造的过程，但是创造性思维离不开对以往知识经验的运用。图案设计中随处可以看到发散思维的影响，实现创造性思维的关键在于：创造过程的不同阶段采用不同的方式来进行思维，根据需要积极转换思维方式。在实际生活中，大多数人都会以一种特定的方式来思考。创造性思维的过程一般可分为洞悉、信息饱和、酝酿、启明和证实五个阶段。创新的过程，就是选择、突破、重新构建的过程，是在认识常规的基础上打破常规，创造新奇的过程。创造性思维通常包括多向思维、求异思维、逆向思维等多种思维方式。徐丰还提出，培养装饰图案的设计灵感需要学会观察、学会想象和学会借鉴。

服装是穿在身上的流行文化。路丛丛认为袜子作为服装的配饰，它的展现要符合服装的流行趋势，要依托于服装来塑造人的美。任何具有美感的袜子，只有与之相应的服装形式和风格相融合，才能体现袜子的真正价值。因此，服装是影响袜子图案设计最重要的流行文化。服装流行文化因地域的不同而有不同的表现，如波西米亚风格、爱琴海风格、北美风格、地中海风格、东南亚风情、和式风格、非洲风格、西部牛仔风格等；它也因不同时代流行文化的不同而不断地自我扬弃，在不断的自我否定又自我肯定中发展，如古典主义风格、浪漫主义风格、巴洛克风格、洛可可风格、超现实主义风格、嬉皮风格、波普风格、摇滚风格、中性风格、解构主义风格等。广义上来说，"流行文化是时装、时髦、消费文化、休闲文化、奢侈文化、物质文化、流行生活方式、流行品位、都市文化、次文化、大众文化以及群众文化等概念所组成的一个内容丰富、成分复杂的总概念。这个总概念所表示的是按一定节奏，以一定周期，在一定地区或全球范围内，在不同层次、阶层和阶级的人口中广泛传播起来的文化。"

武文宇在《T 恤设计中创意图案的探究》一文中指出：国外 T 恤设计与街头文化密不可分。随着街头文化影响力的不断深入，T 恤设计师在图案设计过程中往往以街头元素为主。在近年来的高级时装展示会中，次文化艺术元素成为主要的设计元素，如 Edhardy，其将富有东方色彩的纹身与 T 恤设计融会贯通，形成别具一格的艺术设计风格。在表现手法上将刺绣、水墨等富有中国艺术特色的技巧融入其中，对消费者的视觉造成了极大冲击，深受消费者喜爱。日本 Play 的 T 恤设计以中性和潮流为主，时尚元素居多，其招牌设计以特立独行的设计风格受到消费者的推崇和认可。比如一颗红心中间有一双大大的眼睛，标志性的品牌建设在极大程度上丰富了服饰的新意。

关于传统图案与创意图形如何融合的问题，伊延波认为要在充分理解传统文化的基础上取其“形”，延其“意”，传其“神”，让传统元素与现代图形巧妙融合。这种融合最根本的就是依赖于对传统文化精神的理解和合乎现代视觉审美的图形化诠释，两者缺一不可。传统图案在题材和结构样式上，都表现出“至善至美”的吉祥本质，既表达了人们对于未来的希望与憧憬，又寓意着人们征服困难的伟大意志。它既是理想化的象征，又是现实性的可视元素。图形符号是一种视觉语言。它具有直观、简明、易懂、易记的特征，便于信息的传递，使不同年龄、不同文化和不同语言的人都容易接受和使用，因而它广泛应用在社会生产和生活的各个领域中，也渗透到各个行业中。传统图案经过长时间的发展，已经成为中国独有的艺术样式，具有独特的视觉符号，表现出外在的形式与内在的精神的统一。未来可通过将新的图形符号发展传统的寓意，同时对传统文化进行重铸与再创新，使传统视觉元素在现代图形设计中得以更新并充满活力，使其在现代设计中得到更加广泛而深入地应用。

韩国“新复古”风案例如下：

最近在韩国时尚等行业兴起的“新复古”潮流，把传统与创新结合起来，形成一种崭新的事物。随着新复古影响力的提升，它也成为首尔大学等韩国多所高校相关学科的研究课题（图 1–25 至图 1–27）。

图 1–25　韩国“新复古”风

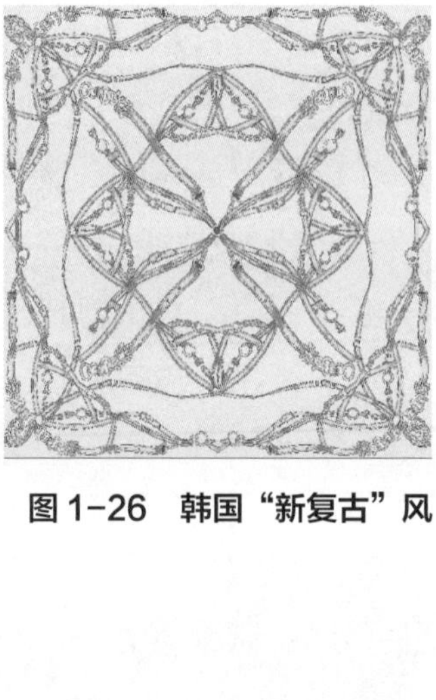

图 1–26　韩国“新复古”风

图 1–27　韩国“新复古”风

1.11 AI 赋能纺织品数码印花设计创新

AI 与纺织品数码印花图案设计的融合正在革新传统设计流程，为纺织行业带来效率提升、创意突破和个性化生产的新机遇。AI 与纺织品数码印花图案设计的融合，正通过技术创新推动行业的智能化和个性化发展。以下是主要应用方向及价值总结：

（1）智能生成多样化图案

生成式 AI 模型（如 GAN、Diffusion 模型）可自动生成原创图案，打破传统设计边界。例如输入关键词（如“自然纹理”“抽象几何”），AI 快速输出数百种风格化设计供筛选。

风格迁移技术：将经典艺术风格（梵高、水墨画等）迁移到基础图案上，快速适配不同文化需求。

（2）优化设计流程

自动化调整：AI 根据面料特性（如棉、丝绸等）自动优化图案分辨率、色彩过渡，从而减少人工试错。

快速迭代：通过参数化设计工具，设计师调整颜色、比例等参数，AI 实时生成多版本方案，缩短设计周期。

（3）个性化定制与市场适配

用户驱动设计：结合用户偏好数据（如电商平台点击记录），AI 生成符合目标市场的图案，支持 C2M（顾客直连制造）模式。

动态响应趋势：AI 分析社交媒体、时尚周数据，预测流行色、元素，辅助设计师把握市场动向。

（4）色彩管理与材料优化

智能配色：AI 根据色彩理论自动生成和谐配色方案，并适配数码印花机的色域限制，减少色差。

材质仿真：通过深度学习模拟图案在不同面料（针织、提花）上的呈现效果，降低打样成本。

（5）人机协同设计

AI 作为创意助手，可以帮助设计师主导核心创意，AI 负责重复性工作（如填充细节、生成变体），从而提高效率。

虚拟协作平台：云端 AI 工具支持多地团队实时协作，自动整合设计反馈并优化方案。

（6）技术挑战与未来方向

版权与原创性：AI 生成图案的著作权归属需法律界定，需结合区块链技术进行溯源。

人机协同模式：设计师角色转向“AI 训练师”与创意决策者，需掌握数据标注、模型调优等技能。

技术融合深化：AIGC（生成式 AI）+ 3D 建模 + 物联网（IOT）实现全链路数字化，例如实时根据工厂设备状态调整图案复杂度。

（7）行业影响因素

中小品牌突围：低成本获得高质量设计资源，缩短产品上市周期。

传统企业转型：从大批量标准化生产转向柔性制造，满足 Z 世代个性化需求。

文化传承创新：AI 助力非遗纹样的数字化保存与现代演绎，拓展文化 IP 商业化路径。

AI 与数码印花的结合不仅是工具升级，更在重构“设计 – 生产 – 消费”链条，推动纺织行业向智能化、定制化、可持续化加速迈进。

AI 与数码印花设计的融合，不仅加速了从创意到产品的转化，更推动了纺织行业向个性化、可持续化发展。未来随着多模态 AI（结合文本、图像、3D）的成熟，设计将更精准地匹配功能性与审美需求，实现“智能设计 – 快速生产 – 动态反馈”的闭环。

1.12 AI 图像生成技术在纺织品数码印花图案设计中的应用

1.12.1 产业化应用场景

（1）创意生成阶段

趋势预测系统：分析 Pantone 年度色卡与社交媒体数据，生成符合市场趋势的图案方案。

文化遗产数字化：敦煌藻井图像数据库训练模型，实现传统纹样的现代化演绎。

物理仿真生成模拟丝绸、亚麻等不同材质的显色特性，预览率达 92.4%。

（2）技术革命与行业需求

随着人工智能技术的突破，以生成对抗网络（GAN）、扩散模型（Diffusion Models）为代表的 AI 图像生成技术正重塑传统设计行业。纺织品数码印花作为时尚与制造业交叉领域，面临个性化需求增长、设计效率瓶颈、环保压力升级三大挑战。AI 技术的引入，通过自动化生成、风格迁移、参数化设计等功能，为行业提供创新解决方案。据麦肯锡报告，AI 可将纺织品设计周期缩短 60%，降低 30% 以上的试错成本。

（3）技术原理与核心算法

第一，关键技术解析

生成对抗网络（GAN）：通过生成器与判别器的动态博弈，输出高分辨率、风格多样的图案。例如，StyleGAN3 可模拟刺绣、扎染等复杂纹理。

扩散模型：如 Stable Diffusion，通过逐步去噪过程生成图像，擅长处理抽象艺术风格与色彩渐变效果。

CLIP 模型可以实现从文本到图像的精准语义映射，支持“东方水墨花卉”“北欧几何极简”等自然语言指令生成。

第二，技术优势。

多模态输入：支持草图、色板、文字描述、实物照片等多类型输入源。

超分辨率重建：将低精度素材优化至印刷级精度（≥ 300 dpi）。

风格迁移：将名家画作（如梵高、葛饰北斋）风格无缝移植至纺织品设计。

（4）案例实践

①设计效率提升

快速原型生成：西班牙品牌 Zara 采用 Midjourney 每日生成上千款候选图案，设计师筛选优化后投入生产，新品开发周期从 6 周压缩至 72 小时。

参数化批量衍生：输入基础图案后，AI 自动生成系列变体（色彩调整、元素排列重组），适配不同服装剪裁需求。

②个性化定制服务

C2M（用户到制造）模式：美国平台 Spoonflower 允许用户输入关键词生成专属印花，AI 实时渲染预览效果，订单直达数码印花机生产。

文化元素智能融合：中国丝绸企业运用 LoRA 模型，将敦煌壁画元素与现代街头风格结合，推出国潮系列单品，溢价率达 200%。

③可持续设计

虚拟打样：AI 生成图案配合 3D 服装模拟，减少 90% 的实物样布消耗。

废料图案再生：扫描库存余料纹理，AI 重组为新图案，H&M 已通过该技术实现 10% 的废料再利用率提升。

（5）技术落地面临的挑战与对策

①关键技术瓶颈

色彩保真度：屏幕显示色域与纺织品染料的差异导致成品色差，需构建专用 Lab 色彩空间转换模型。

图案连续性：在接缝处易出现断裂，采用循环边界生成算法（Tileable Texture Generation）优化。

版权归属争议：建立训练数据溯源系统，应用 NFT 技术进行数字图案版权存证。

②行业适配难题

工艺约束建模：不同面料（丝绸、牛仔布、针织）的吸墨特性需转化为 AI 生成参数。

人机协作模式：设计师角色从“创作者”转向“策展人”，需培养“提示词工程”“生成结果评估”等新技能。

（6）未来发展趋势

实时交互设计工具：结合 AR 眼镜实现“手势绘制—AI 增强—立体投影”全流程沉浸式设计。

生物材料驱动生成：根据环保染料成分、可降解纤维特性反向生成适配图案。

分布式制造网络：AI 生成图案直连全球分布式数码印花节点，实现“72 小时全球定制交付”。

情感化设计引擎：通过脑电波或语音情绪分析生成对应风格图案（如舒缓的莫兰迪色系、兴奋的高对比撞色）。

（7）设计民主化与产业升级

AI 图像生成技术正在引发纺织品设计的范式转移：

生产端从“规模经济”转向“范围经济”，小批量快反成为常态；

消费端从“被动选择”转向“主动创造”，个性化表达需求被充分释放；

生态端：通过数字孪生与虚拟采样，推动行业向“零库存”“低污染”目标迈进。

据波士顿咨询预测，至 2027 年，AI 将覆盖 75% 的纺织品印花设计环节，催生千亿级市场增量。技术突破与产业需求的持续共振，将重新定义“设计”的本质——从人类独享的创作特权，进化为“人机共智”的价值网络。

1.12.2 技术应用现状与核心评测维度

1.12.2.1 技术应用场景

AI 图像生成在纺织品设计中的核心应用包括以下两类任务：

新图像生成：基于文本或图像输入的图案原创设计，例如安诺其的“意间 AI 平台”通过输入描述性文案（如“复古花卉印花”）快速生成多种风格设计稿，用户量已突破 2000 万，累计生成作品 8 亿多份。

图像修改：支持局部调整（如颜色、纹理优化）与风格迁移，如万事利集团的 AIGC 花型设计大模型可基于 70 万花型数据库，实现“为全球 80 亿人每人设计 10 万条不重样丝巾”的个性化需求。

1.12.2.2 评测维度与方法

针对上述任务，评测体系聚焦以下维度：

内容质量：由美术专家采用成对比较法评估图文一致性、合理可靠性、图像美感。

安全与责任：包括版权风险、伦理合规性及技术可行性。

技术效能：生成效率、算力需求、适配生产流程的稳定性。

1.12.2.3 评测结果分析

（1） 新图像生成任务的表现

①内容质量

图文一致性：领先模型（如谷歌 Gemini、安诺其意间 AI）能精准解析复杂语义指令。例如输入“藤蔓缠绕的东方水墨风格”，可生成符合空间布局与材质细节的图案。但部分开源模型（如 DeepSeek-R1）对“抽象纹理”或“文化符号”理解不足，需人工干预调整。

合理可靠性：工业级应用中，谷歌 Gemini 在“手绘转 3D 渲染”任务中表现优异，生成图像可直接用于生产；而中小模型在材质细节（如丝绸光泽度）上易出现失真，需结合后处理软件优化。

图像美感：生成式 AI 在色彩多样性上优势显著，但部分模型（如早期 GAN 架构）存在配色突兀、比例失调等问题。安诺其通过引入设计师评分反馈机制，将美学达标率提升至 78%。

② 安全与责任

版权风险：若模型训练数据包含未授权设计（如经典纹样），生成图案可能引发侵权争议。安诺其通过自建合规数据库与版权过滤算法，将侵权风险降低至 5% 以下。

伦理可控性：涉及文化敏感元素（如宗教图腾）时，部分模型可能生成不当内容。解决方案包括建立关键词黑名单与人工审核机制。

（2） 图像修改任务的实践效能

局部调整：谷歌 Gemini 支持“连续对话改图”，例如修改印花背景色或调整光影，响应速度达 10 秒 / 次，但局部变形率仍达 12%。

多风格适配：百度文心大模型可批量生成“现代几何”与“传统纹样”方案，但风格切换时易出现过度生硬问题，需设计师二次筛选。

技术效能对比：①生成效率：安诺其意间 AI 平台平均生成时间 3 秒 / 图，显著优于传统设计周期（数小时至数天）。②算力成本：训练顶级模型（如 xAI Grok 3）需 20 万张 GPU，而国产模型通过算法优化（如 DeepSeek-R1）将推理成本降低 40%。

1.12.3 研发背景

纺织印染行业作为全球制造业的重要分支，长期以来依赖人工经验完成花型设计、工艺调整及生产流程优化。传统设计模式存在周期长、成本高、创意局限等痛点：设计师需手工绘制花型并反复调整，耗时数周甚至数月；生产环节中，连晒拼接、边缘处理等工序易受人为误差影响，导致资源浪费和效率低下。

与此同时，市场需求日益多元化，消费者对个性化、快速迭代的潮流花型需求激增，传统模式已难以满足行业对“小批量、多品类、快交付”的柔性生产要求。

在此背景下，人工智能技术成为破局关键。全球领先企业已通过 AI 技术实现数据驱动的工艺优化与生产管控，例如实时能耗监测、智能参数调控等，显著提升生产效率并降低碳排放，而武汉吉十软件科技有限公司开发的极纺 AI 生图技术，则聚焦设计端革新，以生成式 AI 为核心，为行业提供从创意到落地的全链路解决方案。

极纺 AI 专为纺织印染行业量身定制。其核心目标是通过 AI 赋能设计流程，实现“灵感即生产”的跨越式升级。平台整合了海量行业数据与潮流趋势分析模型，能够快速生成符合市场需求的个性化花型，同时无缝衔接生产工艺，助力企业降本增效。

极纺 AI 的突破性在于将设计师从繁复的技术性工作中解放，转而聚焦创意决策与美学把控。系统通过智能生成、优化与适配功能，将设计周期缩短 70% 以上。同时支持千人千面的个性化定制需求，为品牌构建差异化竞争力提供技术支撑。

1.12.4 核心功能

1.12.4.1 创意生成：从灵感迸发到精准落地

（1）快速生成个性化花回

设计师输入关键词（如“复古几何”“自然纹理”），AI 即时生成多套设计方案。支持本地上传素材进行风格迁移或融合，实现“仿图不抄图”的创新突破。极纺 AI 支持文生图、图生图、仿图、多图融合、本地上传五大模式，彻底颠覆传统设计逻辑。

文生图：通过自然语言描述（如“复古几何纹样”“热带花卉风格”），AI 自动解析语义并生成符合需求的花型，设计师仅需输入关键词即可获得数十种备选方案。

图生图与仿图：上传参考图像或经典花型，AI 可精准提取色彩、纹理等特征，生成风格一致的创新图案，同时规避版权风险。

多图融合：将多个图案元素智能拼接，通过深度学习算法优化过渡细节，生成兼具多样性与协调性的复合设计。

本地上传：将自有花型上传进行个性化处理。

本地上传与云端协作：兼容格式文件导入，设计师可基于历史作品进行二次创作，团队协作版本实时同步至云端（图 1–28）。

（2）爆款素材裂变

平台整合全球潮流趋势数据与历史销售数据，通过 AI 算法挖掘爆款元素的共性特征（如色彩组合、构图规律等），并生成衍生设计库。企业可快速筛选高潜力花型，实现“一图裂变百图”，极大地缩短市场响应周期。

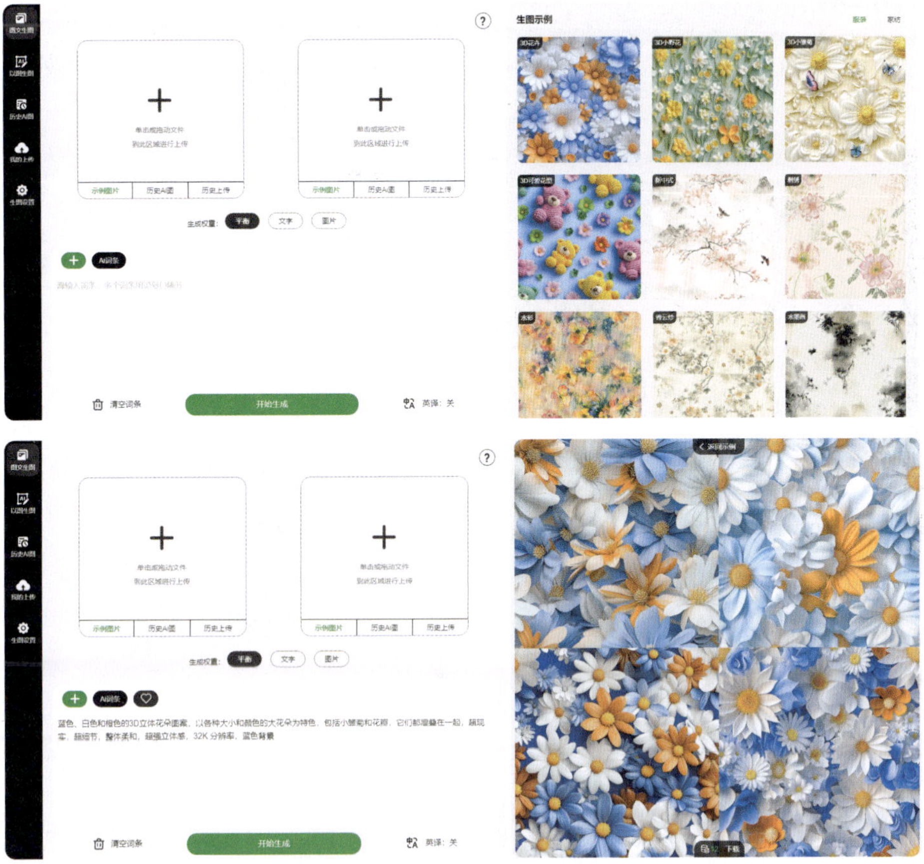

图 1–28

1.12.4.2　生产优化：无缝衔接设计与制造

（1）智能连接与边缘处理

AI 自动识别花型单元，完成无缝拼接与边缘细节优化，避免传统连晒中的错位、色差问题，节省 90% 以上人工调整时间（图 1–29）。

图 1–29

（2）参数化设置

支持分辨率、色彩模式、重复比例等参数一键配置，适配不同布料与印刷工艺，确保设计方案可直接投入生产，避免格式转换误差（图 1–30）。

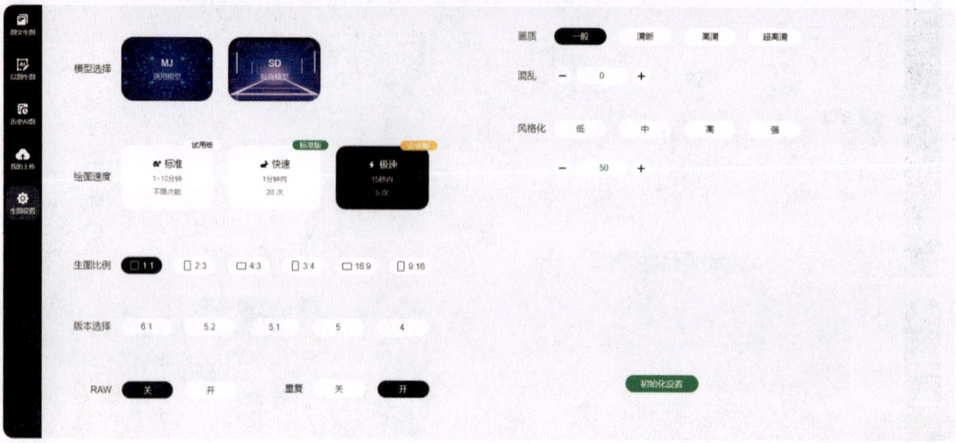

图 1–30

（3）T 恤画板适配

针对服装印花场景，系统内置模板库（圆领 T 恤、POLO 衫等），一键将花型适配至虚拟样衣，实时预览印花效果，避免因裁片弧度导致的图案变形。

1.12.4.3　商业赋能：从设计到商品的闭环生态

（1）潮流花型商城

内置全球趋势数据库与原创花型交易平台，设计师可即时获取灵感或售卖作品，形成“创作—交易—应用”的生态闭环。

（2）商品预览与适配

支持服装、家纺等多品类图片预览，提供智能画板功能，自动适配任意花型至不同商品模板，缩短打样周期（图 1–31 和图 1–32）。

1.12.5 技术优势：重构行业价值链

1.12.5.1　行业设计风格训练集

基于超百万张纺织花型样本及设计风格构建训练集，确保生成结果符合行业落地标准。

1.12.5.2　从“周级”到“分钟级”的跨越

实测数据显示，极纺 AI 可在 5 分钟内完成传统需 3~5 天的手工设计流程。某家纺企业应用案例中，新品开发周期从 45 天缩短至 12 天，库存周转率提升 40%。通过数字化预览，可以减少 70% 以上的实物打样，从而降低面料和染料的浪费。

图 1-31

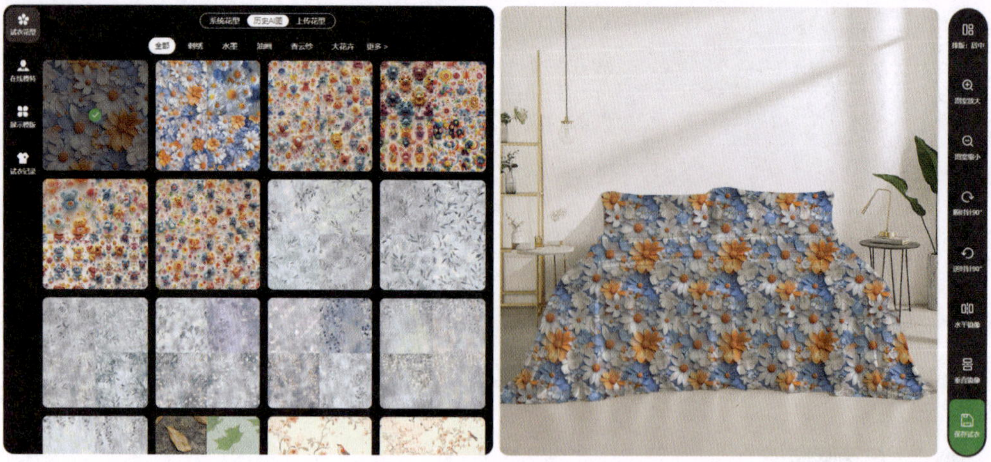

图 1-32

1.12.6 应用前景：驱动行业数字化转型

随着全球纺织业向智能化、绿色化加速迈进，极纺 AI 生成花型图技术将成为行业转型的核心引擎。

1.12.6.1 短中期落地场景

快时尚品牌：快速响应 Z 世代个性化需求，推出限量联名系列。

中小微企业：以低成本获得高端设计能力，突破创新资源瓶颈。

非遗传承：辅助传统纹样数字化重建与现代演绎，推动文化 IP 商业化。

1.12.6.2 长期看行业变革方向

AI 设计师协同网络：构建分布式设计社区，全球设计师共享 AI 工具与数据资源。

产业链数字孪生：打通从花型设计到零售终端的全链路数据流，实现动态供需匹配。

材料科学交叉创新：结合功能性新材料研发，生成适配智能温控织物、发光纤维等前沿载体的专属图案。

个性化定制普及：C2M（客户到制造）模式下，消费者可直接参与设计，极纺 AI 实时生成专属花型，推动“千人千面”的消费升级。

可持续发展：通过精准设计减少生产浪费，结合智能排产与资源优化，助力企业达成“双碳”目标。

全球化协作：云端平台打破地域限制，设计师、制造商与供应商可实时协同，构建全球创意网络。

思考题：

1. 图案设计的题材、色彩等方面应该注意哪些问题？
2. 服装图案设计应该注意哪些技巧？
3. 丝绸数码印花图案设计应该注意哪些问题？
4. 如何针对棉织物和家纺进行数码印花图案设计？
5. 如何进行时尚女装的数码印花图案设计？
6. 如何培养数码印花图案设计的创意思维？

参考文献：

[1] 徐静，王允 . 服饰图案 [M]. 上海：东华大学出版社，2011.

[2] 黄莹 . 实用服饰图案 [M]. 北京：中国纺织出版社，2007.

[3] 贺景卫，黄莹 .Illustrator&Photoshop 实用服饰图案 [M]. 北京：中国纺织出版社，2007.

[4] 徐雯，张向宇 . 装饰图案基础 [M]. 上海：东华大学出版社，2008.

[5] 胡天虹 . 服装面料特殊造型 [M]. 广州：广东科技出版社，2001.

[6] 陈继红，肖红 . 服装面辅料及服饰 [M]. 上海：东华大学出版社，2003.

[7] 崔唯 . 图案造型基础 [M]. 北京：中国纺织出版社，2004.

[8] 刘淑纯 . 印花图案流行趋势探索 [J]. 卷宗，2013(10): 311–312.

[9] 王受之 . 世界现代设计史 [M]. 北京：中国青年出版社，2002.

[10] 陈鸿俊，刘芳 . 中外工艺美术史 [M]. 湖南：湖南大学出版社，2010.

[11] 回顾 . 中国图案史 [M]. 北京：人民美术出版社，2007.

[12] 黄元庆 . 印染图案艺术设计 [M]. 上海：东华大学出版社，2007.

[13] 忻泰华 . 国际织物印花图案流派 [M]. 北京：轻工业出版社，1987.

[14] MCOO 时尚视觉研究中心 . 潮流时装设计・印花与图案 [M]. 北京：人民邮电出版社，2011.

[15] 孙建国 . 纺织品图案设计赏析 [M]. 北京：化学工业出版社，2013.

[16] 王福文 . 家用纺织品图案设计与应用 [M]. 北京：中国纺织出版社，2008.

[17] 汪芳 . 染织图案设计教程 [M]. 上海：东华大学出版社，2016.

[18] 高凌燕 . 数码印花纺织面料在服装设计中的应用研究 [J]. 染整技术，2017(1): 76–77.

[19] 王建华 . 数码印花技术在个性化服饰图案印刷设计中的应用 [J]. 网印工业，2016(8): 41–45.

[20] 鲍小龙，刘月蕊 . 基于数码技术的蓝印花布图案创新设计研究 [C]. 中国纺织工程学会 //2014 全国服装服饰图案设计与印制技术研讨会论文集，2014：7.

[21] 城一夫 . 西方纺织纹样史 [M]. 北京：中国纺织出版社，2001.

[22] 曲欣欣 . 佩兹利纹样的流变与应用研究 [D]. 苏州：苏州大学，2011.

第 2 章
数码印花设备

近年来，印染行业中新兴的数码印花工艺日渐受到人们的关注。数码印花技术是数字技术与传统印染技术相结合的产物，是传统印染行业的一次革命性突破。在数字化、网络化的时代背景下，数码印花代表着未来印染行业的技术发展方向。我国纺织品数码印花从认识到应用经历了十年左右的时间，业内人士对它的优越性产生了较多的共识，并称为“一次纺织印花工艺技术的革命”或“万能印花技术”。

2.1 数码喷墨印花技术的发展

数码喷墨印花通过各种数字化手段将图像或源文件直接输入到计算机，在印花软件编辑修改后形成所需要的文件，再由专用 RIP 软件控制喷墨印花机，利用喷头将墨水喷印到各种织物上，最后经过后处理加工，获得印有高精度图案的纺织品。

纺织品的数码印花从推出到 20 世纪 80 年代，所设计的大多数印花生产系统分辨率很低，仅能用于地毯和立绒家具布的印花，而且用于印花的染料还需经过特殊的筛选。这项技术的推广应用因此受到了很大的限制。美国 Milliken 公司的 Millitron 系统和奥地利 Zimmer 公司 Chromojet 系统开始都是运用电磁阀原理，根据图案要求利用计算机控制喷墨及气流喷射来印制所需花型。当时印制精度不高，只有 20 dpi 左右，最高也只有 40 dpi，不适用于服装等纺织品的印花，只可用于地毯印花。

20 世纪 80—90 年代，由于喷头制造技术的改进、提高和信息技术的发展，运用热气泡和压电方式的喷头，采用前沿的信息技术，提高了印花精细程度，才又掀起了数码印花的研究热潮。例如：1987 年，日本 Seiren 公司从事 CAD 压电式喷墨印花技术的研究，开发了 Viscotecs 系统；1993 年，日本钟纺和佳能公司开发了“奇妙印花”系统（气泡式）；同时期日本 Konica 和住友公司开发了 Nassenger 系统（压电式）等数码喷射印花设备。

荷兰 Stork 公司于 1999 年首次推出 Amber 数码印花机。改进后该印花机可采用酸性染料进行真丝绸和锦纶 / 弹性丝绸印花，也可采用涂料印花或分散染料转移印花。

这使得该机可在任何一种坯布上进行高质量印花，而且无需进行前后道处理（除了涂料热固色外）。Stork 公司还推出 Zircon 涤纶印花机和 Amethyst 印花机，既用于高产量卷装进出印花，也可用于打样和小批量生产，尤其适合印花厂试销产品和批量定制产品生产。Amethyst 印花机可在棉、真丝和黏胶等坯布上印花，采用 8 色连续喷墨技术，可实现照相真彩印花，或进行可精确反映批量印花色彩和质量的全真打样。该设备可用 CAD 文件扫描图像或数码相片直接输入印花机，在最大幅宽达 1 650 mm 的坯布上印花。每天印花织物产量可达 350 m^2，装机布卷最长可达 250 m，油墨储存量可供最多 16 h 的不间断印花。

进入本世纪以后，数码喷墨印花技术得到了进一步快速发展，设备生产商迅速增加，设备性能不断提高，如意大利 Reggiani 公司 Dream 数码喷墨印花机、荷兰 Stork 公司 Amethyst 数码喷墨印花机、美国 DuPont 公司 Artistri 数码喷墨印花机等。Ciba、DyStar、DuPont、BASF 等国际染料生产巨头均推出了品种丰富和色谱齐全的数码喷墨印花专用墨水，为数码喷墨印花技术的产业化发展奠定了良好的基础。同一时期，意大利、西班牙、波兰、法国、英国等国家形成了较大的产业集群，纺织品数码喷墨印花开始进入大规模产业化生产阶段。

在国内，该领域起步较晚，直到 20 世纪 90 年代，才陆续出现相关研究报道，但也仅限于一些科研院所的探索性研究，真正将该技术成果应用于工业生产的应属杭州宏华数码科技股份有限公司。国内第一台数码喷射印花机是 2000 年由该公司研制成功的，这一成果填补了国内空白，奠定了我国纺织品数码印花产业化的基础。宏华公司生产的数码导带喷射印花机的 DMP 系列机型吸取了传统印花机的优点，采用导带输送的方式并实现了自动收卷，增加了导带自动水洗装置，可在弹力针织面料、衣服裁片、毛巾、定位花型、单块羊绒面料、真丝纱上喷印花型。

我国山东如意进口了中国第一台 Single-Pass 机器，一台 1.8 米宽的机型，大概 8 个月的时间，生产将近 300 多万米。目前 LaRio 运行稳定，月产量在 40 万米左右，最高能达到 50 万米，Lario 打印的花型可满足约 80% 的客户需求，其余 20% 如大底色、实色等则要用扫描式打印。同时 MS 在中国江阴的红柳公司售出第二台 Single-Pass 机器（一款 3.2 m 宽的机型）。

杭州三盈公司也是使用 Single-Pass 的企业，机器的打印速度快，完全可以跟上订单量，一台 Single-Pass 可以配合三到五台转印机工作；打印质量更稳定，行业中可以将热转移做 4 色或者 6 色的很多，但三盈可以做到 8 色；连续性好，目前 Single-Pass 做十几万米的单子是没有大问题的，一个单子下来色差很小，而且 24 h 不间断地工作都毫无问题。

巴州艺洁家纺有限公司的数码印花车间，自动化程度好，而且清洁绿色。高效节能的现代化设备一小时就能印制出近千平方米的地毯，相对于手工制作地毯，效率至少提高五到六倍，且不会产生废水、废气。相比传统织毯行业，其能更为快速地完成客户的订单，实现对市场的把控和引领。

2.2 数码喷墨印花技术的分类及原理

2.2.1 数码喷墨印花技术的分类

按照喷墨原理和液滴形成方式可以将喷墨技术分为连续喷墨技术（CIJ）和按需喷墨技术（drop on demand，DOD）。连续喷墨技术（CIJ）利用压力驱动装置对墨水施加稳定的压力，墨水在强制压力作用下通过喷嘴后产生连续的墨水液体射流，利用一个控制系统将墨水液体射流生成墨水滴并控制墨水滴的飞行方向，需要打印的墨水滴飞行到介质的表面，不需要打印的墨水滴飞行到拦截器装置回收后循环使用。连续喷墨技术根据喷射到介质上的墨水滴是否偏转分为偏转连续喷墨和不偏转连续喷墨，同时偏转连续喷墨根据偏转状态的多少分为二位偏转连续喷墨和多位偏转连续喷墨。多位偏转连续喷墨与二位偏转连续喷墨的区别是：1）多位偏转连续喷墨比二位偏转连续喷墨的墨水滴多带了不同的电荷，带不同电荷的墨水滴可以实现不同的偏转，这些带不同电荷的墨水滴可以在介质的多个位置形成图案；2）多位偏转连续喷墨较二位偏转连续喷墨设备的速度要快许多。CIJ 技术具有给墨量大、墨滴稳定均匀的特点，有利于提高颜色深度及饱和度，可达到较高的印花速度；但因墨滴控制及回收系统非常复杂，且印花精度太低，CIJ 喷头已逐渐被纺织品印花市场淘汰。

按需喷墨技术（drop on demand，DOD）是装有墨水的打印头在需要打印时喷嘴内部的动力系统驱动墨水形成需要的墨水滴，不需要打印时动力系统停止工作，结构比连续喷墨技术更简单，不需要墨水滴拦截回收装置。按需喷墨技术主要分为压电式按需喷墨、气泡式按需喷墨、静电式按需喷墨和阀门式按需喷墨。压电式按需喷墨是通过压电材料的形变挤压墨水使墨水滴从喷嘴喷出。压电材料的变形模式可以分为剪切模式、弯曲模式、推压模式和挤压模式。气泡式按需喷墨（Bubble ink Jet）通过电阻加热到约 350 ℃左右，高温驱使墨水汽化产生气泡，推动墨水使墨水滴从喷嘴喷出。静电按需喷墨通过电场力驱动墨水使墨水滴从喷嘴喷出。静电按需喷墨主要是泰勒效应喷墨，同时还有热效应黏度控制喷墨和超声波墨雾喷射。阀门式按需喷墨通过电磁阀门控制墨水在空气流中流动，通过空气流将墨水滴喷射在介质上形成图案。

2.2.2　数码喷墨印花技术的原理

2.2.2.1　连续喷墨技术原理

多位偏转连续喷墨技术原理如图 2–1 所示。该技术利用压力驱动装置对墨水施加稳定的压力，墨水在强制压力作用下通过喷嘴后产生连续的墨水液体射流，墨水液体射流生成墨水滴并通过充电电极，充电电极对墨水滴充以不同的电荷，由于墨水滴被充以不同的电荷，墨水滴通过偏转电极后会产生不同的偏转程度，墨水滴有多个飞行方向，需要打印的墨水滴飞行到介质的表面，不需要打印的墨水滴飞行到拦截器装置回收后循环使用。

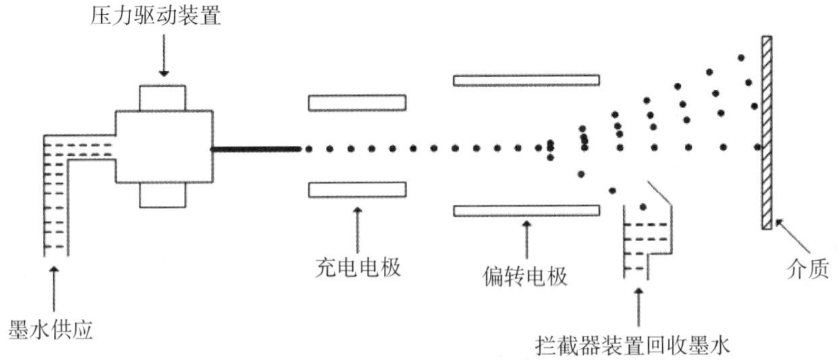

图 2–1　多位偏转连续喷墨技术原理

2.2.2.2　按需喷墨技术原理

压电式按需喷墨是基于压电效应的。某些电介质沿一定方向受到外力的作用而变形时，其内部会产生极化现象，同时在它的两个相对表面上出现正负相反的电荷。当外力去掉后，它又会恢复到不带电的状态，这种现象称为正压电效应。当作用力的方向改变时，电荷的极性也随之改变。相反，在电介质的极化方向上施加电场时，这些电介质也会发生变形，电场去掉后，电介质的变形随之消失，这种现象称为逆压电效应，或称为电致伸缩现象。压电式按需喷墨正是利用电能转换得到机械能（压电材料的形变），并通过机械能驱动墨水腔体的变形对墨水产生压力，墨水受到压力后从喷嘴口喷射。

气泡式按需喷墨（Bubble ink Jet）或者称之为热喷墨（Thermal Ink jet）（为了描述方便我们称之为气泡式按需喷墨），其原理是通过加热器加热（约 350 ℃），高温使墨水汽化产生气泡并推动墨水使墨水滴从喷嘴喷出。简言之，气泡式喷墨是加热器加热产生热能，热能通过气泡与周围墨水能量交换的结果。按照气泡喷墨头的设计机构主要分为顶加热气泡式按需喷墨和侧加热气泡式按需喷墨。

静电按需喷墨技术主要是基于泰勒效应。如图 2-2 所示，在于喷墨嘴和介质背面各有一个电极，两个电极接受电信号后在喷墨嘴与介质之间产生静电场，静电场作用于喷墨嘴处的墨水即将墨水向介质的方向牵引，在牵引过程中形成墨水滴落到介质表面。

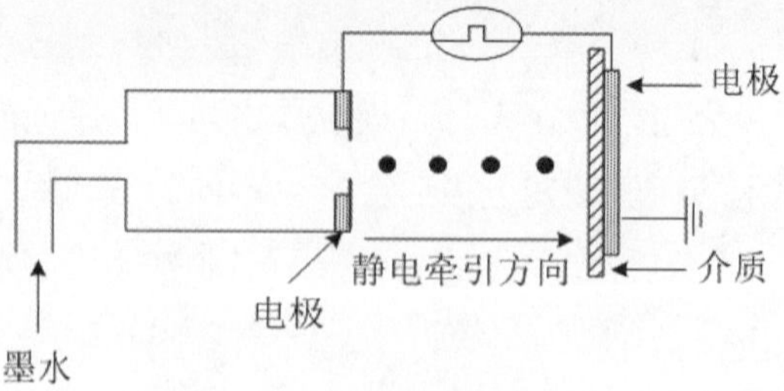

图 2-2　静电按需喷墨原理

阀门式按需喷墨原理是利用一个压力系统驱动油墨，当油墨通过阀门时利用阀门的开 / 合控制墨水滴的形成和喷射，当油墨需要被喷出时，阀门打开，墨水滴形成并被喷射到介质上。阀门式按需喷墨精度相对较低，比如地毯喷墨印花。

相变按需喷墨技术的喷射原理同按需喷墨，区别是相变按需喷墨使用固体油墨，固体油墨在加热后变成液体并通过打印头喷射墨水滴，当墨水滴被喷射到介质上后又转变成固体，因为在完成整个喷射过程中油墨需要从固相先转变为液相喷射再转变为固相，所以称之为相变按需喷墨。相变按需喷墨因为使用的是固体油墨，所以几乎可以在任何打印介质上进行打印。其他按需喷墨技术使用的是液体油墨或液体墨水。

2.2.3　数码印花技术及喷头原理

数码印花技术是一种基于数字化图像处理和精密喷墨控制的高效印染工艺，其核心技术依赖于压电陶瓷喷头的精准墨水喷射。以下从技术原理、喷头专利技术（日本与欧洲）及陶瓷压电材料应用三方面综合分析。

2.2.3.1　数码印花技术原理

数码印花通过计算机将设计图案转化为数字信号，控制喷墨头将染料或颜料直接喷射到织物或其他介质表面，形成高精度图案。其流程主要包括以下步骤：

数字化设计：图案通过扫描、数字绘图或软件生成，并进行分色处理（如 CMYK 模式）。

预处理：对织物进行上浆或涂层处理，提升墨水的附着性。

喷印：压电喷头根据数字信号精准喷射墨水，墨水按需分配（DOD 技术），实现高分辨率（如 1440dpi）和色彩渐变效果。

后处理：通过固色、蒸化或水洗等工艺确保颜色牢度。

与传统印花相比，其优势包括无需制版、支持小批量定制，以及色彩表现力强（1670 万色）、环保（减少废水）等。

喷头专利技术：日本与欧洲的差异化发展

（1）日本专利技术

日本在压电喷头领域占据主导地位，核心技术集中在高精度压电陶瓷驱动结构和多喷孔集成设计。

理光喷头：采用微米级压电陶瓷阵列，通过电压变化控制陶瓷形变，推动墨水喷射。特点是喷孔密度高（如 1200dpi）、寿命长，适用于高速工业级打印。

双压电陶瓷驱动结构：如专利 CN113614900B 中的设计，单个墨腔配置两个独立压电陶瓷，通过调节电压幅度和频率，实现墨滴大小的动态控制（如大墨滴填充、小墨滴勾勒细节）。

悬臂梁式喷头：通过压电陶瓷悬臂梁驱动柔性侧壁，提升物理分辨率（可调至微米级），适用于高精度喷涂设备。

（2）欧洲专利技术

①欧洲技术更注重环保材料和电极优化

无铅压电陶瓷：为符合欧盟 RoHS 指令，开发非铅压电材料（如锆钛酸钡体系），通过还原烧制与氧化热处理工艺提升压电常数（d33 达 270 pC/N 以上）。

导电电极设计：如应用材料公司的专利“具有导电电极的陶瓷喷头”，其优化了电极与陶瓷的界面结合，提升了喷头的耐用性和喷射效率，适用于半导体和电子制造领域。

②陶瓷压电材料与技术的结合

压电陶瓷是喷头的核心元件，其特性直接影响喷印性能。

③材料特性

PZT（锆钛酸铅）：传统主流材料，压电常数高，但含铅不符合环保趋势。

无铅压电陶瓷包括碱金属铌酸盐（KNN）和钛酸钡（BaTiO3），通过掺杂（如添加锆、钇）提高压电响应和温度稳定性。

④制造工艺

溶胶－凝胶法：用于制备纳米级压电薄膜，控制晶粒取向［如菱面体（100）面优先取向］，提升机械强度。

还原烧制：在低氧分压下烧结陶瓷，减少电极氧化，适用于贱金属（如铜）电极的集成。

⑤应用场景

纺织印花：高频率喷头（如爱普生 MicroTFP）支持多材质（针织、梭织、皮革）打印。

工业喷涂：UV 平板打印机采用压电喷头，可在木材、玻璃等硬质材料上实现高附着力图案。

⑥技术发展趋势与挑战

◆ 趋势分析

环保化：无铅压电陶瓷普及。

高速化：喷印速度从 150 m^2/h 向 300 m^2/h 突破，结合 AI 算法优化喷墨路径。

◆ 挑战

墨水成本：专用墨水价格较高，限制大规模应用。

颜色一致性：CMYK 混色易受环境温湿度影响，需动态校准系统支持。

数码印花技术通过压电陶瓷喷头实现数字化精准喷印。日本在喷头结构创新上领先，欧洲则聚焦环保材料研发。未来，随着无铅压电陶瓷和高速喷头技术的突破，数码印花将在个性化定制和工业制造中进一步替代传统工艺。

2.2.3.2 纺织品数码印花喷头使用要求

纺织品数码印花对不同材料的要求差异显著，喷头作为核心部件需满足以下针对性条件：

（1）按材料分类的喷头要求

①天然纤维（棉 / 麻 / 丝绸）

高精度喷头：丝绸需≤ 3 pL 墨滴（1200 dpi+），防止晕染。

可变墨滴技术：棉麻兼顾渗透性和细节（3~10 pL 可调）。

耐碱性喷头：适应活性墨水 pH 10~11 的环境。

②合成纤维（涤纶 / 尼龙）

高温耐受性：分散墨水需 200~220℃热升华，喷头耐温＞ 60℃。

高速工业级喷头：产速需达 100~200 m^2/h（京瓷 /Kyocera KH 系列）。

抗静电设计：防止化纤静电导致飞墨。

③混纺材料

多通道兼容性：支持活性 / 分散墨水混合打印（最少 8 色通道）

智能定位系统：± 0.1mm 级对位精度（如 Epson PrecisionCore）

④特殊材质（羊毛 / 皮革）

高粘度喷射：需支持 15~20cps 墨水（常规 5~10 mPa · s）。

非平面适应性：3D 距离感应喷头（如理光 TH 系列）。

（2）核心性能指标对比（表 2–1）

表 2-1　核心性能指标对比

参数	天然纤维	合成纤维	混纺	特殊材质
分辨率 /dpi	1 200+	600~800	3~14	400~600
墨滴 /pL	3~7	7~14	50~80	14~21
速度 /（m^2/h）	20~50	7~14	50	10~30
耐温 /℃	40	60+	混纺	40

（3）技术演进趋势

①复合压电喷头：东芝 GEN6 喷头支持 4 级灰度（3.5~21 pL）

②自清洁系统：柯尼卡 1024i 喷头每日维护耗时＜ 15 min

③智能温控模块：精工 SPT 喷头保持墨水（25.0 ± 0.5）℃恒温

④纳米涂层技术：理光喷头寿命突破 3 年 /3 亿次喷射

（4）选型决策矩阵

①生产规模：＞ 5 000 m^2/ 日选京瓷工业头，＜ 1 000 m^2 选 EPSON 微压电。

②墨水成本：水性墨水系统比溶剂型节省 30% 维护成本。

③精度需求：奢侈品面料建议采用富士 Dimatix Q-Class。

不同材料组合需平衡喷头性能与经济性，如涤棉混纺可采用理光 G5+ 京瓷混合打印方案，实现速度与精度的最佳平衡。未来材料创新将推动喷头向多材料自适应方向发展。

2.2.3.3 日本数码印花喷头与陶瓷压电材料专利梳理

日本在数码印花喷头领域的技术积累深厚，主要技术方向集中在压电陶瓷驱动、多喷头集成、墨水优化及环境友好型设计等方面。以下是代表性技术专利及创新点：

（1）Kyocera（京瓷）的颜料墨水一体化喷头技术

技术特点：Kyocera 推出的 FOREARTH 数码印花机采用独创的颜料墨水、前处理剂和后处理剂一体化喷射技术，通过特殊喷头设计实现与染料印花相当的柔软面料效果，同时减少 99% 的用水量。

专利关联：喷头支持同时喷射 8 色墨水及处理剂，搭载 18 个喷头，结合高分辨率（600 dpi × 600 dpi）和宽幅印刷（1 800 mm），属于集成化喷头系统的典型专利方向。

（2）Konica Minolta（柯尼卡美能达）的压电喷头技术

技术特点：基于赛尔（Xaar）专利开发的中低端压电喷头，主要用于纺织和广告喷绘行业，通过压电陶瓷驱动实现高精度墨水喷射。

专利关联：其核心技术可能涉及压电驱动电路优化及多喷头阵列控制，但具体专利需结合赛尔授权协议分析。

（3）EPSON（爱普生）的工业级压电喷头技术

技术特点：爱普生自研压电喷头以高性价比和稳定性著称，广泛应用于标签印刷等领域，但合作条款严格（需绑定墨水采购）。

专利关联：其专利可能涵盖压电陶瓷片的频率控制、墨水黏度适应性改进等，例如通过调整驱动波形优化墨滴形态。

（4）SII Printek 的纺织用压电喷头技术

技术特点：基于赛尔技术的低成本压电喷头，虽工作频率较低且寿命较短，但适用于中低端纺织市场。

专利关联：可能涉及喷头结构简化及成本控制技术，例如喷嘴阵列的模块化设计。

2.2.3.4 陶瓷压电材料喷头技术的专利梳理

陶瓷压电喷头技术的关键在于材料性能优化、驱动控制及散热设计。以下是全球范围内的核心专利技术：

（1）应用材料公司的导电电极陶瓷喷头专利（CN113614900B）

技术特点：通过导电电极设计提升陶瓷喷头的喷射性能，优化电子和半导体制造中的精密涂布工艺。

创新点：电极与陶瓷材料的界面优化，增强电场分布均匀性，从而提高喷墨精度和效率。

（2）基于 DDS 的频率可调压电驱动技术

技术特点：采用直接数字合成（DDS）模块生成频率可调的方波激励信号，解决不同压电陶瓷喷头因谐振频率差异导致的喷墨不均问题。

专利关联：通过单片机（如 STM32F103RCT6）控制 DDS 模块输出频率范围，结合功率放大电路实现断点打印指令输出。

（3）压电陶瓷涂布头的散热与引流一体化设计

技术特点：改进传统喷头的侧向气体引流为顶部引流，气体流经压电陶瓷表面实现散热，避免墨水因高温堵塞流道。

专利关联：引流气体通道与压电陶瓷的集成设计（CN102101091），显著提升喷涂均匀性和产品良率。

（4）温控型陶瓷喷头的集成电池供电方案

技术特点：喷头外侧设置环状加温圈，通过内置电池和温控器调节温度，防止墨水因低温黏度升高导致堵塞。

专利关联：防护结构与温控电路的组合设计（CN220280933U），适用于高寒或温差较大环境。

（5）旋转组合式喷头组件的多向喷射技术

技术特点：通过电机驱动旋转组件切换上下左右四个喷头组，结合墨盒分路供墨实现喷头轮换使用，提高可靠性。

专利关联：喷头组连接杆与旋转组件的机械结构设计（如滑道、弹簧夹持等），属于模块化喷头系统的典型专利。

①总结与趋势分析

日本技术优势：日本企业在压电喷头驱动、墨水兼容性及环保设计（如 Kyocera 的节水技术）方面领先，但核心专利多集中于系统集成而非单一材料创新。

陶瓷压电材料创新：全球范围内，陶瓷喷头的电极设计（如应用材料公司）、散热优化（如引流气体设计）及频率控制（DDS 技术）是主要突破方向。

② 未来趋势

高精度与高频驱动：通过 DDS 或类似技术实现喷头谐振频率自适应调节。

环境适应性：温控、防堵及低能耗设计（如内置电池供电）成为重点。

多喷头协同：采用旋转式或多阵列喷头组件的模块化设计提升生产效率。

2.2.3.5 中日欧数码印花喷头技术差距分析

日本和欧洲在数码印花喷头及陶瓷压电材料技术领域的领先地位，主要源于以下几个关键因素的综合作用：

（1）长期技术积累与基础研究优势

①基础材料科学的深耕

日本在先进陶瓷领域的基础研究方面投入早且持续。例如，日本国立物质材料研究所（NIMS）等机构专注于陶瓷材料的性能优化与创新，涵盖电子陶瓷、高韧性陶瓷等领域。压电材料作为喷头的核心部件，其性能依赖于陶瓷材料的纯度、结构设计和制备工艺。日本企业如京瓷、村田等通过长期积累，掌握了高纯度氧化铝、氮化硅等材料的制备技术，并垄断了高端陶瓷粉体市场。

欧洲则在功能陶瓷领域（如燃气轮机陶瓷部件）拥有技术优势，德国赛琅泰克（CeramTec）等企业通过材料配方优化实现高性能压电效应。

②压电技术的创新与专利壁垒

日本企业如爱普生（Epson）和精工（SEIKO）在压电喷墨技术上实现了关键突破。例如，爱普生的“PrecisionCore”技术结合了薄膜电阻材料（厚度仅 1 微米）和高精度 MEMS（微机电系统）制造工艺，显著提升了喷头的打印速度和分辨率。这类技术的研发需要长期积累的半导体工艺经验，而中国企业在此领域起步较晚，技术积累不足。

（2）产业链整合与高端制造能力

①全产业链的成熟布局

日本企业从陶瓷粉体生产到喷头制造形成闭环。例如，京瓷不仅生产陶瓷部件，还涉足喷墨印花整机开发；精工的SPT喷头采用全不锈钢设计，结合温度自适应电压调节技术，确保高稳定性和长寿命。欧洲企业如英国赛尔（Xaar）则通过精密加工设备与材料优化，实现喷头的高效量产。

②高精度制造工艺的垄断

喷头制造依赖微米级加工技术，如MEMS工艺和半导体级封装技术。日本企业在精密制造领域具有传统优势，例如精工喷头的打印精度可达1440 dpi，墨滴颗粒最小至12 pL，远超中国企业的技术水平。

（3）政策支持与产学研协同创新

①国家战略推动技术研发

日本政府自20世纪80年代起将先进陶瓷列为国家战略重点，通过“阳光计划”等政策提供资金支持，并成立行业协会（如日本精细陶瓷协会）协调研发方向。欧洲则通过欧盟框架计划推动材料科学领域的跨国合作，强化技术壁垒。

②产学研高效协作机制

日本企业如住友化学与高校合作开发陶瓷烧结技术，缩短研发周期。欧洲的赛琅泰克与科研机构联合攻关，优化陶瓷材料的力学与电学性能。相比之下，中国产学研协作仍存在成果转化率低、分工不明确的问题。

（4）市场导向与专利布局

①全球化市场策略

日本企业以高端市场为目标，例如京瓷的FOREARTH数码印花机通过独创的颜料墨水与喷头技术，直接对标环境友好型需求，计划在2026财年实现100亿日元销售额。欧洲企业则专注于工业级应用（如纺织和半导体），通过差异化竞争巩固市场地位。

②专利壁垒与技术封锁

日本和欧洲企业通过大量专利构建技术护城河。例如，应用材料公司近期获得“陶瓷喷头导电电极”专利，进一步强化了其在半导体制造设备领域的优势。中国企业需支付高额专利费或面临技术封锁，导致国产化进程缓慢。

（5）中国技术差距的根源

①基础研究薄弱与产业链短板

中国在陶瓷粉体制备、分散技术等领域仍依赖进口，粉体质量稳定性不足，高端粉体市场被日企垄断。喷头制造所需的高精度设备和核心部件（如压电陶瓷芯片）也需进口。

②研发投入与人才储备不足

日本企业的研发投入占比普遍高于中国同行，例如京瓷的研发费用常年占销售额的 6%~8%，此外，日本在材料科学与微电子领域的人才培养体系更为完善。

总之，日本和欧洲的领先地位是长期技术积累、政策支持、产业链整合及专利布局的综合结果。中国若想实现突破，需在基础材料研发、产学研协作、高端制造设备国产化等方面加大投入，同时推动行业标准的制定与国际化合作。短期内，中国仍需依赖进口，但本土企业如苏州锐发、北京派和等已在压电喷头领域开始技术攻关，未来有望逐步缩小差距。

2.2.3.6　爱普生微压电喷墨打印技术原理深度解析

爱普生的微压电喷墨打印技术自问世以来，凭借其创新的非热压电驱动机制和精密控制能力，突破了传统喷墨打印技术的局限。下面将从技术原理、核心组件、关键创新及行业影响等方面，系统阐述这一技术的科学内涵与工程实现。

（1）技术原理：压电效应驱动的非热喷射机制

①压电效应的物理基础

微压电技术的核心在于压电材料的逆压电效应。当特定晶体材料（如锆钛酸铅 PZT）受到外加电场作用时，其晶格结构会发生可逆形变，形变量与电场强度呈线性关系。爱普生通过精确控制电压信号，使压电元件产生纳米级形变，推动墨水腔体积变化，形成高压脉冲驱动墨滴喷射。

②与传统热发泡技术的对比

能量转换方式：热发泡依赖电阻加热（200~300℃）产生气泡膨胀，而微压电技术通过机械形变直接做功，能量转换效率提升 40% 以上。

热影响消除：避免了高温导致的墨水碳化（染料分解率 <0.1%）和打印头热疲劳，喷嘴寿命延长至传统技术的 3~5 倍。

墨水兼容性：支持黏度范围更广的墨水（1~30 mPa·s），可兼容染料、颜料甚至 UV 固化墨水。

③喷射过程的动力学模型

墨滴生成遵循流体动力学的连续方程与纳维 – 斯托克斯方程。压电元件的瞬时位移（典型值 0.1~1.0 μm）使墨水腔压力骤升（峰值达 1~2 MPa），当压力梯度克服墨水表面张力（约 72 mN/m）和黏滞阻力时，墨滴以 10~15 m/s 的速度射出，形成拉普拉斯锥形射流。

（2）核心组件：微压电打印头的精密工程

①多层压电驱动器（MACH 技术）

爱普生突破单层压电结构的位移极限，开发出多层堆叠压电陶瓷（通常为 50~100 层，单层厚度 10~20 μm）。在相同驱动电压（典型 15~30 V）下，总位移量提升至单层结构的 3~5 倍，响应时间缩短至 5 μs 以内，实现每秒 50 000 次以上的高频喷射。

②喷嘴阵列的微机电系统（MEMS）制造

采用半导体光刻工艺在硅基板上加工喷嘴板：

喷嘴孔径精细化至 10 μm（头发丝的 1/8），位置精度 ±0.1 μm。

流道采用深反应离子刻蚀（DRIE）形成梯形截面，减少流动阻力。

表面涂覆碳化钨镀层，抗腐蚀寿命超过 10^9 次喷射。

③智能墨滴变换技术（VSDT）

通过数字波形发生器动态调整驱动信号的幅值（0~30 V 可调）、脉宽（1~10 μs）及斜率，实现墨滴体积从 1.5 pL 到 39 pL 的连续调节。例如：

1.5 pL 墨滴（直径≈ 14 μm）用于照片级细腻纹理；

13 pL 墨滴用于文本锐利边缘；

39 pL 墨滴实现大面积快速填充。

（3）控制系统的算法创新

◆ 墨滴落点校准算法

采用高速 CMOS 传感器（采样率 10 kHz）实时监测墨滴飞行轨迹，通过 PID 控制器动态调整。

喷射时序补偿（±0.1 μs精度）抵消介质移动误差

（4）电压微调修正环境温度引起的黏度变化

◆ 半色调处理与色彩管理

结合误差扩散算法（如 Floyd–Steinberg）与爱普生独有的“精准微点”技术，在 600 dpi 物理分辨率下实现等效 4800 dpi 的视觉效果，色域覆盖率达到 Adobe RGB 的 99%。

（5）技术优势与应用拓展

喷头的性能参数如表 2–2 所示。

表 2–2 性能参数对比

指标	指标	热发泡技术
喷嘴寿命 / 次	$\geqslant 10^9$	3×10^8
最小的墨滴 /pL	1.5	4
最高喷射频率 /kHz	50	20
墨水类型兼容性 / 类	6	3

◆ 行业应用案例

工业印刷：在纺织直喷领域实现 1 500 mm/s 高速打印，精度达 1 440 dpi。

生物制造：适配导电墨水打印柔性电路，线宽控制 ±2 μm。

3D 打印：配合光敏树脂，实现 20 μm层厚的高精度成型。

（6）未来发展方向

◆ 爱普生正在研发的下一代技术包括

纳米级压电薄膜：采用溶胶－凝胶法制备 100 nm 厚压电层，提升响应速度至 1 μs。

多材料共喷系统：在单个打印头集成 8 种功能墨水（如磁性、光学变色墨水）。

AI 驱动预测维护：通过机器学习分析喷射波形，可以提前 98% 的准确率预测喷嘴故障。

爱普生微压电技术通过将压电材料特性与精密机电控制深度融合，构建了非热喷墨技术的黄金标准。其价值不仅在于实现了亚微微升级别的墨滴控制，更在于为数字制造开辟了新的可能性。随着 MEMS 工艺与智能控制算法的持续进步，这项技术必将在更多前沿领域展现其革命性影响。

2.3　国内外数码印花机 Single Pass 技术的比较

2.3.1　数码印花机技术发展图谱（1960—2025 年）

2.3.1.1　数码印花机技术发展历程

（1）原始创新与技术萌芽期（1960—1990 年）

喷墨技术的实用化：20 世纪 60 年代，西门子开发了基于喷墨的记录设备，标志着喷墨技术首次实现商业化应用，成为数码印花的技术雏形。

按需喷墨式印花机诞生：1995 年，荷兰施托克（SPG）推出首台按需喷墨式数码喷射印花机，突破传统制版限制，开启了数码印花的工业化时代。

中国技术引进与本土化：20 世纪 90 年代，中国开始引入数码印花设备，但因依赖进口导致成本高昂，应用局限在打样和小批量生产。

（2）技术成长期（2000—2010 年）

规模化生产转型：2000 年后，计算机技术和数字化的普及推动数码印花从小批量打样转向规模化生产。浙江海印数码科技有限公司等企业实现国产设备突破，逐步替代进口。

高速喷墨技术探索：2010 年前后，喷墨速度提升至 30 m/min，但仍无法与传统圆网印花竞争。

（3）技术爆发期（2010 年至今）

Single Pass 技术革命：2015 年，Single Pass 技术兴起，喷印速度跃升至 80 m/min（约

4800 m/h），超过传统印花效率，彻底打破产能瓶颈。

国产替代与全球化：中国厂商如浙江海印数码、信弘数码等推出高性能设备，装机量年均增长超 15%，并加速抢占欧美市场。

2.3.1.2 数码印花机的核心类型

（1）按技术原理分类

导带式数码印花机：通过导带传输面料，适合高精度、多材质打印，速度可达 800 m/h，广泛应用于服装和家纺领域。

Single Pass 数码印花机：喷头固定，面料单次通过完成全幅打印，速度高达 4800 m/h，既适合大批量订单，又适合快时尚小单快反业务，代表机型如海印鲲系列高速直喷数码印花机。

热转印印花机：通过转移纸将图案转印至化纤面料，成本低但环保性较差，多用于快时尚产品。

（2）按应用场景分类

服装直喷机：支持棉、麻等天然纤维直接喷印，如 Kornit 931DS 和国产 GT541 机型，推动个性化定制市场。

工业级宽幅设备：适用于广告、家居装饰，最大打印宽度可达 3.2 m，支持涂料和分散墨水。

混合工艺设备：结合数码喷墨与传统圆网技术，如 ROCKET 机型，可叠加金浆、珠光等特殊效果。

2.3.1.3 Single Pass 技术的核心突破

（1）技术定义与原理

Single Pass 通过固定喷头阵列，使面料单次通过即完成全幅打印，无需传统扫描方式多次往复，极大提升效率。

（2）关键优势

速度革命：喷印速度从传统扫描式（10~30 m/h）跃升至 4000 m/h，接近圆网印花的产能极限。

成本优化：采用“在线上浆”技术减少糊料用量 50%，墨水节省 10%~15%，且无需制版，降低小批量订单成本。

工艺融合：支持数码与圆网同步套印，实现渐变底色与胶浆、拔染等特殊工艺结合。

（3）技术难点与解决方案

喷头集成：富士 Samba 喷头采用压电薄膜技术，通过硅 MEMS（微机电系统）工艺实现高精度集成，支撑数码印花 1200dpi+ 高精度喷印。

智能控制：MES 系统实现自动换单、追单，减少人工干预，提升良品率。

2.3.1.4 AI 技术驱动下的数码印花革新

（1）智能设计与个性化生产

AI 图案生成：基于生成对抗网络（GAN）和风格迁移算法，快速生成定制化图案，响应快时尚的“即需即印”需求。

色彩管理优化：AI 自动校准色差，通过光谱分析减少试印损耗，色彩还原度提升至 95% 以上。

（2）生产流程智能化

预测性维护：通过物联网传感器监测喷头状态，提前预警故障，设备停机率降低 30%。

动态排产系统：AI 算法根据订单优先级、面料特性优化生产计划，设备利用率提升至 85% 以上。

（3）绿色制造与可持续发展

能耗优化：AI 动态调整烘干温度，节能 30%，水性墨水使用率提升至 70%。

环保合规：AI 实时监控废水成分，调整工艺参数以符合欧盟 REACH 法规，减少化学品排放。

2.3.1.5 未来发展趋势与挑战

（1）技术融合与跨界应用

3D 数码印花：结合 3D 打印技术，实现立体纹理效果，拓展至汽车内饰、医疗纺织品等领域。

纳米墨水研发：提升墨水耐候性和色牢度，适用于户外广告和工业制品。

（2）全球化竞争格局

中国企业凭借高性价比设备（价格仅为欧美同类产品的 60%）加速出海，2024 年出口占比预计突破 40%。

（3）零库存供应链模式

AI 驱动的按需生产将推动“云工厂”模式，实现全球订单的分布式即时响应，库存周转率提升 50%。

数码印花技术从实验室走向全球工厂，其发展本质是效率与环保的双重革命。未来十年，AI 与新材料将推动其从“替代传统制造”转向“定义新制造”，成为纺织业智能化转型的核心引擎。

2.3.2 国内外数码印花机 Single Pass 技术比较

2.3.2.1 国内外 Single Pass 数码印花机的发展背景

数码印花技术作为纺织行业数字化转型的核心方向，近年来在效率、成本与环保需求驱动下快速发展。其中，Single Pass（单程式喷墨打印）技术因突破传统扫描式打印的速度瓶颈，成为行业焦点。根据 WTIN 统计，从 2017 年至 2019 年全球数码印花市场年复合增长率达 17%，而中国凭借技术创新与产业链优势，逐步从追随者转变为引领者。

（1）国外发展现状

以意大利 MS 公司为代表的国际厂商率先布局。2010 年，MS 推出了首款商用 Single Pass 机型 LaRio，该机型采用喷头横向固定排列，织物单向传送的方式，速度可达 50~70 m/min，主要面向高端市场。此后，施托克、柯尼卡、美能达等企业相继推出 PIKE、Nassenger SP-1 等机型，通过喷头模块化设计、液滴位置自动调整等技术提升稳定性和适用性。

（2）国内发展现状

国内厂商如浙江海印数码、佶弘数码（佶龙与汉弘合资）等，通过自主研发实现技术突破。海印数码 2019 年推出“鲲系列”Single Pass 机型，速度达 80 m/min，结合在线浆料处理技术，显著降低生产成本；佶弘数码的 ROCKET 系列则融合圆网与数码工艺，支持金银浆、珠光浆等多工艺叠加，填补市场空白。

2.3.2.2 核心技术与性能对比：海印与 MS 的差异化路径。

（1）喷头技术与打印效率

MS LaRio：采用传统工业喷头，喷头与布面距离可调（2.5~3.0 mm），减少喷头损伤风险，适合处理厚重织物，但速度限制在 25~40 m/min。

海印鲲系列：采用 SAMBA 喷头（1 200 dpi），喷头集成度高，最高速度达 80 m/min，稳定日产 8 万米以上，支持 7 天 /24 小时连续生产，速度达传统圆网机的 1.5 倍。

（2）多工艺融合能力

海印鲲系列：首创在线上浆工艺，在打印色块均匀度和清晰度上有明显提升，产品定位于替代传统平圆网印花。

MS LaRio：专注于纯数码印花，未集成传统工艺设备，但在喷墨控制算法上进行优化，减少条纹与斑点瑕疵，提升图像再现性。但采用京瓷喷头，并不适合 Single Pass。

（3）环保与成本控制

海印：通过在线上浆湿打技术，浆料利用率提升 100%，糊料成本节省 50%。墨水用量减少 10%~15%，综合能耗较传统工艺降低 57%。

MS：依赖进口墨水与京瓷喷头（600dpi），单机成本高，且京瓷喷头在 1~2 年需要整体更换，长期维护费用较高。

2.3.2.3 生产效率与质量表现

（1）生产效率

海印鲲系列：最高速度 80 m/min，稳定运行速度 60 m/min，日产量超 8 万米，支持无缝换单与 MES 可视化生产管理，减少停机时间。截至 2024 年装机量超 40 台，且所有机台都完全在稳定运行。

MS LaRio：速度略低（25~40 m/min），稳定性强，适合普通数码订单，从 2012 年首台装机至 2024 年，全球装机量超 20 台，截至 2024 年，大部分设备已被淘汰并停机。

（2）印花质量

海印：色彩饱和度提升 15%，渗透效果优于传统设备，通过 GB 18401 B 类环保认证，适用于儿童服装。最高图像分辨率达 1200 dpi × 2400 dpi。

MS：平台扎实，采用高动态范围喷墨控制，图像分辨率为 600 dpi × 600 dpi，适用于奢侈品面料等高端应用场景。

2.3.2.4 专利技术与自动化水平

（1）核心专利

海印：拥有“在线上浆装置”“混合圆网同步控制”等 37 项发明专利，其纠偏装置（CN222389221U）解决布料偏移问题，提升良品率。

MS：喷头距离调节技术与模块化喷头设计，降低维护难度。

（2）自动化与用工需求

海印：集成自动追单、排队打印、智能烘干系统，人工干预减少 70%，一条生产线仅 2 或 3 名操作员。

MS：依赖高端传感器与软件算法，自动化程度高，但维护需专业团队，用工成本相对较高。

2.3.2.5 市场定位与未来趋势

海印：主打性价比与本土化服务，聚焦中小型印染厂转型需求，通过“设备 + 墨水 + 工艺”一体化方案降低入门门槛，以高精度与稳定性吸引国际品牌。

MS：无法满足本土化需求，且本土化适配不足。

未来，随着“双碳”政策推进，节能型设备（如海印的低温烘箱）与多工艺融合技术将成为主流。国内厂商需进一步突破对喷头等核心部件的依赖，国际品牌则需加强本土供应链建设。国内 Single Pass 机型在速度、多工艺兼容性与成本控制上已具备显著优势，而国际品牌在高端精度与稳定性上仍保持领先。海印通过技术创新与产业链整合，正逐步缩小差距，其“数码 + 圆网”模式为行业提供了差异化发展路径。未来竞争将聚焦于智能化、绿色化与全球化服务能力。

2.3.3 单通式自动上浆直喷智能数码印花机

2.3.3.1 设备概述

海印鲲单通式自动上浆直喷智能数码印花机，采用当今最高精细度喷头，控制系统、机械设计、打印软件、驱动程序、供墨系统、配套墨水、配套浆料等完全自主研发，相关技术已授权发明专利37件、实用新型专利23件，获得计算机软件著作权6件，外观设计专利2件，拥有自主知识产权。

该设备采用了微孔出料式磁棒加压圆网在线印前高均匀性上浆技术和微泡沫在线上浆用前处理浆料工艺，实现了边上浆边打印，提升了上浆效率与印花效果，降低了能耗。同时，该设备发明了图像阵列打印方法，提出并采用了高速图像处理技术、海量数据并行处理和高速传输技术，适应了高速印花的需求；研制了高精度喷头的机电控制、喷嘴补偿、供墨控制等装置，提高了打印精度；创新设计了智能化喷头清洗维护、飞墨收集等系统，提高了打印稳定性；开发了高鲜艳度纺织喷墨墨水的制造技术和生产工艺，实现了在复杂工况下高质量、高速度、稳定持续的大批量直喷喷墨印花生产，产品具有打印精度高、速度快、生产稳定、上浆成本低、湿浆印花效果佳等特点。

2.3.3.2 设备组成

单通式自动上浆直喷智能数码印花机产品示意图如图2-3所示。

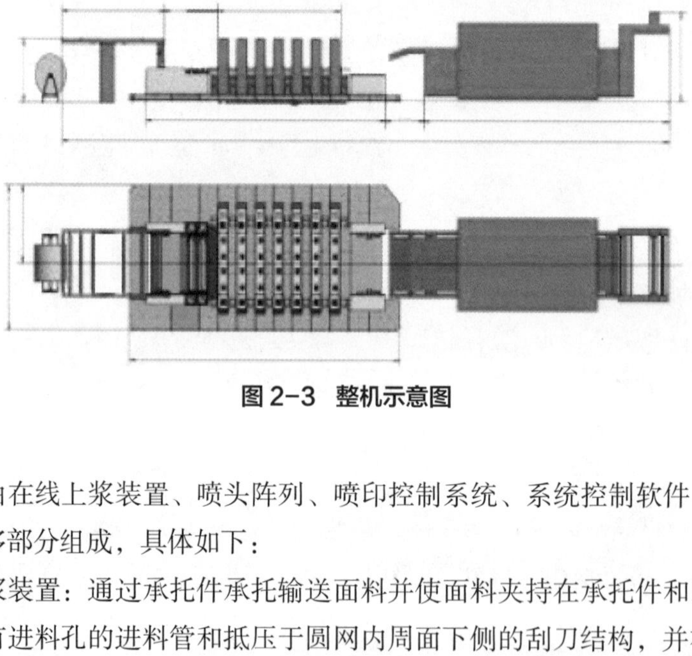

图2-3 整机示意图

该产品由在线上浆装置、喷头阵列、喷印控制系统、系统控制软件、布料传输及烘干系统等多部分组成，具体如下：

在线上浆装置：通过承托件承托输送面料并使面料夹持在承托件和圆网之间；在圆网内设具有进料孔的进料管和抵压于圆网内周面下侧的刮刀结构，并在圆网表面密布微小均匀的孔洞，进料管内浆料通过进料孔进入圆网并经微孔渗出，通过圆网与刮刀的共同作用均匀涂覆至面料表面；刮刀结构采用磁棒，通过改变电磁铁对磁棒吸力的作用调整圆网与面料间的压力，从而调节浆料涂覆量。在线上浆装置如图2-4所示。

喷头阵列：该产品提出了喷头完全覆盖印花幅面的单Pass扫描方式，实现了图像的阵列打印方法，布料经过喷头一次，即可完成图像的印制，与家用喷墨打印机类似的多 Pass 方案，喷头组需反复多次，才能完成整个图案的印制，因此单 Pass 方案的印花速度明显高于多 Pass 方案。

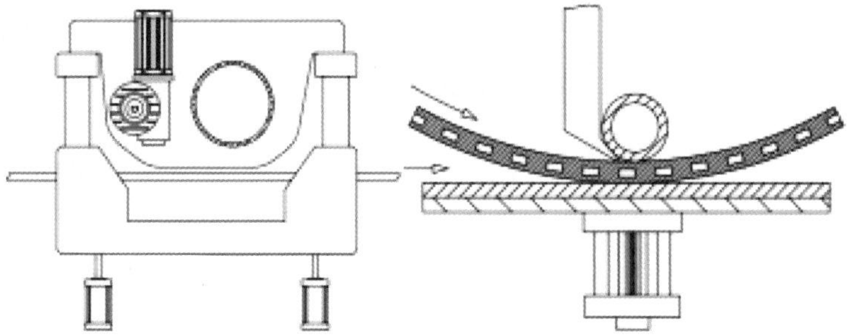

（a）整体结构图　　　　（b）圆网结构图

图 2-4　在线上浆装置示意图

喷印控制系统：喷印控制系统是产品的核心部分，决定了整个印花设备的质量及性能，该产品的喷印控制系统又主要分为喷头数字控制系统及喷头供墨系统两部分。

该产品研究主要难点及关键技术是印花图像数据的实时传输及处理技术，以每分钟 80 米，最高分辨率 1200dpi × 2400dpi，CMYK+ 专色共 8 色，印花幅面 1.8 米（70 英寸）计算整个消耗的数据率超过 40Gbps，大数据消耗速度对数据的传输及存储等有很高要求。设备需要连续工作，数据传输及处理必须实时，该产品突破性地采用软硬件协同处理的方案，引入大规模 FPGA 及分布式并行计算的方法对图像点阵数据进行实时处理。设计了采用一个主控单元及每个颜色一个色面数据处理单元的分布式系统，每个颜色的数据处理单元可独立工作又互相协同配合，极大减轻了主控制单元的数据处理压力，主控系统采用多服务器分布式并行传输数据，配合自主设计的高速 PCIE × 8 数据传输卡及万兆光纤，系统带宽可高达 320 Gbps。与此同时，为解决数据处理的实时性难题，该产品研发了超大流量喷印数据实时并行处理引擎，采用硬件压缩 / 解压缩技术，根据光栅点阵数据内容，进行一定比例的压缩，大幅提高带宽使用率；最终由自主设计的 FPGA 系统完成数据的分段存储，并按照喷头所要求的时序和格式， 完成最终的喷印。喷头数据控制系统示意图如图 2-5 所示。

喷头的喷射墨滴大小与控制系统提供的驱动电路波形紧密相关，要达到高精度的喷印，需要生成和喷头匹配的高精度高压脉冲电路。该产品提出了数字及模拟电路相结合的方案，研发设计了高精度的脉冲波形发生器，保证了驱动电路的灵活性，提高了调节的精度，使产品中的喷头喷射达到了良好的喷射质量。喷头供墨系统示意图如图 2-6 所示。

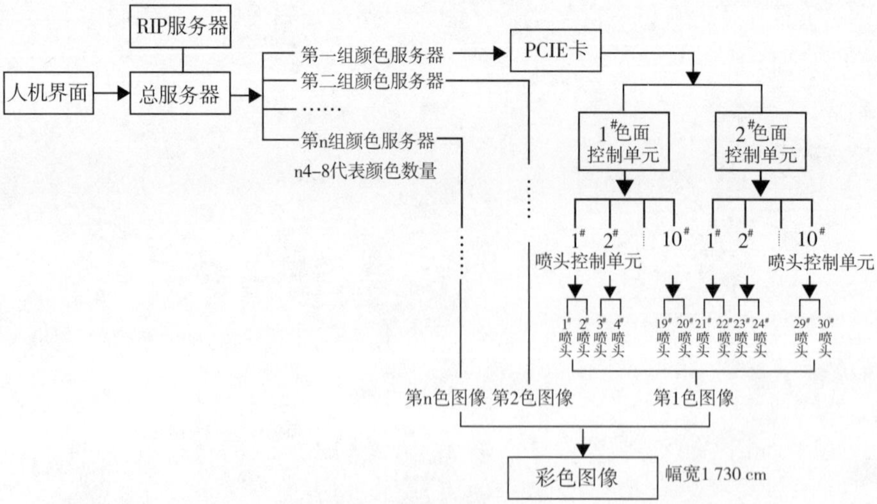

图 2–5 数控系统框图

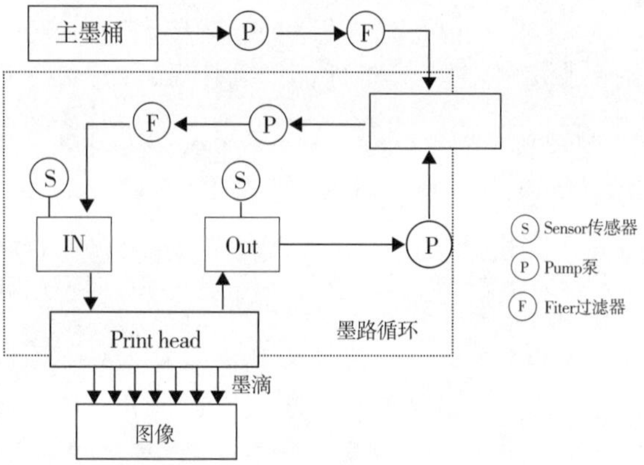

图 2–6 喷头供墨系统示意图

喷头的墨水系统是打印质量的关键部分，喷头的稳定喷射要求墨水的温度、压力等参数保持稳定。系统中的墨水在持续消耗及补充，墨水要保持恒定的温度及压力。在系统中存在多个喷头，不同喷头的墨水路径不能完全一致的情况下，提出了一种改进的 PID 参数控制算法，其能准确地控制墨水的加热时间。自主研发的墨盒设计能保证喷头中的墨水的压力稳定，同时为解决墨盒补充墨水时容易产生压力波动的问题，设计了采用蠕动泵来补充墨水的方案，减小了喷头处墨水的压力波动。

系统控制软件：系统控制软件负责将花型图案源文件通过格式转换、校色及光栅化、挂网等操作，将图像转换为能控制喷头的光栅点阵数据，因此系统控制软件对印花质量有重要作用。系统控制软件框图如图 2–7 所示。

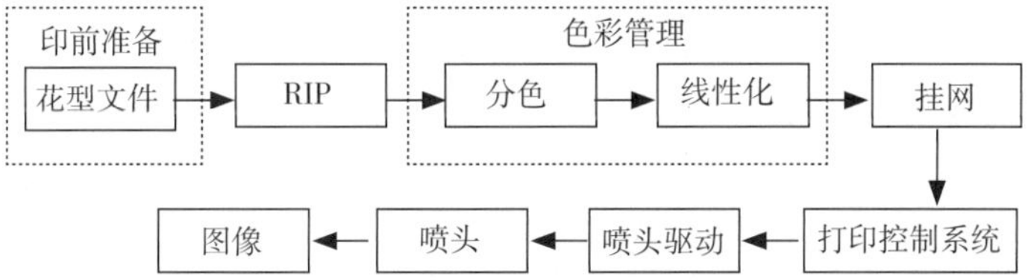

图 2-7　软件系统框图

喷墨数码印花质量不如传统印花的主要原因是，喷头容易出现喷嘴堵塞、斜喷等问题，同时多个喷头的拼接会造成拼接不准，出现拼接处图像露白、图像重叠等问题。在系统软件中采用图像处理技术提升印花质量，包括高精度的喷头定位技术及喷嘴缺陷补偿技术。

布料传送及烘干系统：该产品的布料传输及烘干系统与传统印花设备基本一致，包括放卷单元、进布单元、印花平台、烘干系统及落布单元等部分，但是该产品在传统印花设备的布料传送相关技术的基础上，采用高精度的伺服传动系统，精准控制布料的运转速度及方向，满足了高精度印花的质量及稳定性要求。

2.3.3.3 技术指标

上浆不均匀度偏差：≤ 5%。

上浆量精度：±5% 以内。

印花速度：40 ~ 80 m/min。

喷印宽度：1 472 ~ 1 730 mm。

常规喷印精度：1200 dpi × 1200 dpi。

最高印刷精度：1200 dpi × 2400 dpi。

色彩：最高 8 色（C/M/Y/K+ 专色）。

走料形式：连续。

墨水：活性、分散、酸性、涂料。

输入支持：PDF，Tiff，JPEG 等常用印花格式。

2.3.3.4 技术优势

（1）高均匀性在线上浆技术

利用圆网表面分布的微孔进行出料控制；通过圆网旋转线速度与导带移动速率差值的控制及抵压于圆网内周面下侧的磁棒刮刀进行浆料涂覆；采用电磁吸附作用调节圆网与面料压力以调整浆料涂覆量，使浆料定量、均匀涂覆于织物表面并能渗入织物内进行预润湿，从而使打印墨水能够顺着浆料充分渗入到面料中。这些方法有效改善了墨水渗透深度，使面料印花效果更鲜艳、色块更实，解决了数码印花面料相较于传统印花面料印花效果浮于表面的痛点，以及成衣缝线处易翻丝露白、打印中浅色易出现麻点等问题，提升了上浆效率，降低能耗、浆料用量与污水处理成本。

同步实现降本增效：

上浆效率提升 40%，浆料用量减少 25%。

综合能耗降低 18%，污水处理成本降低 30%。

关键工艺精度：

①上浆均匀度偏差 ≤ 5%（行业平均 10%~15%）。

②上浆量偏差控制在 ±5% 以内（达到微孔计量级精度）。

（2）减少数码印花相较传统印花增加的上浆工序

由于数码印花采用的墨水中不含有在后续发色过程中所需的诸如小苏打、尿素等助剂，数码印花相较传统印花需要增加一道印前上浆处理。在此过程中，需添加专业的上浆设备，专人打浆并上浆，上浆后需烘干打卷，留作印前备用。此过程增加设备成本，且增加人工成本，增加上浆过程中的能耗，特别是烘干过程的能耗。在线上浆技术可有效降低这部分能耗及设备、人工的投入，使得印花成本进一步下降。

（3）基于在线上浆的超高速湿浆喷印数据实时处理技术

高速喷墨数码印花需实时高速生成图像光栅点阵并实时将光栅点阵进行处理，控制喷墨打印头的高速喷射，高速光栅点阵数据处理及打印控制装置是喷墨打印的核心处理部分。该产品突破性地采用软硬件协同处理的方案，引入大规模 FPGA 及分布式并行计算方法对光栅点阵数据进行实时处理，研发了超大流量喷印数据实时并行处理引擎，采用硬件压缩 / 解压缩技术，提高了带宽使用率。产品所设计的高速喷印数据处理装置，达到了以下核心技术指标：

①所支持印刷分辨率最高达到 1200 dpi × 2400 dpi；

②最高印刷速度超过 80 m/min，最高产能超过 8 000 km/h；

③实时数据处理速度高达 40 Gbps 以上；

④整体数据处理性能约相当于 20 台酷睿 2GHz 的 PC。

（4）喷墨印花质量提升技术

该产品创新设计了采用高倍 CCD 系统的喷头定位调节技术，研发了喷墨图像网点补偿技术，采用高倍 CCD 将喷头的喷嘴位置信息采集到系统中，通过计算将调节参数反馈至调节执行机构，提高调节精度。采用高速 CCD 系统采集喷头的喷射歪斜、缺失等异常喷射状态，对异常喷射喷嘴的相邻喷嘴欲喷印图像进行动态调节补偿，实现人眼无法区分缺陷的效果。产品所设计的高速喷印数据处理装置，达到了以下核心技术指标：

①喷头定位精度达到 ±2 μm；

②喷头重复定位精度为 ±0.5 μm；

③可弥补的喷嘴异常率达 10%。

（5）高精度喷印控制技术

该产品采用多节点压力检测和 PID 控制算法，提高了每个节点压力稳定性，综合各节点压力变化特点和规律，准确控制喷嘴处弯液面的压力。墨水消耗速度和外界环境的不同变化，都能稳定提供温度恒定的墨水。产品提出了数字及模拟电路相结合的创新方案，保证了驱动电路的灵活性，提高了调节精度，最终达到的技术指标如下：

①脉冲输出幅度从 10 V 到 36 V 软件可调，调节精度 0.1 V，脉冲频率可达 100 kHz；

②脉冲上升和下降时间从 2 μs到 5 μs软件可调，调节精度 0.1 μs；

③喷头压力多点实时监控反馈，控制精度达到 ±200 Pa，控制响应时间 10 ms；

④墨水温度控制精度达到 ±0.1℃；

⑤产业化优势。

（6）喷头亮点

① Samba 喷头，原生分辨率 1200 dpi × 1200 dpi，是全球各行业 Single Pass 顶尖设备制造商的最高选择，超高的点阵密度确保 Single Pass 的打印品质；

② Samba 喷头最高 100KHz 的喷射频率，支持 1200 dpi × 1200 dpi 分辨率下 80 m/min 持续稳定生产（理论上最高可支持 150 m/min），成为目前业内最先进的单排完成 Single Pass 方式打印的机型。

③超长使用寿命：Samba 喷头设计使用寿命为 25 万亿次喷射，经过喷头厂家实验室测定，单个喷头经过 1.8 万亿次喷射后，性能无明显衰退（相当于在年产 1500 万米海印鲲设备上使用 10 年）；多年使用后无新旧喷头间色差，进一步确保色块花型打印品质。

④采用行业先进硅基微机电（Si-MEMS）技术，喷头整体封装，一体成型，墨水兼容性更高，寿命更长。

（7）长期稳定使用验证

①全球 Single Pass 直喷数码印花市场装机量最多。

② 7 天 24 小时不间断运行，日均稳定工作时长达 22 小时以上，从打样到批量生产，再到返单生产，品质始终如一；所有装机印花工厂连续长时间打印验证。

③具有智能喷头清洗及维护系统，无须人工干预，提高使用效率。

（8）设备使用成本低廉

①配合海印鲲开发的活性极光墨水，通过喷头喷射波形文件调整，从颜色、浓度、喷射性能上最大程度达到高端面料客户的印花需求。

②更低使用成本：喷射墨滴最小 2.4 pL，通过高密集喷射使墨层更匀更平，无数码点出现，在保证品质要求下比同类产品更加节省墨水；由多台设备验证，在包含维护用墨情况下，机台全年平均耗墨量仅为 5 g/m。

③在高速打印条件下，高品质墨水仍能实现完美的颜色与性能，确保印花品质更艳丽、色光更亮更精神，同时延长喷头使用寿命。

④拥有本土服务体系及耗材供应，设备维护成本低。

（9）一键傻瓜式便捷操作

①全自动喷头维护系统，一键实现喷头自动维护。

②非接触水帘式喷头清洗装置，有效清除喷头表面粉尘布毛，且不伤喷头；易维护结构设计，安装喷头更简便。

③自动布面吹毛装置，有效清除布面绒毛和浮尘；自动飞墨收集装置。

④摩擦辊式缝头检测装置，高灵敏的喷头保护装置；高速导带辅助干燥系统；7×24小时稳定可靠运行。

⑤专业团队全天候服务保障，远程诊断及更新技术；人机界面友好，触屏操作方便。

（10）兼具大小单快返与传统订单快返的实力

①正常最高生产速度为80 m/min，最大日产量达10万米，连续无维护工作时间长，产能高。

②超级打印队列管理能力，有效解决实际打印瓶颈，大大提高生产效率，不用再为打样烦恼：

作业处理、提交及打印可同时进行；

不同作业可无缝输出，轻松应付海量极短单；

多个花型连续打印，无回头限制；

不同幅面可混合打印，花型间可选择留白；

生产中不停机插入打印测试图及S/O样张打印。

③触发式打样模式，实现不同布样一次性打样，节省布样切换时间。

2.4 数码印花机喷头

随着数码印花工艺的蓬勃发展，越来越多的国内外厂家投入力量对数码印花设备进行研发。目前，市场上的数码印花机种类繁多，喷头是喷墨印花机的核心部件，随着喷头技术水平的逐步提高，稳定、高速的数码印花生产才能逐步成为现实。数字喷墨技术在纺织品印花领域的应用大多为压电按需喷墨技术，压电喷墨头包括京瓷（KYOCERA）、精工（SEIKO）、柯尼卡美能达（KONICA）、SPECTRA、爱普生（EPSON）等。

2.4.1 数码印花喷头的结构

中国喷头专家杨诚在他的《数码喷印技术与应用》著作中对国外各种喷头做了

剖析，并对国外各种喷头进行了分类，对故障问题进行了分析。本章关于国外喷头的研究材料来自杨诚老师提供的资料。数码印花机的喷头主要部件包括：喷嘴板组件、PZT 组件、墨水循环通道、滤网、进墨孔、回墨孔、侧板、基板等。一般喷头堵塞的情况主要出现在压电腔通道、喷头内滤网和喷嘴板组件。

2.4.2 数码印花喷头类型

2.4.2.1 京瓷喷头

京瓷 KJ4B-0150 喷头（如图 2-8 所示），该喷头为一头多色，最大墨滴为 18×10^{-15} m^3（pL），一般要多 pass 打印才能满足色块均匀的效果，故目前只用于分散转印纸，较少用于分散直喷。京瓷 KJ4C-0360 喷头（如图 2-9 所示）的墨滴较大，适用于瓷砖及一些水性染料方面的应用，因其嘴孔物理精度为 360 dpi，而最大墨滴又可达到 84×10^{-15} m^3（pL），可用于 Single-Pass 方式打印，同时对于需要深色及白色涂料的要求打印也是一个较为合适的选择。京瓷 KJ4B-1200 喷头（如图 2-10 所示）定位于印刷图像，它的墨滴为 1.5×10^{-15} m^3，3×10^{-15} m^3，5×10^{-15} m^3（pL），孔数为 5 312 个，打印频率为 64 kHz，但该喷头墨滴较小易飘、喷头易堵，还在改进中。目前，京瓷喷头较常用的是 KJ4B-0300 喷头（如图 2-11 所示）、KJ4B-0A06 喷头、KJ4-TA06 喷头和 KJ4-AA06 喷头。

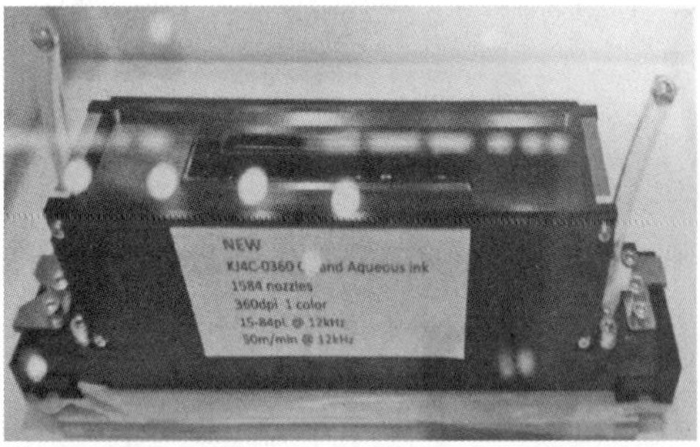

图 2-8　京瓷 KJ4B-0150 喷头

图 2-9　京瓷 KJ4C-0360 喷头

图 2-10　京瓷 KJ4B-1200 喷头

图 2-11　京瓷 KJ4B-0300 喷头

2.4.2.2 理光喷头

MH5420 喷头（如图 2–12 所示）与 MH5421 喷头（如图 2–13 所示）的精度为 600 dpi，墨滴大小为 7×10^{-15} m^3（pL），包含两个通道。MH5420 喷头的胶水与 UV 墨水的兼容性最好，用于 UV 的效果最好，且精度高、寿命长。MH5421 喷头是在 MH5420 喷头上改进而成，解决了应用水性墨水时喷头内胶水强度不好的问题，使得应用水性墨水的寿命会大大增加。

图 2–12 理光 MH5420 喷头

图 2–13 理光 MH5421 喷头

理光 G5 喷头采用灰度级压电喷头，拥有 1280 个喷孔，能作出可变墨滴打印，最小墨滴 7×10^{-15} m^3（7 pL），最大 35×10^{-15} m^3（35 pL）。喷头的物理分辨率为 600 dpi，适合高精度打印。G5 喷头的最高点火频率是 30 kHz，即使多点打印喷头的点火频率也能保持在 20 kHz 以上，而不像个别喷头会下降 50% 以上。另外 G5 喷头小车的定位采用固定的线性光栅，确保高精度打印定位。轻型平台使板材的装载更轻松，定位更精确，重复打印无偏差。理光 G5 喷头（如图 2–14 所示）是一款专门针对工业打印应用所设计的喷头，是上市时间较长、目前被客户接受最为广泛的一款喷头。

图 2–14 理光 Gen 5 喷头

理光 G5 喷头为全钢喷头，不易腐蚀，不易堵头，自动清洗时采用活塞式清洗方式，不易对喷头造成破坏，喷头和排线是一体的，两者接触稳定，不会出现排线松动问题。理光头打印可分为单双排喷墨，墨水控制非常好，墨水用量节省高达 30%~50%，可变单双排也可快慢打印。

灰度级喷头采用可变点技术，使得四色打印效果与没有灰度喷头的六色打印效果相同。其原因是没有灰度的喷头在打印时，颜色深的地方会用深色打印如 CMYK，颜色浅的地方就用浅色打印如 LmLc，但不论是打印深色还是浅色，喷头的墨滴大小都是相同的。理光喷头采用灰度打印则不同，其在颜色很深的地方会用 21×10^{-15} m^3（21 pL）打印，在颜色较浅的地方采用 14×10^{-15} m^3（14 pL）打印，而在颜色很浅的地方采用 7×10^{-15} m^3（7 pL）打印，也就是说灰度打印技术是通过调节出墨滴的大小来适应图像颜色深浅的变化，这样就可以减少墨水的使用。普通打印则是通过增加浅色墨水来适应图像颜色深浅的变化，墨水使用量会较大。

理光 G5 喷头可进行 X 向和 Y 向跳白打印，能自动识别空白的区域而快速跳过，支持多幅拷贝打印和区域打印，方便小图的批量打印和大图的取样打印。支持恢复打印、镜向打印、双零位定位功能（双起点打印）、反向打印及正反向交替打印，更加提高生产效率，不会浪费一点有用材质。

自动介质厚度测量和自动高低控制系统，能自动适应不同厚度的介质，避免人为误操作造成损坏。具有显著提高生产效率的自动跳白打印功能，能够自动识别并且避开画面中的空白部分，可设定两个 UV 灯管的照射功率，双向打印时按照往返方向自动轮换，能够有效减少深浅 pass 道，强大的喷嘴补偿功能，可用功能正常的喷嘴替代故障喷嘴进行喷墨打印，确保画面不会出现露白或 pass 道。可选的软件模板打印技术使拼接误差小于 0.5 mm，可选的流水线打印模式适应工业化在线生成，小车介质防撞装置，碰到介质时能自动停止，保护小车喷头。

由于理光 G5 喷头能直接在各种材质上打印，可以部分替代传统丝印的应用，并获得比丝印更丰富的色彩和更高的效率，其能突破传统工艺，在个性化的产品加工领域取得飞速发展，例如：玻璃、亚克力、木板、瓷砖、金属板、PVC 板、波浪板、塑料等。针对涂料墨水在纺织品上打印的时候，能达到超高精度，在打印裁片印花 T 恤的时候，与其他的相比优势就很明显。总的来说，理光 G5 打印精度高、速度快、寿命长，不仅降低了运行成本，而且在制作上如虎添翼。

2.4.2.3 赛尔喷头

赛尔喷头常用的为 1000 系列，而赛尔 2000 系列是将赛尔 1000 系列两个喷头合并使用。Xaar1003 系列可用于 single pass 打印，有 6×10^{-15} m^3（6 pL）、12×10^{-15} m^3（12 pL）、40×10^{-15} m^3（40 pL）三种可变墨滴，具有流畅打印色调和稳定区域的突出打印品质，图像和亮色更加逼真和鲜艳。Xaar1201 喷头为 1 280 孔，4 级或 8 级灰度，墨滴为 3.5×10^{-15} m^3（3.5 pL）、7×10^{-15} m^3（7 pL）、15×10^{-15} m^3（15 pL），单点 2.5×10^{-15} m^3（2.5 pL）时的点火频率最高为 50 kHz，4 级灰度时点火频率为 23 kHz，二通道时，物理精度为 600 dpi，四通道时，物理精度为 300 dpi，最大墨量为 26 mL/min。

2.4.2.4 爱普生喷头

Epson DX05 喷头为1440孔，4级灰度，墨滴为 5×10^{-15} m^3（5 pL）、12×10^{-15} m^3（12 pL）、23×10^{-15} m^3（23 pL），点火频率为 14 kHz，四通道物理精度为 360 dpi，最大墨量为 27 mL/min。Epson5113 喷头为 3200 孔，4 级灰度，墨滴在 15×10^{-15} ~ 32.5×10^{-15} m^3（1.5~32.5 pL），常用为 5×10^{-15} m^3（5 pL）、9×10^{-15} m^3（9 pL）、14×10^{-15} m^3（14 pL），点火频率为 14 kHz，四通道的物理精度为 600 dpi，最大墨量为 37 mL/min。Epson-WF-5113 喷头（如图 2-15 所示）是一款采用 MEMS 结构和薄膜 PZT 技术制成的喷头，具有多喷孔、高频率、低价格三大优点。该喷头可用水性、溶剂、UV 固化、树脂类墨水类溶液，工作频率最大为 50 kHz。该喷头采用可变点技术，墨滴量在 1.5×10^{-15}~32.5×10^{-15} m^3（1.5~32.5 pL）。Epson SC900 喷头属于活塞型薄膜结构，体积小、孔集成度高、机电常数小、振动频率高。

图 2-15　Epson-WF-5113 喷头

2.4.2.5 富士喷头

富士公司的喷头主要为桑巴喷头，用于纺织行业的大多选用墨滴较大的 G3L 喷头。为了方便应用推出的引擎驱动模块，喷头的使用更加方便和灵活。

2.4.2.6 柯美喷头

柯美的 1800i 喷头有 1 776 个孔（296 孔 ×6 列），物理精度 600 dpi，喷印宽度为 75.14 mm，喷头最小墨滴为 3.5×10^{-15} m^3（3.5 pL），最大可达 8 级灰度，一般用 4 级灰度，此时的点火频率为 20~25 kHz。使用双拼的 1800i 喷头物理精度便可达到 1200 dpi，这样组成的喷头打印效果与京瓷喷头相差无几。

2.4.2.7 精工喷头

精工喷头主要有 RC1536、RC1536L、RC1536LL、SRC1800-S、1024HG-L、1024HG-S 型等。RC1536 喷头具有自动恢复断墨功能、高喷墨速度、大循环量、恒定温度、广泛的墨水适应性、可减少废墨等功能。但启动时间长，墨水循环流控制要求高，设备成本高。SRC1800-S 型喷头的墨滴为 6×10^{-15}~40×10^{-15} m^3（6~40 pL），为山形压电结构，灵敏度高，它的循环量是 RC1536 的一半左右，适合于扫描式打印，而 RC 型适合于 Single-Pass 打印。

2.4.2.8 东芝喷头

东芝喷头目前以两种型号为主，顶喷式（CA、CE 系列）和侧喷式带循环（CF、CF3、CK）。CF3 喷头为侧喷式带循环方式，CK 系列为独立壁工作方式，可用于水性墨水，我国使用较多的喷头为 CE4M 喷头，它具有独特的波形控制、精密加工技术、多个可变点、多灰度（如图 2-16 所示）、基本点为 6×10^{-15} m^3（6 pL）和 16 级灰度可选，墨滴圆、快、准、偏向角小。

图 2-16 东芝 CF1、CF3、CE4M 喷头

2.4.3 数码印花喷头的研发

作为工业喷墨打印机的核心部件，喷头一直都是日本、美国和英国品牌的天下。早在 2013 年，全球工业喷墨打印头市场就被以日本为首的国外品牌牢牢占据，而国产喷头的研发仍然没有大的进展。喷头作为精密仪器，研发制造难度较大，需要克服五大障碍：①精密制造。喷头的微孔都是从纳米到微米级别，并且这些成百上千的孔必须一模一样，需要通过冲压之后再研磨，而目前国内的生产设备很难满足这样的精度要求。②高分子材料。工业喷头的预期寿命通常是 1~2 年，对压电陶瓷、胶黏剂、金属片等的耐用性和对墨水的兼容性要求都特别高。③电路设计。喷头对电信号特别敏感，有时甚至对数据线的长短都会造成影响。此外，喷头里面的算法很多，数据量非常大，这也是生产喷头必须要解决的技术难题。④量产。实际上，国内已经有不少企业成功研发出可用于生产打印的喷头，但要真正推向市场，则要解决良品率低、成本高昂的问题。国内某企业于 2017 年 6 月宣布研发出可量产的压电喷头，良品率可达 70%，这个数据应该说已经很不错了，但成本还是比较高。⑤时间。日本的工业级喷头研发与生产已经走过了 20 多个年头，而我国整个喷墨打印行业的发展也不过才 20 年左右的光景，对于喷头这样的核心部件的研发绝不是一朝一夕的事情。

喷头国产之路如此艰难，除了技术上的障碍，还与我国经济发展的大环境有关系。我国实体制造企业的处境并不乐观，能够自主研发，拥有核心技术，不是一般企业能够支撑的。尤其像工业喷头这样的产业，产品研发周期长，设计要求高，资金投入大，技术工艺复杂，收益非常缓慢，从研发到成功，从试用到量产，再从量产到收益，这中间的艰难程度是难以想象的。2016 年 6 月，苏州锐发打印技术有限公司在从事喷头研发 20 多年的谢永林博士的带领下，成功研发国内第一款工业级热发泡喷头，点燃了国产喷头研发制造的星星之火。2017 年 6 月，北京奥润联创微电子科技开发有限公司成功研发首款国产压电式喷头。2017 年 9 月，在深圳创业板上市的爱司凯发布公告称，拟在杭州富阳经济技术开发区投资 1.5 亿元建造喷墨打印头工厂，预计年产压电喷头 1 万只。不过目前仍未有投产的进一步消息。喷头之于工业喷墨，犹如芯片之于电子产业一样，受制于人的程度是有过之而无不及的，这必须引起广大喷印人的高度重视。

2.4.4 数码印花喷头的维护与保养

2.4.4.1 喷头技术故障分析

喷头厂对喷头堵塞物的分析流程通常是先用电镜观察，再用 EDS 分析，最后用 FTIR 分析。但在实际操作中需要根据自己可调用的资源对堵塞部位进行解剖和分析，下面给出星光 1024 喷头堵塞原因分析与解剖实例。

对于星光 1024 喷头来说，它的内部最易堵塞部位有三处：压电腔通道、喷头内滤网和喷嘴板部位。

（1）压电腔通道

①基本构造

压电腔所在位置如图 2–17（a）所示，压电腔内墨水通道尺寸较小且细长，又是转弯抹角处，墨水在此处较容易滞留或堵塞。在图 2–17（b）的右下侧已剥开了一部分压电片、电极片与碳材料腔体板黏结，打开这个部位时发现通道上有一些干枯墨水，图 2–17（c）是这一通道上的放大图，此处是要测试的区域。

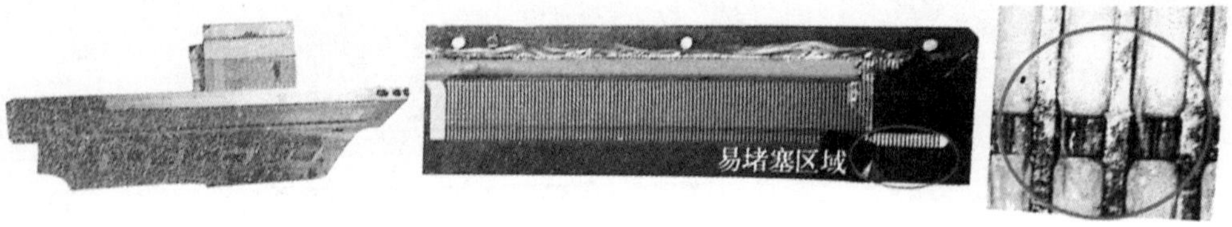

(a) 压电腔组件　　(b) 压电腔内部流道1　　(c) 易堵塞区域放大

图 2–17　压电腔组件

图 2–18 为墨水通过压电腔后喷射出来，到压电腔体集成组块通道上的解剖图示。图 2–18（a）中的右侧部件上用红圈划定的小孔，即墨水从压电腔流出的小孔。这个小孔中会有一些堵塞物（主要是压电腔内侧通道较细小，且不光滑，易积聚杂质）。图 2–18（a）中的左侧部件中，有一个碳合成材料做成的集成组块上的小孔，这是墨水进入孔并直角转弯后从集成组块底部流出的。这一直角区域对墨水来说有一定的死角，也是一个易堵塞点，若这一区域没有发现杂物黏附，说明采用碳树脂聚合物制成的集成组块对溶剂墨水兼容性很好。这一区域的墨水流道结构的简易原理如图 2–18（b）所示。

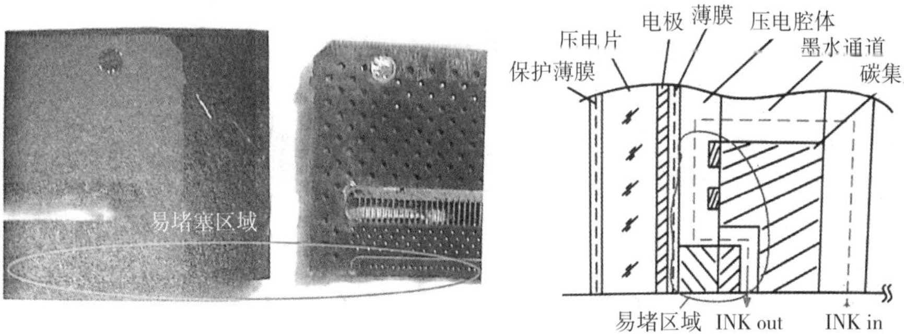

（a）压电腔内部墨水流道　　　　（b）压电腔内部流道及易堵部位

图 2-18　压电腔内部流道及易堵部位图解

②测试内容

测试点设在剥开的压电片腔体内（用手术刀剥离），再用电镜、EDS、FTIR 对这些堵住物进行测试。在实际测试时，实验员并不一定理解所要测试采样点的意义，故还是会有一点偏差。图 2-19 是在压电腔体打开后做实验之前的情况记录，在图上可以看到有一点蓝色残墨黏附，同时只对图上的红圈部位进行测试。它的电镜测试结果如图 2-20 所示，图上是压电腔内一些黏结用的薄膜残片，主要成分是胶水而不是堵塞物。

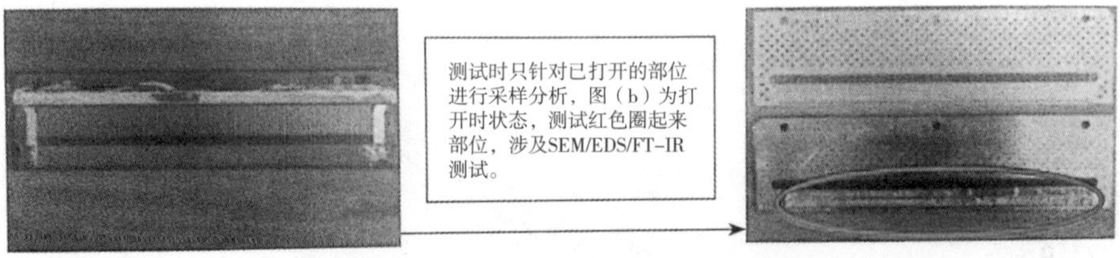

图 2-19　污染物是蓝色的（残留墨水）

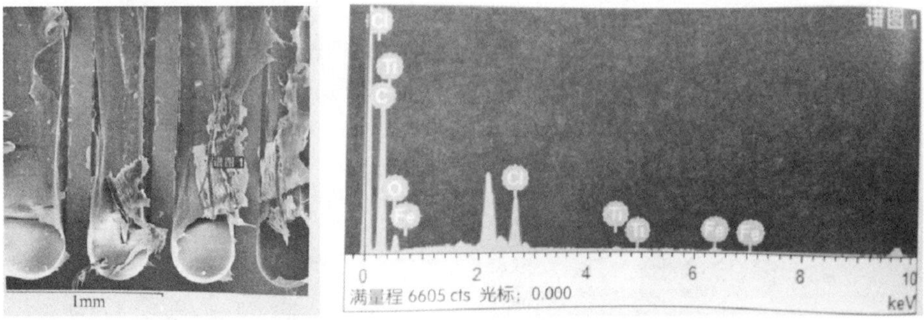

（a）压电腔内墨水流道及采样点　　　　（b）采样点谱图

图 2-20　压电腔内墨水流道及采样点谱图

③解剖与分析

压电腔体打开后，残墨不是很多，测试员只对一些表面黏着物进行了测试，从放大的 SEM 照片来看，所取测试物以胶水成分居多，所黏的残墨不多，故这个测试侧重说明了胶水中的元素成分情况，不能充分说明黏附的残墨杂质元素。

通过采样点谱图得知，压电腔内主要以 C、O、Cl、Ti、Fe 五个元素为主，表 2-3 为压电腔内采样点谱图各元素百分比。

对于所用胶水来说，C 与 O 是主要成分，且 O 元素的比例不是很高，说明它生成的物质不是很软（通常氧元素比例越高，所测物越软，越具有黏附性，这个值越低越好）。Cl 元素比例较高，可能是用了含氯元素类的有机物黏结剂所致。对于 Ti、Fe 元素来说，含量比较低被认为是金属材料中自带的，并黏附到所测部位所致。总体来说，目前这个喷头所用墨水在这一区域的堵塞情况不是很明显，墨水的流畅性不会受到较大的影响。

表 2-3　压电腔内采样点谱图各元素百分比

元素	C	O	Cl	Ti	Fe	总量
质量百分比 /%	81.26	17.38	1.12	0.06	0.18	100.00
原子量百分比 /%	85.77	13.77	0.47	0.02	0.04	

（2）喷头内滤网

①基本构造

从集成组块出来的墨水先要经过滤网，再进入下部的喷嘴板组件，过滤网如图 2-21（a）所示。这部分滤网孔径约为 18 μm，材料为聚酰亚胺。过滤网表面做过电晕处理显得比较毛糙，这是为了更好地与上部压电集成组块紧密配合，同时可以多捕捉到絮凝物，此种设计更容易捕捉到絮凝物并且絮凝物会黏附在上面。图 2-21（b）所示为滤网堵塞情况，若有较大的杂质能取出，最好是进行 EDS、FTR 分析。

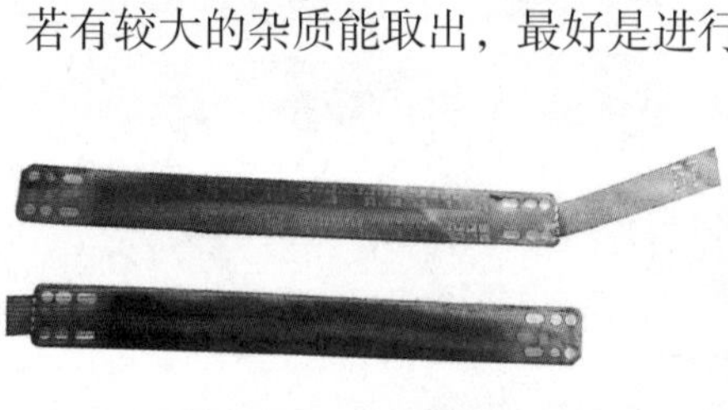
（a）喷头内过滤网

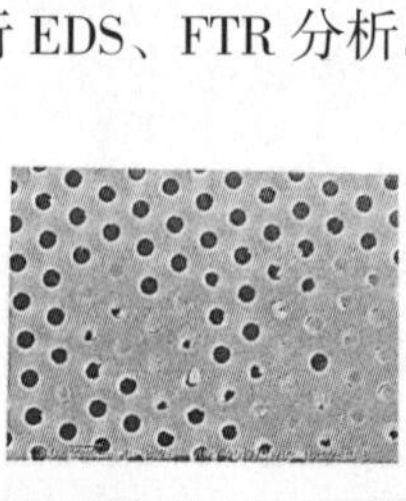
（b）滤网堵塞情况（300倍）

图 2-21　喷头内过滤网及堵塞情况

②测试内容

针对这一部位的堵塞物情况，分成少量与大量两种堵塞情况进行分析。前者如图 2-22（a）所示，这样的杂质堵塞现象通常在使用 1 年以上的喷头中是常见的。后者如图 2-22（b）所示，这时的堵塞情况已十分严重，有些已完全堵塞了墨水流向通路。通常一个喷孔对应的滤网孔约为 30 个，当有 1/3 的滤网孔被堵住时就易发生断墨现象。如果发生如图 2-22（b）所示情况，喷斜和断墨现象也会比较多。针对图 2-22 这类堵塞杂质做了 EDS 分析，结果如图 2-23、图 2-24 所示。

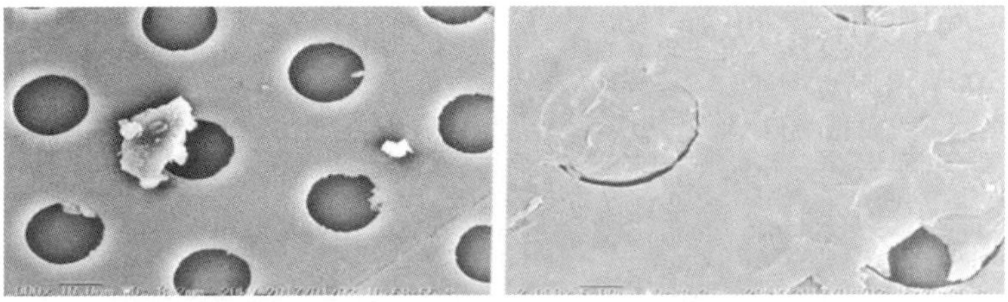

(a) 滤网局部堵塞（1000倍）　　(b) 滤网大面积堵塞（2000倍）

图 2-22　滤网堵塞情况电镜放大图示

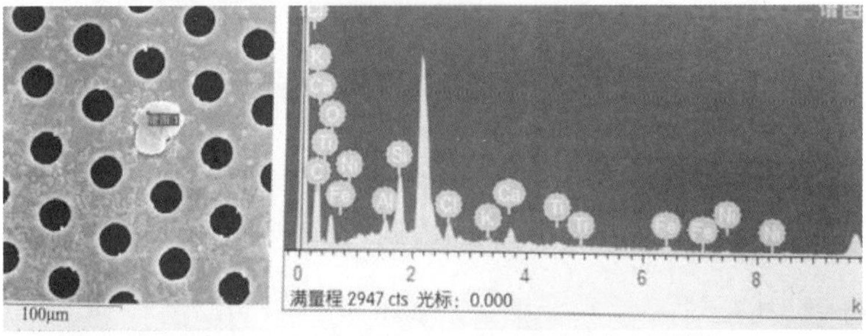

(a) 滤网局部堵塞物谱图采样点　　(b) 滤网局部堵塞物谱图

图 2-23　滤网局部堵塞物谱图采样点及谱图

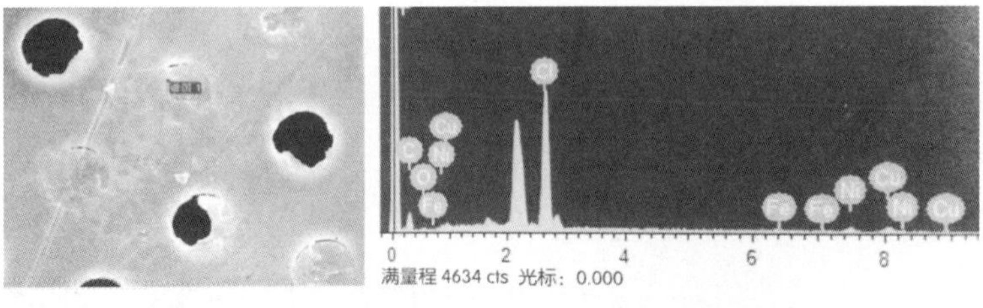

(a) 滤网大面积堵塞物谱图采样点　　(b) 滤网大面积堵塞物谱图

图 2-24　滤网大面积堵塞物谱图采样点及谱图

③解剖与分析

（a）局部堵塞情况

对图 2-23 中堵塞物所做的元素测试结果见表 2-4。堵塞物中元素较多，特别是氧化物比例有点高，通常这个比例高于 20% 说明有较多的絮凝物存在。该值过大说明墨水体系不稳定，通常用了两种以上的墨水或墨水与墨路中的部件产生了反应。从以往测试结果及经验来看，这些物质大多来自墨水、墨路，以及对喷头中胶水的腐蚀。但从本例在滤网上所捕捉到的杂物来看，使用不良墨水导致堵塞为主要原因。

表 2–4　滤网上大面积堵塞物谱图各元素百分比

元素	C	O	Cl	Fe	Ni	Cu	总量
质量百分比 /%	78.22	9.71	9.29	0.23	0.99	1.56	100.00
原子量百分比 /%	87.69	8.17	3.53	0.06	0.23	0.33	

从谱图中显示的各微量元素看：一部分为金属材料元素，这大多数是墨路中的部件不干净所致；还有一部分为无机物元素，这些大多为墨水及墨管中所带，也可能是使用时从周边环境空气中进入，所以要关注供墨系统中的空气净化装置，对于高要求的机器，墨路的部件一定要处理干净后才能装机。通常无机物元素的存在，对墨水的危害大于金属物元素。从本例的测试情况来看，这个堵塞情况是比较严重的，所以堵住喷头是必然的。

（b）大面积堵塞的滤网

这个测试如图 2–24 所示，此时滤网上已有较多网孔被堵塞，提取堵塞物样品进行谱图测定，如图 2–24（b）所示。从测试结果来看，总体与前面局部堵塞物样品中的元素差不多，但在大面积的堵塞物中氯元素含量过高，说明墨水中的含盐成分过高，这也说明无机盐过多会加速絮凝，且易与喷头内滤网材料黏结，形成较大的絮凝物。此外，氯元素过多，对喷头也不利。游离态的氯离子过多也会严重损坏一些金属部件。

（3）喷嘴板组件

①基本构造

墨水通过滤网后就进入到喷头集成块组件的墨水下落通道，如图 2–25 所示，其中图 2–25（b）为局部放大图。墨水通过下落通道后，到达喷嘴板组件。通常下落通道的通孔较大（孔径约 300 μm），大多数情况下不会堵在这里，但特别情况下，也会发生墨水中的絮凝物黏在壁上，故拆开这一部位后还需仔细观察下落通道上是否有残墨黏在壁上，若发现有残墨黏在壁上，可做电镜测试。

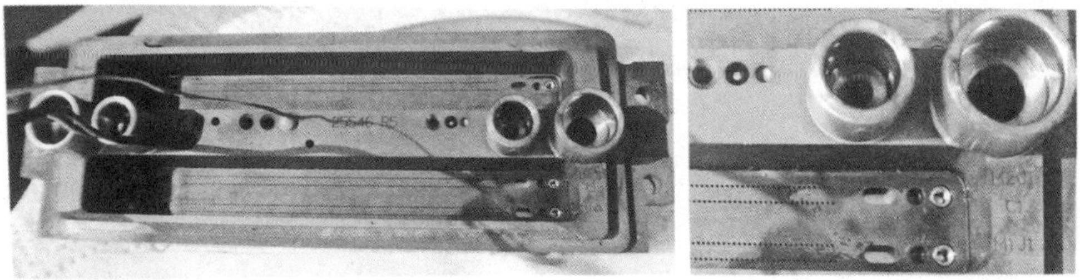

(a) 滤网安装处及墨水下落通道　　(b) 墨水下落通道局部放大

图 2–25　滤网安装处及墨水下落通道情况

②解剖与分析

图 2–26 所示为喷嘴板组件［图 2–26（a），看到的是喷头面板内侧］及喷头组件集成块［图 2–26（b）］。本测试样品打开后，在喷头组件集成块的碳合成材料上没有发现残墨，说明此墨水与它不会产生反应，兼容性很好，但是用其他墨水就不一定了，还是要分别仔细观察。对于图 2–26 来说，喷墨孔墨路是直通的，即从上到下没有转弯直达喷孔，而循环墨路则是由弯曲通路构成，并由门字形的主通路，加上各长条辅通路，把循环墨水从各喷孔点的周边回收过来。喷头面板组件中的循环墨路形状也有讲究，这样就构成了循环系统。。

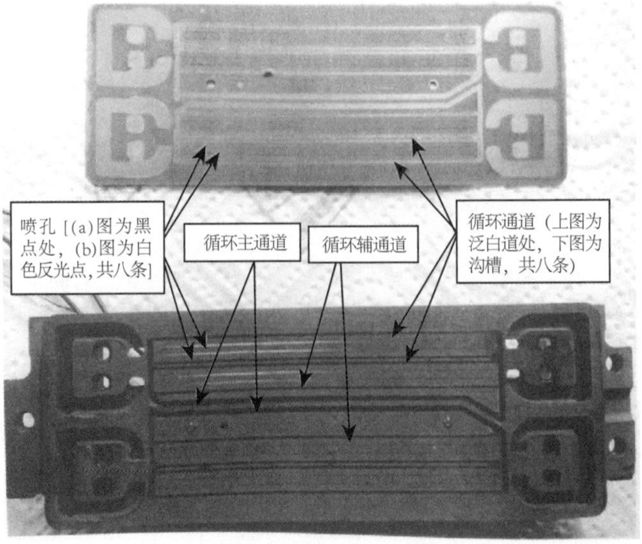

(a) 喷嘴板组件（为喷嘴板内侧）

(b) 喷头组件集成块

图 2–26　喷嘴板组件及喷头组件集成块

图 2–27 是喷嘴板分解后的情形，为了观察清楚，用两支笔分别支撑开这三层不同作用的金属板，它们的组成如下所述。

（a）喷孔面板（下层）。孔径约为 27 μm，采用电蚀法制成。图 2-27（b）为电镜测量图片，左上角显示孔径的测量值，数值大的（约 125 μm）为喷孔内陷保护圈，这是通过专门工装将这一保护圈给腐蚀出来；数值较小的（约 27 μ m）为喷孔实测直径。喷孔处因与外界相接触，墨水在这里容易与外界物质发生物理和化学反应，是一个容易发生堵塞的部位，通常对这一块板要做电镜、EDS、FTIR 测试。大多数情况下电镜测试结果不是全堵就是部分堵，这个对应实际打印时的表现不是断墨就是斜喷。

（a）喷头面板分解（导流、循环、喷嘴板）　　（b）喷孔直径

图 2-27　喷头面板分解

（b）循环流道（中层）。打开这一通道板后，发现中间层板上黏有较多杂物，如图 2-28（a）中红框所示。这说明循环流道会把外部的杂质也一起带入喷头，所以这个区域是容易发生堵塞的部位。这与其他公司采用星光 1024 喷头时反映的情况差不多。在循环通道中使用的过滤器都容易堵塞，这点要引起注意。因为要确保测试结果的真实性，所以还留有一部分中间层通道没有剥离，测试时要对新剥离的中间层板上的杂物进行电镜、EDS、FTIR 测试。

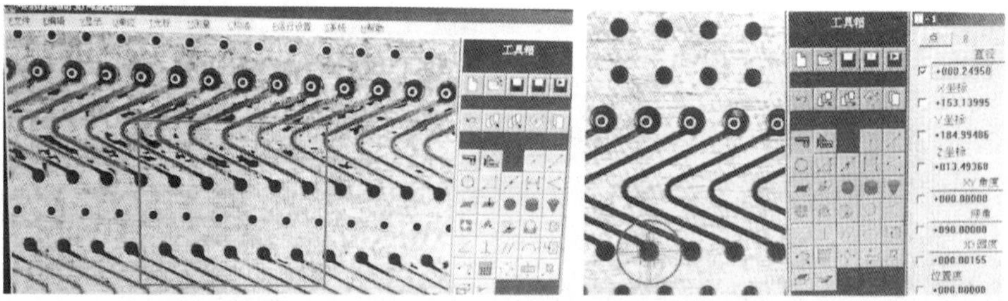

（a）循环墨路通道及污染物　　（b）循环墨路出墨孔尺寸

图 2-28　循环墨路通道状况

中间层板上的循环流道长约 3 000 μm，宽、厚各为 60 μm 左右，这样就形成一个阻尼通道，用于均衡吸墨时各孔的循环流量。图 2-28（b）是循环墨路回墨出孔尺寸，

约为 250 μm。

（c）导流板（上层）。这块板与碳材料集成模块分离时的状态如图 2–29（a）所示，图中红框内的大圆孔就是墨水进入孔。图 2–29（b）显示上层导流板的进墨孔径约为 325 μm，它和中间层循环墨路的进墨孔一样大。打开这块导流板时，肉眼没有看到杂物。

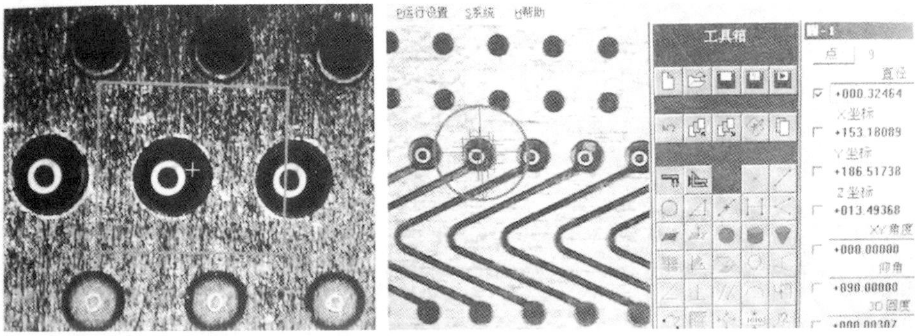

（a）喷嘴板组件导流板及进墨孔　　（b）循环墨路及进墨孔径

图 2–29　喷嘴板组件导流板及进墨孔状况

（d）喷嘴板杂物采样测试。对图 2–30 所示的部件在黑字标记部位（红圈边上）做测试，测试时要完全撕开才可对新的部位进行采样测试，以排除灰尘进入，干扰测试数据。对图 2–30（a）中的三层板进行剥离时发现，中间这块板上有较多堵住物，如图 2–30 所示。在它的上面进墨层侧没有发现特别的堵住物，估计堵住物大多数是沉淀的，会出现在下面出墨层板上（与喷头面板相接触面），故要再打开以便观察它下层表面情况。图 2–30（b）是对喷嘴组件三层板的中间层下面，也就是喷嘴板内侧采样区进行测试，这一部位的测试谱图如图 2–30（c）所示。这个部位是需要仔细测量的部位。表 2–5 为喷嘴嘴板上采样物谱图各元素的百分比。

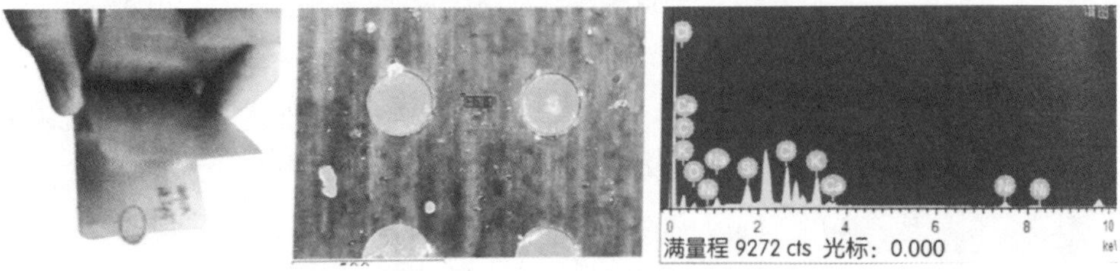

（a）喷嘴板测试区　（b）喷嘴板内侧状况及采样点　　（c）采样点谱图

图 2–30　喷嘴板测试区及采样点状况

表 2-5　喷嘴板上采样物谱图各元素百分比

元素	C	O	Si	Cl	K	Ni	总量
质量百分比 /%	79.87	10.90	2.42	0.67	0.24	5.89	100.00
原子量百分比 /%	88.16	9.03	1.14	0.25	0.08	1.33	

对谱图进行元素分析发现，所测元素情况看起来还算正常的，和前面压电腔内的测试情况相差不多，并没有特别之处。看来采样点上并没有采到堵塞物（因太小，无法精准取到样品）。但从所测试的结果来看，胶水成分居多，其次是喷头组件的金属材料部分黏在了采样区内，其他堵塞物的元素则不明显。本案例的实际情况是有多个孔被堵塞了（因是常规现象，故本次测试没有用 SEM 照片）。在喷孔面上无法取到堵塞物，故没法进行有效的元素测定。但通过对喷头组件的分解也可知道这一喷头容易堵塞的区域，这对于正确应用也起到了指导帮助作用。

（4）小结

①星光 1024 喷头内容易产生堵塞的区域有三个，分别为压电腔通道、喷头内滤网、喷嘴板部位。

②若三个区域发生不同程度堵塞时，只有喷头内滤网可以通过更换来解决，其他两个区域可试用清洗方案来解决，如果太严重则无法修复。

③对于带循环方式的喷头来说，循环通道上最易产生堵塞物，故对这一通道上的外部灰尘吸入要特别关注，同时也要特别重视这一通道上的过滤设置。

④由测试的喷头堵塞情况来看，过滤网上已捕捉到产生堵塞的物质，主要是由墨水本身不纯、混用两种以上不同厂家的墨水、墨水与墨路上部件兼容性不良、外部环境不佳导致不良空气进入所致，故要重点追溯这方面的原因，从源头上解决堵塞问题。

2.4.4.2　喷头堵塞物检测

喷头厂利用放大镜对这些堵塞喷头物进行观察检测。从喷头内堵塞物情况来看，有颗粒物、各类纤维、碎片杂质、金属碎片、透明杂质等。这些堵塞物大致可分成三大类：其一，颗粒物。这些固体碎片大多为金属物（铝、不锈钢等金属材料），也可能有塑料碎片（黑色）。其二，纤维类杂质。这些纤维的材质也是很丰富的，说明这些纤维是从不同途径带入的。其三，柔性絮凝物。这类杂质大多是墨水与墨路上一些材料发生了反应后产生的，同时也有墨水中自带的可能。

从测出的杂物来看，客户在墨路设计中还存在一定问题；喷头安装过程也有问题，说明环境不是很好。通过放大镜观察可以看出这些杂质并不是过滤器所带，说明在喷头进墨处接入过滤器是很有必要的。若已装了过滤器还有这些杂质的话，则需重新选择合适精度和材质的过滤器，以过滤掉这些杂质。有关这些杂质滞留在喷头内的各种形式如图 2-31、2-32 和 2-33 所示。

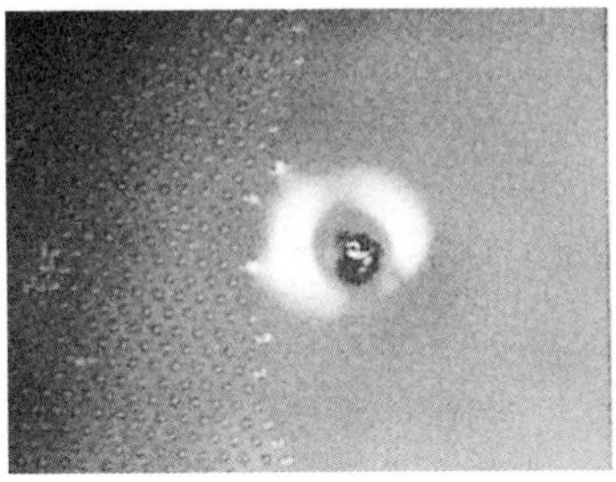

(a) 黑色颗粒（周边墨水被推开）

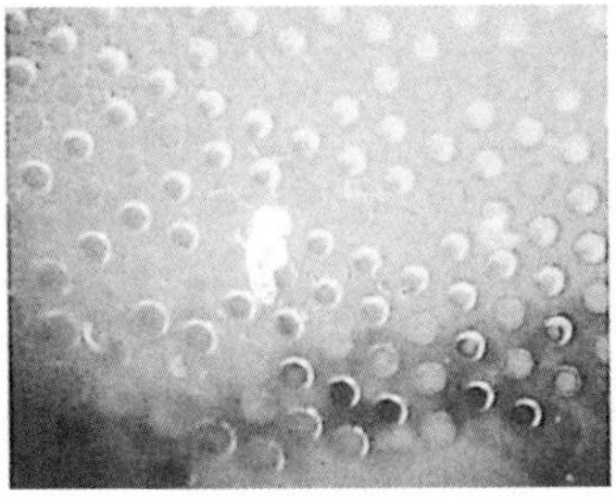

(b) 固体碎片

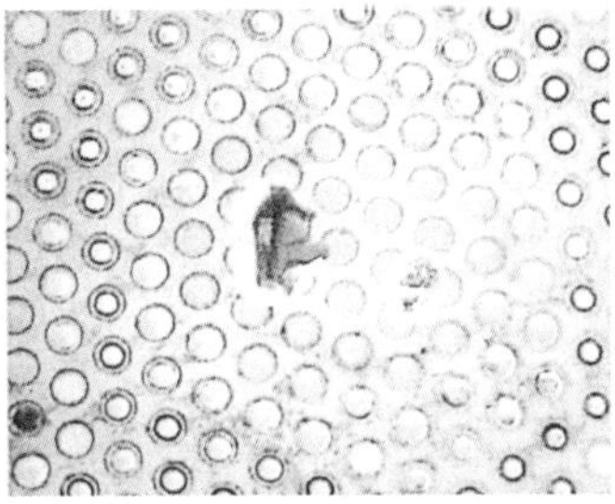

(c) 碎片杂质（过滤网上面）

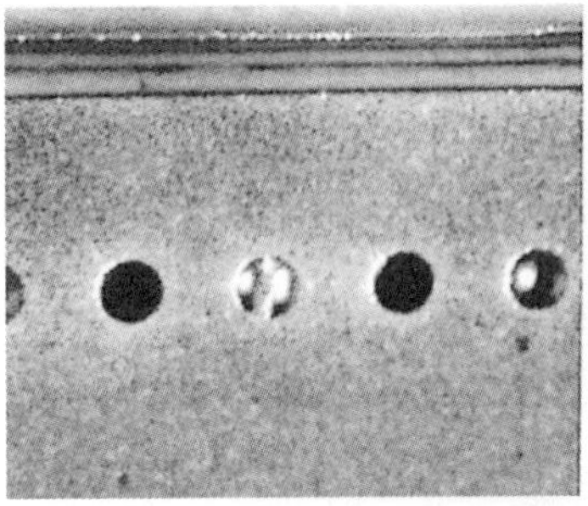

(d) 杂质卡在孔上（下落通道口）

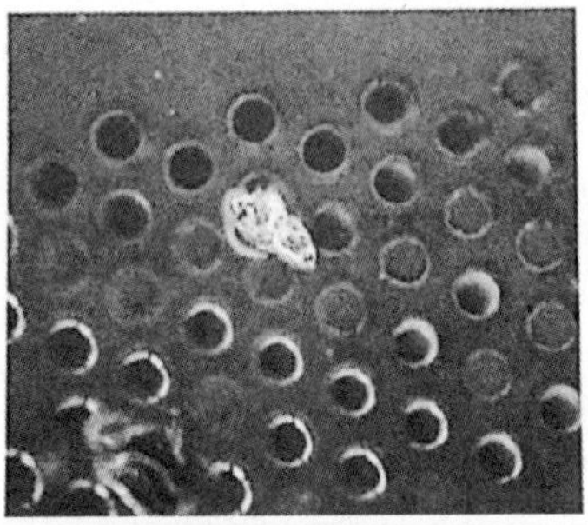

(e) 过滤网上面的金属碎片

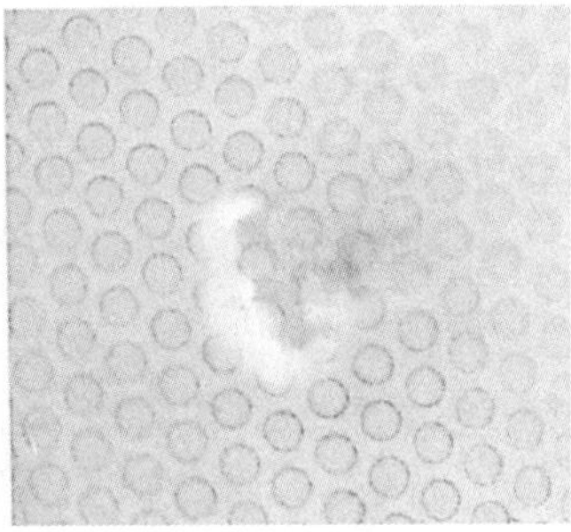

(f) 过滤网上面的透明杂质

图 2-31　喷头内滤网上残留的杂质

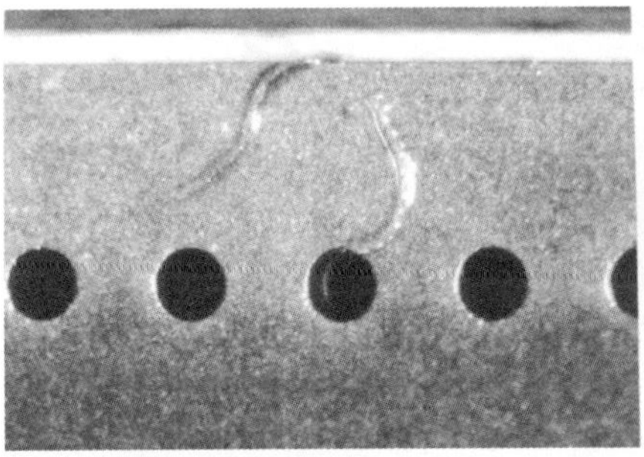

(a) 较细的纤维

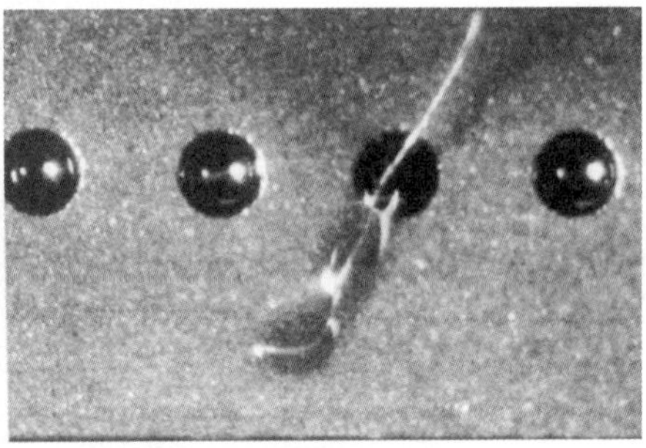

(b) 面料纤维

图 2-32　喷头内（下落通道上面）残留纤维

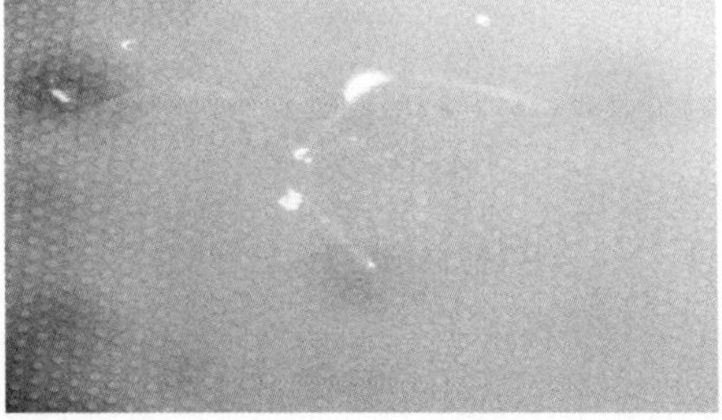

(a) 化学纤维1（过滤网上面）

(b) 化学纤维2（过滤网上面）

图 2-33　喷头内残留的化学纤维

（1）颗粒碎片类

图 2-31 是用放大镜看到的颗粒碎片杂质，大多在过滤网内被截留。从它的形状来看，有可能是副墨盒加工后残存的金属渣，也有可能是金属材质的副墨盒上螺纹的牙丝断裂后的残渣，还有可能是副墨盒上墨水出口处的金属手阀在不断开关过程中磨损下来的金属碎片（其他公司所测的过滤网上也有这类元素），说明在喷头前不接入过滤器就容易发生这类事件。

对于一般经济型机器供墨系统来说，它的墨水品质及部件和安装过程均比较简单，所以在关键墨路上还是需要加入必要的保护措施，以防喷头堵塞以及延长喷头长期工作的稳定性。在后来的客户回访中也谈到这些颗粒物的来源，认为这是客户自己打开喷头后由于对于周边环境及工具控制不严而带入杂物所致。同时也说明，一般用户不宜自己打开喷头进行检查。

图 2-31 是一些金属小碎片的 SEM 图，这类金属碎片的来源也与上面分析的一样。但图 2-31（d）所示，是一个与下落通道孔径差不多大的杂质被卡住，估计是用户自行打开喷头后有杂质颗粒掉落到这个位置上了。因它上面的过滤网直径（18 μm）要远小于这个下落通道的直径（下落通道直径上面至少有 30 个 18 μm 的过滤网孔）。若这个碎片是一个硬的杂质，通常是无法通过过滤网的，并且只会被卡在下落通道上。根据其他公司所做的类似检测情况来看，在这个部位上通常出现的是一些柔性絮凝物堵塞问题，因柔性絮凝物不断积累，最后将这个通道口全部堵塞。

（2）半透明絮凝物

图 2-31（f）所示类似絮凝物，有点半透明状。这些可能是因墨水对一些零件的兼容性不好而产生的絮凝物质，也有可能是从外部带入，当然墨水本身所带的情况也是常有的，只是这些絮凝物不多时，对于喷头来说还可以承受。

要解决这些堵塞物的产生，就要从部件的选择及安装工艺来保证。很多公司在安装墨路这一工位时，对于安装环境的灰尘把控不严，管子与部件大多在开放环境下摆放和安装，这样容易进入灰尘，造成初次使用喷头时就发生部分喷孔堵塞而断墨的窘境。

（3）各类纤维材料

在喷头内通道上发现了较多纤维状杂质。从外表来看，有化纤，也有面料纤维。图 2-32 和图 2-33 是在过滤网下面的墨水下落通道口上观察到的情况。只有直径很细的纤维才能钻过平面型过滤网孔，落到了墨水下落通道口上。图 2-32（a）所示的较细纤维（滤网下面，下落通道）和图 2-32（b）所示的面料纤维（滤网下面，下落通道），它的直径约为几微米，远小于喷孔直径（27 μm）、滤网孔直径（18 μm）、压电通道最窄处的尺寸（100 μm）。这些纤维，有可能是客户用于清洁的非织造布上的纤维，也可能是客户使用清洁布时掉落的纤维进入了喷头。因客户自行把喷头打开过，并揭开了过滤网后再装回送喷头厂检测，故图 2–32 中所显示的纤维就是类似纺织品上的纤维脱落在墨水的下落通道上，同时这两个图中的纤维形状不像过滤网上的聚丙烯（PP）纤维丝，而与布料上的纤维比较相近。这两张图上纤维的存在也说明擦洗喷头的布料一定要选不会掉毛的专用清洁布，而不能随意选择普通非织造布及其他面料。

另外，对于在喷头前采用不锈钢席形网作为过滤器来说，捕捉到 2 μm 左右的纤维很困难，因这一部位的过滤精度不能设置过小，不然压损太大，不利于喷头顺利供墨；同时清洗时有压力。若有从主过滤器上脱落的纤维也是难以截留的，客户的喷头内堵塞物图片（如图 2–33 所示）也证明了这一点（有些纤维钻过了滤网膜，到了墨水下落通道口上）。喷头内过滤网采用了聚酰亚胺材料，而 18 μm 的过滤精度没法截留几微米细的纤维，故还是要寻找针对墨路中一些过滤器脱落纤维这个问题的有效解决方案。

对于星光喷头来说，这么长的纤维首先会堵塞在压电腔内，此处的墨路通道是弯曲的，也很小，故堵塞的概率会大，其次会堵塞在喷头内的滤网上（这个现象在喷头厂所发图上可见），堵塞在循环墨路通道上的可能性较小。

2.4.4.3　喷头堵塞的清洗方法

喷头使用一段时间后会因各种原因造成喷头上部分喷孔斜喷及堵孔，一般情况下维修人员会利用针筒吸入清洗液对所堵塞的喷头进行注射清洗，但效果并不明显，甚至操作不当会损坏喷头。因此，专门用于清洗喷头的装置及清洗方法引起了使用者的关注。以下介绍几种常见的清洗喷头的方法。

（1）针筒挤压清洗法

针筒挤压清洗法是采用挤压针筒的方式将每个喷头里残留的墨水或清洗液清除掉，再用去离子水挤压清洗喷头。此方法虽简单但清洗效果不佳。

（2）超声波清洗法

超声波清洗时要求喷头充满清洗液，并且，清洗前超声波机器槽内的清洗液至少工作 15 min 以上，才可放入喷头，这主要是为了尽可能除掉清洗液中的空气，以提高超声波清洗效果。超声波清洗一般采用 45 kHz 以上的频率，特殊情况下使用 120 kHz 以上的频率，且常规超声波清洗至少需要三个循环周期。一般可采用正压喷射清洗模式和抽吸、振荡清洗模式。

（3）高频超声波清洗法

高频超声波清洗法利用 120 kHz 的高频超声波清洗槽替代 47 kHz 的超声波清洗槽。清洗模式包括正压清洗、强压清洗、抽吸清洗等。

（4）强化学溶剂浸泡法

强化学溶剂浸泡法将经 120 kHz 高能超声波清洗槽清洗完后但仍有堵头或斜喷的

喷头用丙酮溶剂浸泡 3~5 min，再将丙酮注射入喷头内，循环冲洗；将丙酮清洗干净后，再用去离子水清洗几次，观察喷头的喷射情况，最后将清洗好的喷头注入保湿液进行保湿备用。

（5）其他清洗方法

很多喷头的胶水可在短时间内承受 80 ℃的温度，可利用热胀冷缩的原理对喷头进行清洗，即先将 80 ℃的热水打入喷头内约 1 min，再换用室温下的冷水冲洗 2 min，反复冲洗几次后观察喷头的疏通情况，该方法清洗过程简单，有一定的清洗效果。

2.4.5 喷头的未来发展趋势

目前机械加工制造的喷头单头最多为 2 500 孔，且频率和物理精度较低，未来使用 MEMS 技术提高喷头数量、降低成本是最佳的途径，还可利用 PZT 薄膜技术提高喷头的频率。此外，利用喷头的可变点技术兼顾细节与色块的精度和密度，使喷头带内循环提高打印的稳定性，采用多头拼接的方式使喷头方便安装和更换、选择合适的喷头形状从而保证墨滴有好的落点，这些都是未来喷头需要改进的方向。

2.5 翔彩 COLTEX 热转印数码印花机创新案例

2.5.1 热转印技术核心价值

技术原理：数码喷墨 + 高温转印工艺（图案先印于转印纸上，后转移至织物）。

核心优势：适用于化纤材料（涤纶 / 尼龙等），色彩鲜艳度高、耐水洗性强。

行业痛点解决：突破传统直喷对纤维材质的限制，弥补运动服、旗帜、箱包等领域的复杂需求。

2.5.2 核心性能与技术突破

（1）高精度打印工艺

为满足那些庞大订单生产和追求高色彩印花品质需求的客户，设备采用工业级高精喷头，提升了打印速度与色彩精度。在机械传动系统方面增加了压料辊持续补偿步进与连续移动功能，增强设备的运行稳定性，实现更快、更顺畅、更高效的生产。

（2）高效稳定生产

为保障打印设备在超高速生产时的稳定性、可靠性与打印精度。Coltex 技术团队，联合行业标杆客户，通过反复研发、测试、验证，最终实现机械、电气、软件等关键指标上的高度集成，满足客户高效生产与设备稳定运行的双重需求，助力生产提质增效。

（3）高浓度热升华墨水

无论何种纺织介质和花纹图形，都能轻松应对并呈现最细腻与饱满的色彩效果。借助 EPSON 精准墨滴技术，加上 Coltex.fullyink 特制高浓度速干墨水，可输出极致影像级别的色彩品质；4 色 /6 色 /8 色方案 3 组模式打印方案，最高可实现 600 dpi × 2400 dpi 的打印精度；软件内置节墨算法，极大减少和节省了墨量使用。

色域广饱和度高，具有出色的色牢度和高可印刷性及优异的打印清晰度。延长打印头的寿命，降低维护成本。

（4）更丰富的色彩方案

可选 4/6/8 色，在青 C、品红 M、黄 Y、黑 K 的基础上增加了橙 O、红 R、蓝 B、G 绿为基础色，可选 LM、LC、LK 作增强色。丰富了墨水选择性，使画面更加细腻，过渡更加平滑；打印画面更加生动艳丽，满足不同客户对丰富色彩品质的要求。

2.5.3 产品机械部分

（1）优异的 Dynpro™ 机械传动技术

Coltex 优异的 Dynapro™ 机械传动系统，增加压料辊持续补偿步进与连续移动功能，确保纸张不会出现起褶，大幅提升传送料的平稳性和收放料的收料整齐度。

（2）创新性的内循环喷墨技术

Coltex 凭借在数字喷印应用领域多年的技术经验，创新性地开发出行业先进的内循环喷墨技术。采用工业级负压供黑及自动脱气装置，让供墨始终保持顺畅流动，有效降低生产时出现的断墨、滴墨、飘墨等不良故障，解决打印断针和温度变化导致的色差问题，提高墨水在打印时的稳定性及打印精度，减少设备后期生产的维护成本。

（3）仿塔桥式平台支撑结构

仿塔桥式结构设计，配合 0.03 mm 精度的打印支撑平台，支撑强度和坚固程度比普通结构优异 10 倍以上，打印更稳健、画面墨点更精细。

（4）自动负压供墨、墨路循环系统

供墨动能恒定，确保供墨流程更顺畅；自主研发负压板控制，带负压瓶、负压传感器，负压精度可控制在 0.02 kPa 以内；不受地理位置以及大气压强的影响，可根据墨水流动速度持续进行供墨并协同各胶辊间运动的平稳、顺畅和连贯，实现恒定的张力控制。墨滴均匀稳定，打印更精细，大幅减少耗材与人工浪费。

（5）智能热循环、均匀烘干，兼具高效与节能

采用正反面烘干方式，有效控制介质表面的温度，提升烘干效率，适应更快的打印速度。

（6）磁悬浮传动系统

进口原装高静音双导轨、直线电机、磁栅系统；减少设备在高速运行中产生的抖

动和振动，实现高速运行与稳定打印；降低打印噪声污染，维护保养方便。

（7）一键式智能喷头清洗

先进喷头清洗与保湿装置，断墨后自动清洗，提供多方位的闪喷清洗方式，一键式压墨清洗，安全方便的喷头清洗与保养功能，使整机操作维护更加便捷。

⑧远程监控系统可减少宕机

24 小时 /7 天的全天候远程监控，可对潜在问题作出快速响应，从而减少宕机时间，提升服务效率。

2.5.4 热转印产品系列

（1）CS8Pro

搭载 8 支 Epsoni3200 高精打印头，1.9 m 打印宽幅，最高打印速度 320 m^2/h，最高 2400 dpi 分辨率，支持四色、八色打印模式，满足小订单个性化印花需求。

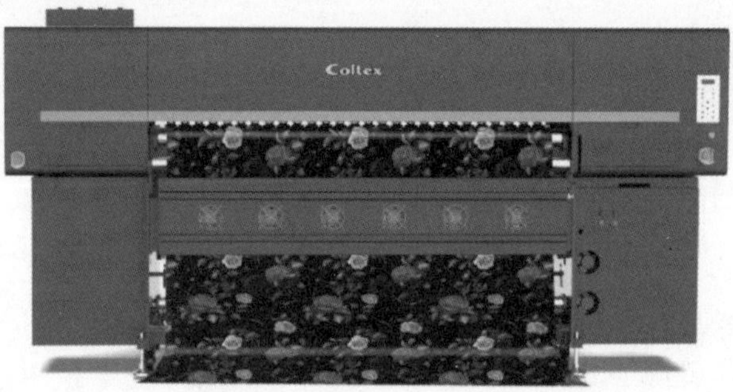

图 2-34 CS8Pro 印花机

（2）麒麟 S8000

可搭载 16 支 Epson i3200 高精打印头 /12 支 Epson S3200 工业高精打印头，2 m 打印宽幅，最高打印速度 680 m^2/h，支持四色、六色、八色打印模式。

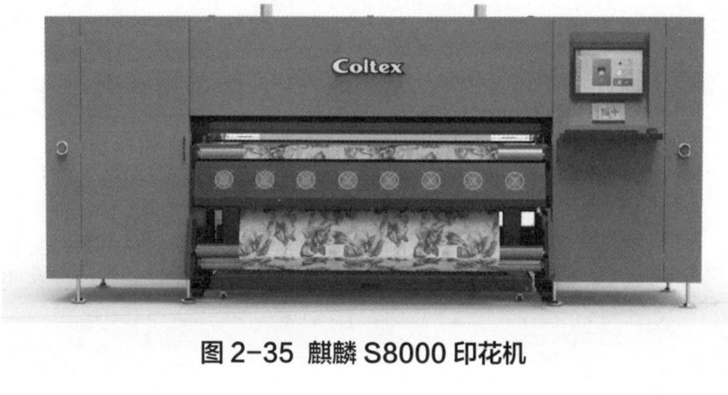

图 2-35 麒麟 S8000 印花机

（3）麒麟 S8000ProPlus

搭载 24 支 EpsonS3200 工业高精打印头，2.2 m 打印宽幅，最高打印速度 1400 m^2/h，2400 dpi 分辨率，支持四色、八色打印模式，增加压料辊持续补偿步进与连续移动功能，应对大订单生产需求及高色彩印花品质。

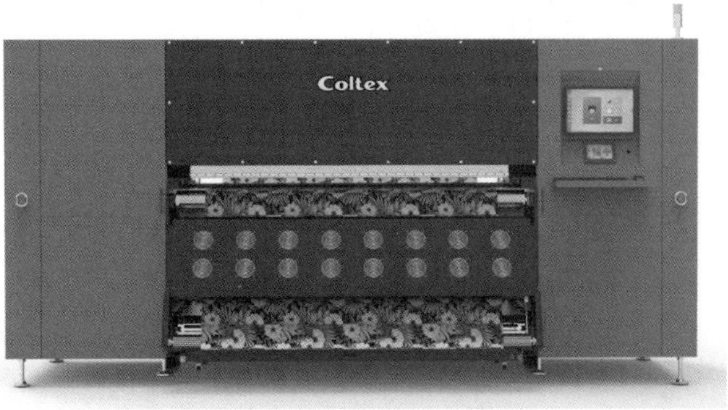

图 2-36　麒麟 S8000ProPlus

思考题：

1. 喷墨印花的技术原理是什么？
2. 简述数码印花机的分类。
3. 简述意大利 MS 数码印花机的分类与特点。
4. one pass 数码印花与多 pass 扫描式纺织品印花的区别是什么？
5. 喷头的常见故障有哪些？如何排除？

参考文献：

[1] 房宽峻 . 中国数码喷墨印花设备的现状与发展趋势 [C]// 第十二届亚洲纺织会议分会场——2013 全国染整可持续发展技术交流会 . 上海， 2013.

[2] 任建华，李远惠 . 数码喷墨印花技术研究现状及发展趋势 [J]. 成都纺织高等专科学校学报，2016(1): 172–176.

[3] 马学功， 周兴叶， 何剑雄 . 纺织品数码印花技术综述 [J]. 针织工业， 2014(6): 40–44.

[4] 周才东 . 新型数码印花机与喷印单元机械结构的研究 [D]. 杭州 : 浙江理工大学， 2017.

[5] 仇明慧， 李敏， 付少海 . 纺织品数字喷墨印花设备发展现状及趋势 [J]. 纺织导报， 2016(11): 66–

68.

[6] 孟庆涛 . 第 18 届上海国际纺织工业展览会针织印花机械述评 [J]. 针织工业， 2017(12): 42–46.

[7] 付少海， 张丽平， 谭莹， 等 . 纺织品数码喷墨印花喷头及整体设备的研究进展 [J]. 纺织导报， 2014(11): 36–37.

[8]Product Manual of StarFire SG1024/A Printheads[Z]. USA: FUJIFILM DIMATIX Inc， 2014.

[9] 杨诚 . 数码喷印技术与应用 [M]. 北京 : 中国纺织工业出版社， 2018.

[10] 陈黎明 . 喷墨印刷机的分辨率 [J]. 印染， 2013， 39(3): 18–19.

[11] 詹白勺， 梅顺齐 . 提高数字喷墨印花速度的探讨 [J]. 毛纺科技， 2009， 37(11):21–23.

[12] 李明珠 . 数码印花的现状及发展趋势 [J]. 染料与染色， 2011， 48(6):32–34

[13]MS.MS 发布高速印花机 [J]. 丝网印刷， 2011(12):51.

第3章
数码印花染料与墨水

3.1 着色剂概念及分类

颜色来源于光，颜色是通过物体发射、反射或透射的光波射入人的眼睛，被眼睛接受而引起的精神领域的心理感觉，即颜色（色彩）的感觉。物质呈现颜色有赖于着色剂，任何可以使物质显现设计需要颜色的物质都称为着色剂。着色剂可以是有机着色剂或无机着色剂，也可以是天然着色剂或合成着色剂。着色剂可以分为染料和颜料。染料是可以将纤维或其他基质染成一定颜色的有机化合物，它可以直接或通过某些媒介物质与纤维或基质发生物理或化学结合实现染色。染料大多可以溶于水，有些染料不溶于水而溶于有机溶剂。颜料是不溶于水或一般有机溶剂的无机或有机有色化合物，它可以借助高分子化合物与纤维或基质黏合在一起实现染色。

人类使用颜料有着悠久的历史，三万年前人类已经使用无机物如赭石、赤铁矿作为有色材料制作壁画或岩画。这种无机物实际就是最早的无机颜料。在远古时代，人们使用无机颜料的同时也从动植物中提取色素，如靛草、茜草、泰尔紫等，茜草中的主要有色成分是茜素（1，2- 二羟基蒽醌），靛草中的主要有色成分是靛素（靛蓝），其中从一种名为 pingere 植物的根中提取出来的色素拉丁文叫作 pigmentum，后来生物学家称作 pigment，即颜料。虽然这些从动植物中提取的有机色素具有溶解性，应该称为有机染料而不是有机颜料，但它们却是有机颜料的起源。

公元前四世纪，古埃及人通过水洗的方法来提高土系颜料的色彩和纯度。埃及蓝产生于公元前三世纪，是一种用沙子和铜制成的蓝色粉末。埃及蓝直到 16 世纪才被 smalt 所取代。古埃及人还用到孔雀石、朱砂和石青，他们通过把这些矿物质碾碎和水洗来制作颜料。在植物染料方面，古埃及人通过一种透明的白灰从不同的染料中提取色素。古希腊人将铅放在醋和动物粪便中制作了一种不透明的铅白色素。古罗马人继承了古埃及和古希腊人的经验，并将朱砂用于壁画创作，公元前 715 年，古罗马出现了羊毛染色技术。1908 年 Friedlander 在海螺中提取出了泰尔紫，但由于价格昂贵，仅用于古罗马君主的服装。公元前331年在波斯首都苏萨的皇室宝库中发现了190年前的紫色服饰。公元前327年亚历山大大帝曾提到印度的染色棉布。公元2世纪到3世纪在罗马人的坟墓中发现了用植物染料染色的织物。在古代，天然染料提取比较困难，价格极其昂贵，甚至一些颜色被赋予身份的象征，比如公元4世纪拜占庭的皇帝发布了一道法令，禁止皇室之外的人使用帝王紫。

中国作为四大文明古国之一，古代中国人创造了许多领先于世界其他国家的发明，比如造纸术、火药、指南针和印刷术。中国也是世界上最早使用天然染料的国家之一，比如靛蓝、茜素、胭脂红、五倍子等动植物染料。中国人对于颜料朱红色的使用比罗马人整整早了两千年。古代中国人把硫磺与水银加热制造出非常不透明的红色色素，这种红色色素到18世纪才被朱砂取代，到20世纪末镉系的红色色素才取代了朱砂红。考古学家从仰韶文化遗址中发现了公元前5000年到公元前3000多年的丝绸织物。公元前2600年已有关于染料使用的文字记载，比世界其他国家的记载早一千多年。在中国古代的商朝，染料和丝绸技术已经很成熟，从出土的文物中可以看到商朝彩色的毛织物。中国的纺织品通过公元前2世纪开始的"丝绸之路"销售到西亚、中亚、地中海以及欧洲。在马王堆汉墓中出土了色彩绚丽的纺织品。明朝宋应星编著的《天工开物》详细介绍了织物染料的制作和应用。

古代人们使用天然染料和无机颜料时，能够选择的品种比较少，染色的色牢度也较差。1704年，一位名叫Diesbach的德国人在提取染料时，用混有动物油等杂质的碳酸钾替代纯净的碳酸钾，本该制造出红色染料却制造出了蓝色染料。这个蓝色就是普鲁士蓝，也是世界上化学合成的第一种颜料。19世纪初期的工业革命为合成着色剂带来了新的机遇，科学家积极尝试并开发出了许多着色剂。比如Thenard于1802年开发出了钴蓝，这种蓝色有很好的耐久性和透明性，被广泛应用于陶瓷的着色。后来通过氧化钴和铝、锡、锌等金属的结合，不同颜色的钴系颜料陆续问世。1820年美国对铬的开发为铬黄颜料的生产提供了更简便的方法。1846年和1910年镉黄和镉红分别问世。但真正的染料工业从1856年开始，这一年年仅18岁的英国化学家William Henry Perkin尝试通过化学方法合成奎宁，但在提取紫色染料时意外通过重铬酸钾制备了第一个合成染料苯胺紫。德国化学家Griess于1858年发现了苯胺的重氮化反应，Mene于1861年发现了重氮盐与芳胺和芳香酚的耦合反应。苯结构和四价碳理论模型分别在1856年和1858年确立。这些新发现和理论模型的确立为人工合成更多品种的有机染料和有机颜料奠定了基础，人们可以通过分子结构的设计有目的地合成染料和颜料。1868年Graebe和Liebermann指出茜素的分子结构为1，2-二羟基蒽醌，通过对茜素结构的分析合成了这一金属络合染料的母体。1878年法国的Groissant和

Bretonnier 合成了第一个棕色的硫化染料。Biebrich Scarlet 于 1878 年合成了红色酸性染料，合成的红色酸性染料的色纯度和亮度优于天然染料胭脂红。1880 年，英格兰的 Thomas 和 Holiday 合成了第一个不溶性偶氮染料，即后来的染色牢度很高的冰染染料。同年德国化学家 Bayer 合成了第一个还原染料，1901 年他又发明了第一个蒽醌型还原染料，从此更多的还原染料不断问世并大量应用于棉布的染色。Bottiger 于 1884 年合成了第一个直接染料刚果红，随后更多的直接染料陆续问世。直接染料染色方法相对简单，广泛应用于棉布染色。1890 年人工合成靛蓝问世。Bohn 于 1901 年发明了还原蓝，即阴丹士林蓝。1899 年出现了第一个用水溶性染料制备的颜料立素尔红，当时是以钠盐的形式出现。以水不溶性的钡盐或钙盐取代水溶性的钠盐提高了染料的色强度，随后更多的水不溶性钡盐或钙盐、水不溶性色淀类颜料相继出现。在色淀颜料的基础上人们尝试用不含水溶性基团的原料合成不溶性偶氮颜料，如 1895 年和 1905 年合成的邻硝基苯橙和二硝基苯橙，以及汉沙系列 C.I 颜料黄 1（Hansa Yellow G）。1911 年 C.I 颜料黄 12 问世，它是采用 3，3- 二氯联苯胺替代一元胺与乙酰苯胺偶合制得，属于双偶氮黄色颜料，比汉沙黄颜料有更高的着色强度和耐迁移性能。1921 年 Bader 和 Sunder 发明了可溶性还原染料，这种还原染料可以更加简便地对棉织物进行直接染色。1915 年发明了金属铬媒染料，到 1951 年汽巴公司推出 1∶2 金属络合染料，即中性染料。英国化学家于 1934 年开发出第一个铜酞菁染料，使用铜酞菁染料可以得到鲜艳的蓝色和绿色，蓝色和绿色铜酞菁颜料分别于 1935 年和 1938 年问世。铜酞菁颜料具有优异的着色强度和耐晒性能，随后更多的不同晶型的铜酞菁颜料被开发出来。为了适应醋酸纤维的染色，不同颜色的分散染料陆续问世，尤其 1947 年以后涤纶纤维大规模生产促使分散染料生产规模不断扩大。瑞士汽巴公司于 1954 年开发了耐热和耐迁移性能优异的偶氮缩合型颜料。美国 DUPONT 公司于 1955 年开发了喹吖啶酮类红色和紫色颜料，但后来该颜料的生产权被瑞士汽巴公司买断。与此同时，德国赫斯特公司开发了苯并咪唑酮类红、黄、橙色颜料。之后瑞士汽巴公司和德国巴斯夫公司开发了异吲哚啉酮和异吲哚啉类的黄色颜料。20 世纪 80 年代，瑞士汽巴公司开发了 1，4- 吡咯并吡咯二酮红色颜料。英国的 ICI 公司在 1956 年成功推出第一类活性染料，也叫反应性染料，这类染料可以与纤维素纤维形成共价键结合，被视为染料发展史上一个重要的里程碑。活性染料具有品种多、色谱全、应用方便、染色牢度高、匀染性能好、应用范围广等显著优点，得到广泛的应用，尤其大量应用于棉织物的染色。中国染料工业始于 1919 年，但直到 1949 年中国只能生产较少的硫化染料品种，染料年产量不足 6 000 吨。1980 年较 1949 年染料年产量提高了十几倍，成为世界第四大染料生产国，可以生产的染料类型有碱性染料、酸性染料、冰染染料、活性染料、中性染料、分散染料、还原染料和阳离子染料，可以生产的染料品种有 500 多个。直到 1994 年中国成为世界上最大的染料生产国，染料品种超过 1 200 种，可以生产的中间体超过 200 种。中国也是世界上重要的颜料生产和出口国，中国的颜料品种有一百多种。中国的染料工业虽然在相当大程度上满足了市场需求，但在品种和品质上与发达国家还有一定差距，特别是需要努力发展高档、环保、功能型染颜料技术。

为了便于染料的应用，英国染料及印染工作者协会（UK Society of Dyers and Colorrists，SDC）与美国纺织化学和印染化学家协会（Amerian Association of Textile Chemists and Colorists，AATCC）共同编辑出版了《染料索引》一书。《染料索引》是一部国际性的染料、颜料品种汇编。《染料索引》（Colour Index，缩写为 C.I.）将世界各个主要染料生产企业的商品，按不同染料品种的应用性能和化学结构进行归纳、分类、编号，逐一说明它们的应用特点和性能。该书在列出它们结构式的同时还对合成方法进行了注释，并附加了同类商品名称对照表。这是一部了解国际染料和颜料的工具书，虽然称为染料索引，但实际上既包含染料也包含颜料。

我国广泛使用的《染料索引》是 1971 年出版的第三版和 1975 年出版的增订版。第三版染料索引分为五卷，增订本分为两卷，收集了近八千种的不同染料和颜料品种，并且详细列出了每一种染料的应用分类类属、色调、各项牢度级别、应用性能、在纺织品以及其他领域的用途、发明者、制备途径、化学结构式、有关资料来源及不同商品名称。第一、二、三卷按照染料特点分成了 20 个大类，如酸性、不溶性偶氮偶合组分、碱性染料（阳离子染料）、直接染料、荧光增白剂、分散染料、食品染料、媒染染料、颜料、活性染料、溶剂染料、硫化染料及还原染料等，同时在各类染料中将颜色划分为黄、橙、红、紫、蓝、绿、棕、灰、黑和白共 10 个类别，然后在同一颜色类别下对不同染料品种进行序号编排，即染料索引应用类属名称编号，在第三卷中还以表格的形式对不同染料品种的应用方法、用途、牢度级别，以及其他基本数据进行了说明。第四卷基于化学结构式，对已经给出化学结构式的染料品种进行了染料索引和化学结构式编号。同时在这一卷中还罗列了部分染料品种的制造方法和参考文献。染料结构式用一个 5 位数字表示，但并不是非常准确，如 C.I. 结构数在 11 000 到 19 999 之间的为单偶氮化合物，C.I. 结构数在 73 000 到 73 999 之间的为靛族化合物。第四卷与第一、二、三卷的内容互相交织和补充。第五卷主要给出了各个牌号染料名称对照、生产厂商缩写、牢度实验及专利、普通与商业名词索引等。由于染料品种非常繁杂，C.I. 值可以表示某一种染料，并可以了解其染料品种的结构、色泽、性能、来源、染色牢度及其他可供参考的内容。

除了使用染料索引来查询和了解不同种类的染料品种，还可以借助 CAS 号来了解，如图 3-1~3-3 所示。CAS 号（CAS Registry Number 或者 CAS Number，CAS 日 Rn，CAS#），也叫 CAS 登录号，是一种物质如化合物、混合物、合金、高分子材料、生物序列的唯一数字识别号码。美国化学会的下设组织化学文摘服务社（Chemical Abstracts Service，CAS）负责为每一种出现在文摘中的物质分配一个 CAS 号，避免了化学物质多种名称的烦琐，使数据库的检索更为简便。Anychem 化工词典是专业的 CAS 号在线查询工具，可以通过化工词典搜索对应的化学物质。

例如：

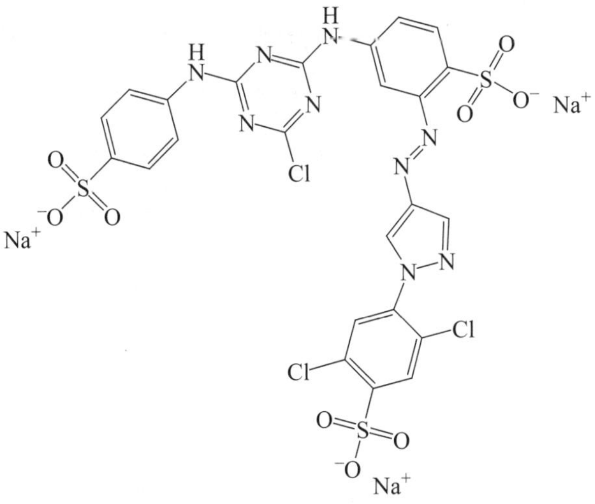

图 3-1　活性嫩黄 K-6G 活性黄 2（CAS 号：50662-99-2）

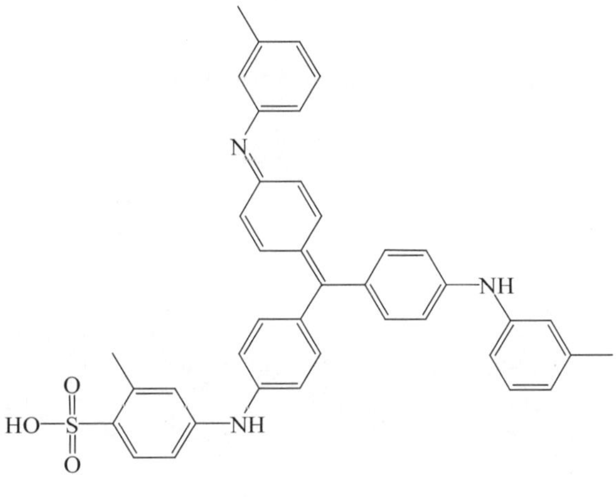

图 3-2　颜料蓝 56（CAS 号：6417-46-5）

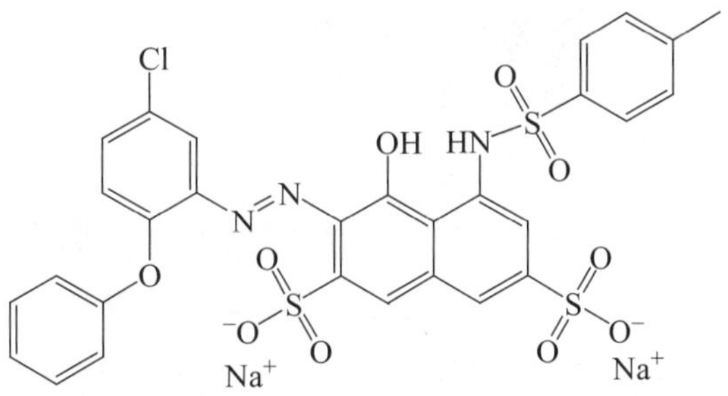

弱酸性亮红 B；弱酸性红 RS；弱酸性红 B；C.I. 酸性红 249；普拉艳红 B；弱酸艳红 B; 酸性艳红 P-5B（CAS 号：6416-66-6）。

图 3-3　酸性红 249

有机染料和有机颜料通常是化学分子结构较复杂的有机芳香族化合物，如果使用有机化合物系统命名方法对有机化合物命名就会比较复杂，同时有些商品染料中还会含有异构体以及其他添加剂，所以学名并不能方便地反映不同品种的染料和颜料，但可以通过对染料和颜料进行专门的命名。目前我国染料工业实行了统一的染颜料命名体系，此命名体系分为三部分对染颜料进行命名。第一部分为冠称，又称属名，用以说明染颜料的性质和应用类别。冠称分为：酸性、弱酸性、酸性络合、酸性媒介、中性、直接、直接耐晒、直接铜盐、直接重氮、阳离子、还原、可溶性还原、硫化、可溶性硫化、氧化、毛皮、油溶、醇溶、食用、分散、活性、混纺、酞菁素、色酚、色基、色盐、快色素、颜料、色淀、耐晒色浆、涂料色浆共31类。第二部分为色称，用以说明染颜料的色泽的名称，并且会加上“嫩”“艳”“深”三个字对色泽作进一步形容。目前使用的色称有：嫩黄、黄、深黄、金黄、橙、大红、红、桃红、玫瑰红、品红、红紫、枣红、紫蓝、翠蓝、湖蓝、艳蓝、蓝、深蓝、艳绿、绿、深绿、黄棕、红棕、棕、深棕、橄榄、橄榄绿、草绿、灰、黑共30个色称。第三部分为尾称，用以表示染颜料的色光、形态、强度、特殊性能和用途。目前使用的尾称中：N（new normal）表示新型或标准，P（printing）表示适合于印花，X（extra）表示高浓度或冷染型，pdr（powder）表示分体，gr.（grains）表示颗粒状，liq（liquid）表示液状，past（paste）表示浆状，s.f.（supra fine）表示超细粉体，B表示蓝光、6B表示强蓝光、C表示耐氯漂或棉织物用、D表示稍暗、E表示匀染性能好、F表示亮或牢度高、G表示绿光或黄光、J表示荧光、R表示红光、L表示耐光色牢度高、S表示生化牢度高。例如“活性红X-4B”，活性为冠称，红为色称，X-4B为尾称，说明该染料为带蓝光的高浓度活性红色染料。

染料是能将纤维或其他物质染成一定颜色的有机化合物，品种繁多，为了方便对染料进行研究或应用而对染料进行分类。为了方便研究讨论，按照染料的分子化学结构进行分类。化学结构分类即按照染料分子中相似的化学结构、共同的共轭发色体进行分类。可以将染料分为偶氮染料、蒽醌染料、靛族染料、芳甲烷染料、酞菁染料、硫化染料以及硝基和亚硝基染料。偶氮染料为分子中含有偶氮基的染料，有单偶氮、双偶氮和多偶氮染料，染料中偶氮染料的品种最多；蒽醌染料为分子中含有蒽醌和具有稠芳环的醌类染料；靛族染料为分子中含有靛蓝或硫靛结构的染料；芳甲烷染料为分子中含有二芳甲烷或三芳甲烷结构的染料，两者的区别是一个碳原子上连接的芳环数不同；酞菁染料为分子中含有酞菁金属络合结构的染料，这类染料色彩鲜艳，主要的两个品种是翠蓝和翠绿；硫化染料为使用硫或硫化钠与某些芳胺、酚的有机化合物加热制得的染料，染色时需要在硫化钠溶液中进行；硝基和亚硝基染料为分子中含有硝基或亚硝基的染料；除此之外还有一些分子中含有甲醇、多甲醇、二苯乙烯以及各种杂环结构的染料。

为了方便对染料进行应用，根据染料的应用性能将染料分为直接染料、酸性染料、活性染料、分散染料、还原染料、不溶性偶氮染料、硫化染料、阳离子染料和荧光增白剂。

直接染料为可溶于水的阴离子染料。直接染料的分子中通常含有磺酸基，有些含有羧酸基。由于直接染料自身的结构特点，直接染料分子可以与纤维素分子以范德华力或氢键相结合，对纤维素有较强的亲和力，因此主要用于纤维素纤维的染色，也可以应用于蚕丝、皮毛、纸张的染色。

1884 年第一种直接染料——刚果红出现之前，棉纤维主要使用靛蓝和其他天然染料染色，染色时通常需要使用媒染剂对棉纤维进行处理。刚果红可以溶于水，不需要对棉纤维进行媒染处理就可以直接上染棉纤维，染色工艺简单。直接染料对纤维直接上染的性能称为直接性。直接染料的直接性的主要来源是两种分子间作用力：第一是极性吸引力（氢键力）：染料分子上的极性基团（如 –OH, $-NH_2$, –CONH–）与纤维素纤维上的大量羟基 (–OH) 之间可以形成氢键。第二是非极性吸引力（范德华力）：染料分子的疏水部分与纤维分子链的非极性区域之间存在着普遍存在的范德华力（包括色散力、诱导力等）。直接染料的直接性本质是染料与纤维间的分子吸引力（氢键 + 范德华力）。吸引力越强，直接性和最终的水洗牢度就越高。而染料分子的线型、平面性和富含氢键基团的结构，是增强这种吸引力、提升性能的关键。线型的染料分子可以沿长轴方向与纤维轴水平吸附从而使它们之间的范德华力更大限度地发挥作用。分子中占同一平面结构部分大于纤维表面吸附的面积，从而增加它们之间的范德华力。染料分子中氨基、羟基较多，可以与纤维素纤维分子的羟基形成更多的氢键。纤维素为许多纤维二糖分子缩合或许多 D- 葡萄糖分子通过 β–1，4 苷键连接而成的高分子化合物，相对分子质量 1.6×10^6~2.4×10^6，属于一种直链分子，如图 3–4 所示。

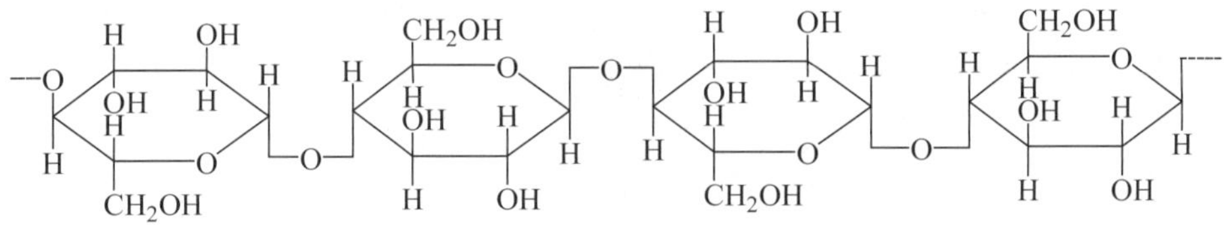

图 3–4　纤维素分子结构

从纤维素的分子结构可知，大分子链上含有很多羟基，这些羟基是对纤维素纤维进行染色、加工整理或制备各种衍生物的基础。

联苯胺直接染料如图 3–5 通式所示，具有共轭双键贯穿整个分子的结构特点，联苯剩基保持了共平面的倾向，两个苯核可以环绕其相连的 C—C 键旋转。联苯胺染料的颜色随偶合组分的不同而不同，通常邻羟基苯甲酸属偶合组分的染料为黄色，氨基萘酚磺酸属偶合组分的染料为蓝紫色，1–萘胺–4–磺酸及其衍生物属偶合组分的染料为红色，所以色谱齐全，生产和应用简便，曾经是直接染料中的重要品种。但由于联苯胺被确定会致癌，从 1971 年开始该染料已经逐步停止生产。

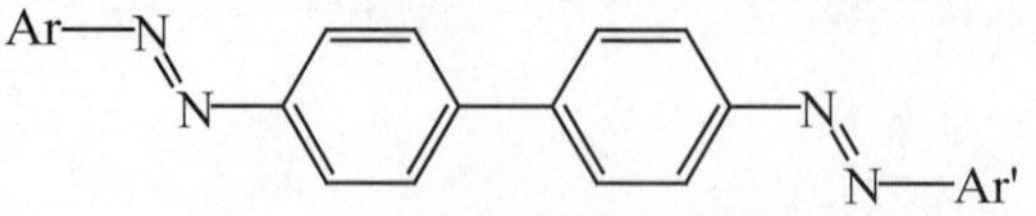

图 3–5　联苯胺型直接染料通式

二苯乙烯直接染料如图 3–6 通式所示。二苯乙烯为平面性分子，二苯乙烯直接染料具有线性和共平面型分子的结构特征，所以二苯乙烯直接染料与纤维素分子间有较大的作用力，可以作为联苯胺直接染料的替代品。该类染料以黄色和橙色为主，具有良好的染色性能，色彩鲜艳，牢度适中。

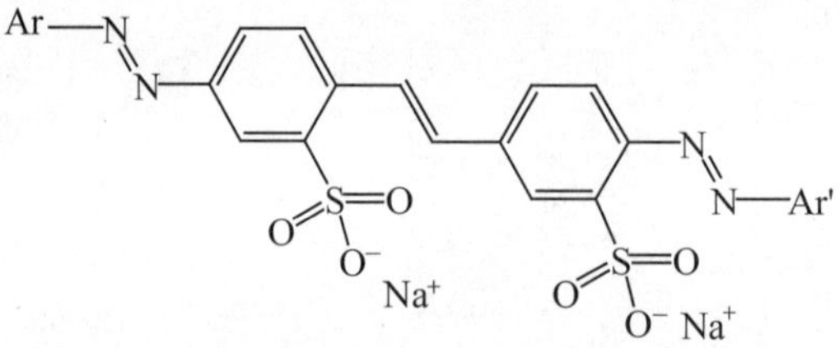

图 3–6　二苯乙烯型直接染料通式

直接耐晒染料比一般的直接染料日晒牢度高，通常大于 4 级，其化学结构主要包括偶氮、二芳基脲、三聚氰胺、二噁嗪、噻唑、酞菁以及含有络合金属的偶氮染料。二芳基脲整个分子倾向于平面性，取代基团为一个隔离基团将整个分子分隔为独立的共轭体系发色团，有较好的日晒牢度。二芳基脲偶氮染料有黄、橙、红和蓝色。如图 3–7 为直接耐晒黄 RS。

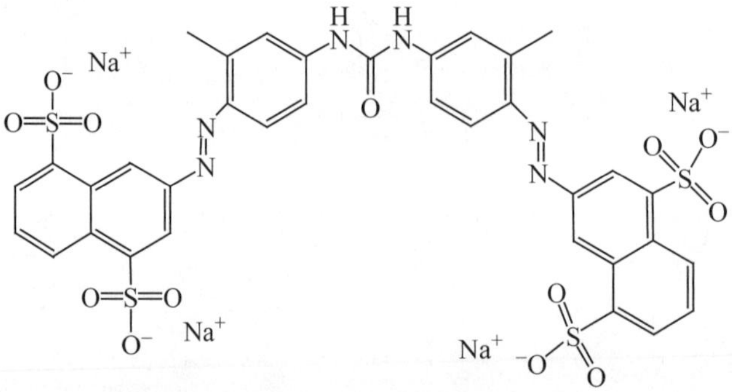

图 3–7　直接耐晒黄 RS

图 3–8 为直接耐晒红青莲 RLL，属于铜络合结构的二芳基脲类偶氮染料，铜与偶

氮基以配价键结合，日晒牢度提高到 7 级。

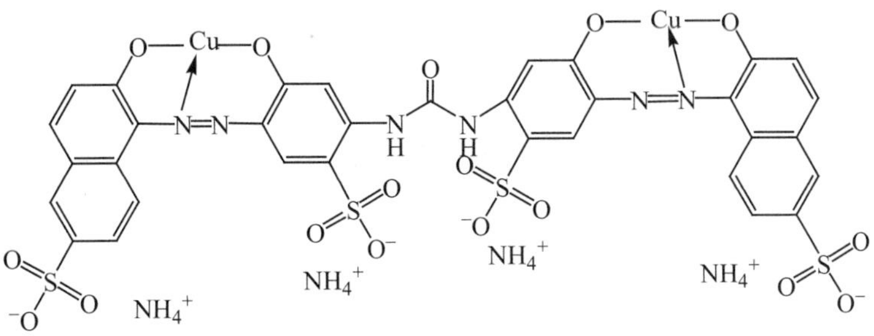

图 3-8　直接耐晒红青莲 RLL

三聚氰胺直接染料分子结构中含有三聚氰胺结构，具有较好的日晒牢度和耐热性能，是一种很有前途的环保型直接染料，同时对纤维素纤维有较高的直接性。图 3-9 为 C.I. 直接红 89，其通过三聚氯氰将两只偶氮染料连接起来，并将三嗪环上第三个氯原子用芳香族或脂肪族胺进行封闭。三聚氰胺直接染料分为绿、红和蓝色。

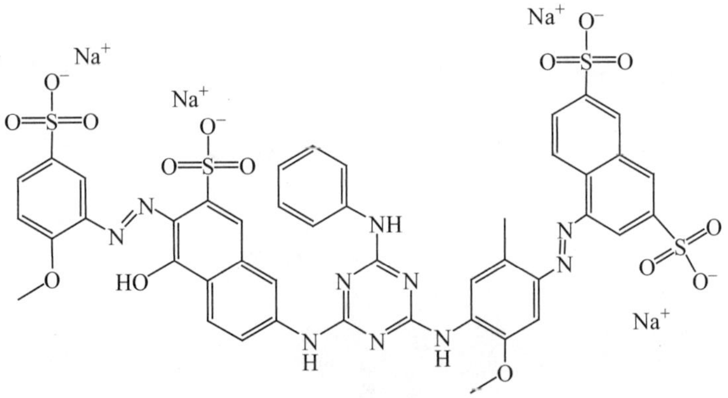

图 3-9　直接红 89

二噁嗪直接染料如图 3-10 所示，C.I.51300，为比较鲜艳的蓝色，具有良好的日晒牢度。二噁嗪直接染料主要有紫色和蓝色。

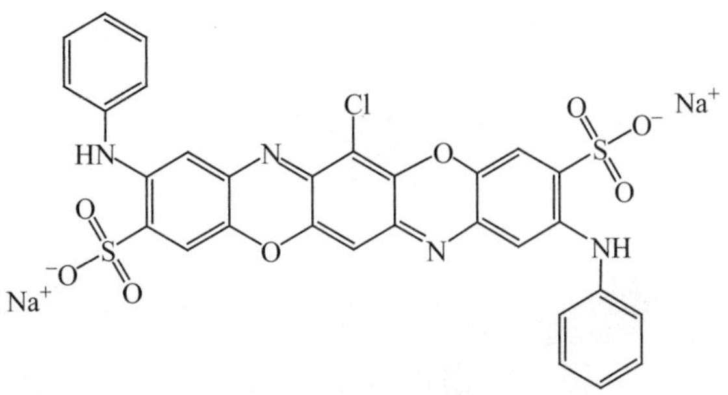

图 3-10　直接耐晒艳蓝 FF2G

噻唑类直接染料如图 3–11 为直接黄 28，属于苯并噻唑直接染料，具有鲜艳的颜色和优良的日晒牢度。

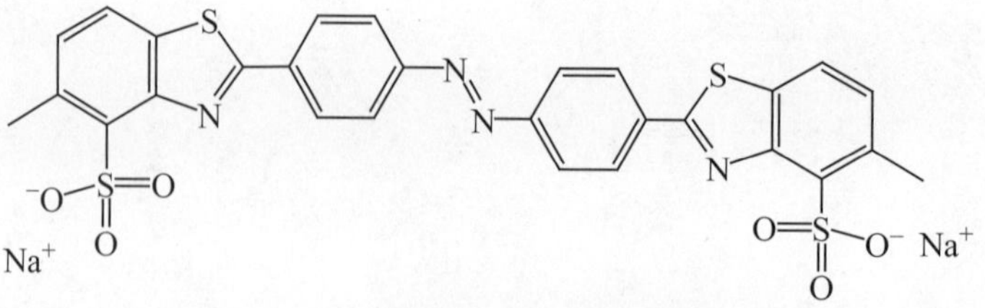

图 3–11　直接黄 28（直接耐晒黄 RS）

图 3–12 为直接蓝 86。酞菁类直接染料主要为铜酞菁的衍生物，颜色鲜艳并具有良好的日晒牢度。但其分子结构为非平面线性结构，所以纤维素纤维的直接性较低。

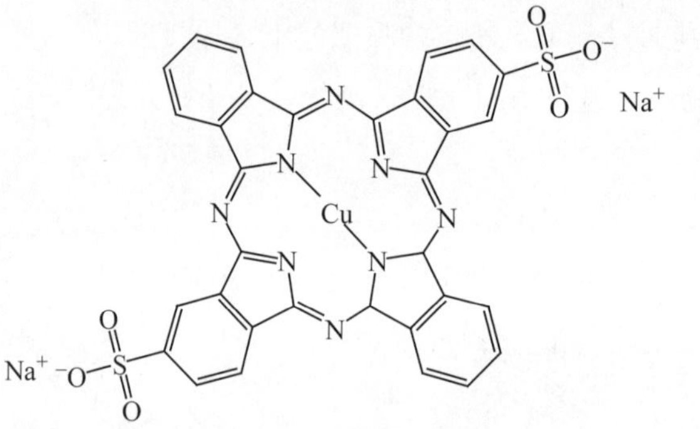

图 3–12　直接蓝 86（直接耐晒翠蓝 GL）

直接金属染料为能够与某些金属离子生成络合物的直接染料。直接金属染料主要有铜盐直接染料和铜络合直接染料。铜盐直接染料为染色后经过硫酸铜与醋酸的溶液发生络合反应，降低直接染料的溶解性并生成难溶性的色淀，从而提高日晒牢度和化学稳定性。铜络合直接染料的染料分子中已经含有铜络合结构，不需要染色后经过硫酸铜与醋酸的溶液发生络合反应。图 3–13 为直接耐晒紫 2RLL，该染料为铜络合直接染料，即铜络合反应已经在染料合成时完成，染色后不需要铜盐处理。

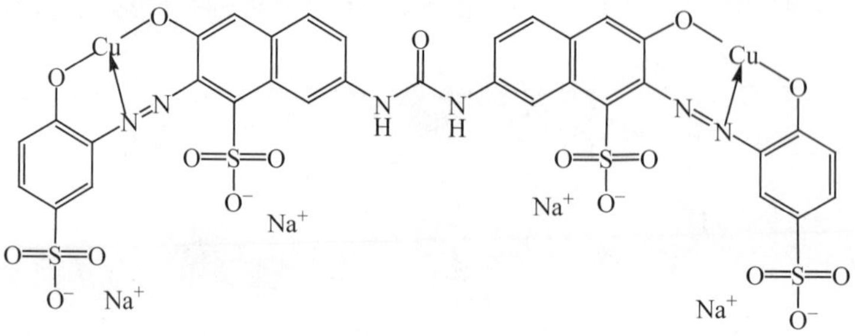

图 3–13　直接耐晒紫 RLL

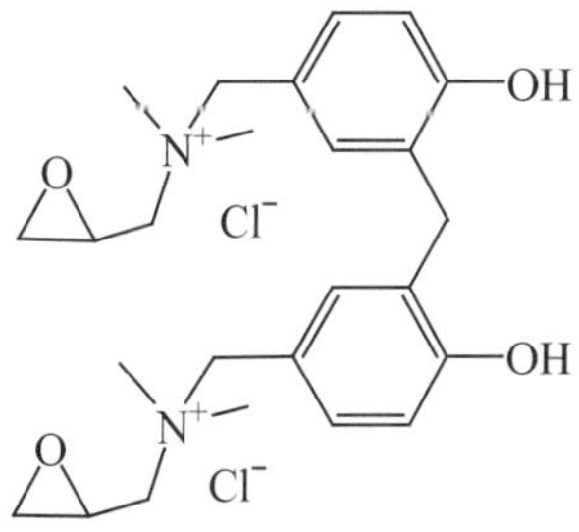

图 3-14　固色交联剂 DE

直接染料不借助酸、碱、氧化剂和还原剂就可以直接溶解于水中，上染纤维素纤维时只需要在一定温度下借助于食盐或元明粉直接上染，因此染色更简便。但由于直接染料分子中含有亲水性较强的磺酸基或羧酸基基团，染色后纤维素纤维通常湿摩擦牢度不高，但可以通过后处理的方法提升湿摩擦牢度，比如可以通过 1%~2% 的硫酸铜与 0.3%~1.0% 醋酸溶液在 80 ℃条件下处理 30 min，处理后增大了染料的相对分子质量、降低了水溶性并提高了日晒牢度。如果直接染料分子中含有可以重氮化的氨基，染色后可以通过重氮化以及与偶合剂进行偶合来提高其牢度，但此方法操作相对复杂且易引起色光变化，一般不使用。采用季铵盐类化合物进行后处理是一个重要的途径，其原理为季铵盐类化合物在水溶液中呈阳离子性，可以与直接染料的阴离子生成难溶性色淀，从而增大染料的相对分子质量并提高色牢度，但是有些季铵盐类化合物含有游离的甲醛，因此需要辨别选用。另外还有一种重要的固色剂可以提高直接染料的色牢度，如图 3-14 为固色交联剂 DE 的结构，其分子中除了含有阳离子外还含有环氧结构，阳离子可以与直接染料形成难溶性的色淀，环氧基能够与纤维素纤维中的羟基以及染料中的羟基或氨基形成共价键键合。因此增加了直接染料的相对分子质量、化学稳定性和色牢度。

酸性染料为分子结构中含有酸性基团的水溶性染料，通常是磺酸基，个别的酸性染料含有羧酸基，以磺酸钠盐或羧酸钠盐的形式存在。因其可在酸性条件下上染蛋白质纤维，所以称为酸性染料。酸性染料的分子结构主要有偶氮类和蒽醌类，偶氮类主要有黄、橙、红、藏青和黑色，蒽醌类主要有蓝、绿和紫色。按照应用还可以将酸性染料分为强酸性、弱酸性、酸性媒介、酸性络合以及中性染料。强酸性染料分子结构中磺酸基的数量相对较多，分子结构简单，相对分子质量小，在水中的溶解度相对较高，染色时可以在强酸浴中进行，日晒牢度良好但湿摩擦牢度低。弱酸性染料的分子结构较强酸性染料的分子结构稍复杂，相对分子质量较大，染料分子结构中磺酸基的数量相对强酸性染料少，在水中的溶解度也稍低，较强酸性染料对蛋白质纤维的亲和力高，因此染色时在弱酸性浴中进行，染色后的湿摩擦牢度良好。酸性媒介可以与某些金属盐形成络合物。人们就很早就使用媒染法染色，通常使用天然染料对经过铝、钙等金属媒染剂处理过的棉纤维进行染色。酸性媒染染料含有磺酸基和羧酸基，同时含有能够与某些金属离子络合的羟基或氨基。酸性络合染料（金属络合染料），通常为偶氮型染料，分子中含有可以与金属离子形成络合物的羟基或氨基，染色时借助金属离子与染料分子与纤维通过共价键、配位键结合在一起。某些金属如铜、钴、镍、铁等可以与金属络合的酸性染料按照 1∶1 或 1∶2 络合，形成 1∶1 或 1∶2 金属络合染料。1∶1 金属络合染料通常在强酸性浴中染色，所以称为酸性络合染料。1∶2 金属络合染料通常在弱酸性或中性浴中染色，因此称为中性染料。

酸性染料的化学结构主要有偶氮类和蒽醌类。偶氮类弱酸性染料如图 3–15 为酸性桃红 BS。

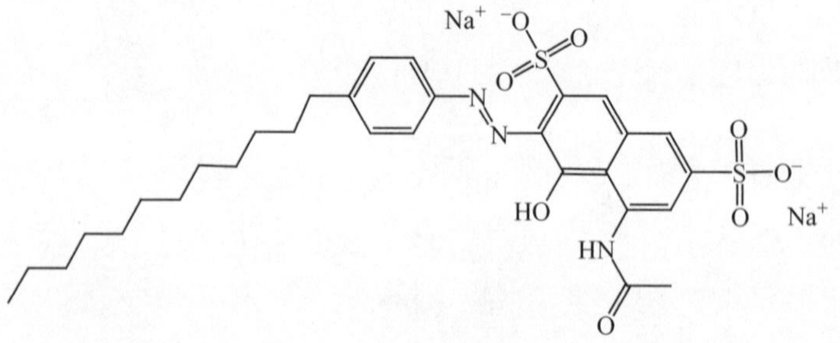

图 3–15　酸性桃红 BS

蒽醌类酸性染料如图 3–16 酸性艳天蓝 BS。从其化学结构式可知，在苯胺取代基的邻位有两个甲基，甲基的存在妨碍了蒽醌与苯环的平面性，所以酸性艳天蓝颜色比较亮，同时具有较高的日晒牢度。

三芳甲烷酸性品种不多，如图 3–17 为酸性湖蓝 A。三芳甲烷酸性染料主要有绿色、蓝色和紫色，色牢度和化学稳定性相对不高，但色彩鲜艳且强度高。

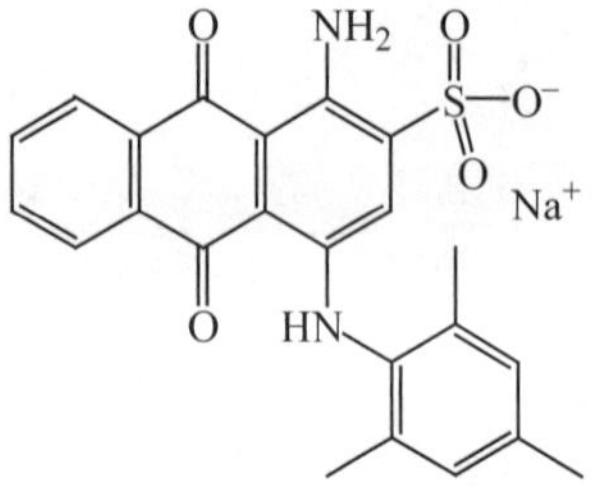

图 3–16　酸性艳天蓝 BS

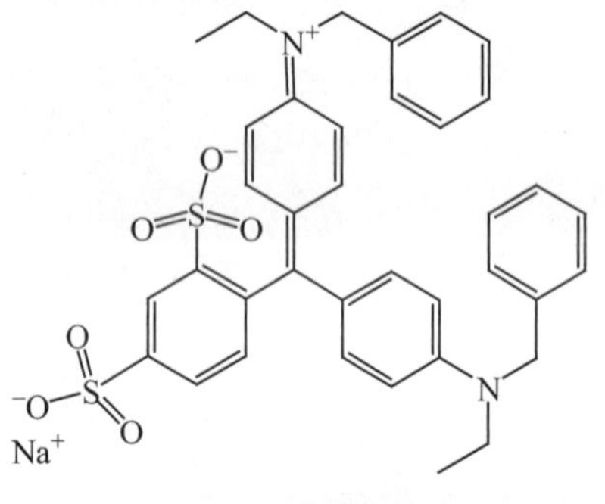

图 3–17　酸性湖蓝 A

分子结构中含有氧蒽结构的酸性染料称为氧蒽类酸性染料。图 3–18 为氧蒽结构的酸性荧光黄染料，其含羟基氧蒽类的酸性荧光黄染料牢度较低。

活性染料又称反应性染料，其化学分子结构中含有可以与纤维素纤维中的羟基以及蛋白质纤维中的氨基发生化学反应的基团。通过化学反应，活性染料与纤维素纤维或蛋白纤维以共价键的方式结合。由于活性染料分子与纤维素纤维或蛋白质纤维结合为同一的大分子，活性染料的染色牢度很好，受到了人们的欢迎。事实上，第一个

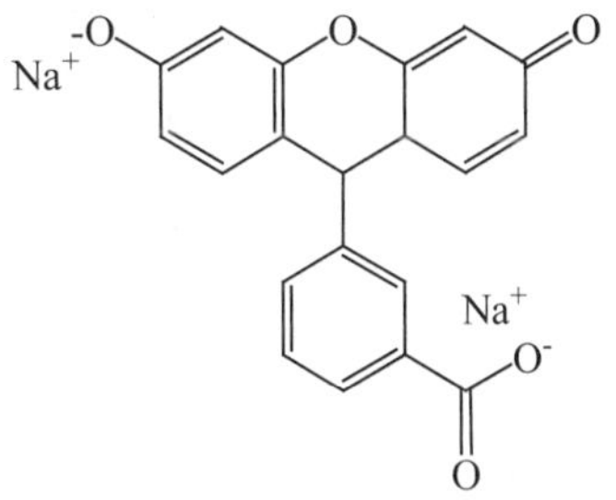

图 3-18　酸性荧光黄

商品活性染料于 1856 年问世。卡内门公司的拉蒂（Ratte）和斯蒂芬（Stephen）发现含二氯均三嗪的染料在碱性条件下可以与纤维素上的伯羟基发生共价键结合。从此，出现了能够与纤维素发生化学反应并生成共价键的反应性染料（reacrive dye），即活性染料。事实上，早在 1895 年，克罗斯（Cross）和比文（Bevan）对纤维素进行化学处理时，已经获得了有色的酯化物，只是没有引起人们的重视。1923 年汽巴公司发现，采用活性一氯均三嗪染料对羊毛染色可以获得很好的湿摩擦牢度，原理是活性一氯均三嗪染料与羊毛上的伯胺基及亚胺基形成了共价键结合。1952 年赫斯特公司基于乙烯砜基团开发了羊毛用活性染料，但过程并不顺利。1856 年诞生了第一个棉用活性染料，此后更多品种的活性染料被开发出来。

活性染料的化学分子结构由四部分组成，分别为水溶性基团、染料母体（发色体）、桥基（连接基）和活性基团。水溶性基团如磺酸基起到实现染料水溶性的作用；染料母体（发色体）可以使染料具有不同的颜色；桥基（连接基）为可以将染料母体与活性基团连接在一起的基团。活性基团为可以与纤维素纤维或蛋白质纤维中的羟基或氨基发生化学反应形成共价键的基团。其中，活性基团是活性染料的核心成分。例如：活性基团与纤维的反应能力即反应性，会影响活性染料与纤维的反应速率和固色率；同时活性基团的反应性强弱还会影响活性染料的储存稳定性以及染色后的色牢度，当活性基团反应性较强时，染料容易水解，不利于保存。活性染料上染后，活性基团与纤维之间结合键的稳定性会影响活性染料染色色牢度。活性基团在一定程度也会影响活性染料的溶解性和直接性。

活性基团主要包括均三嗪活性基、嘧啶活性基、乙烯砜活性基、复合活性基和膦酸基活性基。均三嗪活性基在活性染料中占主要地位，它是最早出现的活性染料，具有较好的适应性和反应性，其中应用最普遍的是一氯均三嗪（国产 K 型）和二氯均三嗪（国产 X 型）。二氯均三嗪（图 3-19）有很高的反应活性，适用于低温染色，通常在 25~45℃和碱性较弱的环境下与纤维表面基团发生反应，所以称为冷染活性染料。

一氯均三嗪（图 3-20）较二氯均三嗪反应活性低，不易水解，固色率高，适用于高温染色与印花，通常在高于 90 ℃的环境下与纤维反应，所以称为热固型活性染料。均三嗪活性基类活性染料与纤维反应后，其染料与纤维活性基团化学键的稳定性主要取决于均三嗪环上碳原子的带电性。碳原子的正电性越强，染料的反应活性越高，染料与化学键的耐水解稳定性越差。因此，二氯均三嗪活性染料较一氯均三嗪活性染料与纤维形成的共价键水解稳定性差。

为解决均三嗪活性基反应性和稳定性之间的矛盾，开发了一氟均三嗪活性基，如图 3-21。一氟均三嗪是在一氯均三嗪的基础上采用氟取代了氯，由于氟比氯具有更强的负电性，均三嗪环上碳原子的正电性得到提高。因此，一氟均三嗪较一氯均三嗪有更高的反应活性。一氟均三嗪适用于中低温染色，通常在 40~60 ℃环境下与纤维反应。

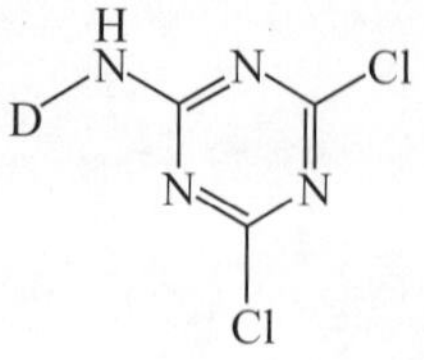

图 3-19　二氯均三嗪

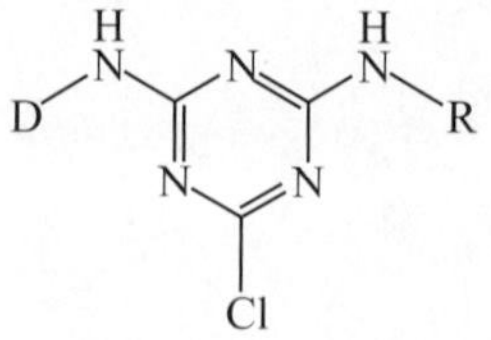

图 3-20　一氯均三嗪

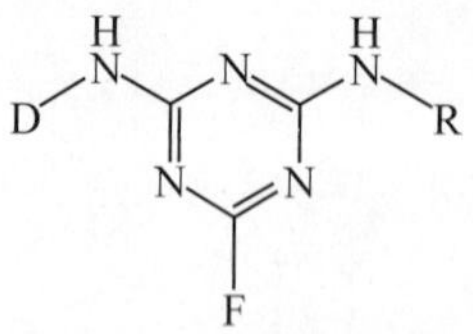

图 3-21　一氟均三嗪

为解决均三嗪活性基反应性和稳定性之间的矛盾，还开发了一氯甲氧基均三嗪活性基，如图 3-22 所示。一氯甲氧基均三嗪活性基，即在二氯均三嗪的基础上采用一个甲氧基取代一个氯原子，由于供电子基即甲氧基的诱导作用，碳原子的正电性降低，因此一氯甲氧基均三嗪活性染料较二氯均三嗪活性染料，反应性有所降低而稳定性有所提高。

嘧啶活性基为二嗪结构，其碳原子的正电性比均三嗪结构弱，因此较均三嗪活性基反应活性低但稳定性高。嘧啶活性基最不易水解，嘧啶活性基与纤维形成的共价键稳定性高，适用于高温染色。嘧啶活性基主要有二氯嘧啶、三氯嘧啶和二氟一氯嘧啶，如图 3-23 所示。

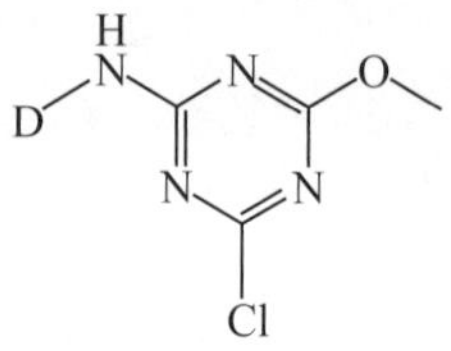

图 3-22　一氯甲氧基均三嗪

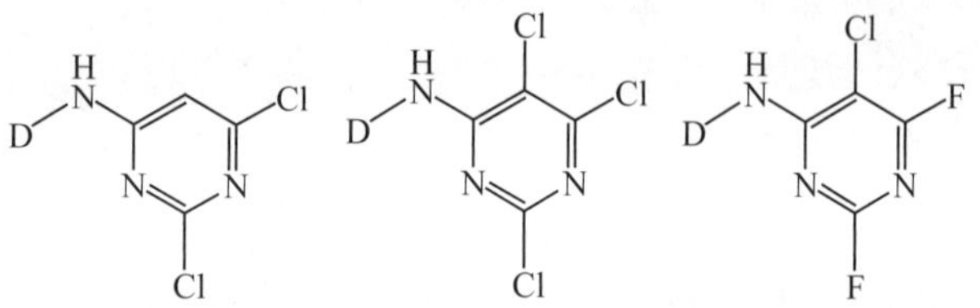

图 3-23　二氯嘧啶三氯嘧啶二氟一氯嘧啶

乙烯砜活性基的反应活泼性介于二氯均三嗪和一氯均三嗪之间。乙烯砜基活性染料通常都含有 *β*- 乙烯砜硫酸酯，*β*- 乙烯砜硫酸酯在弱碱性环境中会转化为乙烯砜基且具备高反应活泼性，如图 3-24 所示。乙烯砜基活性基较一氯均三嗪活性基有更高的反应活性，所以适用于冷染色。乙烯砜活性基与纤维形成的共价键不耐碱水解，因此可用于拔染作底色，同时乙烯砜活性基与纤维形成的共价键耐酸水解性能高。

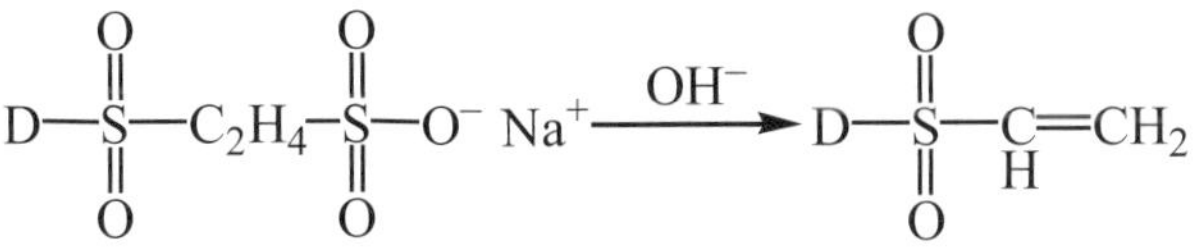

图 3-24　β- 乙烯砜硫酸酯在弱碱性环境中转化乙烯砜基

含有一个活性基的活性染料，在染色过程中有 30%~50% 的活性染料被水解，在纤维上的固色率只有 50%~70%。为提高固色率，在均三嗪和乙烯砜活性基团的基础上发展出复合活性基的活性染料。复合活性基活性染料为在同一个染料分子中含有两个相同或不同的活性基团，从而增加染料与纤维素纤维或蛋白质纤维上羟基、氨基的反应概率。复合活性基的活性染料较一个活性基的活性染料的相对分子质量大，一定程度提高了染料与纤维之间的亲和力。复合型活性基的活性染料使固色率提高到 80%~90%。基于一氯均三嗪活性基在染料分子中引入的反应基团分为双侧型、单侧型和架桥型，如图 3-25 所示。

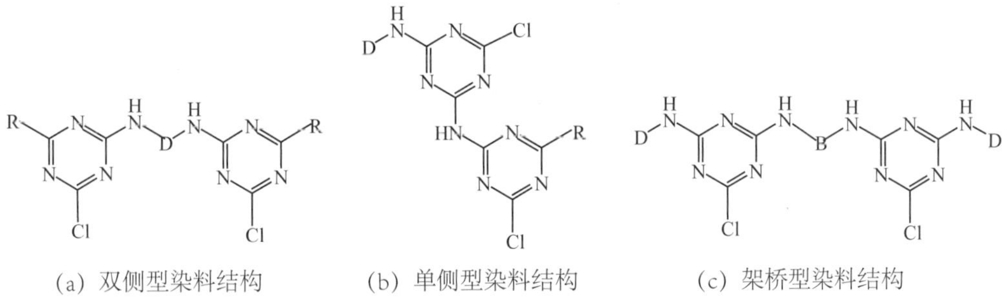

图 3-25　一氯均三嗪活性基在染料分子中引入反应基团

由复合型活性基染料结构可知，单侧型染料通常不呈线性结构，分子结构的共平面性较差，因此直接性也会较低，而双侧型染料和架桥型染料呈线性结构，因此直接性相对较高。

活性染料与纤维素纤维或蛋白质纤维形成共价键结合通常要在碱性环境下进行。膦酸基活性基可以在酸性环境下与纤维素纤维或蛋白质纤维进行反应，其通过与纤维素中的羟基发生加成反应实现染色。膦酸基活性染料的突出特点是可以在酸性环境中反应，因此可以与分散染料一起对混纺织物进行染色。膦酸基活性基通式如图 3-26 所示。

活性染料母体（发色体）使染料具有不同的颜色，它与酸性染料发色体有相似或相同的结构。活性染料主要有偶氮类、蒽醌类和酞菁类。图 3-27 所示的活性金黄 K-2RA 为偶氮类活性染料，其反应活性和亲和力适中，染色后湿摩擦牢度为 3 级，干摩擦牢度为 5 级。

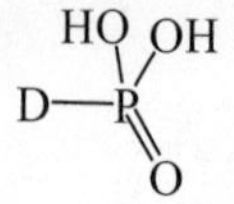

图 3-26 膦酸基活性基通式

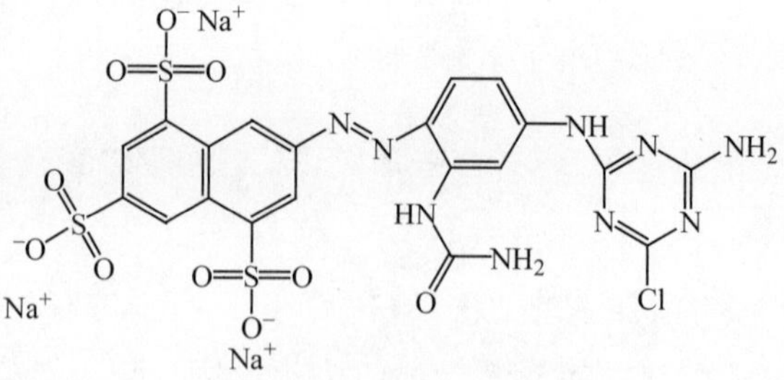

图 3-27 活性金黄 K-2RA

图 3-28 所示为活性艳蓝 K-GR，其是一种蒽醌类活性染料，该染料反应活性和亲和力低，对纤维素染色后易洗涤性较好。

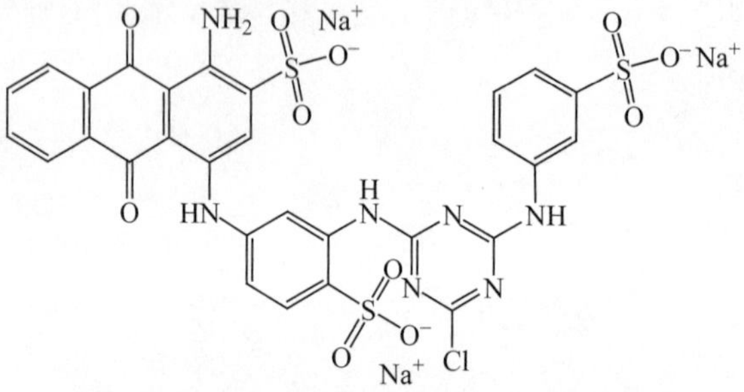

图 3-28 活性艳蓝 K-GR

图 3-29 所示为活性翠蓝 K-GL，其是一种酞菁类活性染料，反应活性低但亲和力高，可以与分散染料同浴染色。

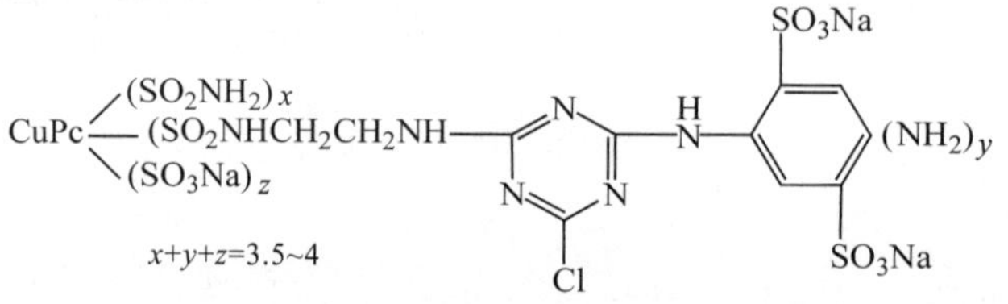

图 3-29 活性翠蓝 K-GL

分散染料属于水溶性非常低的非离子染料，分子结构相对简单，主要用于醋酯纤维、聚酰胺纤维和聚酯纤维染色。分散染料诞生于 20 世纪 20 年代，最初主要用于醋酯纤维的染色。分散染料分子中不含磺酸基或羧酸基等水溶性基团，其分子结构中虽含有非离子极性基团如羟基、氨基、羟乙基、氰基等，但溶解性依然很低。由于分散染料水溶性非常低，使用分散染料染色时通常需要添加分散剂，通过分散剂将分散染料以微粒状分散于水中再对纤维进行染色，故而称为分散染料。因为分散染料不溶于水，所以不适用于纤维素纤维或蛋白质纤维的染色。分散染料的化学结构有偶氮类、蒽醌类和杂环类。

图 3-30 为分散橙 R-SF（C.I. Disperse Orange 73），是一种偶氮类分散染料，用于涤纶及混纺织物的染色和印花。该染料色泽鲜艳，具有中等染色深度和良好的转移性，也可以用于拼制分散黑，耐热、耐光、水洗、摩擦和升华牢度均良好。

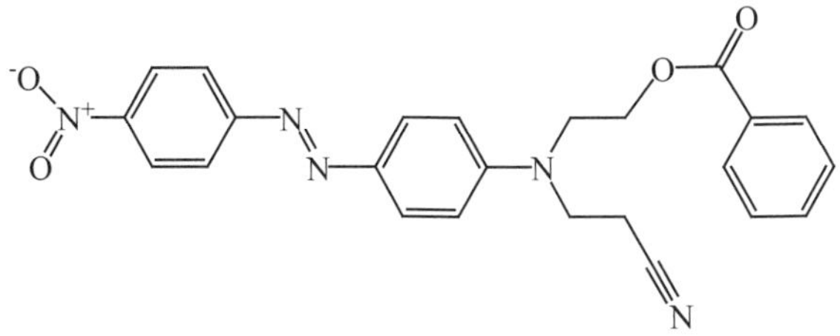

图 3-30　分散橙 R—SF（C.I. Disperse Orange 73）

图 3-31 为分散桃红 R3L（C.I. Disperse Red 86），其是一种蒽醌类分散染料，用于涤纶及涤纶混纺织物的染色，也可用于醋酸酯的染色。

图 3-32 为分散荧光黄（C.I. Disperse Yellow 71），其是一种杂环类分散染料，在涤纶织物上染色为艳绿色的荧光黄，牢度分别为日晒牢度 7 级、升华牢度 4 级、湿摩擦牢度 4~5 级。可用于涤纶及混纺织物的染色和印花。

使用分散染料对涤纶或涤棉织物进行染色时，通常采用热熔法和高温高压法，要求分散染料具有较好的耐升华牢度。耐升华牢度是指分散染料在高温染色时由于升华而脱离纤维的程度。由于分散染料含极性基团少，分子作用力较弱，易受热升华。通常升华牢度高的分散染料可用于载体染色，而用于转移印花的分散染料则要求具有较低的升华牢度。分散染料的升华牢度主要取决于分散染料分子的极性以及相对分子质量。分子的极性越高且芳环共平面性越强，分子间的作用力就越大，升华牢度也越好。分散染料的相对分子质量越大，越不易升华。按照分散染料的应用性能可将分散染料分为 E 型、SE 型和 S 型。

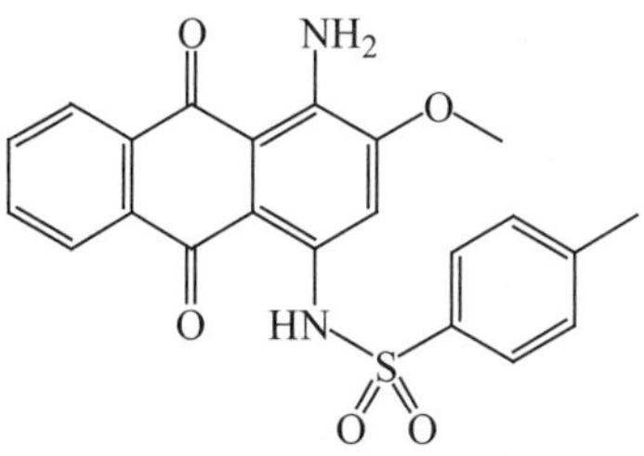

图 3-31　分散桃红 R3L（C.I. Disperse Red 86）

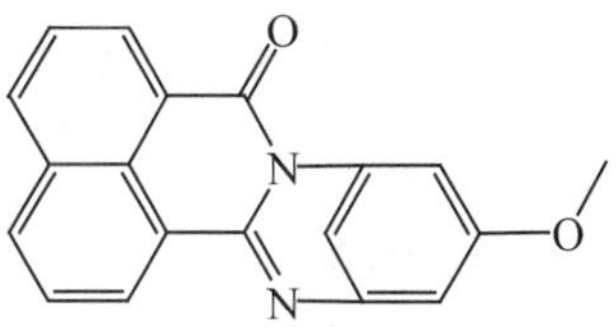

图 3-32　分散荧光黄（C.I. Disperse Yellow 71）

E 型分散染料以图 3–33 所示分散黄 3G 为例。E 型分散染料为低温型分散染料，或称为低温固着型或低温吸附型。该类染料相对分子质量小，匀染性好，升华牢度低，适用于转移印花或高温高压染色。

S 型分散染料以图 3–34 所示分散大红 3GFL 为例。S 型分散染料为高温型分散染料，或称为高温固着型。热升华牢度好但匀染性较差，适合热熔染色。

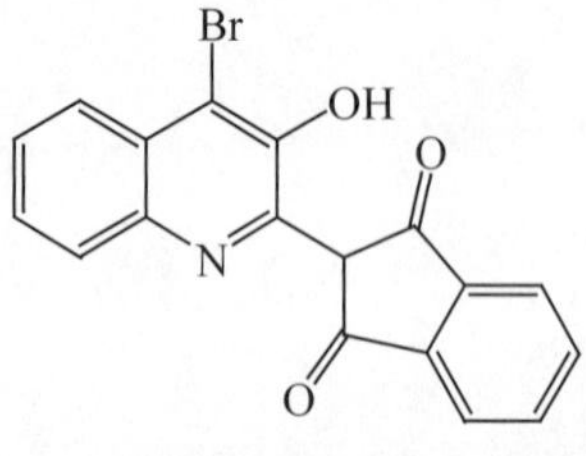

图 3–33　分散黄 3G（分散黄 64）

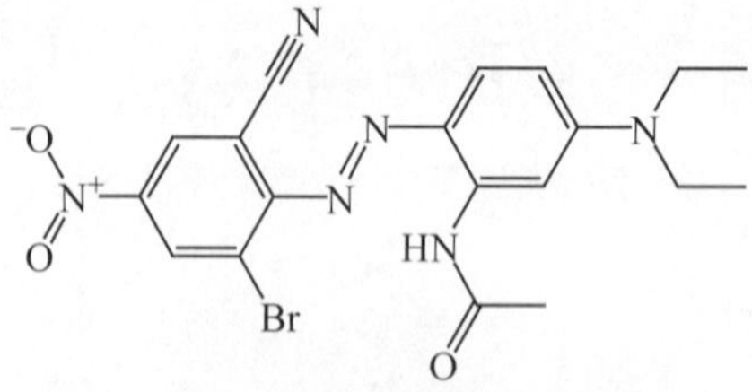

图 3–34　分散大红 3GFL

SE 型分散染料以图 3–35 所示分散蓝 SE–2R 为例，SE 分散染料的热升华牢度介于 E 型和 S 型分散染料之间，具有中等的匀染性和升华牢度，固色率较高，受温度影响小。既适用于高温高压染色，也适用于热熔染色。

当时纤维素纤维染色还可以使用还原染料。人类最早使用的还原染料为天然还原染料靛蓝。靛蓝源于木蓝属植物茎，其使用历史可以追溯到中国的殷商时代，当时人们用靛蓝染丝织物。在古代中国、印度和埃及可以找到关于靛蓝染料的提取和使用记载。还原染料为多环芳香族化合物，分子结构中含有两个或两个以上的共轭羰基，但还原染料的分子结构中不含磺酸基或羧酸基等水溶性基团，通常不能溶解在水中。但由于还原染料分子的共轭双键系统中含有两个或两个以上的羰基，在保险粉的作用下羰基还原成羟基并在碱性水溶液中生成可溶性的隐色体钠盐。隐色体钠盐对纤维具有亲和力，其被纤维吸附后经过空气或其他氧化剂，转变为不溶性的还原染料，实现对纤维的染色。还原染料多具有非常好的耐晒和耐水洗色牢度，不仅可以应用于棉纤维染色，还可以应用于麻、维纶以及合成纤维的染色。

还原染料可分为蒽醌、靛族、杂环和可溶性还原染料。蒽醌类还原染料为采用蒽醌或蒽醌衍生物为材料制备的还原染料，其在还原染料中占有重要地位。蒽醌类还原染料色牢度高，隐色体钠盐对纤维亲和力高，色谱包括黄、橙、红、棕、蓝等。一般蒽醌类还原染料的隐色体钠盐较未还原染料颜色深，原因是隐色体钠盐共轭双键贯穿整个分子，致使共轭体系增长，进而增加吸收波长，使颜色更深。蒽醌类还原染料还可以进一步细分，如图 3–36 所示为蒽醌酰胺类还原红 5GK。蒽醌酰胺类还原染料结构相对简单，相对分子质量小，匀染性好，湿处理牢度高，颜色以黄、橙、红、紫为主。因分子结构中含有酰胺基，在强碱和高温环境下还原易发生水解，故可采用冷染法进行染色。

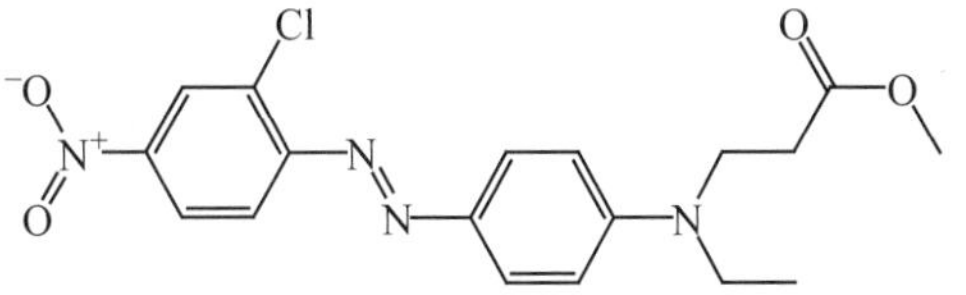

图 3-35　分散蓝 SE-2R

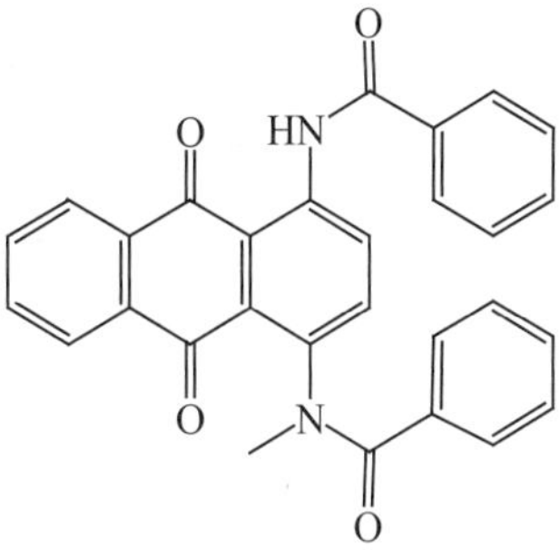

图 3-36　还原红 5GK

蒽醌亚胺类还原染料以图 3-37 所示还原橙 6RTK 为例。通常亚胺基一个连接在第一个环的 α 位，而另一个连接在第二个蒽醌环 β 位。由于分子中含有亚胺基，故也可以采用碱量较低的冷染法进行染色。

蒽醌咔唑类还原染料以图 3-38 所示 C.I. 还原黄 28 为例。该染料结构中含有咔唑环，染料中的隐色体钠盐对纤维素纤维有较高的直接性、匀染性和色牢度。

蒽酮类还原染料以图 3-39 所示的还原艳绿 FFB 为例。其分子结构中含有蒽酮基团，还原艳绿 FFB 颜色鲜艳、色牢度高，对织物及纱线染色应用较多。

蒽醌吖酮类还原染料以图 3-40 所示的还原红紫 RRK 为例。蒽醌吖酮类还原染料有红色、紫色、绿色和蓝色。

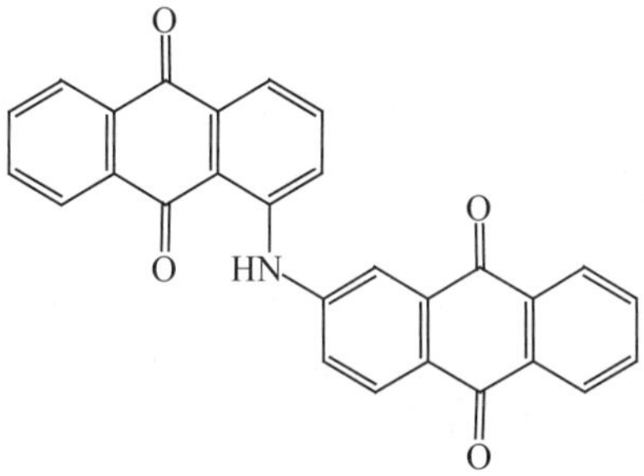

图 3-37　还原橙 6RTK

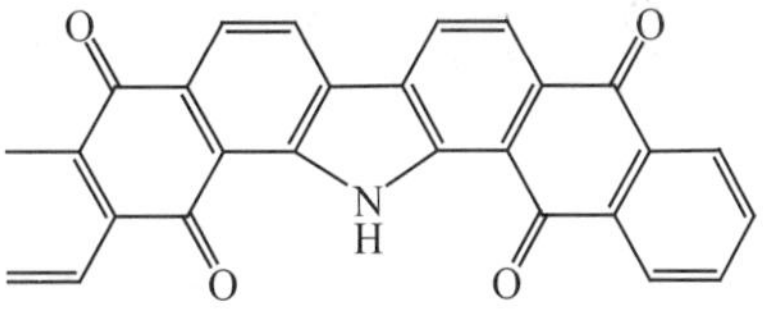

图 3-38　还原黄 28

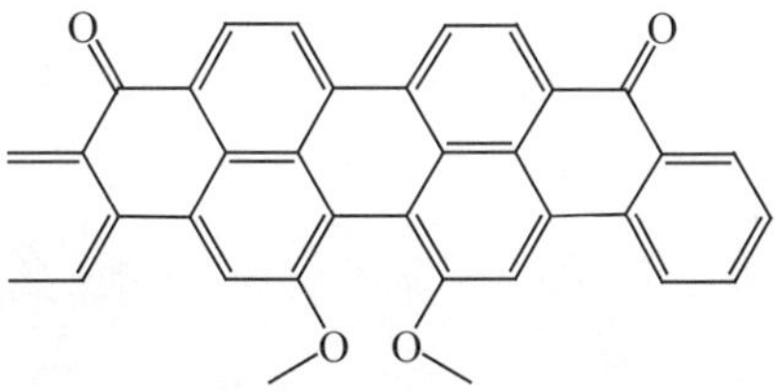

图 3-39　还原艳绿 FFB（还原绿 1）

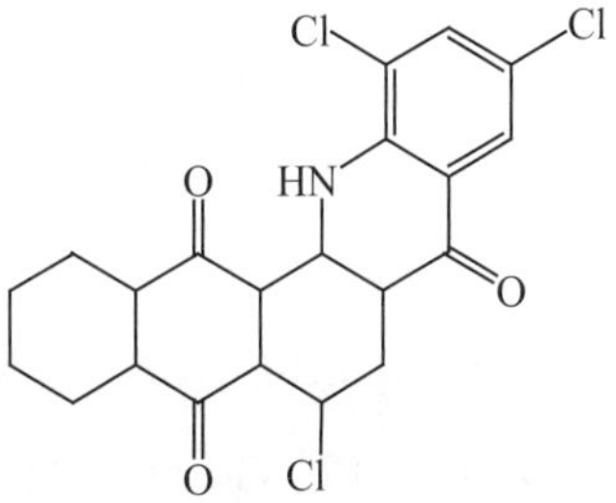

图 3-40　还原红紫 RRK（还原紫 14）

靛蓝类还原染料也是一类重要的染料，与蒽醌类还原染料相比，其还原后的隐色体钠盐为无色或淡黄色，原因是靛族还原染料在氧化状态时共轭体系贯穿整个染料分子，而在还原状态时共轭体系不能贯穿整个染料分子。靛蓝类还原染料为含有靛蓝及其衍生物或硫靛及其衍生结构的还原染料。

靛蓝类还原染料以图 3–41 所示的还原蓝 2B 为例。从还原蓝 2B 的化学分子结构可知，分子中引入了卤素原子，卤素原子的引入增加了还原染料的相对分子质量，从而提高了染料隐色体钠盐对纤维的直接性。此外还原蓝 2B 染得的纤维颜色鲜艳，色牢度优异。

靛蓝分子中亚氨基被硫原子取代后所得的衍生物为硫靛，硫靛还原染料通常为红色，如图 3–42 所示的还原红 5B，属于蓝相红，结构类似靛蓝。

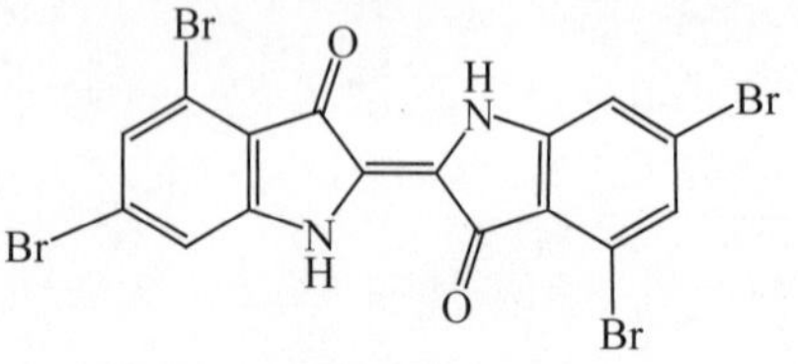

图 3–41　还原蓝 2B（还原蓝 5）

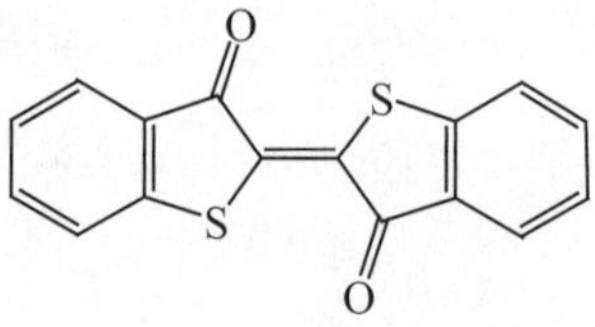

图 3–42　还原红 5B（还原红 41）

硫靛还原染料还原红 5B 本身颜色不够鲜艳，色牢度也较差。硫靛衍生物还原染料解决了颜色鲜艳度和色牢度问题，如图 3–43 所示为还原桃红 R，其色彩鲜艳，各项色牢度指标优异。

在同一个染料分子中同时引入靛蓝和硫靛结构的染料称为半靛和半硫靛染料。由于靛蓝和硫靛分别为蓝色和红色，半靛和半硫靛染料呈现其混合色，如还原艳桃红 3B（图 3–44）。

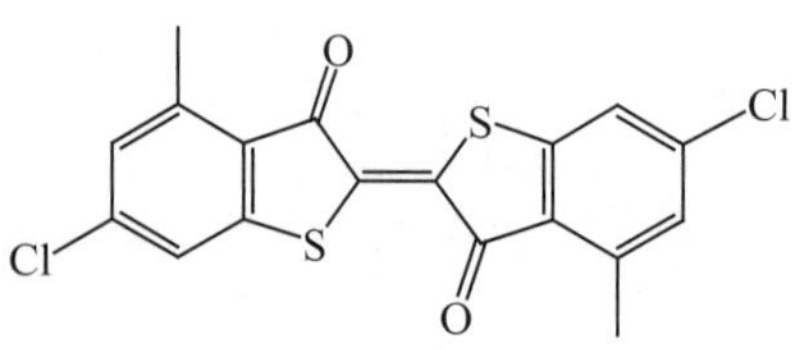

图 3–43　还原桃红 R（还原红 1）

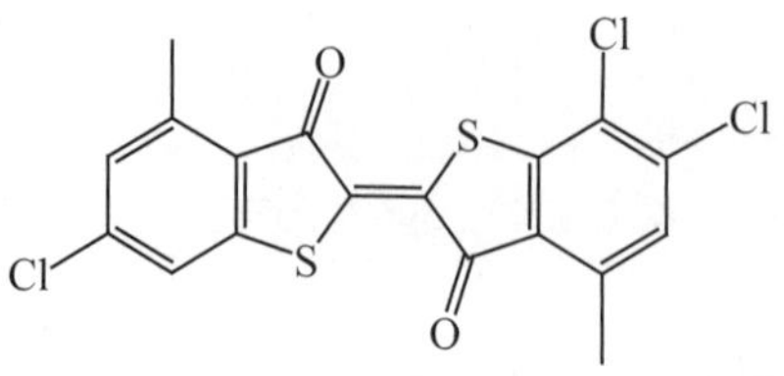

图 3–44　还原艳桃红 3B（还原红 2）

可溶性还原染料是在还原染料的基础上生产出来的一类具有水溶性功能的染料。水溶性还原染料在染色工艺方面省去了还原过程，因此应用更简便，同时对纤维染色时不需要强碱环境，适用于对强碱敏感的纤维如丝、毛等纤维的染色。可溶性还原染料通常有两种制备方法：一是可以将还原染料制成隐色体后，再将隐色体在叔胺中用氯磺酸进行酯化；二是将叔胺、氯磺酸和还原染料混合后加入金属粉末，在还原隐色体的同时进行酯化反应从而制备可溶性还原染料。

可溶性还原染料对碱稳定，在酸和氧化剂的作用下会转变为非水溶的还原染料。氧气和二氧化碳同样会使可溶性还原染料转变为非水溶性的还原染料。光也会使可溶性还原染料的水溶性降低。

在对纤维进行染色的工艺方法中，有一种染色方法是将无水溶性基团的偶合组分（色酚）与芳伯胺（色基）的重氮盐在纤维上偶合后形成偶氮染料从而实现染色。偶合后的偶氮染料分子内部不含水溶性基团，所以不溶于水，故称为不溶性偶氮染料。染色过程中色基重氮化过程中需要用冰来控制反应温度，所以也叫冰染料。不溶性偶氮染料在染色前其实为染料中间体，染色完成后才形成染料。这种染料通常在染色时需要将纤维浸轧碱性色酚溶液，再用色基重氮盐溶液进行偶合反应而显色。不溶性偶氮染料通常用于纤维素纤维的染色，可以得到浓艳的颜色，如黄、橙、红、紫、蓝和黑色。

不溶性偶氮染料色酚主要有芳香族邻羟基羧酰芳胺和酰基乙酰芳胺的衍生物。芳香族邻羟基羧酰芳胺及其衍生物（色酚 AS）品种较多，如图 3-45 为色酚 AS 类。色酚 AS 类主要用于与重氮剂偶合得到红、紫和蓝色，如果重氮组分使用偶氮基团比较复杂的芳胺就可以得到黑色。

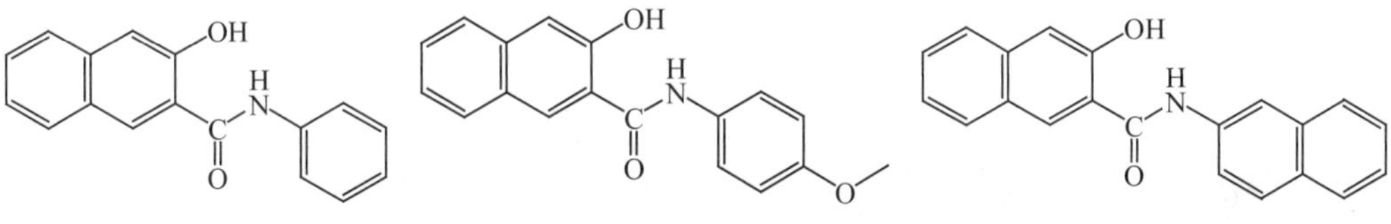

（a）色酚AS　（b）色酚AS-RL　（c）色酚AS-BO

图 3-45　色酚 AS 类

酰基乙酰芳胺的衍生物（色酚 AS-G），主要用于与重氮剂偶合，由于分子结构中含有活泼的亚甲基，可以得到不同色光的黄色，如图 3-46 所示。色酚 AS-LG 和色酚 AS-L4G 具有较好的日晒牢度。

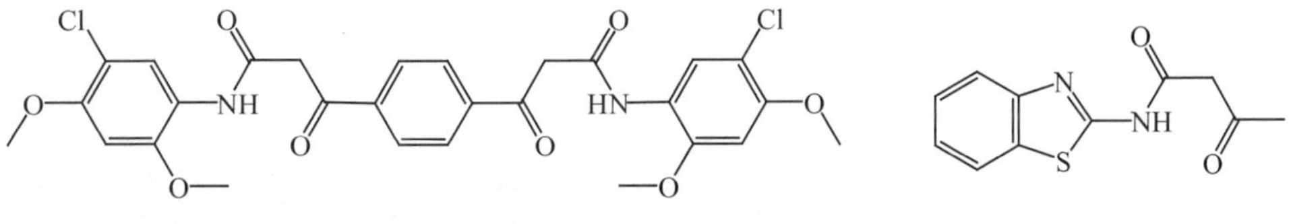

（a）色酚AS-LG　（b）色酚AS-L4G

图 3-46　酰基乙酰芳胺的衍生物（色酚 AS-G 类）

其他类色酚含有咔唑杂环结构，可用于染黑色。如图 3–47 所示为色酚 AS–SR。

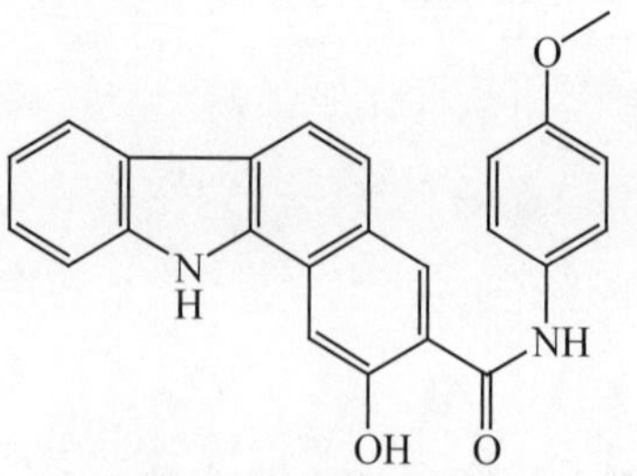

图 3–47　色酚 AS–SR

色基为不溶性重氮染料的重氮组分，属于不含水溶性基团的芳伯胺，主要包括苯胺及其衍生物、对苯二胺 –N– 取代衍生物以及氨基偶氮苯衍生物。

苯胺类衍生物的色基主要有黄、橙和红色基，如图 3–48 所示。

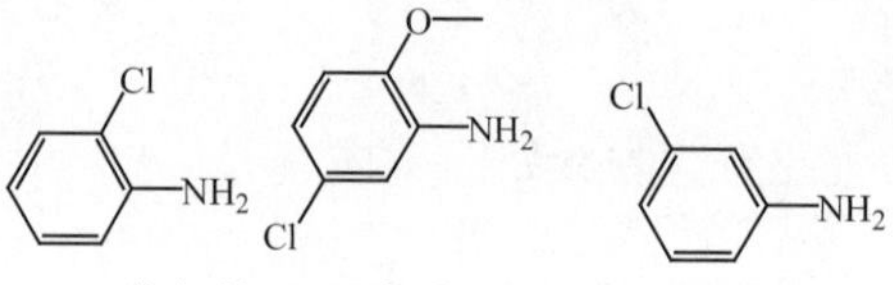

（a）黄色基GC红色基RC　（b）橙色基GC

图 3–48　苯胺类衍生物色基

对苯二胺 –N– 取代衍生物的色基主要有蓝和紫色基，如图 3–49 所示。

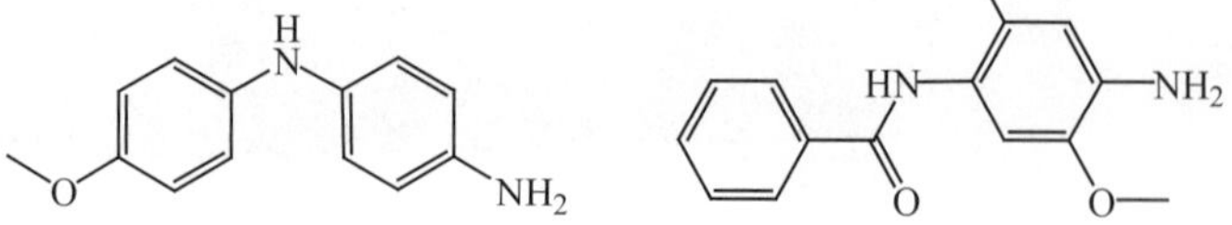

（a）凡拉明蓝色基B　　（b）紫色基B

图 3–49　对苯二胺 –N– 取代衍生物色基

氨基偶氮苯衍生物色基主要有棕色基和黑色基，如图 3–50 所示。

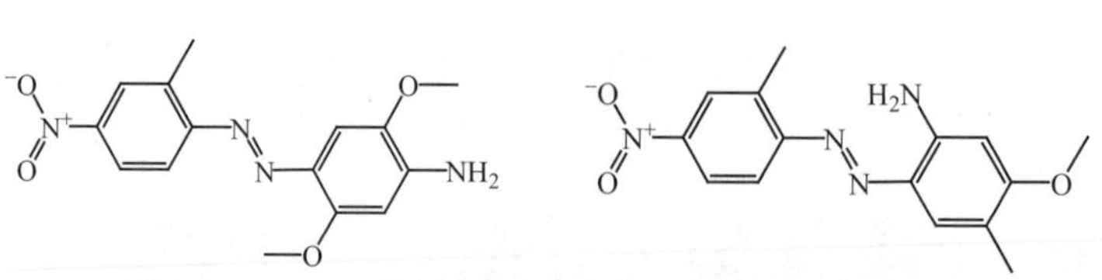

（a）棕V　　（b）黑K

图 3–50　氨基偶氮苯衍生物色基

不溶性偶氮染料对纤维进行染色时，需要对色基进行重氮化反应，通常将色基与亚硝酸反应生成重氮盐。由于亚硝酸不稳定，为防止亚硝酸分解，需要在冷却的稀盐酸溶液中添加亚硝酸钠来完成色基的重氮化反应。色基重氮化反应是放热反应，所以重氮化反应中应当用冰将温度控制在 0~15 ℃。为了增加染色工作的简便性，可以将色基预先进行重氮化形成稳定的重氮盐，染色时直接用色基重氮后的色盐与色酚对纤维染色，还可将重氮化形成的重氮盐与色酚进一步预先混合，在对纤维染色时直接使用，不需要用色酚进行预先浸轧，节省了工序，同时在局部染色时可以节省色酚。当然重氮盐遇热或受光照易分解，干燥的重氮盐容易爆炸，所以染色用的色基重氮盐都是经过稳定化处理的。

不溶性偶氮染料主要应用于纤维素纤维的染色，通过色酚与经过重氮化的色基进行偶合反应形成不溶性偶氮染料从而上染纤维。此外还有一类水不溶性染料为硫化染料，它也可以用于纤维素纤维的染色，部分硫化染料还可用于维纶纤维的染色。

硫化染料通常由某些芳胺类或酚类化合物经硫磺或硫化钠进行硫化制得，染色时需要在硫化碱溶液中还原成可溶性的隐色体钠盐，上染纤维后经过空气或其他氧化剂进行氧化使硫化染料形成不溶性的染料而固着在纤维上。其实硫化染料与还原染料有相似的染色过程，区别是前者使用硫化钠作为还原剂，而后者使用保险粉作为还原剂。

最早制备硫化染料是在 1873 年的法国。通常硫化染料没有还原染料对纤维素纤维的上染率高，也没有还原染料颜色鲜艳。为解决这些问题，人们在硫化染料的基础上开发了硫化还原染料。硫化还原染料的颜色和色牢度通常优于硫化染料。

硫化染料生产工艺较为简单，使用方便，使用黑色和蓝色时得色较深，日晒和湿处理牢度优异，广泛用于棉织物染色。硫化染料的储存稳定性较差，接触空气后易被氧化并放热分解。硫化染料可以分为由对氨基甲苯及 2,4– 二氨基甲苯等中间体合成的硫化染料、由 4– 羟基二苯胺类中间体合成的硫化染料、由吩嗪衍生物中间体合成的硫化染料、由 2,4– 二硝基苯酚为中间体合成的硫化黑染料和硫化还原染料。

硫化染料的硫化反应非常复杂，反应得到的产物往往是性质相近的混合物，由 2,4– 二硝基苯酚制得的硫化黑应用广泛，图 3–51 为硫化黑可能含有的结构。

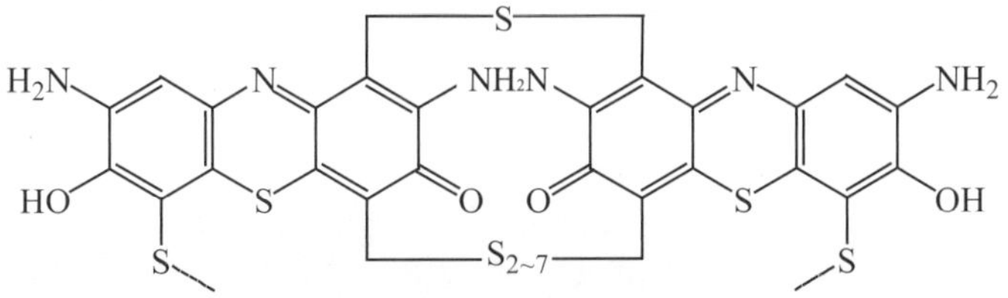

图 3–51　硫化黑结构

由 2，4- 二硝基苯酚制得的硫化黑日晒和湿处理牢度良好，但通常易出现贮藏脆损问题。硫化还原染料黑 CLN 解决了脆损问题，同时较硫化黑颜色更加乌黑亮丽，各项色牢度均较好。如图 3–52 所示为硫化还原黑 CLN，制备工艺为先将 2- 萘酚和对氨基酚进行缩合反应得到缩合物，再将缩合物进行硫化便制得硫化还原黑 CLN。

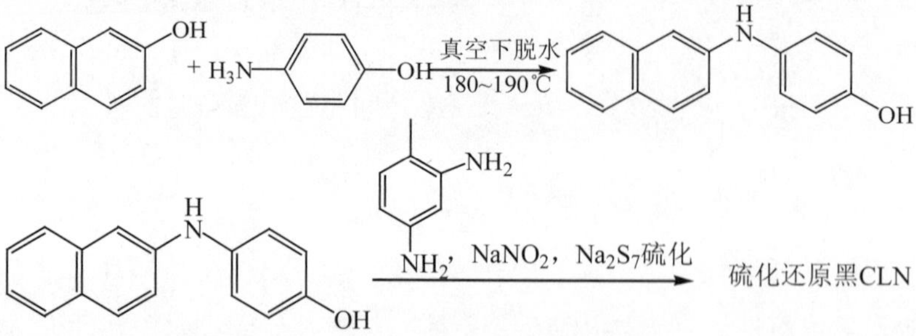

图 3–52　硫化还原黑 CLN

棉织物用硫化还原黑 CLN 染色可以得到乌黑亮丽的颜色。事实上，由于各种染料和纤维自身的性质不同，染色时基于染料和纤维自身的性质进行合理匹配才可以得到较理想的结果。例如，腈纶纤维主要应用阳离子染料进行染色，可以得到较好的颜色和色牢度。

阳离子染料为水溶性染料，阳离子染料又称碱性染料和盐基染料。与其他水溶性染料不同，阳离子染料溶于水呈阳离子状态，其能与纤维中的酸性基团结合而使纤维上色，尤其用于腈纶纤维染色，具有色彩鲜艳和色牢度好的优点。

阳离子染料为含有带正电荷基团的染料，通常根据阳离子染料分子结构中带正电荷基团在分子中位置的不同将阳离子染料分为两类，分别为隔离型阳离子染料和共轭型阳离子染料。

隔离型阳离子染料的染料母体通过隔离基与带正电荷的基团相连。隔离型阳离子染料分子的正电荷是定域的，如图 3–53 所示。分子结构 D 为染料母体，正电荷集中，与纤维容易结合，上染速率较高但染色均匀性欠佳。耐热、耐晒和湿处理牢度较高，但颜色鲜艳度和着色力不够高。适用于染中、淡色。

如图 3–54 所示为隔离型偶氮结构阳离子红 GTL。该染料色牢度优异，但颜色鲜艳度和着色力稍差。

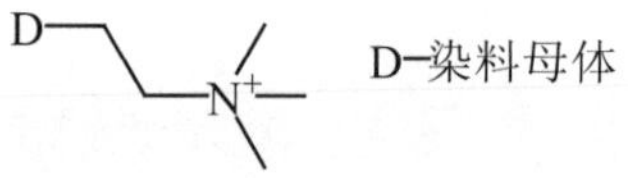

图 3–53　隔离型阳离子染料

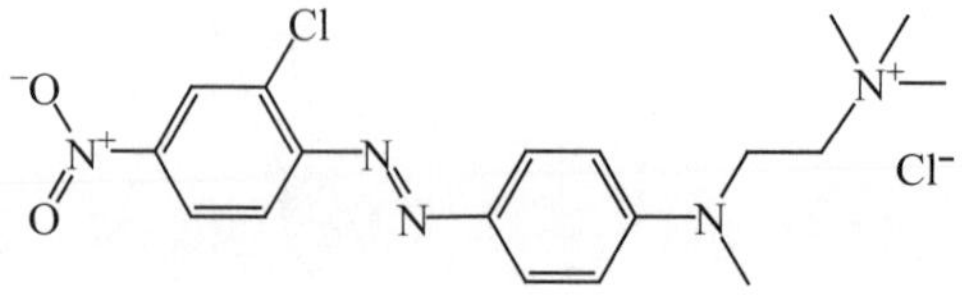

图 3–54　阳离子红 GTL

如图 3-55 所示为隔离型蒽醌结构阳离子蓝 FGL。阳离子蓝 FGL 具有非常高的日晒牢度。

共轭型阳离子染料的正电荷基团与染料的共轭体系连接。共轭型阳离子染料分子的正电荷是离域的。与隔离型阳离子染料不同，共轭性阳离子染料通常具有非常高的颜色鲜艳度和着色力。如图 3-56 所示为阳离子蓝 G，分子中含有三芳甲烷结构，其颜色非常鲜艳，但日晒牢度较差。

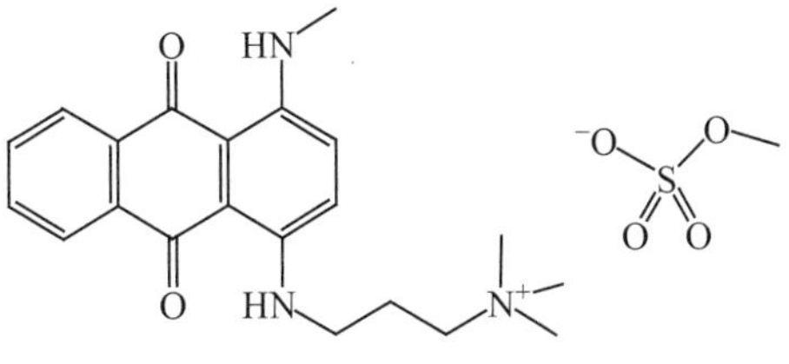

图 3-55　阳离子蓝 FGL

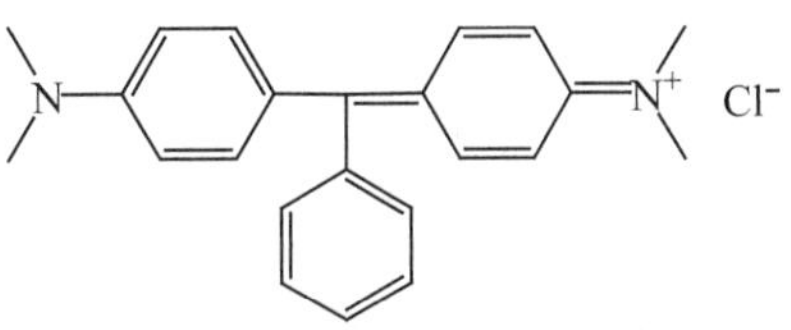

图 3-56　阳离子蓝 G

如图 3-57 所示为阳离子翠蓝 GB，分子中含有噁嗪结构，阳离子翠蓝 GB 颜色非常鲜艳，同时日晒牢度可以达到 5 级。

如图 3-58 所示为阳离子橙 R，属于阳离子菁染料，该染料颜色非常鲜艳，但日晒牢度差，所以在纤维染色中应用不多。

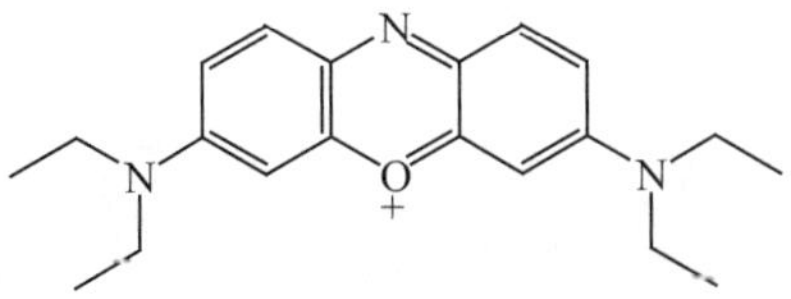

图 3-57　阳离子翠蓝 GB

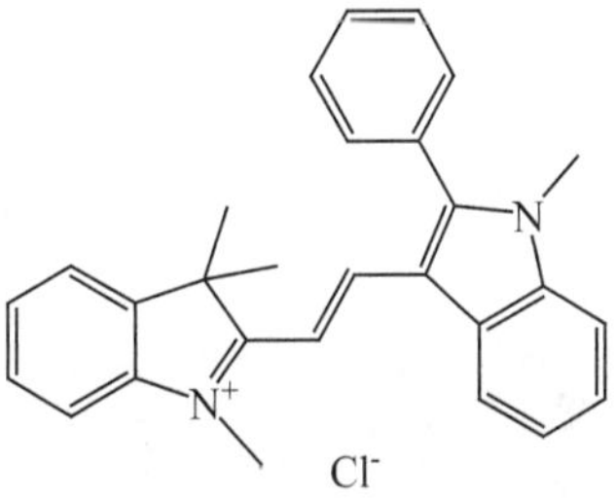

图 3-58　阳离子橙 R

如图 3-59 为阳离子桃红 FG，其属于阳离子苯乙烯菁染料，染料分子相对较小，颜色鲜艳度高，为腈纶染色常用染料。

如图 3-60 为阳离子蓝 X-GRL，其为二氮杂苯乙烯菁阳离子染料，相对分子质量小，耐晒和湿处理牢度高，在阳离子染料中这种品种较多，应用较广。

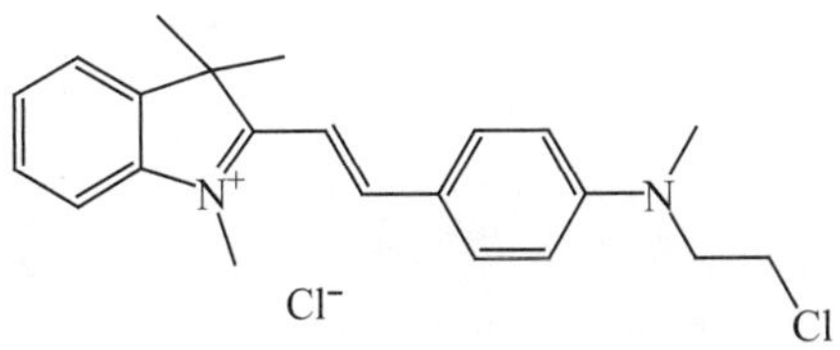

图 3-59　阳离子桃红 FG

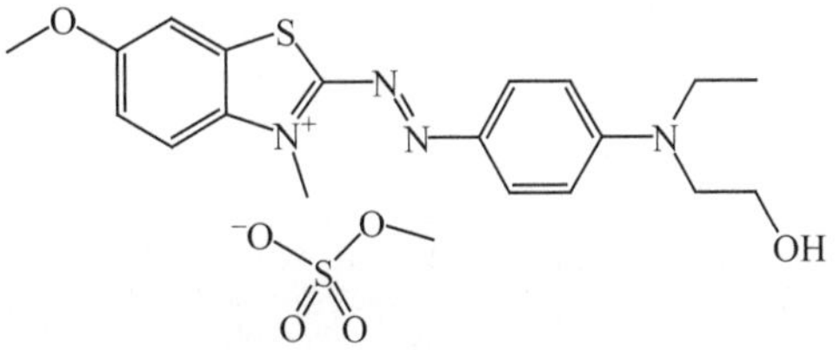

图 3-60　阳离子蓝 X-GRL

腈纶作为重要的合成纤维之一，已有许多的腈纶与其他纤维的混纺纤维面世。为适应腈纶混纺纤维的染色要求，出现了一些新的阳离子染料，如分散性阳离子染料和活性阳离子染料。这些新的阳离子染料不仅颜色鲜艳、色牢度好，而且可以上染多种纤维。

对纤维进行染色时，还会用到荧光增白剂，以增加纤维的白度或鲜艳度。荧光增白剂属于含有共轭双键结构的特殊有机化合物。在日光下荧光增白剂将不可见光（紫外线）转化为可见的蓝紫光发射出来，增加了可见光的亮度，同时与原物体的黄光混合进而产生洁白耀眼的效果。因此荧光增白剂是一种光学上的增亮补色作用，不能改变物质或纤维自身的性质。由于荧光增白剂的分子结构不同，荧光增白剂的日晒牢度也不同。

基于荧光增白剂的化学结构，可以将荧光增白剂分为二苯乙烯类、唑型含氮杂环类、萘二甲酰胺类和香豆素类。

如图 3-61 所示为荧光增白剂 DMS，其为二苯乙烯类荧光增白剂，可以应用于纤维素的增白。

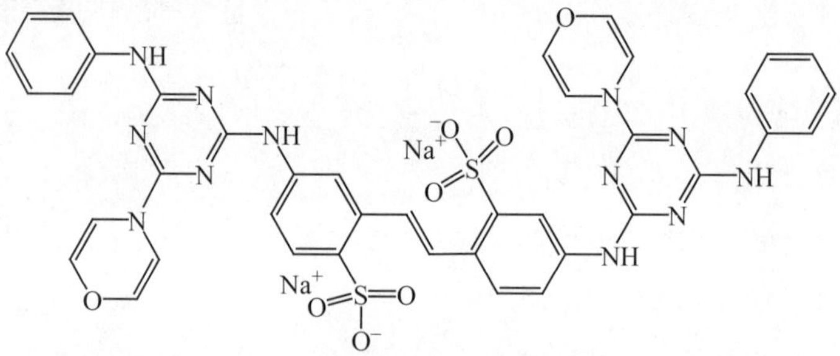

图 3-61 荧光增白剂 DMS

如图 3-62 所示为 Blankophor BHC，其为唑型含氮杂环类荧光增白剂，主要用于棉纤维增白。

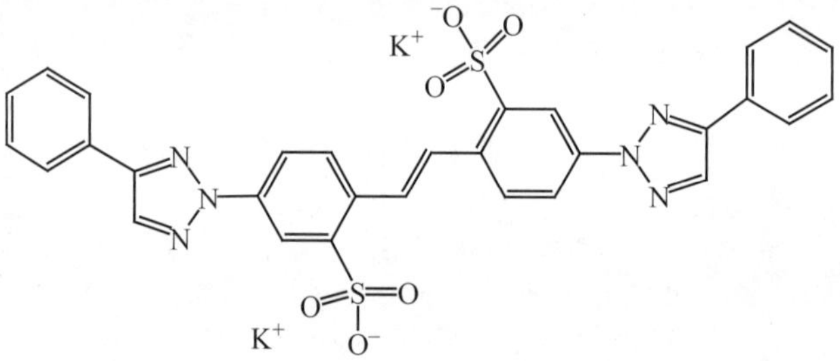

图 3-62 Blankophor BHC 增白剂

如图 3-63 所示为 Mikawhite AT，其属于萘二亚胺类荧光增白剂，主要应用于合成纤维如涤纶、丙纶和醋酯纤维的增白。日晒牢度和湿处理牢度优异。

如图 3-64 所示为荧光增白剂 Uvitex WGS，其属于香豆素类荧光增白剂，可应用于蛋白纤维的增白。

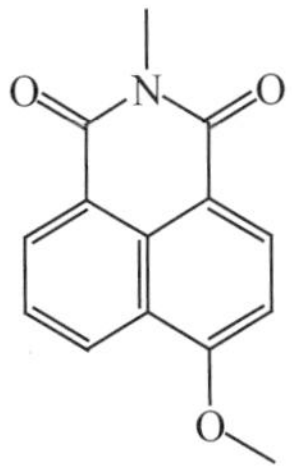

图 3-63　Mikawhite AT

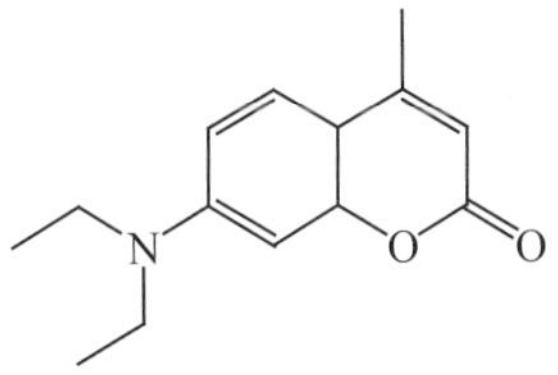

图 3-64　Uvitex WGS

荧光增白剂还可以分为阳离子型、阴离子型和非离子型，阳离子型和阴离子型荧光增白剂易溶于水，对纤维素纤维附着力高，因此具有较好的匀染性。非离子型荧光增白剂不溶于水，可以应用于合成纤维或树脂的增白。

如前所述，物质产生颜色有赖于着色剂，任何可以使物质显现设计需要的颜色的物质都称为着色剂，着色剂可以是有机着色剂也可以是无机着色剂，可以是天然着色剂也可以是合成着色剂，可以是染料也可以是颜料。染料大多可以溶于水，有些染料不溶于水而溶于有机溶剂；颜料是不溶于水或一般有机溶剂的无机或有机有色化合物。古人类使用颜料历史悠久，直到 1704 年德国人 Diesbach 制备出了铁蓝，即普鲁士蓝，这也是世界上化学合成的第一种颜料。

基于颜料的化学组成，将颜料分为无机颜料和有机颜料两个大类。无机颜料主要有炭黑、群青、氧化物、铬酸盐和磷酸盐类颜料。

炭黑的主要成分为碳，晶体结构与石墨近似，属于不溶于水的黑色粉末。中国是世界上最早使用炭黑的国家之一，古代人们通过焚烧动植物油脂或松树产生烟气，从烟气中回收黑色粉末，这种黑色粉末就是炭黑。后来人们使用天然气进行不完全燃烧来生产炭黑，炭黑逐渐进入工业化生产。炭黑作为非常重要的着色剂，不仅可以应用于涂料油墨、塑料和造纸工业，在橡胶工业中的应用更不可或缺，因为炭黑在橡胶中的应用不仅仅起到着色的作用，最重要的是增加橡胶的强度、耐磨性和防老化性能，所以炭黑成为橡胶工业的主要材料。根据炭黑的着色力的不同，将其分为低色素、中色素和高色素炭黑。

群青类无机颜料化学结构较为复杂，以硅酸盐和氧化铝为主要成分，是一种多成分的无机颜料，颜色包括红色、紫色和蓝色。人们最早将天然石蓝矿加工成粉末用于着色，这种天然石蓝矿为天然群青。群青无机颜料颜色鲜艳、日晒牢度高、耐晒、耐碱，但不耐酸，在 250 ℃下稳定。群青蓝颜色鲜艳近似蓝宝石，主要用于绘画和涂料行业。

氧化物类无机颜料主要有二氧化钛、氧化锌、氧化锑、氧化铁和氧化铬。二氧化钛（TiO_2）即钛白粉（颜料白 6），为多晶型无机化合物，包括为金红石型、锐钛型和板钛型。板钛型稳定性较差，金红石型和锐钛型属于四方晶系，稳定性较高。金红石型较锐钛型二氧化钛有更大的密度、硬度和折射率。二氧化钛粉体的极性较大，因此在高极性介质如水或乙醇中润湿性好，呈现分散状态，同时在低极性介质中易聚集。锐钛型二氧化钛经 700 ℃以上煅烧可转化为金红石型二氧化钛，金红石型二氧化钛耐热（熔点 1 850 ℃）、耐候、对光散射能力大、化学性质稳定。同时二氧化钛会降低有机染料、钴蓝颜料和硫化镉颜料的耐晒牢度，因此不宜与有机染料、钴蓝颜料和硫化镉颜料共用。二氧化钛作为优良的白色颜料用途非常广泛，主要用途包括涂料、油漆、油墨、塑料、造纸等。在涂料中还常使用氧化锌（ZnO）类白色颜料，氧化锌有无定形和针状晶体，较二氧化钛有较高的着色力，但遮盖力差，同时又有较强的紫外线吸收能力，所以纳米氧化锌可以用于防霉和杀菌，即使在无光的环境中仍具备较强杀菌能力，但氧化锌易与酸碱反应，故不耐酸碱。纯净的氧化锌单晶体为无色，氧化锌与铁、铅、镉和硫结合后才能作为白色颜料。氧化锌耐热（熔点 1 975 ℃）、耐候、耐日晒，与其他颜料配合可制作防锈涂料，制备为硫酸锌可以提高纤维的光泽度和染色性能。另一种白色颜料为三氧化二锑（Sb_2O_3），常用于阻燃剂，还用于涂料、油墨、橡胶、塑料、搪瓷和纤维染色。氧化铁无机颜料主要有氧化铁黄和氧化铁红两种。氧化铁黄化学性质稳定，具有良好的耐晒牢度和着色力。氧化铁红是人类应用较早的氧化物无机颜料，古代人们主要使用天然氧化铁矿物颜料作画。氧化铁红具有较高的遮盖力、着色力、耐热性、耐晒性、无毒性和化学稳定性，同时具有较强的防锈功能。氧化铬无机颜料主要有氧化铬绿和氧化铬翠绿。氧化铬绿化学性质稳定但颜色鲜艳度稍差；氧化铬翠绿具有较高的颜色鲜艳度，同时耐晒、耐热、无毒、化学性质稳定。氧化铬无机颜料主要用于涂料和塑料，有些品种可用于玩具、化妆品和食品包装。

铬酸类无机颜料含有可溶性铬离子，有毒，具有较高的防锈功能，常用于防锈涂料，也可用于塑料着色，具有较高的耐热和日晒牢度。磷酸类无机颜料无毒、耐晒、耐热，同时具有较高的防锈功能，可以作为防锈颜料替代有毒的铬酸无机颜料。另外磷酸锌可以制备珠光颜料。

无机颜料较有机颜料品种少，但有些性能是有机颜料无法比拟的，如耐热性。与无机颜料相比，有机颜料可以通过改变其分子结构制备出种类繁多的颜料品种，此外，有机颜料通常具有更高的颜色鲜艳度，同时由于有机颜料结构中不含重金属，所以毒性较低。目前，有机颜料作为一类重要的颜料在不同行业得到了广泛应用。

有机颜料是不溶于水或一般有机溶剂的有机有色化合物，按照化学结构可以分为偶氮颜料、酞菁颜料、喹吖啶酮颜料、硫靛颜料、蒽醌颜料、二噁嗪颜料、1，4–吡咯并吡咯二酮颜料、喹酞酮颜料和三芳甲烷颜料。

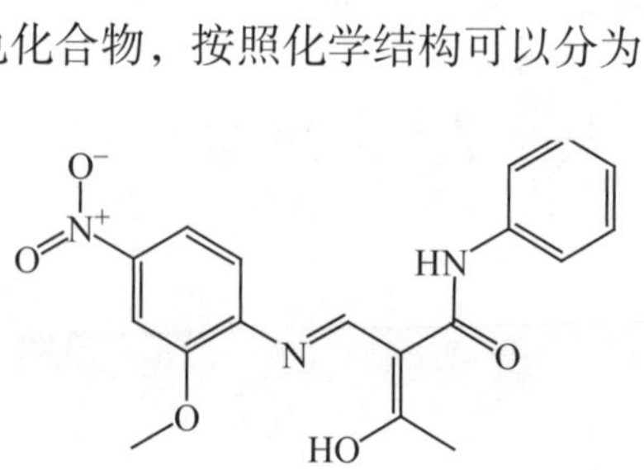

图 3–65　颜料黄 74

偶氮结构的有机颜料品种较多，在有机颜料中占有重要地位，颜色主要有黄、橙、红、棕和蓝色。如图 3–65 所示为颜料黄 74，从分子结构可知颜料黄 74 属于单偶氮颜料，具有较强的着色力、热晒牢度和耐酸碱性能，但耐热性能稍差，可以应用于涂料、油漆和塑料。

如图 3–66 所示为颜料黄 12，属于双偶氮颜料，可以应用于油墨、涂料和塑料。

如图 3–67 所示为颜料红 53，属于偶氮色淀颜料，可用于油墨和涂料。

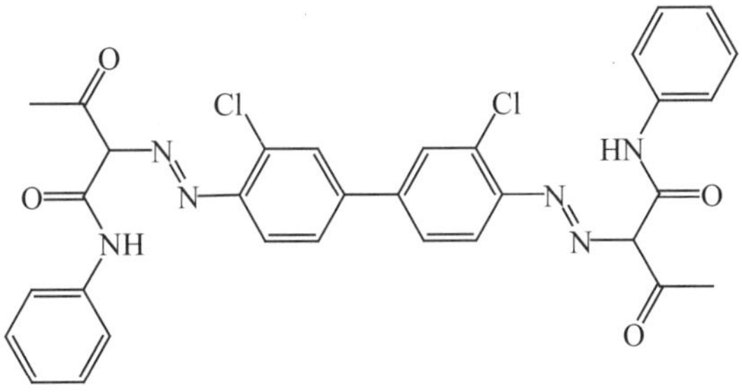

图 3–66　颜料黄 12

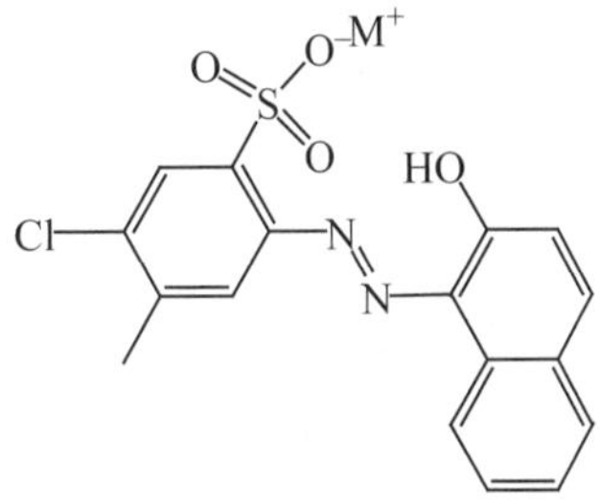

图 3–67　颜料红 53

偶氮缩合颜料将两种单偶氮颜料进行缩合制备成偶氮缩合颜料，进一步提高偶氮颜料的日晒牢度和耐迁移性。如图 3–68 所示为颜料黄 93，属于偶氮缩合颜料，具有非常好的日晒牢度和耐迁移性能，可用于合成纤维和塑料的着色。

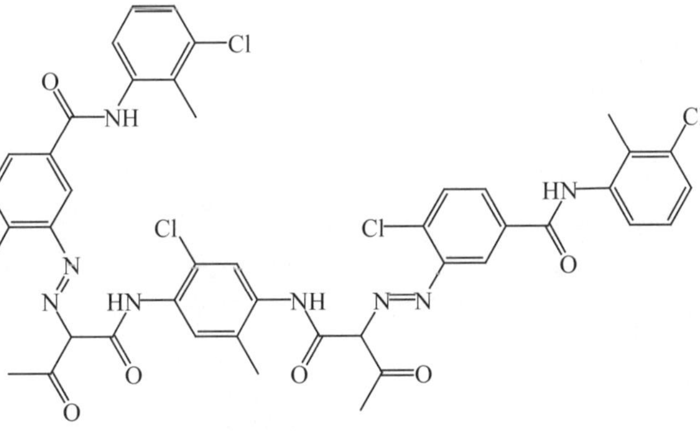

图 3–68　颜料黄 93

酞菁颜料一般为铜酞菁颜料，如图 3–69 所示为颜料蓝 15∶3，属于铜酞菁结构的颜料。颜料蓝 15∶3 具有优异的日晒牢度、抗迁移性、着色力和耐热性能，可应用于油墨、涂料、油漆、塑料和橡胶。

喹吖啶酮颜料如图 3–70 所示为颜料紫 19，具有优良的颜色鲜艳度、日晒牢度、热稳定性和耐迁移性能，广泛应用于户外涂料、印刷油墨和汽车漆。

硫靛颜料如图 3–71 所示为硫靛桃红 R，该颜料为黄光红，具有良好的日晒牢度，可用于聚苯乙烯聚合物的着色，还可用于化妆品、医药和牙膏着色。

二噁嗪颜料如图 3-72 所示为颜料紫 23，从分子结构可知该颜料为咔唑二噁嗪颜料，具有非常高的着色力、日晒牢度和抗迁移性能。

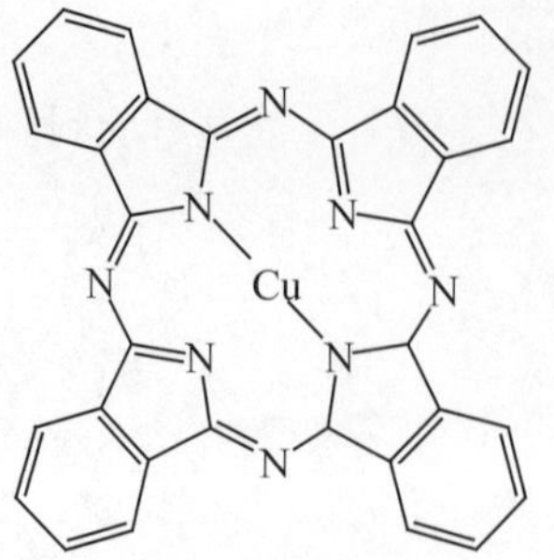

图 3-69 颜料蓝 15 ：3

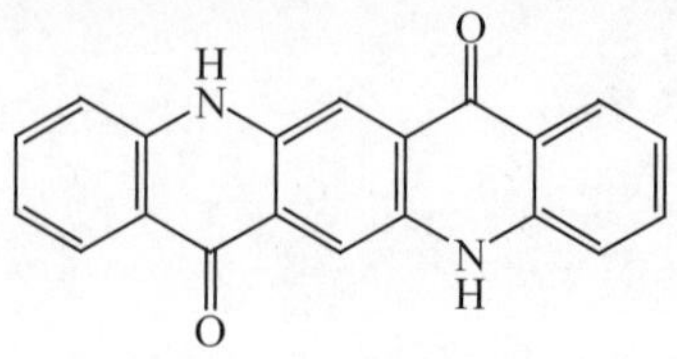

图 3-70 颜料紫 19

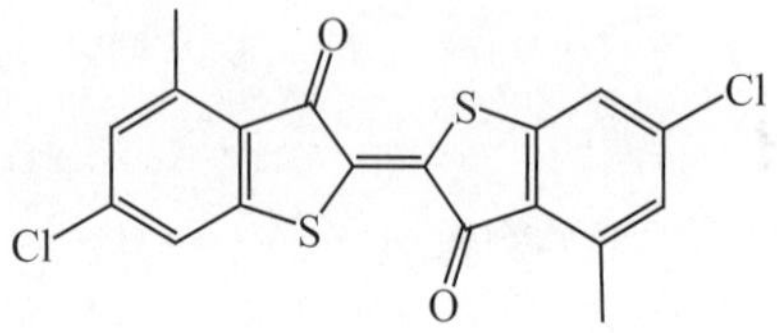

图 3-71 硫靛桃红 R

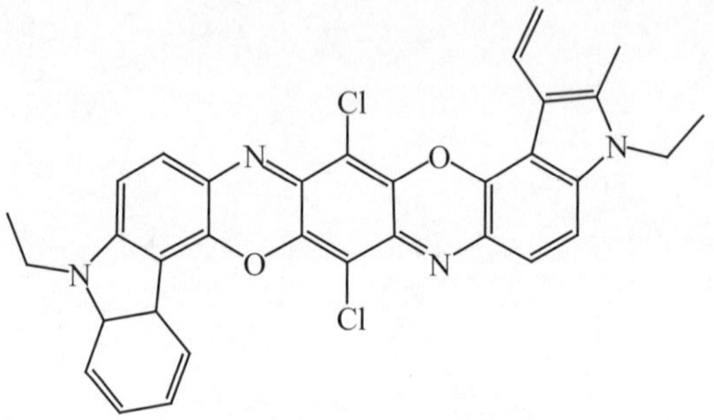

图 3-72 颜料紫 23

颜料红 254 的化学名称为 3,6- 二（4- 氯苯基）-2,5- 二氧吡咯并 [3,4-C] 吡咯 -1, 4- 二酮，其核心结构正是 1,4- 二酮吡咯（DPP）。因此，颜料红 254 是 DPP 美颜料的典型代表。图 3-73 为颜料红 254。从分子结构可知，该颜料为交叉共轭发色同时分子有共平面性，分子极性相对较高，分子内或分子间易形成氢键，具有较高的着色强度、日晒牢度 8 级，主要用于汽车底漆。

喹酞酮颜料如图 3-74 所示为颜料黄 138，该颜料具有非常好的日晒牢度、耐热性、耐迁移性和化学稳定性，可用于汽车漆、塑料和涂料。

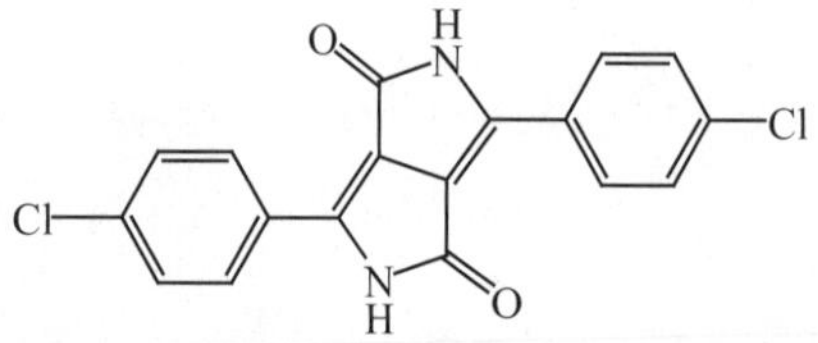

图 3-73 颜料红 254

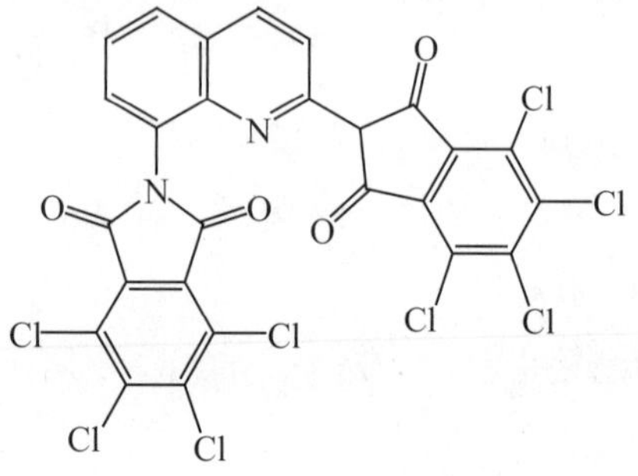

图 3-74 颜料黄 138

三芳甲烷颜料如图 3–75 颜料红 81，通常具有非常高的颜色鲜艳度和着色力，但日晒牢度、耐热性及化学稳定性不高，可应用于印刷油墨。

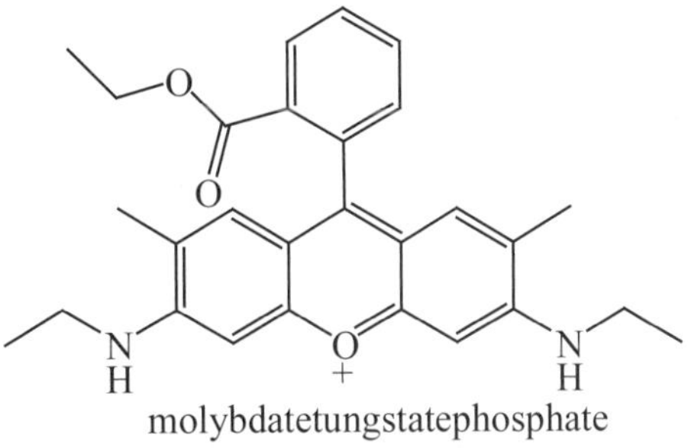

图 3–75　颜料红 81

有机颜料颜色鲜艳、着色力高、耐晒、耐热、耐候性好，但与无机颜料相比，通常耐晒、耐热、耐候性稍差。有机颜料作为一类重要的颜料，品种繁多用途广泛，比如涂料、油墨、塑料、橡胶、造纸、纺织、文教用品、建筑等领域的着色需求，在不同领域应用时，需要根据颜料的化学结构和性质以及被着色物的性质和用途加以选择。

3.2　数码喷墨用着色剂

数字喷墨用着色剂为着色剂的一个新的应用方式，即着色剂通过喷墨头对物体或介质进行上色。喷墨用着色剂的使用需要根据染颜料的化学结构和性质以及被着色物的性质和用途进行选择。不同的用途对着色剂有不同的要求，不同的着色剂和被着色物质会得到不同的着色结果。数字喷墨具有广泛的应用领域，在同一领域针对不同的被着色物质以及用途和要求使用不同的着色剂。另外，同一种着色剂有时可以满足不同领域或物质的着色需求。所以数字喷墨着色的应用既相互融合又相互对立。为便于理解，下面基于不同领域以及被着色物的用途和要求做进一步说明。

办公文档打印用数字喷墨着色剂。办公用打印纸主要成分为纤维素纤维或者 100% 木浆纤维，由于纤维素纤维含有水溶性基团，办公打印用水性着色剂通过亲和性对办公纸张进行着色。办公纸张打印的着色剂可以使用具有亲和性的有机染料，比如直接染料、活性染料和酸性染料。

直接染料对纤维素纤维具有较高的亲和力和直接性，因此可以实现办公纸张的着色和打印。

图 3–76 显示，直接黄 8 为绿光黄，易溶于水，日晒牢度 2 级。如图 3–77 所示为直接红 31 可以染出非常鲜艳的蓝光红（品红色），日晒牢度 3 级。

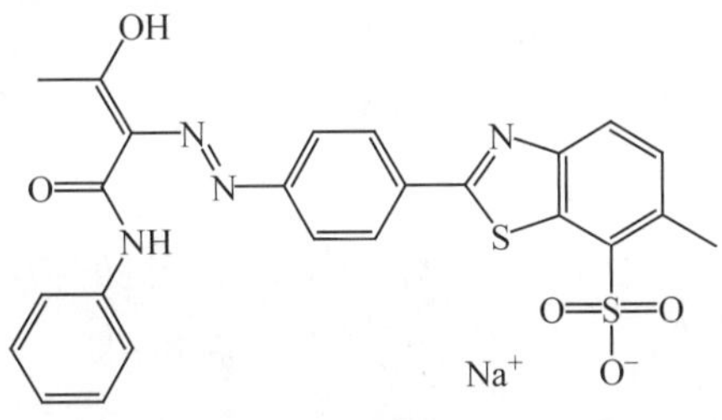

图 3–76　直接黄 8

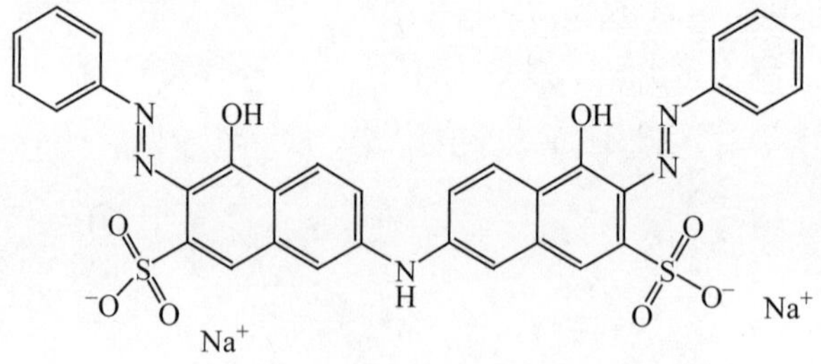

图 3-77　直接红 31

图 3-78 显示，直接黑 154 具有较高的色强度，日晒牢度 2 级。

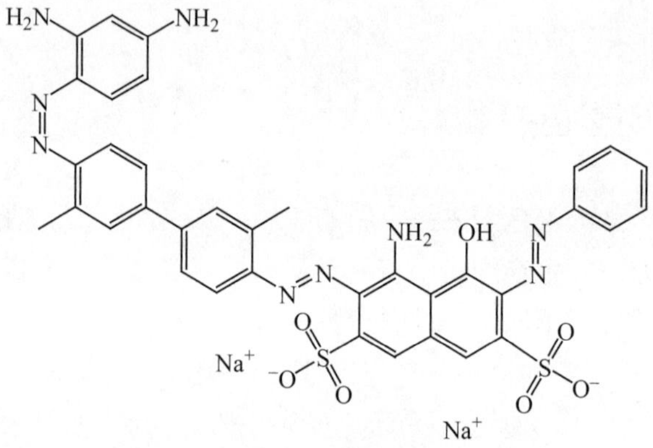

图 3-78　直接黑 154

活性染料作为反应性染料可以在一定条件下以共价键的方式与纤维素纤维结合而实现着色，主要用于棉纤维的染色。活性染料分子含有水溶性基团，对纤维素纤维有较高的亲和力，其对办公打印纸同样具有较高的亲和力，因此活性染料可以实现办公纸张的着色和打印。

图 3-79 为活性蓝 74，颜色鲜艳度高，日晒牢度 5 级。

图 3-80 为活性黑 8，具有较高的提升力，日晒牢度 5 级。

酸性染料为水溶性染料，主要用于蛋白质纤维和锦纶纤维的染色。酸性染料分子中通常含有磺酸基或羟基基团，这些基团可以与纤维素纤维分子形成氢键，染料分子与纤维素纤维之间有较高的亲和力，因此酸性染料对办公打印纸具有较高的亲和力，可以满足办公打印纸张的着色和打印。

如图 3-81 所示为酸性蓝 9 是一种三芳甲烷结构的染料，具有较好的颜色鲜艳度，但日晒牢度较低。它主要用于蛋白质纤维织物和锦纶纤维织物的染色和印花，同时也用于皮革、造纸、化妆品、食品和药品的着色。

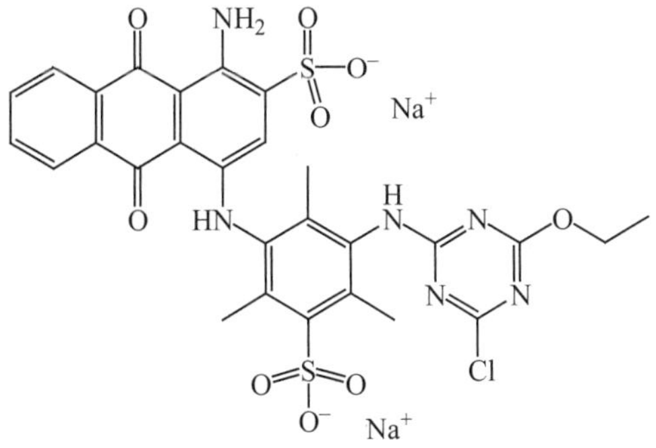

图 3-79　活性蓝 74

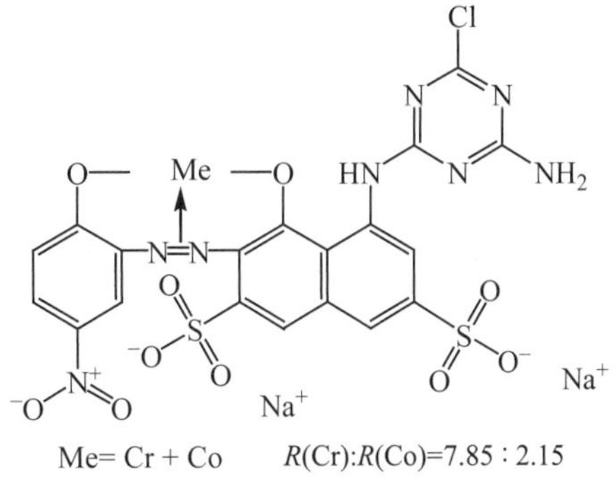

图 3-80　活性黑 8

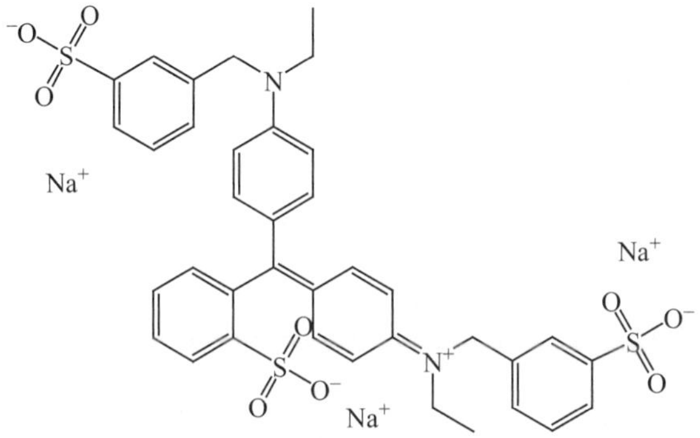

图 3-81　酸性蓝 9

酸性红 249 如图 3-82 所示，颜色鲜艳度高、易溶于水、日晒牢度 4 级，主要用于蛋白质纤维织物和锦纶织物的染色和印花，还可用于纸张和皮革的染色。

酸性黄 23 如图 3-83 所示，颜色鲜艳，可以用于蛋白质纤维织物的染色和印花，还常用于纸张、化妆品、食品和药品的着色。

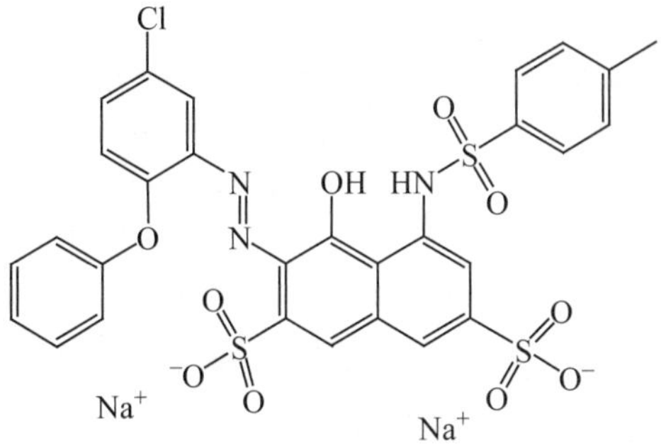

图 3-82　酸性红 249

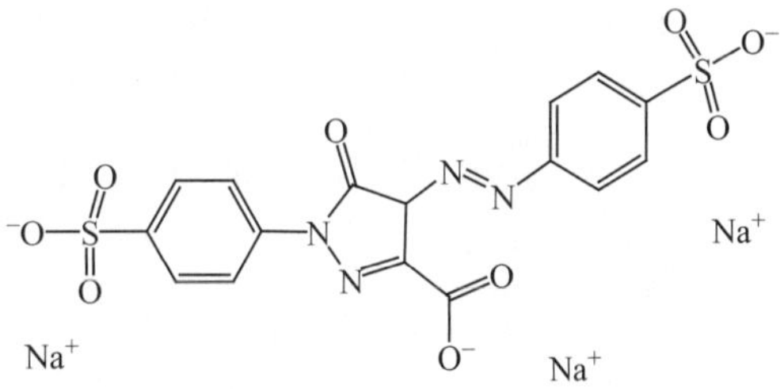

图 3-83　酸性黄 23

如图 3-84 所示为酸性黑 24，颜色提升力高，主要用于蛋白质纤维织物和锦纶纤维织物的染色，还用于皮革的染色。

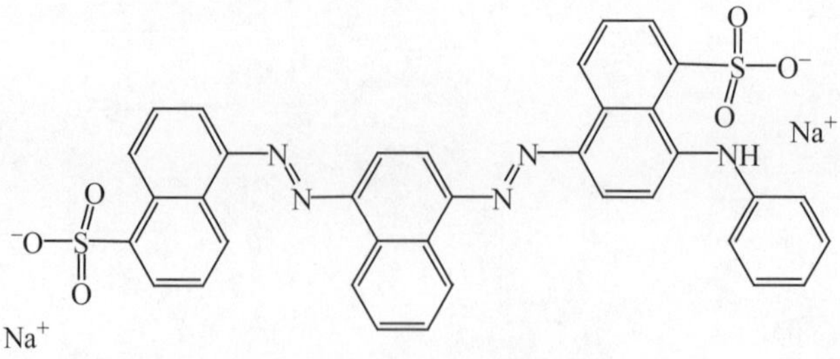

图 3-84 酸性黑 24

直接染料、活性染料和酸性染料均为含有水溶性基团的阴离子染料，虽然在织物纤维着色中属于不同类别的染料，但由于直接染料、活性染料和酸性染料与纤维素纤维均具有亲和力，它们均可以做为办公打印着色剂。

直接染料、活性染料和酸性染料作为办公打印用着色剂，品种繁多色谱齐全，但打印后的文档耐水性较差，不利于文档的保存。使用颜料作为办公打印用着色剂可以实现文档的防水和长时间保存。例如，使用炭黑作为办公打印用着色剂，打印的文档清晰、防水且长时间保存不褪色。广告打印用数字喷墨着色剂可以是染料也可以是颜料，如果用于周期较短的户内或广告，可以使用染料作为着色剂，如果用于周期较长的户外或广告可以使用颜料作为着色剂。

数码影像、艺术画、数字印刷和纺织品涂料印花用喷墨着色剂通常使用颜料作为着色剂，以实现防水、抗迁移、耐晒和长期保存。使用颜料作为着色剂时，由于颜料品种和数量繁多，不同的颜料品种性能各不相同，需要进行必要的选择，选择时通常需要考虑颜料的色光和化学稳定性。

数字喷墨陶瓷印刷可选用的着色剂为无机颜料，如钴蓝、镍铝蓝、镉硒红、锰红、铬铝红、钛镍黄、镨黄、钒锆蓝、钛绿、铁锰黑、铜铬黑等无机颜料。

对棉纤维、蚕丝纤维、麻纤维以及黏胶纤维织物进行数字喷墨印花时，可以选用活性染料作为着色剂，选择时除了需要考虑活性染料着色剂的色光和化学稳定性，还需要考虑活性染料的水溶性、耐光性、配伍性以及与织物的反应活性。

对羊毛纤维、锦纶纤维、蚕丝纤维织物等进行数字喷墨印花时，可以选用酸性染料作为着色剂，选择时不仅需要考虑酸性染料着色剂的色光和化学稳定性，还需要考虑酸性染料的水溶性、耐光性、配伍性以及与织物的反应性。

对涤纶、锦纶以及醋酸纤维织物进行数字喷墨印花时，尤其对于涤纶纤维织物进行数字喷墨印花时可以选用分散染料作为着色剂，选择时需要考虑分散染料着色剂的色光和化学稳定性，同时还需要考虑分散染料的耐性和配伍性。

数字喷墨用着色剂中，直接染料、活性染料和酸性染料为水溶性染料。使用时可以将直接染料、活性染料或酸性染料溶解于水制成喷墨墨水，但这些染料受合成工艺、合成设备及合成原料纯度的影响，通常携带未反应的中间体、副产物和无机盐。这些含有未反应的中间体、副产物和无机盐的染料在数字喷墨中应用是不利的，主要表现在其会造成染料的溶解稳定性下降，进而结晶析出堵塞打印头，同时还会腐蚀打印头和降低颜色强度，因此数字喷墨用直接染料、活性染料和酸性染料时需要进行提纯和必要的处理。提纯即去除染料中未反应的中间体、副产物和无机盐。对染料的提纯比较可行的方式是采用纳滤膜分离系统。自 20 世纪 80 年代，纳滤膜分离系统已在染料工业中获得规模化应用。使用纳滤膜分离系统对水溶性染料进行提纯时，重要的是根据染料以及纳滤膜的物理及化学性质进行合理匹配，同时还要设计合适的工艺，以提高染料提纯的质量和效率。直接染料、活性染料和酸性染料为水溶性着色剂或亲水着色剂，可以相对简便地应用于数字喷墨，同时均以水作为着色剂的主要溶剂。颜料着色剂由于不溶于水或其他溶剂，属于疏水或疏液着色剂，因此它的应用不同于水溶性染料着色剂。分散染料虽然可以溶解到某些溶剂中，但通常不溶或难溶于水，也属于疏水着色剂。

有机或无机颜料着色剂在数字喷墨中应用领域非常广泛，比如可以应用到数码影像、广告喷绘、喷墨艺术画、数字印刷和纺织品涂料喷墨印花、陶瓷喷墨印刷等不同领域。有机或无机颜料根据应用的需要可以制作成不同溶剂体系的数字喷墨墨水，比如水性体系、有机溶剂体系和 UV 固化体系。但由于颜料属于不溶于水和大多数有机溶剂的疏液着色剂，应用时需要将颜料着色剂分散在水、有机溶剂和 UV 单体介质中形成分散体系。着色剂为分散相，而水、有机溶剂和 UV 单体属于分散介质。通常数字喷墨用颜料着色剂的颗粒直径小于 1 000 nm，不同的打印头型号对颗粒直径的要求不同，有些打印头要求小于 200 nm。但通常颜料颗粒直径以大于 1 000 nm 的团聚体的形式存在，因此需要对颜料进行必要的加工。这些加工包括降低颜料的颗粒尺寸和改变颜料的表面性质。降低颜料颗粒尺寸可以使用超声波分散法、机械分散法和化学分散法。超声波分散法是将需要处理的颜料放在一定频率和功率的超声场中使其分散。超声波以介质为载体，在介质中传播时存在一个正负交变的压强周期，介质在交变的正负压强下受到牵引和挤压。当超声波的振幅增加到一定程度时，负压区的介质分子之间的距离大于使液体保持不变的临界分子距离，液体介质的分子链发生断裂并形成微泡，微泡聚集产生空化气泡，这些气泡一部分溶解到介质中，一部分脱离超声场溃陷或上浮于介质后消失。空化气泡在液体介质中产生、溃陷或消失产生空化作用，空化气泡作用产生局部巨大冲击力和微射流，局部的冲击力和微射流作用于较大的颜料团聚体，使颜料聚集体分散为更小的颗粒尺寸。机械分散法通过外加机械力对颜料进行研磨、剪切使较大的颜料团聚体细化并均匀分散。机械分散法属于常用的分散超细颜料的方法，但通常研磨效率不高，同时由于机械分散法研磨时磨损的研磨介质不可避免地进入研磨料液对料液造成污染。为了降低颜料颗粒尺寸，也可以使用化学分散法，比如通过颜料分子中的富电子原子与缺电子的路易斯酸配位形成路易斯酸配合物，路易斯酸配合物在极性非质子溶剂中制成颜料溶液，然后通过含质子的分离试剂与路易斯酸配合物作用生成超细颜料颗粒。

3.3 数码印花墨水

3.3.1 喷墨印花用墨水的性能要求

纺织品数码印花墨水主要分为分散、活性、酸性和涂料墨水等 4 种。目前市场上，分散墨水约占 60%，活性墨水约占 30%，酸性墨水约占 7%，涂料占 2% 左右。分散墨水主要用于热转印，主要成分为低温型分散染料，其数码印花工艺简单，无污水排放。热转印市场目前正趋于饱和，分散数码印花未来发展趋势是采用匹布直喷的生产模式，并使用高温型分散染料墨水，不需要热转印纸，可降低生产成本。墨水基本组成为着色剂、分散介质（水、有机溶剂）、防菌剂、pH 调节剂、保湿剂等，对于颜料型墨水还得有分散剂及黏合剂等。

①热转印墨水。适合聚酯纤维、锦纶、氨纶等织物的转移印花。

②活性墨水。适合直接喷印到纯棉、真丝、尼龙等织物上面。

③酸性墨水：适合真丝、羊毛、尼龙的喷印。

④涂料墨水：适合所有纺织品直接喷印。

⑤分散墨水：适合聚酯纤维。

对喷墨印花用墨水的性能要求如下：

①在介质上能产生高质量的图案。

②具有良好的光牢度和湿牢度。

③墨水不能堵喷嘴，粒径控制在 1 μm 以下。

④可以长期贮存，打印效果不受影响。

⑤墨水的物理性质，如黏度、电导率、表面张力都在规定的范围内。

⑥无毒，安全，不易燃。

用于纺织喷墨印花的墨水虽然因喷射系统而异，但基本性能和要求应一致。因此，用于喷墨印花的墨水配方或者色浆组成必须符合严格的物理和化学标准，具有特定的性能，才能形成最佳液滴，适合特定的喷墨印花系统，得到优良的图像和色泽鲜艳度。另外喷墨印花墨水具有的理化性能和应用性能范围很广，要求也很高。这些性能既要满足印花质量，又要符合喷射设备和干燥要求，所以喷墨印花墨水的性能不仅因喷墨印花设备而异，而且在确定一种性能时还要考虑其他性能，如干燥时间等，不过主要的技术参数如下：

①表面张力。在喷墨印花中，墨水的表面张力影响很大，它不仅决定液滴的形成，也影响液滴对织物的润湿和渗透。液滴形成的优劣均受表面张力的影响。表面张力太大，油墨不易形成小的微滴，并可能出现较长的断裂长度或者断裂成“拖尾巴”状液滴，还会使喷嘴表面不易被润湿；太小则会导致液滴不稳定，甚至形成“卫星状”生产溅射点，影响图案效果。一般数码印花机的表面张力范围在 40~60 mN/m，具体还需要看喷头的型号。

②黏度。黏度是另外一个重要的物理性质，用于喷墨印花的油墨具有非常低的黏度，一般黏度在 2~10 mPa・s。黏度和表面张力一起影响墨滴的形成。黏度高，会断裂的尾巴拖长呈长丝状；黏度太小，则微滴易破碎。受黏度影响的还有液滴的喷射速度，黏度高，喷射速度降低。

③粒径。采用平均粒径和最大粒径两种参数表示墨水的颗粒尺寸。微滴粒径的最大粒径过大时不能应用，并且要求在高剪切（如搅拌，高速通过喷嘴）和不同温度下粒径仍保持不变或改变很小。目前数码印花机的墨水粒径平均值小于 0.5 μm，最大不超过 1 μm。因为喷嘴直径只有 50 μm，印墨经过喷嘴时，小尺寸粒子可能在喷嘴周围聚集成大粒子，大而不规则的粒子还会导致微滴形成困难和不稳定，最终导致喷嘴堵塞。

④电导率。在按需喷墨的数码印花设备中，墨水微滴是依靠电荷产生偏转的，因而墨水必须具有导电的能力。纺织水相的墨水体系已具有良好的导电性能。

拥有二十余年数码喷印行业经验的杨诚，经过 2018 年数码印花展会调研，指出 2018 年数码印花墨水总产量达 20 000 t。数码印花最大消耗的材料就是墨水与喷头，所以要推进数码印花的发展和进步，这两个耗材的健康发展和改进也是非常重要的。杨诚对这 13 家墨水厂所展示的产品进行了分析和评估，参展墨水厂家主要展示的墨水产品和特点如表 3-1 所示。

表 3-1 墨水展品一览表

厂家	展会主推产品	特点
天威新材	酸性、分散、涂料、活性	酸性全系墨水，京瓷头专用活性（高浓）、分散数码；直喷涂料墨水（真皮拉伸度好）
墨库集团	涂料、涂性、分散	涂料流畅性改善，活性得色率高，分散稳定性提高
英杰泰	活性、分散、酸性	活性墨水有 12 色，分散高浓，全酸性体系墨水
鸿盛数码	涂料、分散、活性	涂料牢度提高，高温分散色系全耐晒牢度高，提供各类墨水的前、后处理液
蓝宇数码	活性、酸性、分散、涂料	活性黑色 pH 改良，全酸性系，分散耐晒牢度色系
中山诚威科技	涂料	为爱普生头所用，以打印 T 恤为主
台湾双键	涂料、活性、酸性、分散	重点所推的涂料应用于皮革、坯布
台湾中釉	活性、酸性、涂料	色谱全
台湾永光	活性、酸性	提供色浆服务
美国杜邦	涂料	成衣、坯布分类，适用不同喷头的墨水
意大利客桉	涂料、高温分散	专为京瓷头所研发
瑞士森馨	高温分散	自己合成原料，黑色较深，并有配套的前处理液
日本富士胶片	活性	为 SG600 头所用

分散墨水、活性墨水和涂料墨水这三种墨水就是现在数码印花设备所用的主流墨水。2018 年数码印花展会现场演示的活性墨水应用占 40%，说明这也是目前数码纺织的主流应用墨水。分散墨水所占比例为 35%，说明这类墨水也是当今数码印花应用的主流，不过分散墨水中大部分是低温型墨水，主要用于纸的转印（所占比例高些），另小部分是高温型墨水用于直喷面料。分散墨水的应用这两年均在不断地上升，相应的设备及工艺均相对成熟一些，在展会上可以看到各家在这类机器上改进比较多，不论是打印品质还是产量、价格比拼都非常激烈。目前高温墨水的生产成本较高，墨水的稳定性还是需要不断地提升和改良。这几年运动类服装的需求增长较快，尼龙类面料的印花业务也随之高涨，同时较多墨水生产厂也在积极响应，在各自的展台上推出相应的酸性墨水，并且针对酸性墨水的一些不足也在积极地进行改进，并有新的改进型墨水推出。其他应用较少的墨水如阳离子染料墨水、还原染料墨水、喷墨制网墨水，温敏变色及消色等这些小众墨水只见宣传没有实际样品，但还是有它们的特定应用市场需求，故也有一些厂家正在研制。

3.3.2　常用墨水种类

（1）涂料墨水

涂料墨水，又称颜料墨水，英文为 Pigment Ink，是由粒子组成的分散体。说得形象点，就是将固体颜料分散墨水，当然，这只是种形象的说法，并不够准确。准确一点地说，它是把固体颜料研磨成十分细小的颗粒，利用分散剂分散于水 / 或有机溶剂，是一种悬浮 / 分散溶液或者叫半溶液。通过各设备厂家现场演示的情况来看，使用涂料的设备所占比例也是较高的，特别要关注的是，一些有实力的设备商都非常重视涂料墨水的应用，从而也带动了涂料墨水的研发进程及品质。杨诚认为涂料墨水有几个特点需要关注。

①针对不同喷头特性进行分类。杜邦的涂料墨水目前已被大家认为是一款较为成熟的产品，很多公司在研发阶段就是用杜邦墨水作为基本墨水。不论是与喷头的配合度还是墨水的流畅性、色彩、牢度，杜邦墨水均已达到最基本的使用要求。这次展会上杜邦公司针对不同喷头所需的黏度把涂料墨水细分成适用于成衣的高、中、低黏度的涂料墨水（如 P6000、P7000、P5000）。图 3-85 所示只是一套中黏度的涂料墨水，其有五色加前处理液（不是用于喷头喷印）可供使用，其他高、低黏度的涂料墨水（牌号不同）也是同类的五色加一套共用的前处理液。特别是它的白色墨水，这是当前最好的一款墨水，很多公司在墨水颜色上几乎未把白墨放上去。图 3-86 所示为用于坯布的涂料墨水，在图 3-86 中可以看出它的颜色比图 3-85 的要多。

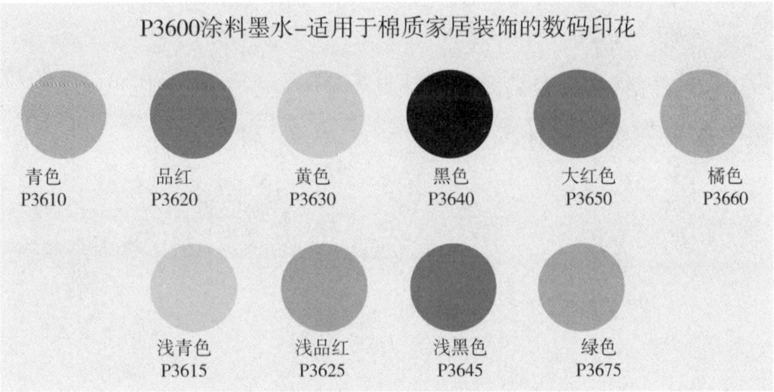

图 3-85　杜邦坯布专用涂料墨水

来自意大利的客桉公司则针对京瓷喷头特点推出这一款专用喷头的涂料墨水，其不论是在颜色上还是在牢度上均有不错的表现。图 3-86 从左到右为不同条件下 A、B、C、D 样品，且上为干、下为湿的摩擦结果。

注：样品 A 为有前、后处理，不论是颜色，还是干、湿摩擦牢度表现均为优秀；样品 B 则无前处理而有后处理，这时的摩擦牢度还行，就是颜色略淡了一些，这个细节在图样品 C 中没法体现，而直视样品时就可分辨；样品 C 有前处理，而无后处理，在样品 C 中已明显可看到有颜色沾到了测试白布上，这时的干、湿摩擦牢度至少要比样品 A 低二级；样品 D 均没有前后处理，这时的颜色及牢度均是最差的。从这组测试数据也可以看出，对于涂料墨水来说，前后处理对于颜色的提升及牢度均是有较大帮助的。

图 3-86　意大利客桉涂料墨水在不同条件下打印对比（左起为样品 A、B、C、D）

②对裁片与坯布分类。因坯布喷印相对于成衣来说，会对墨水提出更高的流畅性、干燥度、色牢度、色域广等要求，杜邦公司的 P3600、P2700、PK2600 涂料墨水就是针对不同喷头定制的，如图 3-86 所示。这类墨水自带胶黏剂，无需后处理液也可达到较好的牢度。同时它的颜色达到 10 种可以满足具有多色彩通道的数码设备应用需求。

影响数码纺织涂料墨水应用的主要因素有以下几种：

ⓐ墨水自身的稳定性不够，造成打印过程中的出现瑕疵。

ⓑ墨水与织物的匹配度不高，墨水在织物上有些指标达不到要求。

ⓒ墨水与喷头设备匹配达不到要求。

ⓓ墨水应用工艺还没有完善，相对较为复杂。

数码纺织涂料墨水的主要成分是颜料、树脂、溶剂、助剂、水等。因为颜料本身在织物上没有黏附作用，也不与其反应，为了提高牢度、展色力、稳定性等各项指标和性能，分别在配方设计和原料选择及生产工艺上做了很多改善和提高。

国内公司珠海佳印数码科技有限公司，使用超声波分散法、机械分散法和化学分散法原理，在 2023 年成功开发出国内第一款水性颜料无沉淀白墨，并取得了发明专利（专利号 ZL 2023 104341860）。此款墨水解决了白墨容易沉淀的问题，延长了墨水的保质期，延长了喷头在打印时的待机时间，减少了墨水的浪费，延长了喷头的寿命。

使用超声波分散法、机械分散法和化学分散法可以实现降低颜料颗粒尺寸并形成超细颜料颗粒。由于颜料颗粒的尺寸的降低，颜料颗粒具有更大的比表面积和更高的表面能，颜料颗粒为降低自身的表面能而趋向聚集，事实上超细颜料颗粒在水或其他有机溶剂中是不断运动的，而且这种运动是无秩序的，这种动力学现象是 1827 年植物学家布朗发现的，即“布朗运动”。颜料颗粒与溶剂分子碰撞使得颜料颗粒与周围颜料颗粒有相同的动能，颜料颗粒越小运动越快，颜料颗粒越大运动越慢。颜料颗粒在做“布朗运动”时经常发生相互碰撞，由于范德华力的作用，两个颜料颗粒连接在一起形成较大的颜料颗粒聚集体，较大的颗粒聚集体在“布朗运动”的作用下仍然会与另外的颜料颗粒发生碰撞，进而颜料聚集体不断增大，运动速度不断变慢，当增大到无法运动时颜料聚集体就会从溶剂介质中沉降下来。布朗运动的理论是爱因斯坦和斯莫鲁霍夫斯分别在 1905 年和 1906 年提出的，即溶剂介质分子以不同方向和不同速度对比自身大的微小颗粒冲击，微小颗粒因受力不平衡持续做无秩序运动。爱因斯坦用分子运动论说明了布朗运动的本质是质点的热运动。布朗运动与颗粒表面能的共同作用使颗粒发生聚集，从而进行数字喷墨。由于打印头的限制，要求颜料颗粒不仅要具备小的颗粒尺寸，而且在一定时间范围内均匀分散于水或有机溶剂介质并保持稳定状态。为此需要对颜料颗粒进行表面改性。颜料颗粒之间的吸引本质上是范德华力，而颜料颗粒改性的目的也是克服范德华力并实现颜料颗粒之间相互排斥或阻止其相互吸引。颜料颗粒改性主要有两种途径，分别是静电作用和空间位阻作用。静电作用即通过在颜料颗粒表面引入离子基团使颜料颗粒带电。有一定 ζ 电位的颜料颗粒之间由于静电斥力阻止了颜料颗粒之间的聚集。空间位阻作用即通过在颜料颗粒表面引入非离子性物质在颜料颗粒表面形成一个物质屏障，物质屏障阻止了颜料颗粒之间的聚集从而实现在一定时间范围内颜料颗粒的稳定分散。静电作用在以水为介质的颜料分散体系中取得良好的效果，而空间位阻作用除了可以较好地应用于水介质体系，在其他体系如溶剂或 UV 体系中也可应用。同时空间位阻作用对电解质不敏感，而静电作用体系对电解质较为敏感。也可以在同一体系中使用两种作用来实现颜料颗粒的稳定分散。但颜料表面改性通常需要综合颜料、介质和引入基团的性质等因素进行综合评估来确定。

表 3-2 是各品牌墨水打印在织物上的数据对比。

表 3-2　各品牌墨水打印在织物上的数据对比

评价项目	上海雅云数码	国外品牌	国内品牌 1	国内品牌 2
稳定性	5.0	5.0	4.0	4.5
流畅性	5.0	4.5	3	3.5
干摩擦牢度	4.5	4.5	4.0	4.0
湿摩擦牢度	4.0	4.0	3.0	3.5
皂洗牢度	4.5	4.0	3.5	4.0
手感	柔和	一般	柔和	稍硬
能否湿打	能	否	否	否

备注：

A. 稳定性：高低温循环老化 7 天，以黏度变化率大小为参比数据。变化率≤ 2.5% 为等级 5.0，2.5%< 变化率≤ 5% 为等级 4.5，5%< 变化率≤ 7.5% 为等级 4.0，7.5%< 变化率≤ 10% 为等级 3.5，10%< 变化率≤ 12.5% 为等级 3.0，12.5%< 变化率≤ 15% 为等级 2.5，15%< 变化率≤ 17.5% 为等级 2.0，以此类推，等级越高越稳定。

B. 流畅性：采用装有 6 个爱普生 3200 打印头，3pass 高速打印 300 m，堵孔≤ 3 个为等级 5.0，3< 堵孔≤ 6 个为等级 4.5，6< 堵孔≤ 9 个为等级 4.0，9< 堵孔≤ 12 个为等级 3.5，12< 堵孔≤ 15 个为等级 3.0，以此类推，等级越高越流畅性越好。

C. 干湿摩擦牢度：按照 GB/T 3920—2008 测试。

D. 皂洗牢度: 按照 GB/T 3921—2008 方法 A(1)(洗涤温度 40 ℃，洗涤时间 30 min，5 g/L 皂片洗涤液 。)

不同织物在纺织成布匹时，工艺各不相同，前后处理的各道工序也不尽相同，织物同时会残留一些硅油和柔软剂及增白剂等助剂，这些额外的添加剂会在不同程度上影响墨水在织物上的牢度和展现力。为此雅云数码的研发人员专门组织研究测试，对墨水的配方设计进行匹配性研究。

湿摩擦牢度是评价墨水在织物上的牢固性。表 3-3 是各品牌墨水打印在不同织物上的湿摩擦牢度的数据对比。

表 3-3　各品牌墨水打印在不同织物上的湿摩擦牢度的数据对比

	织物类型	上海雅云数码	国外品牌	国内品牌 1	国内品牌 2
湿摩擦牢度	纯棉布	4.0	3.5	3.0	3.0
	涤纶布	3.5	3.0	2.5	2.5
	混纺布	3.5	3.0	2.5	2.5

备注：干湿摩擦牢度按照 GB/T 3920—2008 测试。

由于喷头厂家没有完全开放喷头的数据，国内外的墨水厂商很少有对墨水和喷头进行匹配测试。随着技术的发展，目前部分有实力的厂家已经开始进行喷头和墨水波形匹配的研究。在这一领域，上海雅云数码走在技术前沿，引进先进的波形匹配设备和专业的色彩测量仪，并同各大喷头厂商沟通，同机器设备厂家密切配合，不仅使墨水在打印过程中流畅性更好，而且使颜料在织物上的色彩呈现更加逼真；既延长了喷头的使用寿命，又降低了客户的使用成本。

表 3–4 显示了色密度比值。

表 3–4　色密度比值

	颜色	上海雅云数码	国外品牌	国内品牌 1	国内品牌 2
色密度	C	1.40	1.26	1.22	1.20
	M	1.45	1.29	1.24	1.26
	Y	1.31	1.10	1.05	1.09
	K	1.49	1.23	1.16	1.12

一般情况下为了提高墨水在织物上的牢度和色彩，防止打印下来的墨水在织物上洇渗，都会对织物进行前处理和后处理。前后处理工艺的增加，使得打印过程较为烦琐且成本增加不少，处理不当反而会适得其反，这也是限制数码纺织涂料墨水应用的一个重要原因。上海雅云数码研发人员虚心听从广大数码印花人员的建议，并同设备厂家密切配合，遵从简单就是最好的设计原理，将前后处理工艺合二为一，研发出新型处理液，使打印过程简单化高效，即匹布打湿后直接烘干固色。

之前的打印流程是：匹布上浆→烘干→喷印→高温烘焙→后处理→成品。

经过重新设计的打印流程方案：匹布→喷印→高温烘焙→成品。

由于创新性的配方设计和工艺改进，在打印后的烘培过程中高温烘焙的温度从 160 ℃降低到 130 ℃，降低了大量的能耗。

得益于以上各项创新性的研发，墨水在各种织物上打印性能有了质的提升。

涂料墨水是由粒子组成的分散体，它的最小粒径（particle size）要比染料墨水（Dye base ink）的分子直径大得多，为纳米至微米不等，纳米级的为透明液体，微米级的以不透明液体的形式存在。用于制造颜料墨水的颜料根据粒径分为纳米级和微米级，其中纳米级粒径平均（LD50）在 40~125 μm，最大粒径（LD90）不得超过 180 μm，微米级粒径在 0.125~0.300 μm。用于数码喷墨的颜料墨水也分为纳米及微米两个级别。一般日系喷墨打印机的喷嘴直径在 43 μm 左右，因此其颜料喷墨所使用的颜料粒径要求为纳米级，而其他国家生产的户外喷墨打印机，如英国（包括多数国产户外打印机）的 XAAR、美国 / 加拿大生产的 spectra 打印机等，其喷嘴直径在 53~63 μm，其颜料喷墨粒径要求在 0.25~0.35 μm。

根据喷头的品牌即可知道所能使用的颜料墨水的粒径级别。当然，使用微米级颜料喷墨的喷头，一定可以使用纳米级的颜料喷墨，但使用纳米级颜料喷墨的打印机，如果将微米级颜料喷墨加到系统里，很快就会造成喷头堵塞。

2018 年 4 月 19 日至 21 日举办的第九届上海国际数码印花工业展览会（TPF2018 上柯达就推出独具特色的纳米颗粒墨水。柯达之前是做胶卷、数码相机，现在转型升级了，主要定位在印刷和纺织品印刷。柯达主推水性墨水，并将其一百多年的胶卷化工基础和分析能力用在数码印花原料的研磨技术上，能得到真正的纳米级颗粒，再经过分散剂的结合作用，能够完全替代染料所需要的溶剂。在数码印花行业中，水性墨水的色牢度最高是五级，而柯达的墨水至少是四点八级，色牢度在同行业中遥遥领先。

涂料数码印花市场应用案例：

T 恤直接打印，实现个性化，或者用于打样；服装裁片，采用大平板、导带机，进行服装裁片的数码印花；椭圆机 + 数码方案，实现传统丝网印花和数码印花的结合，可以达到特殊的效果，这是一个应用趋势。卷对卷的匹布涂料数码印花，在未来这是主要发展方向，这种生产方式会越来越多，满足床上用品、窗帘布、沙发布、墙布等市场需求；由于涂料墨水可以用于几乎所有面料，手袋、鞋材、箱包、皮革、窗帘、沙发布、墙布等都可以进行数码印花。

（2）活性墨水

TPF2018 参展的墨水厂家中有 60% 可提供自己的主力产品活性墨水，同时也有 40% 设备在使用活性墨水，说明这款墨水是目前数码印花的主流墨水。

①黑色的特别处理。活性墨水中有些颜色的墨水容易发生水解，当水解慢慢地发生时，墨水的 pH 值也会慢慢下降，pH 值低于 4.5 时，对喷头的腐蚀程度会加剧，所以如何提高这些墨水的低 pH 值也成为大家研究和改进的攻关内容。以黑色为例，通常用黑 5 原料来制作黑色墨水，为了防止发生水解，这款墨水的 pH 值需要在 4.5~5.0，发生水解后这个 pH 值还会继续下降。故通常使用黑色、宝蓝、青色墨水的喷头其寿命就要低于其他喷头。但在展会上看到，蓝宇公司推出了新款活性黑色墨水（如图 3–87 所示），它的 pH 值可以提高到 6.8 左右，且三个月内基本没有大的变化。以前也有厂家通过改变缓冲剂来提高 pH 值，但维持时间不长，而这次蓝宇公司是通过改变分子结构重新合成新的分子结构来实现，这也是一个新的突破。而对于其他色（如宝蓝）也容易发生水解的问题，暂没有看到新

图 3–87　蓝宇活性黑

的改良方案。

有些墨水厂用黑 8 染料制成黑色墨水，它的黑度远不如黑 5，但 pH 值比较中性，对喷头的腐蚀程度很小。这类墨水都是以加浓的方案来提高它的黑度。墨水若是用加浓的方案制成，对于墨水体系在不同温度条件下的稳定性将是一个极大挑战，故这也是一款很见功底的墨水。

②提供纯灰色墨水。一改以前用拼色组成的灰色，发色稳定，拼色好。这款墨水也出现蓝宇公司的展台上（如图 3–88 所示），说明蓝宇公司在活性墨水上拥有较多的独特创新之处。

③高浓墨水要求。数码印花时单位面积所用墨水总量远小于传统的网印所用染料量，这样实际单位面积上的颜色总是略低于传统网印，故客户总想用高浓墨水以较少的 PASS 数来完成印花要求，并要求具有传统印花的颜色深度。对于用户来说，目前看起来是有多家高浓墨水可选，但是各自定义的浓度还是有差异的，只有自己在同等条件下作对比测试才会知道哪家高浓墨水的色浓度已达到了自己想要的程度。

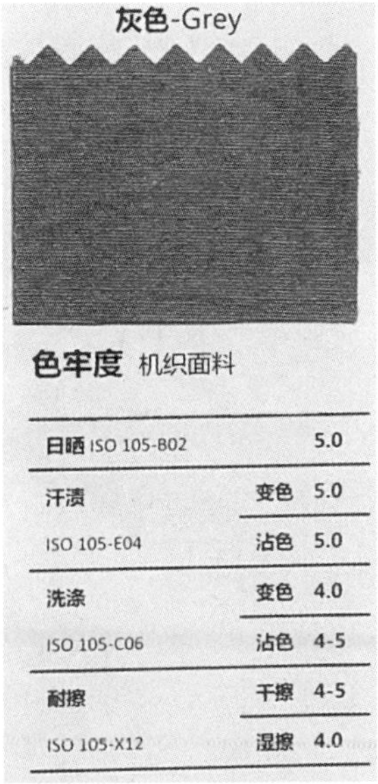

图 3–88　蓝宇活性灰

④不同喷头专用墨水。展会上一些墨水厂针对不同喷头特点为它开发相配套的活性墨水，如富士公司自己的墨水厂为星光 SG600 喷头开发专用配套的活性墨水，这样就可最大程度地发挥喷头的特性并延长它的使用寿命。

（3）分散墨水

这几年分散墨水的用量在飞速上升，不论是低温墨水还是高温墨水，它们原有的一些问题也在不断地攻克中，这次展会上看到的一些新变化：

①提高低温分散普通青色墨水的耐晒牢度新方案。如图 3–89 所示，左图为常规青色分散墨水，主要存在问题就是耐晒牢度不太理想，而中图及右图均为其他提高青色墨水耐晒牢度的方案。

第一个方案是改用新的高耐晒牢度青色（图 3–89 中 C2），但色浓度偏浅，色域会缩小；第二个方案是改用耐晒牢度再高一档的翠蓝色（图 3–89 中 C3），但色域还将缩小，需要通过加橙色（Or）和宝蓝（Bl）来扩大色域，但这时在设备上也要增加二个色通道才能实现。

图 3-89　提高低温分散青色墨水耐晒牢度的几种方案

②提高部分高温墨水的耐晒牢度。高温墨水通常解决了低温墨水的色迁移及渗透度不好的问题，但不一定能解决日晒牢度问题，故有部分厂家针对这个耐晒牢度问题研制出一些新款高耐晒牢度的高温分散墨水。

③提供相匹配的高分子前处理液。高分子结构的前处理液与以前浆料为主的前处理液性能上有较大区别，使用了高分子前处理液的面料发色后不用水洗就可以直接使用了，因处理液很薄，故手感也很好，在高温下发色面料也不泛黄变色。目前国内一些墨水厂有类似高分子前处理液产品并在作积极地推广。

（4）酸性墨水

①对原来的直接蓝进行改良。直接蓝的分子结构与其他酸性体系墨水有较大差异，故蒸化后水洗色牢度很差，针对这一问题，部分墨水厂推出了相应改良产品，主要是提高它的水洗色牢度。

②全酸性墨水体系。主要是对原来的直接蓝改用酸性体系墨水，推出这类体系的墨水厂认为这时的青色墨水不论是牢度还是色相均比用原来的直接蓝要好，但也有部分业内人士不太认同，故还是要让实践去说明，但至少有人不断地想方设法来提高原来青色墨水的色牢度。

③前、后处理液墨水。可以解决渗透、牢度、艳度、手感等的一些特别功效，故一些墨水供应商也在推广这类特殊墨水。当然，这些特殊墨水需要喷墨设备厂在设备上对供墨系统及喷头驱动和软件控制进行协同配合才能正常使用。

（5）色浆需求

一些专业做墨水的公司已可以提供各类色浆。一方面可以提供给墨水厂；另一方面年使用墨水在 100 吨以上的企业也可以购入相应的色浆及配料包自行调配墨水，也就是起到原来传统印染厂的调浆车间的功能。展会上除了台湾永光公司外，也有好几家公司可以提供这样的色浆产品方案，这也是推动数码印花行业健康发展的一个好的信息。

3.3.3 小结

（1）涂料墨水

工业喷头应用目前还是以国外涂料墨水为首选，特别是白色墨水，国产与其相比还有较大差距。国内生产的涂料墨水主要在爱普生低价的喷头上应用。工业喷头在带循环的星光喷头上应用相对成熟，在京瓷喷头上应用风险较大，在其他喷头上的应用占比较小，故还是需要进一步提高涂料墨水的品质。

（2）活性墨水

进口的活性墨水目前主要应用在进口设备上。国产墨水已全面成熟地应用在各家设备上，且各家墨水的表现还算不错，这几年的产量也不断上升，在纺织数码墨水中，活性墨水长期稳定在 15%~18% 的份额。按 2023 年纺织墨水总量 3.22 万吨计算，活性墨水约 4 830~5 796 吨；结合 2025 年纺织墨水预计达 6 万吨，2024 年活性墨水占比 15% 时对应约 9 000 吨。同时各家对高浓墨水的需求也成了必备，这个对于墨水的稳定性有较大挑战，此外大家对活性墨水的原料提纯这一意识也在不断提高，它对墨水体系的稳定性起到了较大影响。即使通过后天的配方及工艺改进，其抑制效果也远不如原料的提纯。

（3）分散墨水

这是目前用量最大的一款墨水，2024 年国产分散墨水总消耗量约 3.62 万吨。进口分散墨水用于有特别要求的加工单，大量客户还是选择国产分散墨水，因为国产的品质已能满足大多数应用要求。高温直喷的应用也在慢慢扩大，可解决低温分散固然存在的 ·些问题。

（4）酸性墨水及其他墨水

得益于尼龙类面料印花需求的扩大，2024 年国产酸性墨水约 0.54 万吨，还属于小众用量，但前景还是不错。其他一些特别应用的墨水，因使用量不多，故品质及价格均不尽如人意，但有需求还是会有人去做研究和改良。

3.4 数码印花新型墨水开发案例

深圳市墨库新材料集团股份有限公司深耕行业近二十年，其个人及团队累计获得 43 项发明专利授权，涵盖热升华墨水、涂料墨水、UV 固化墨水等全品类制备技术，突破多项国际技术壁垒。其领导研发的定制化墨水解决方案与国内外知名机器厂商达成深度战略合作，推动国产墨水技术出口至 100 多个国家，产品市场占有率连续五年位居国内前三。 自 2006 年创立墨库集团以来，带领企业建成国内首个万吨级数码喷墨墨水研发生产基地，公司已获得近 50 项专利，其中发明专利 30 余项。同时，公司被评为国家重点专精特新“小巨人”企业、国家级专精特新“小巨人”企业和国家级高新技术企业。作为中国数码印花喷墨墨水的研发生产基地，以及广东省喷墨墨水工程技术研究中心，其技术成果广泛应用于纺织、印刷、包装等领域。提出了“墨水 - 设备 - 工艺”协同创新理论，持续推动产学研融合与技术标准化进程，为全球数码印花行业的转型升级作出重要贡献。

3.4.1 墨库纺织数码印花新型墨水产品

3.4.1.1 坯布直喷涂料墨水

直喷数码印花工艺，免水洗、无排废；

喷墨稳定流畅，满足高速数码印花机连续生产需求；

高摩擦色牢度，符合纺织品印花应用需求；

获得 GOTS-ECOCERT 6.0/7.0 批准函；通过 OEKO-TEX ECO PASSPORT 认证，符合 ZDHC MRSL V3.1 Level 3 等化学品安全标准要求。

墨水颜色：KCMYLCLM。专色：BORGR。荧光色：FM FY FO FG。

适用喷头：

KYOCERA 京瓷 KJ-4B，EPSON 爱普生 I3200/S3200/F1440，RICOH 理光 G5/G6，KONICA MINOLTA 柯美 1024i，FUJIFILM 富士 SG1024 等。

适用材质：棉、帆布、涤纶、混纺、尼龙、化纤等胚布印花，如图 3-90 所示。

图 3-90

3.4.1.2 高温分散染料墨水

打印品质稳定，色彩图案均匀一致；

该面料具有耐高温、抗色迁移的特点，适用于所有涤纶化纤面料；

优异的色牢度，印花纺织品能够经受住多次洗涤；

获得 GOTS-ECOCERT6.0/7.0 批准函，符合 ZDHCLevel 3 等化学品安全标准要求。

墨水颜色：K C M Y LC LM GY 。专色：B OR R

适用喷头：KYOCERA 京瓷 KJ-4B，EPSON 爱普生 I3200/S3200/F1440/L1440/F1080，RICOH 理光 G5/G6，KONICA 柯尼卡 1024i，FUJIFILM 富士 SG1024 等。

适用材质：涤纶、涤棉、腈纶、醋酸等面料，如图 3-91 所示。

图 3-91

3.4.1.3 活性染料墨水

高色牢度和高耐水洗性；

色域宽广，色彩饱和度高，实现数码印花从色彩到图案的完美输出和高标准品控；

墨水通过喷头兼容性测试，为喷头的耐用性提供有效保障；

通过 GOTS-ECOCERT6.0/7.0 认证，符合 ZDHCLevel3 等化学品安全标准要求。

墨水颜色：K C M Y LC LM GY DBK。专色：B OR R。

适用喷头：KYOCERA 京瓷 KJ-4B，EPSON 爱普生 I3200/S3200，RICOH 理光 G5/G6，FUJIFILM 富士 SAMBA/SG1024，KONICA MINOLTA 柯美 1024i，SEIKO 精工等。

适用材质：棉、麻、真丝、羊毛、人棉纤维的机织布及针织布等，如图 3-92 所示。

图 3-92

3.4.1.4 酸性染料墨水

在聚酰胺和丝绸纺织品上实现最佳的色彩和牢度性能；

适用于游泳服、运动服、时装和配饰等多种应用；

卓越的品质、稳定性和色彩一致性，保持重复打印的一致性；

获得 GOTS-ECOCERT 6.0/7.0 批准函，符合 ZDHC MRSL V3.1 Level 3 等化学品安全标准要求。

墨水颜色：K C M Y LK LC LM。专色：R B LB OR。荧光色：FM FY。

适用喷头：KYOCERA 京瓷 KJ-4B，EPSON 爱普生 I3200/S3200，RICOH 理光 G5/G6，FUJIFILM 富士 SAMBA/SG1024，KONICA MINOLTA 柯美 1024i，SEIKO 精工等。

适用材质：尼龙（锦纶）、羊毛、蚕丝、皮革等，如图 3-93 所示。

图 3-93

3.4.1.5 热升华分散染料墨水

高浓度，高渗透性，高抗日晒牢度；

高固含量墨水，低墨量打印即可达到满意的色彩效果；

极佳的流动稳定性，匹配高速数码印花机批量生产要求；

严控品质，通过喷头兼容性测试，为喷头的耐用性提供有效保障；

获得 GOTS-ECOCERT 6.0/7.0 批准函，通过 OEKO-TEX ECO PASSPORT 认证。

符合 ZDHC MRSL V3.1 Level 3 等化学品安全标准要求。

墨水颜色：KCMYLCLM。专色：B OR VI R。荧光色：FM FY FC。

适用喷头：KYOCERA 京瓷 KJ-4B，EPSON 爱普生 I3200/S3200F1440/L1440/F1080，RICOH 理光 G5/G6，FUJIFILM 富士 SAMBA/SG1024，KONICA MINOLTA 柯美 1024i，SEIKO 精工 1024GS 等。

适用材质：适用于含化学纤维 70% 以上面料印花。应用：时装、运动服、骑行服、家纺等，如图 3-94 所示。

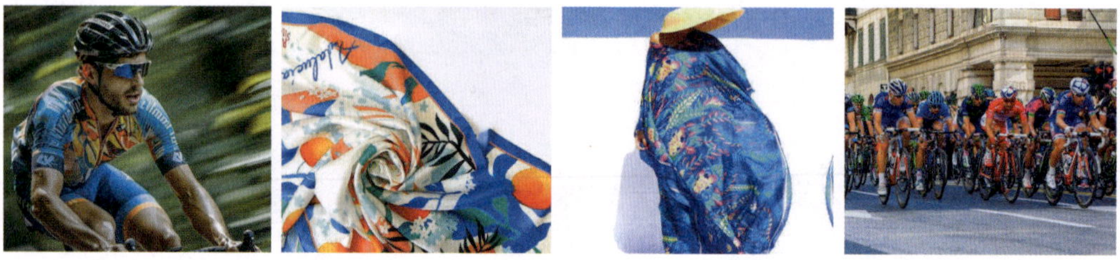

图 3-94

3.4.1.6 数码烫画涂料墨水

白墨白度高，遮盖力强，彩墨色彩鲜艳；

喷墨稳定，打印过程不流墨；

烫画膜印后存储不返油；

印花亲肤透气，回弹性高；

获得 GOTS-ECOCERT 6.0/7.0 批准函；通过 OEKO-TEX ECO PASSPORT 认证，符合 ZDHC MRSL V3.1 Level 3 等化学品安全标准要求。

墨水颜色：K C M Y W LC LM。专色：B OR G R VI 。荧光色：FM FY FO FG FC。

适用喷头：KYOCERA 京瓷 KJ-4B，EPSON 爱普生 I3200/I1600/F1440/F1080，RICOH 理光 G5/G6 等。

适用材质：T 恤、卫衣、衬衫、窗帘，棉、涤纶、混纺、尼龙、化纤等，如图 3-95 所示。

图 3-95

3.4.1.7 裁片成衣直喷涂料墨水

喷墨稳定，打印流畅；

直喷数码印花工艺，免水洗、无排废；

色彩鲜艳，得色率高，满足深色纺织品印花需求；

通过 GOTS-ECOCERT 6.0/7.0 认证，墨水成分符合 OEKO-TEX ECO PASSPORT，ZDHC Level 3 等化学品安全标准要求。

墨水颜色：KCMYWLCLM。专色：BORGR。荧光色：FM FY FO FG。

适用喷头：KYOCERA 京瓷 KJ-4B，EPSON 爱普生 I3200/S3200/F1440，RICOH 理光 G5/G6，FUJIFILM 富士 SAMBA/SG1024，KONICA MINOLTA 柯美 1024i 等。

适用材质：成衣 T 恤、裁片、衬衫布直喷，棉、涤纶、混纺、尼龙、化纤等，如图 3-96 所示。

图 3-96

思考题：

1. 染料的种类有哪些？染色原理是什么？
2. 颜料与涂料有什么区别？涂料墨水印花有什么优缺点？
3. 活性墨水数码印花的工艺流程是什么？
4. 分散墨水数码印花的工艺流程是什么？
5. 酸性墨水数码印花适应什么织物？

参考文献：

[1] Early J H.Digital printing: incremental advancements increase viability[J].Apparel,2005,46(5).

[2] Malik S K,Kadian S,Kumar S.Advances in ink-jet printing technology of textiles[J].Indian Journal of Fiber & Textile Research,2005,30(1): 99-113.

[3] 王潮霞，汪毅，朱锋．颜料墨水对织物喷墨印花的适应性能 [J]. 纺织学报 ,2008,29(10):82-86.

[4] 金雅，王俊丽，朱泉．初探纺织品喷墨印花墨水的性能影响因素 [J]. 印染 ,2006,32(22):8-10.

[5] 高华斌．数码喷墨印花机：未来几年 N 倍增长 [N]. 中国纺织报 ,2012-02-06(6).

[6] 房宽峻．中国数码喷墨印花设备的现状与发展趋势 [J]. 纺织导报 ,2011(1): 65-67.

[7] King K. Emerging technologies for digital textile printing[J]. AATCC Review,2009(8):34-36.

[8] 詹白勺，梅顺齐．提高数字喷墨印花速度的探讨 [J]. 毛纺科技 ,2009,37(11):21-23.

[9] 志原．意大利 Reggiani 推出新一代印花机 [J]. 纺织装饰科技 ,2011(2):26.

[10]Hornby J C. Ink jet inks and ink sets: WO 041628[S].2007-12.

[11] 金雪，甘厚磊，王罗新，等．纺织品数码喷墨印花墨水的研究进展 [J]. 纺织科技进展 ,2010(1):1-3.

[12] 许益，李波．数字喷墨印花用涂料型墨水 [J]. 纺织导报 ,2007(8):36-39.

[13]Yang Y,Naarani V. Improvement of the lightfastness of reactive inkjet printed cotton[J]. Dyes and Pigments,2006,74(1):154-160.

[14]Ei-Molla M M,Scheider R.Development of eco-friendly binders for pigment printing of all types of textile fabrics[J]Dyes and Pigments,2006,71(2):130-137.

[15]Yuen C W M,Karl C W. Influence of low temperature plasma treatment on the properties of ink-jet printed cotton fabric[J]. Fibers and Polymers,2007,8(2):168-173.

[16]Park H,Carr W W,Ok H,et a1.Image quality of inkjet printing on polyester fabrics[J]. Textile Research Journal,2006,76(9):720-728.

[17]Choi P S R,Yuen C W M,Ku S K A,et a1.Digital inkjet printing for chitosan-treated cotton fabric[J].Fibers and Polymers,2005,6(3):229-234.

[18]Product Manual of StarFire SG1024/A Printheads[Z].USA:FUJIFILM DIMATIX Inc,2014.

第4章
数码印花分色软件

当前数码印花面临的问题是：消费者越来越追求多元化、个性化，因此花型越来越多，订单量越来越少，甚至有几百米到几十米的印花订单；花型复杂程度越来越高，色彩越来越丰富；流行周期越来越短；交货期越来越快；成本越来越高，特别是放样成本和小批量订单成本更高；政府对环保控制越来越严格。电脑印花分色是现代印花生产的重要环节，印花图案设计是引领潮流的灵魂，那么印花CAD电脑分色无疑是重要手段，大大缩短了新产品的设计、分色的周期，甚至做出许多特种花色效果。色彩管理软件（CAD-CAM）应用越来越多。色彩管理软件的作用是在对具体影像作出数据分析后，指导印花机用何种颜色按何种大小如何打点，其功能包括设计花型或扫描花型、分色、影像处理（RIP）、配色、校准和控制数码印花设备。色彩管理软件的主要软件供应商有Sophis、Aleph、Stork、Ergosoft、Hightex、Lectra、NedGraphis、DGS、Pixelart、Tschudi、AVA、Dr.Wirth以及Studio FX等。分色原理是软件读取图像，根据花稿尺寸进行拼接还原原始花稿。根据接回头方式取出最小花回，将图案径向尺寸调整到实际需要大小，然后根据套色数及工艺的要求，对样稿进行描绘分色处理，获得颜色的单色稿，检查无误后通过相应输出设备（激光照排机）输出黑白稿。

4.1 计算机分色系统简介

数字喷墨印花可以像传统印花那样，先印制面料再制作成衣，也可以直接在裁片上印花。后者需要先将CAD生成的样板文件导出为通用平面软件支持的DXF格式文件，然后在平面软件中进行印花图案的设计、排版，以实现个性化的定制设计。

印花图案设计完成后，在正式打印前要先打印小样，对颜色和图案进行调整。校准好的印花图案经过电脑印花分色系统编辑处理后，由专用的RIP（Rester Image Processor，光栅图像处理器）软件控制喷墨印花系统，直接将专业染液喷射到各种织物和平面材质上，印出精美的印花产品。

计算机印花分色系统的工作原理是：计算机对花稿（通过图像输入设备输入或是在计算机里面设计）进行描绘、分色等一系列处理，产生单色稿文件，然后将单色稿文件以数字信号的形式传输给激光照排机，发出单色稿胶片。该系统分电脑描稿和电脑成像两个主要部分，整个系统通过总线式网络连接构成一个整体。

（1）计算机印花分色系统软件具有的设计功能：方格斜线设计，精细花样设计，云纹花样设计，字符图案设计，放样设计。

（2）计算机印花分色系统软件具有的系统功能：由分色处理—修改处理—工艺处理—测算面积、预算浆料四个主要部分组成。分色处理主要包括自动描稿、并色、自动分色和平滑处理等功能；修改处理包括线类修改、接缝修改、常规处理、细茎重描、泥点处理和特种处理；工艺处理包括拼接、接回头、圆整和彩色缩扩；测算面积、测算浆料是通过缩扩过程，由计算机自动计算每套单色稿和黑白稿，即精确测量花型所占面积，为后序印花色浆合理估算、节约染化料、降低成本提供科学依据。

4.2 常用专有名词

花回：可以无限连续的图案，恰好是一个花回，也就是说没有任何重复的图案。所有的图案都由称为花回或回头的最小单元构成。

前景色：显示在绘图工具栏上，通常作为描稿工作色。（中键＋左键＋中键）或用吸管选取。

背景色：显示在绘图工具栏上，通常用于擦除图像。（中键＋右键＋中键）或用吸管单击右键。

保护色：通常用于保护图像中的颜色，即被保护的颜色不能再画其他颜色。

色块：大块而单一颜色的区域。

泥点：不规则点按不规则排列方式所形成的图案。

细茎：指花样上的等宽细线。

撇丝：花样上至少有一个端点又尖又长的细条图案。

云纹：某一区域内由一种颜色柔和过渡到另一种颜色的图案。

单色稿：只有一种颜色以及底色的图像文件。底色显示为白色，索引号为0；另一种颜色显示为它在原文件中的颜色，索引号为1；单色稿为1比特文件。单色稿在ZWH类型中压缩比例最高，且操作速度更快。

组色稿：由一个色组存出来的图像文件。各成员色按原来的顺序从0号索引色开始保存，最后再加上底色显示为白色。组色稿为8比特文件，也称为索引色文件。组色稿在文件特性上与一般8比特文件无异。

彩稿：每一种颜色都以它们的索引号来代表的图像，多达 256 种颜色。也称索引色文件，或 8 比特文件。

灰度稿：特殊的彩稿。图像上没有彩色，只有黑、白和各种等级的灰度。

真彩色稿：每一种颜色都以它们本身的真彩色值来表示的图像，图像上多达 256×256×256 种颜色，是 24 比特文件。

1 比特：用 1 个二进制位来表示 1 个像素值。1 比特文件可用来保存单色稿，空间可比 8 比特文件节省 7/8。

8 比特：用 8 个二进制位来表示 1 个像素值，即 1 个字节。8 比特文件可用来保存彩稿，灰度稿。

24 比特：用 24 个二进制位表示，即 3 个字节。24 比特文件可用来保存真彩色稿，但空间比 8 比特文件多 3 倍。

像素点：计算机显示图像的最小单位，可以理解为长度单位。与下面的分辨率有着比较紧密的关系，如 300 像素的意思是，25.4 mm 内点的个数。像素越高，也就是 25.4 mm 内的点数越多。

分辨率：图像精度。分辨率越高，图像越清楚，文件也就越大。

zwh 私有格式：指后缀是 .zwh 结束的图像文件，特点是压缩比例极高，且能保存任意多层信息；文件存取速度极快；绘图描稿分色等任何操作速度都极快。建议用户在花样或花稿完成前一定要保存成专有格式（zwh），只有这样才能全部体现软件的优点和优势。完成后可以转换成任何格式，如金昌软件各种格式和 ps 的 psd 格式，其他的如 BMP、TIF、JPG 等格式。

圆整：由于花样的最小花回不一定适合印染机械的尺寸（台板高度或圆网周长），为保证印制过程中花回的连续性，使花回连续光滑，根据花网的寸地尺寸，对花回进行缩放，使花网天地为最小花回高度的整数倍，同时又最接近原样。

4.3 分色软件的基本操作

目前市场上有多种分色软件，各有所长，下面以秋风智能分色软件为例，介绍分色软件的一些操作和使用方法（图 4-1）。

秋风智能分色软件在汲取市场业已存在的分色软件系统优点的基础上，通过改进其固有的缺点，扬长避短，扩展和稳定新系统的功能、性能。可以完成样稿（布样）扫描输入、拼接、接回头、圆整、并色、描稿分色、云纹处理、花样设计、印花工艺处理（缩扩点）、发排出片、小样打印等一系列复杂工艺，除兼具其他 CAD 系统的全部基本功能外，还开发出如：回头加网无痕迹联接；自定义模板无痕迹连晒；单色稿快速叠加彩稿；单色稿 / 彩稿 / 灰度稿混合快速叠加；层的不同精度兼容性处理；

透明色处理，多层区域选取、拷贝、换色；多层对象移动、变形、扭曲等任意几何变化；层锁定；任意层合并、复色处理、模式转换、调色板简化；多层移动；层橡皮；多层缩扩点；多层光滑圆整；对索引稿增加等边距虚线撇丝，增加正圆撇丝；增加等边距细茎，增加以背景色画虚线底线；任意图案的设计工具等特殊功能；新增了分色稿自动配色功能、一键加网、一键单色稿排版、一键标尺寸、一键小片、一键模拟试衣等功能，兼容金昌软件格式和 psd 格式，非其他同类软件所比。打开文件界面可以选择 ps 界面或金昌软件界面模式，运行稳定，操作简单，速度极快。能够满足印染、印花、印刷等行业大幅面图案处理的需要。

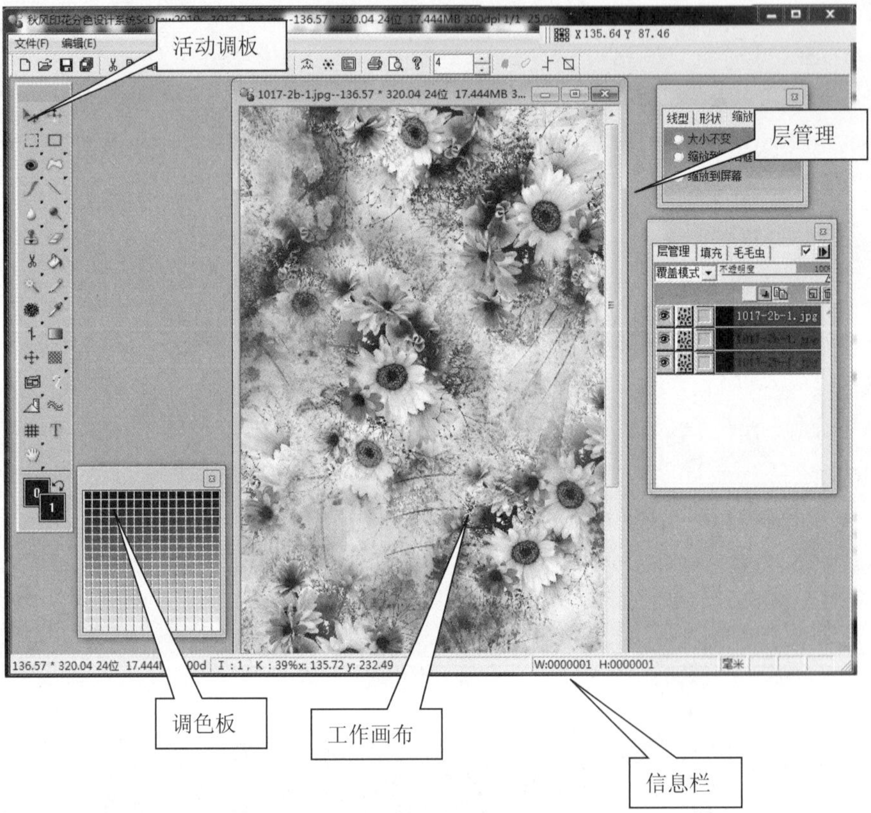

图 4-1　秋风分色软件操作主界面

软件安装后，会自动安装秋风分色软件及原色分色格式 ps 插件，可以在 ps 内预览、打开、存储金昌分色软件和秋风分色软件格式。同时增加了对矢量化格式(*.SCV，*.WMF，*.EMF) 的支持。

4.3.1 常用菜单介绍

简单介绍秋风 V2017 的一些常用操作方法，包括菜单命令的使用，一些对话框的设置，绘图工具的使用，活动调板的设置等。

4.3.1.1 文件说明

除与其他软件一致，关于文件的一些操作包括新建、打开、保存、另存为、关闭、退出等基本操作外，还有分为单色、另存为单色、单层合并、多层合并、批量合并、屏幕抓取、网络下载等特色命令。

（1）文件→分为单色（CTRL+ALT+S）

其中 CTRL+1，可快速将当前景色分为单色，并创建新文件显示在最前面；ALT+1，可快速将当前景色分为单色，并作为新层加入到当前层中；将所选颜色并为一套色。选择本命令后出现一个对话框意义如图 4-2 所示。

图 4-2

灰色框内显示被选中的颜色，用鼠标左键可以在图案中选颜色。其中，新建文件是指分出单色后新建一个文件，同时打开保存文件对话框。加入层是分出单色后加入到新建层。清除指清除灰色框内的所有颜色。确定、放弃则分别指完成本次操作、退出本对话框。

练习：把图 4-3 中的红色五角星分为单色。

以下为操作方式：

①找到素材文件，双击鼠标左键打开。

②选择文件菜单—分为单色打开为单色对话框，这时鼠标在图案中会变成吸管形状，把鼠标移动到红色五角星处，单击左键就可以选中红色。对话框显示如图 4-4：

红色 136 表示该颜色在调色板中的颜色号为 136 号色；选中加入层，按确定后就会在层管理中新增加一个只有红色的单色层（新加层 1）。在层管理中，用鼠标左键单击上面层左边的眼睛，可以隐藏该层。如图 4–5 所示。

图 4–3

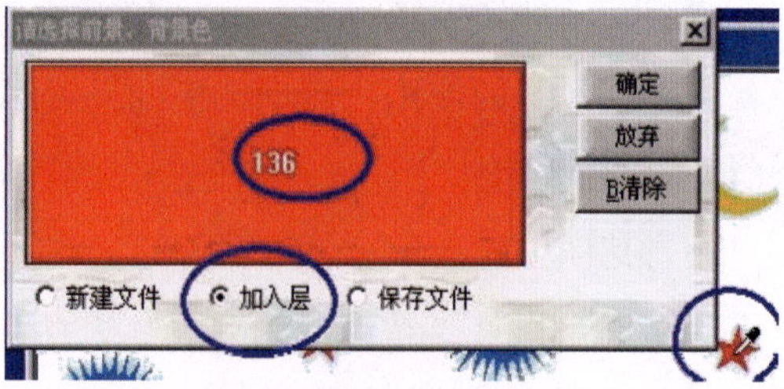

图 4–4

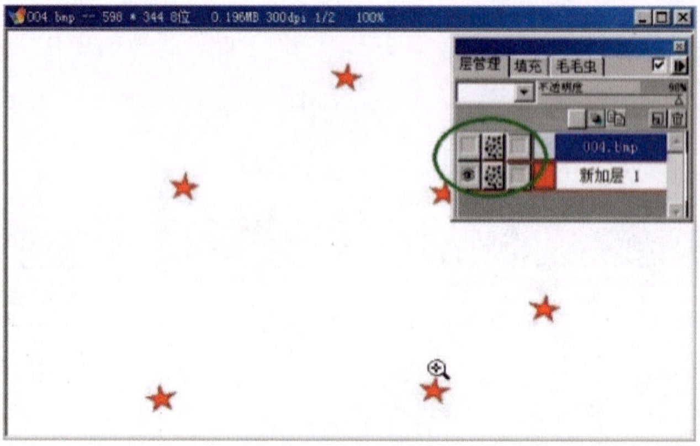

图 4–5

如果选择新建文件，按下确定健后就会生成一个独立的新文件。选择保存文件，按下确定后就会打开一个保存文件对话框，按照另存为方法操作就可以把分为单色的文件保存在指定文件夹下面。

如果想把图中的五角星和月亮都分为单色，则在第二步中相继单击五角星、月亮即可实现。

（2）文件→另存为单色（SHIFT+ALT+S）

将当前多色图像合并为一套色。

对话框参数及操作方法与分为单色相同。不同的是，另存为单色是将图像中除背景色以外的颜色都合并成同一种颜色。

（3）文件→多层合并（CTRL+ALT+B ）

把多个单独图案文件合并为一个多层的图案文件。注意：所有文件尺寸应一致。

练习：把素材盘—文件—多层合并中四个独立文件合并为一个多层图案。

操作步骤：

①选择文件—多层合并，出现一个文件对话框，按住 CTRL 键同时单击鼠标左键选取文件，被选中的文件都显示为蓝色。如图 4–6 所示。

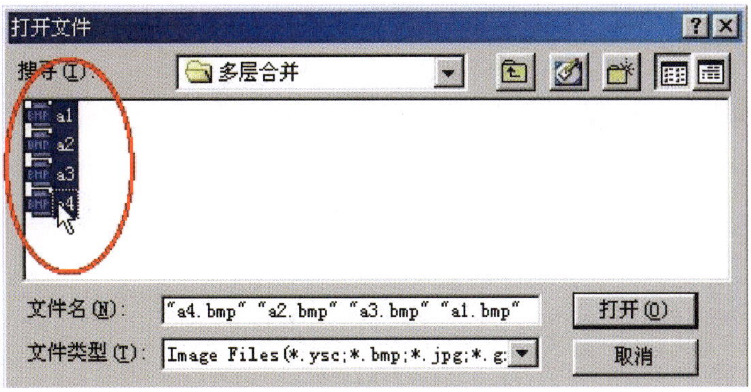

图 4–6

②按下确定就会生成一个合并后的多层图案，每个文件为一个层，共为 4 层，SHIFT ＋鼠标左键可同时选中多个层，也可去掉被选层。如图 4–7 所示。

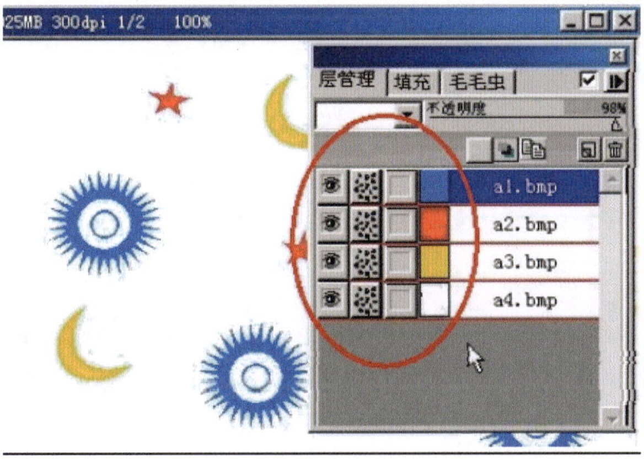

图 4–7

（4）文件→单层合并（CTRL+SHIFT+B）

单层合并的意思是同时打开的两个图案（可以是单层图案也可以是多层图案，也可以是临时文件），可以把一个图案中的某些颜色合并到另一个图案中，合并的颜色可以根据实际情况自定义（可替换）。

（5）文件→批量合并（CTRL+ALT+B）

按文件名依次顺序保存的多个独立文件合并成为一个文件。与多层合并相比，最大的优点就是速度快，500 MB 大的单色稿文件合并也能在数秒内完成。

（6）文件→保存活动层（SHIFT+S）

在多层操作时，保存单层图像。

操作方法：选中需要保存的图层（用 SHIFT+ 鼠标左键可选中多个图层），然后按 SHIFT+S 就会显示保存文件对话框，按对话框操作即可。选中需要保存的图层，通过右键快捷菜单也可以保存活动图层。

（7）文件→屏幕抓取（C）

获得一幅全屏显示的图像。空白框内用于显示已打开的程序，如果需要抓取某一个程序的窗口，只要将它选中，单击确定。

（8）文件→网络下载

可以方便地从网上下载文件。在文本框内输入网址，点击下载，就自动开始下载。在状态栏中显示下载的状态。如图 4-8 所示。

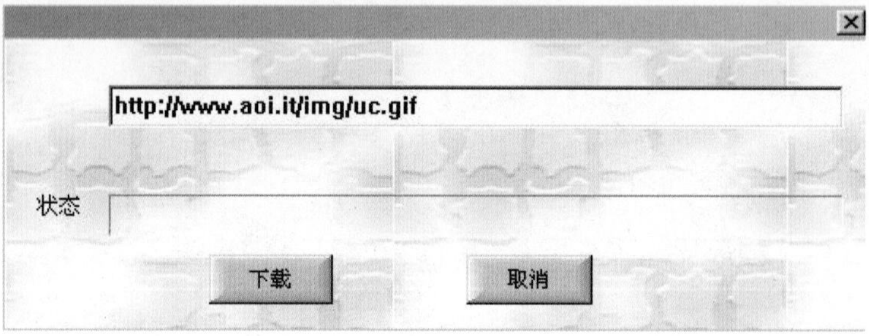

图 4-8

4.3.1.2 编辑

该命令下有撤销、重复、复制、剪切、粘贴、清除、全选、打开区域、反向区域、保存区域、清除区域等操作。其中：反向区域是指选定除原来区域以外的部分；保存区域可以将所画的区域保存下来，等以后需要时可以从文件中读取。保存选区秋风 V2017 有特定的文件格式为 *.clp。

4.3.1.3 图像

该命令下有贴边、连晒、镜像、旋转、更改精度、并色、调整图像大小等操作方式。其中：贴边是指图像大小不变，改变画布大小；连晒是指图像自身连接；更改精度，改变图像的分辨率；并色，合并图像调色板的颜色；调节图像大小可以把图像扩大或缩小到任意尺寸。

除此之外，对话框里的其他名词，也有特定的含义。例如：光滑，指打上钩后，在图像缩放时有光滑边界的作用；等倍圆整是指 x、y 同时按倍数缩放；任意圆整是指可随意输入尺寸；约束是指用于任意圆整，打上钩后，锁定宽度与高度使图像等比例圆整；等等。

（1）以贴边、连晒（F8）

如图 4-9 所示，填充方式有花回填充和底色填充两个选择。花回填充是在图案不变，而画布放大时，由自身图案通过回头方式的控制填满整个画布。底色填充是指当图案不变，而画布放大时，由背景色填满整个画布。

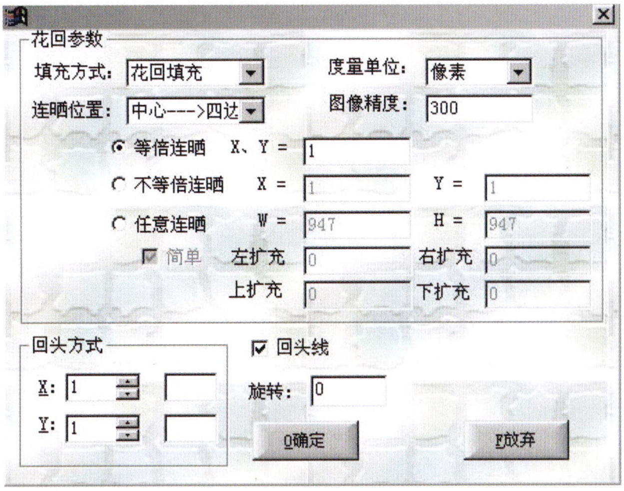

图 4-9

连晒位置：选择连晒的方向。

等倍连晒：长与宽按相同倍数连晒图案。

不等倍连晒：长与宽按各自不同的倍数连晒图案。

任意连晒：可任意输入连晒尺寸。选中简单按钮，可快速选择连晒方向。

回头线：用于显示回头线，与 H 键相同。

回头方式：图案连晒的控制方式。

连晒有两种方式，分别是平接、跳接。①平接（1/1）：每一个单位纹样之间的连接，不论是径向还是纬向，都是以直线水平的样子连续循环的（连晒）。如图 4-10 所示。②跳接：跳接分水平 1/2、1/3、1/4 等，垂直 1/2、1/3、1/4 等，如图 4-11 所示。成品，如图 4-12 所示。

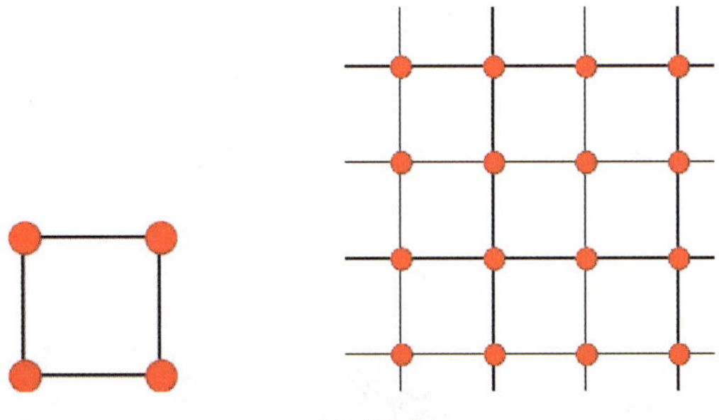

（1/1）　（连晒效果）

图 4-10　连晒方式—平接

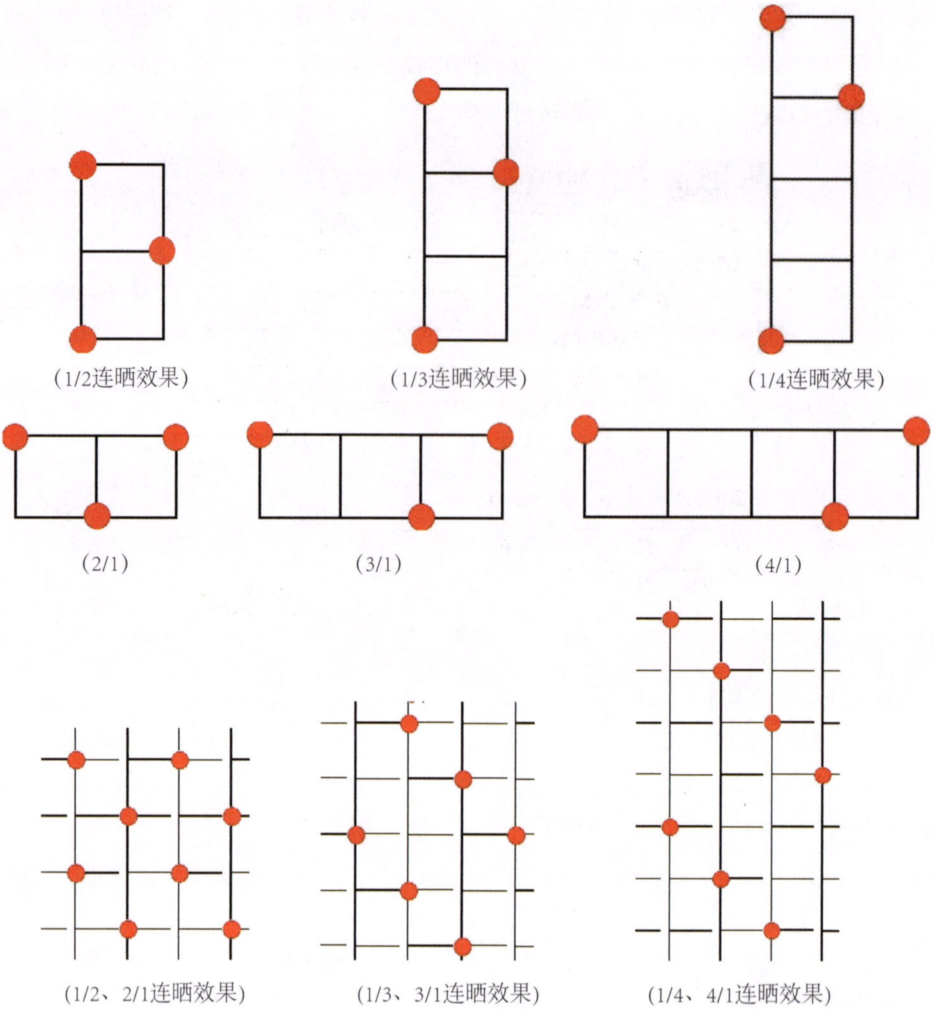

图 4-11　连晒方式—跳移

图 4-12

以下是图案连晒的各种操作。

练习：把图像以花回填充，中心向四边等倍连晒 2 倍。

操作步骤：

①打开图像文件。

②按 F8 打开连晒、贴边对话框，如下设置。图原本就是一个完整的最小花回，而且回头方式为 1/2。如图 4–13 所示。

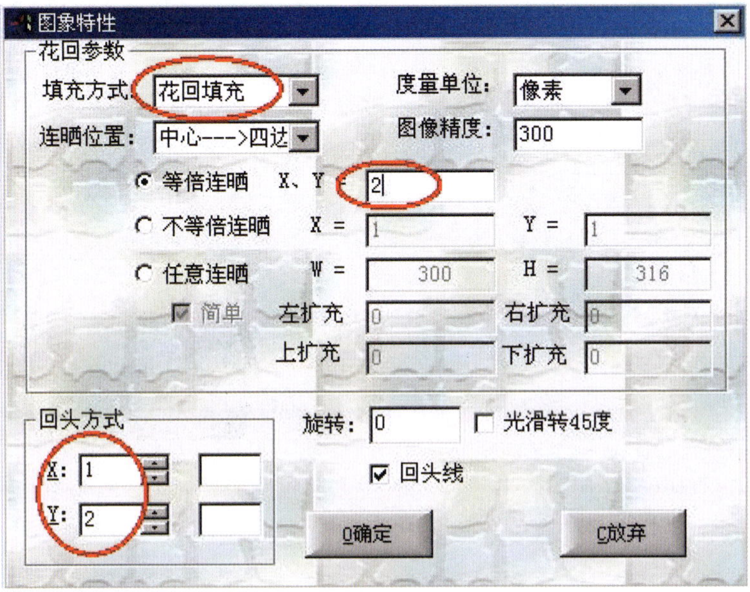

图 4–13

③连晒图如图 4–14 所示：

（2）图像→更改精度

改变图像的分辨率。可保持像素点不变，而尺寸可更改。空白文本框内可输入精度。

（3）图像→调整

如图 4–15：通道，选择图像的模式；预视，可观察调整层次的效果；突变，可透视 255 号色；通过调节活动调板可随意调整云纹。

（4）调整→曲线

通过曲线可随意调整云纹层次，如图 4–16 所示。

（5）图像→并色（F9）

并色的功能就是合并图像调色板的颜色。对话框的意义如图 4–17 所示。

成员色：选中的需要合并的颜色。

操作方法：单击鼠标选择成员色，默认最后一种为目标色。选择确定。

图 4–14

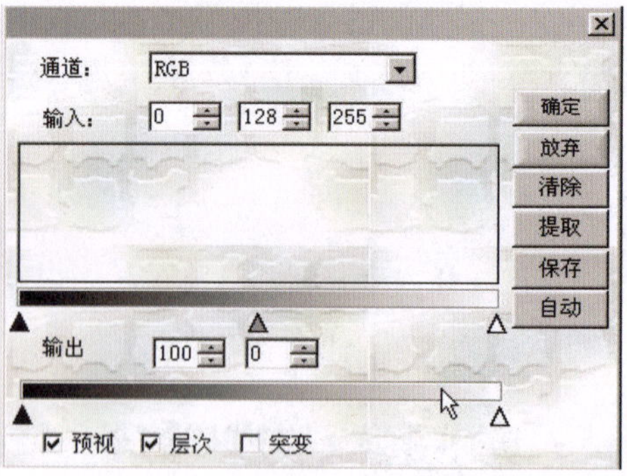

图 4–15

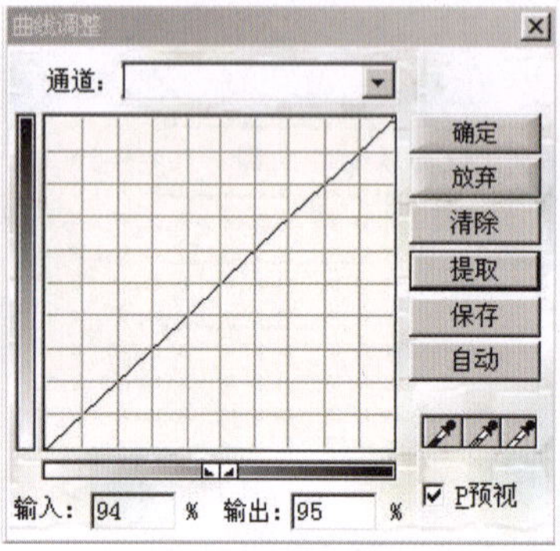

图 4–16 曲线

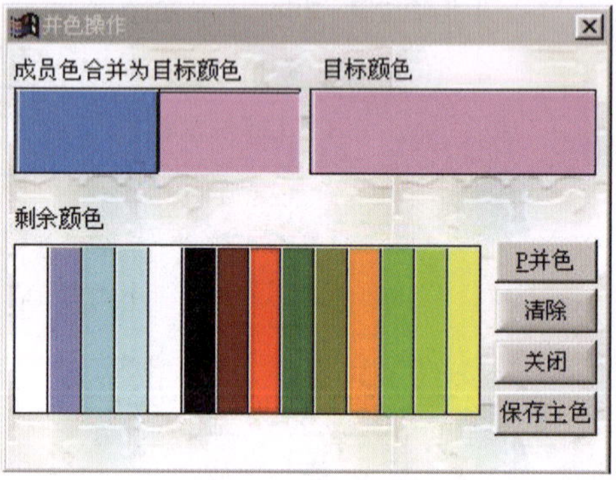

图 4–17

练习：把图中红色五角星和黄色月亮合并颜色。

操作步骤：

①打开素材文件，如图 4–18 所示。

②选择图像菜单——并色，打开对话框，这时鼠标在图案中会变成吸管形状，把鼠标移动到红色五角星处，单击左键就可以选中红色；然后移动到黄色月亮处，单击左键就可以选中黄色。对话框显示如图 4–19 所示。

图 4–18

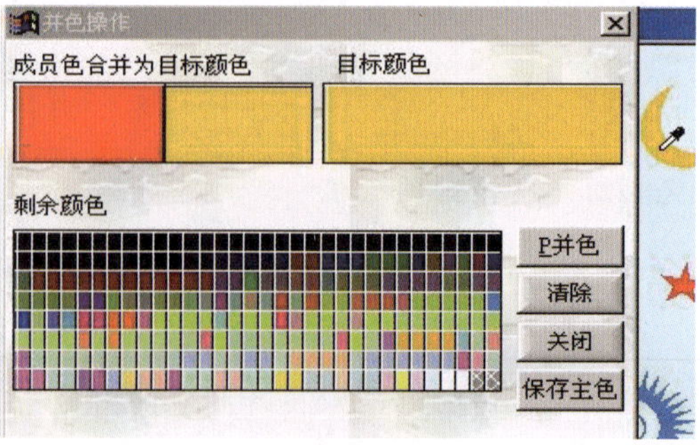

图 4–19

③并色结果如图 4–20 所示。

图 4–20

（6）图像→调色板→简化（ALT+P）

将图像中没有使用的颜色去掉，如图 4–21 所示。

图案

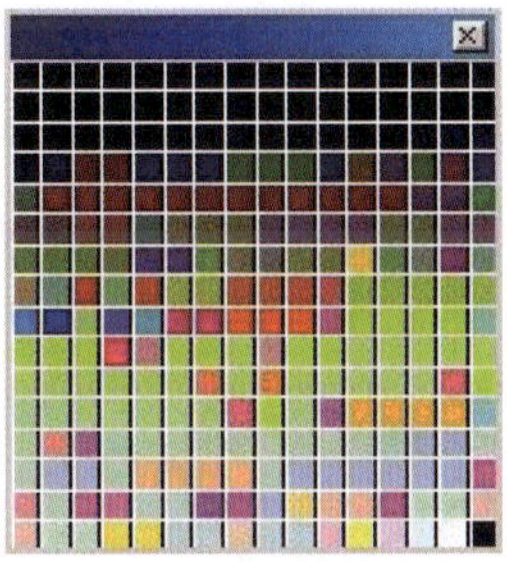

简化前调色板

简化后调色板

图 4–21

4.3.1.4　特效

特效命令下有以下操作：

负片：取相反的。

高斯模糊：可随意调整模糊强度。

模糊：模糊图像，不可调。

锐化：锐化边缘，加强边缘颜色。

加噪：增加杂点。

（1）特效→负片（CTRL+I）

取相反的颜色。一般只在单色稿和灰度稿时使用。负片效果如图 4–22 所示。

（2）特效→高斯模糊（G）

使图像边缘变模糊，通过调整滑动调板可随意调整模糊强度。一般在真彩色和灰度稿时使用。模糊效果如图 4–23 所示。

原图　　负片

图 4–22

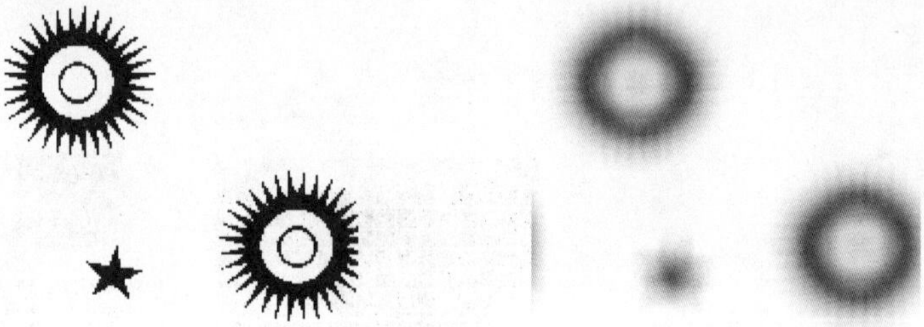

原图　　模糊效果

图 4–23

（3）特效→模糊（B）

模糊图像，不可调。一般在真彩色和灰度稿时使用。

（4）特效→锐化（H）

锐化边缘，加强边缘颜色，调整云纹层次。

（5）特效→加噪（N）

增加杂点。可在文本框内增加杂点数量。

4.3.1.5 工艺要求

该命令下有以下操作：

（1）工艺→水平拼接（SHIFT+H）

水平方向拼接图像。（详细操作见工具菜单→绘图工具→拼接工具使用）

（2）工艺→垂直拼接（SHIFT+V）

垂直方向拼接图像。（详细操作见工具菜单→绘图工具→接回头工具使用）

（3）工艺→斜线处理（SHIFT+L）

可方便地画出斜线。打开对话框的意义如图 4–24 所示。

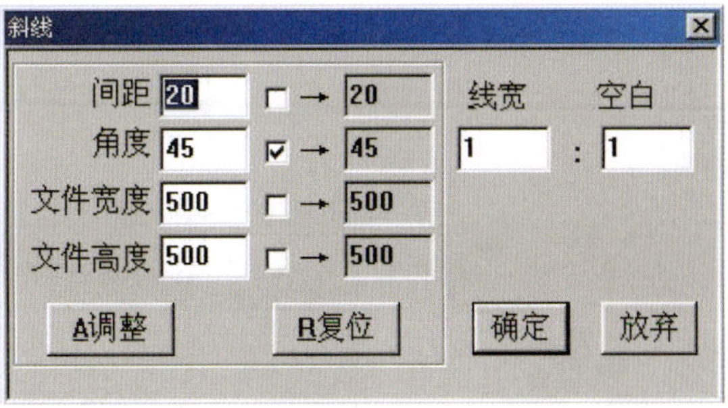

图 4–24

（4）工艺→扩点缩点

在实际印花过程中，颜色与网框都是一一对应的，而两套色之间依靠“+”字线对准。在实际操作中难免会出现误差，一旦“+”字错位就会出现露白或露底现象，使印花布很不美观。为避免露白或露底现象的产生，描稿技术人员就需要在分单色时把相邻的两套色之间多一点叠色，也可称为复色或借线。打开缩扩点对话框意义如下：

灰色框内显示扩点的颜色；缩扩点数，控制缩扩点的大小；方形、圆形、菱形，缩扩点形状；新建文件，缩扩点后生成新文件；加入层，缩扩点后加入新层。

图 4–25 意思为：3 号色向 2、10 号色扩展 6 个点。9 号向 7 号、10 号扩 6 个点。加入新层。

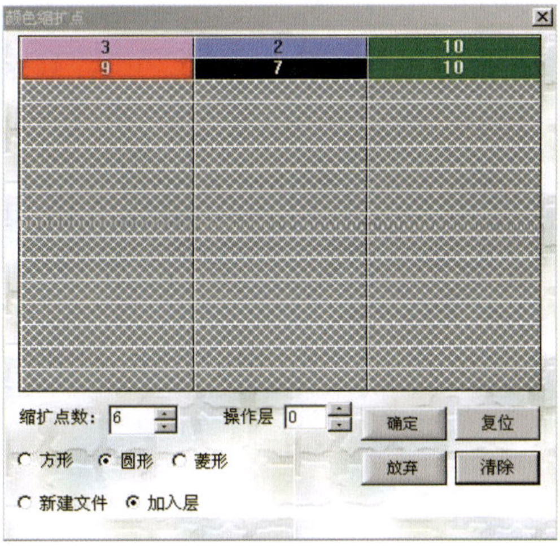

图 4–25

练习：将下图完成扩点分色操作。要求：一边 3 个像素点。

扩点原则：浅色向深色扩点。

操作步骤：

①打开文件，如图 4–26 所示。

②选择工艺菜单—扩点或缩点，打开缩扩点对话框，如图 4-27 所示。

③点一下清除按钮，先把颜色清除掉；把缩扩点数设置为 6，这表示单边扩 3 个像素点。如图 4-28 所示。

图 4-26

图 4-27

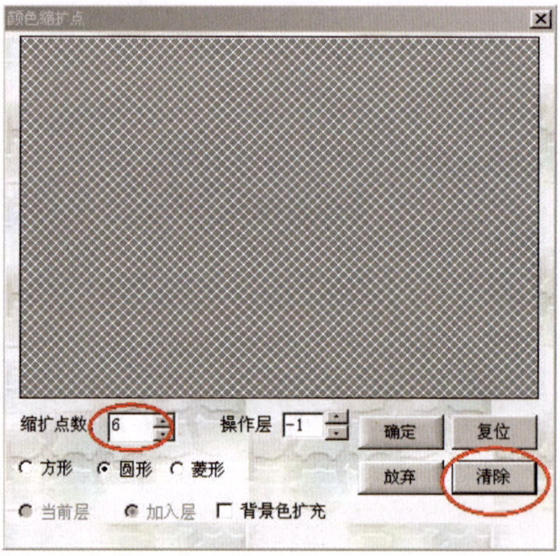

图 4-28

④判断该图案颜色由浅到深排列为浅绿、深绿、紫色。扩点方式为深绿向紫色，浅绿向深绿和紫色。鼠标左键在图案中先点深绿再点紫色，意思表示深绿向紫色扩展 3 个点。如图 4-29 所示。

⑤鼠标左键点一下第二排选色区。如图 4-30。

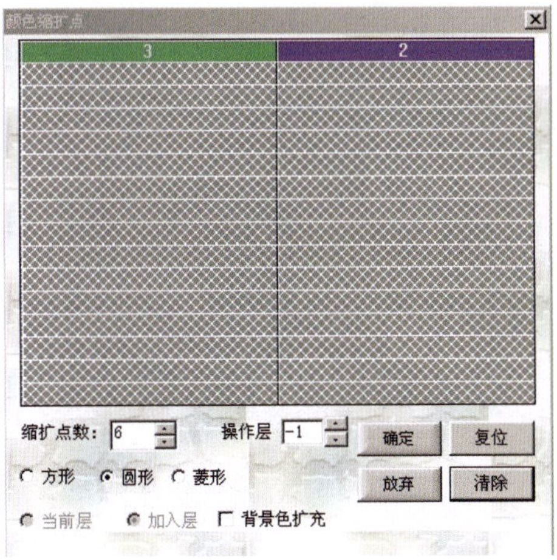

图 4-29

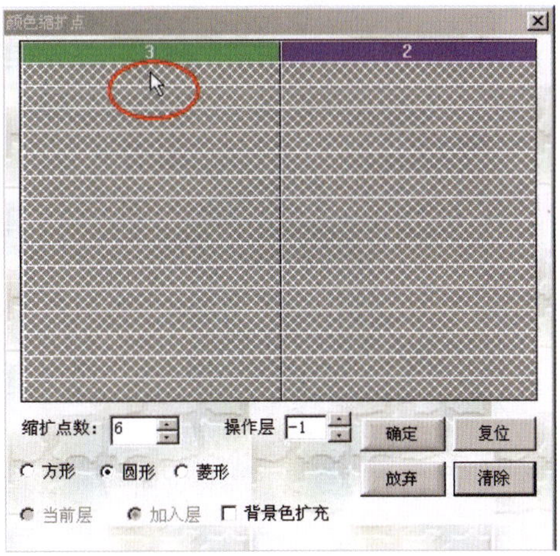

图 4-30

⑥现在是浅绿色向深绿和紫色扩点。先用鼠标左键选浅绿色，然后依次选深绿和紫色。对话框设置如图 4-31 所示。

⑦按确定后完成浅绿和深绿的扩点分色操作，然后按 ALT+1 把紫色分为单色。现在每一套颜色都单独为一个单色层。层管理中显示如图 4-32 所示。

图 4-31

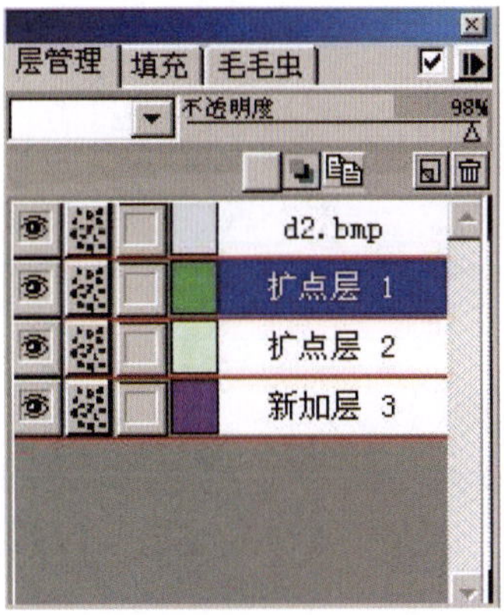

图 4-32

⑧通过混合模式来检查各套色之间的叠色。如图 4-33 所示。图 4-34 中“箭头 1”表示浅绿和紫色的叠色；“箭头 2”表示浅绿和深绿的叠色；“箭头 3”表示浅绿和深绿的叠色。

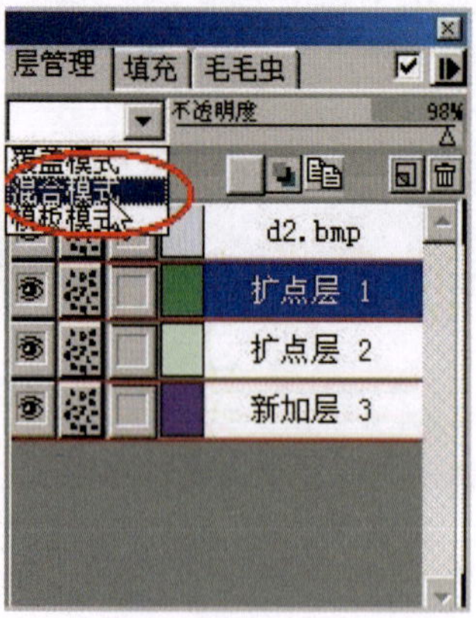

图 4-33

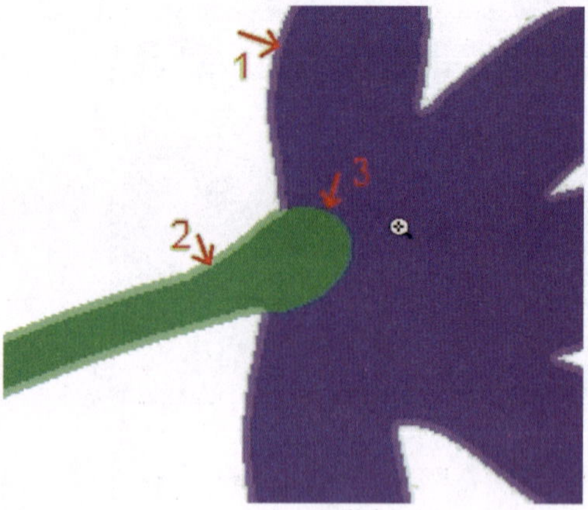

图 4-34

（5）工艺→规则拼接

同一张图像按 90°、180°、镜像等规则拼接。如图 4-35 所示。

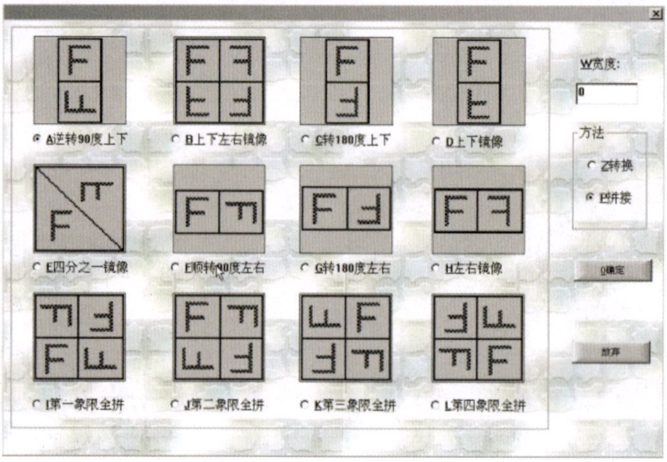

图 4-35

进行规则拼接时必须先把图案回头方式改为“0”。按 F8 在贴边、连晒对话框中设置为 $X=0$、$Y=0$。如图 4-36 所示。

（6）工艺→图像分割

将一个图像分成多个。打开对话框如图 4-37 所示。

水平个数与垂直个数，指水平分割图像的个数和垂直分割图像的个数。重叠长度，指图像公共部分的大小。

（7）工艺→自动拼接

自动将几个图像拼接成一个图案。打开对话框如图 4-38 所示。

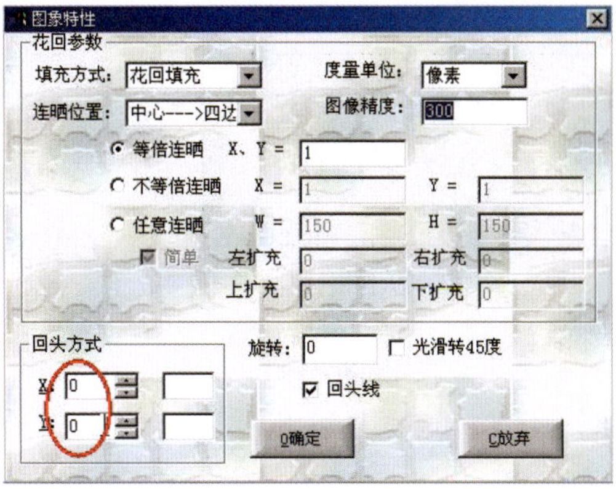

图 4-36

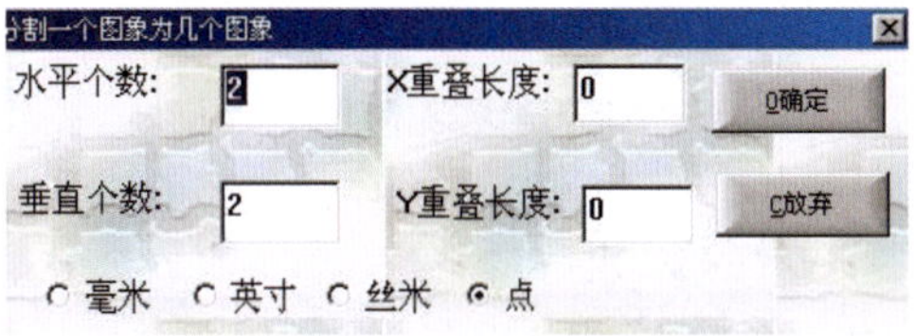

图 4-37

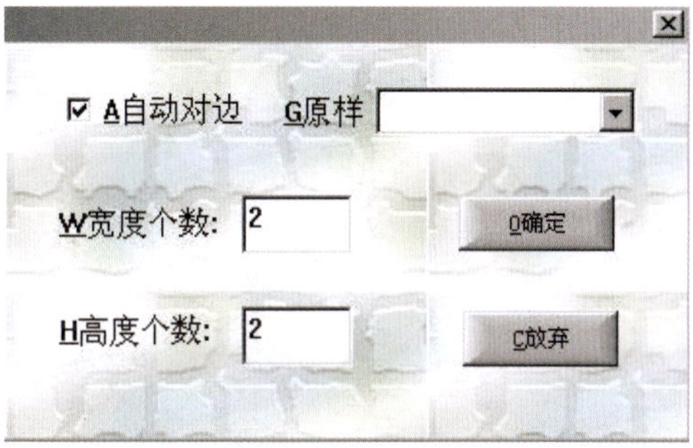

图 4-38

自动对边：可自动调整边距。原样：可选择拼接的图像的类型。宽度个数：宽度方向图像个数。高度个数：高度方向图像个数。

4.3.1.6　色彩

（1）色彩→获得颜色（SHIFT+G）

选择提取色：选择需要提取的颜色。在实际绘图的时候经常需要复制一个或多个由不同颜色组成的图像。因此就需要选择需要的颜色。如图 4–39 所示。

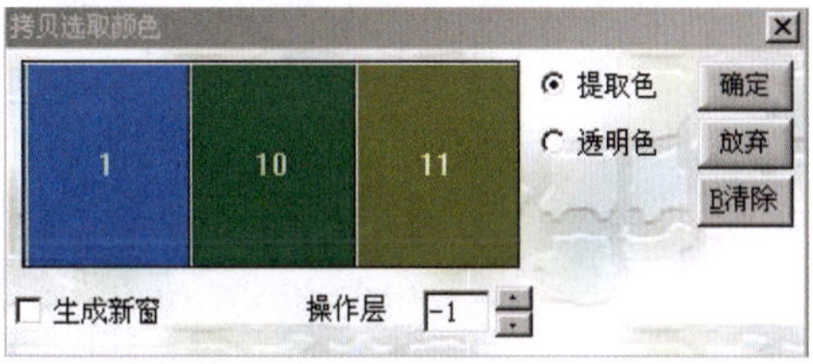

图 4-39

提取色：需要提取的颜色。透明色：非提取色。生成新窗：可将区域范围生成新的窗口。清除：可清除被选中的颜色。在颜色上双击左键可单个清除颜色。

（2）色彩→设置保护色（CTRL+B）

颜色保护。在实际绘图时，保护一种颜色后此颜色上就不能再画其他颜色了。同样道理，也可以把它设置为非保护色，也就是说这时只能在设置为非保护色的颜色上才能画上图案。在处理复杂图案时运用此功能可大大提高工作效率。如图 4–40 所示。

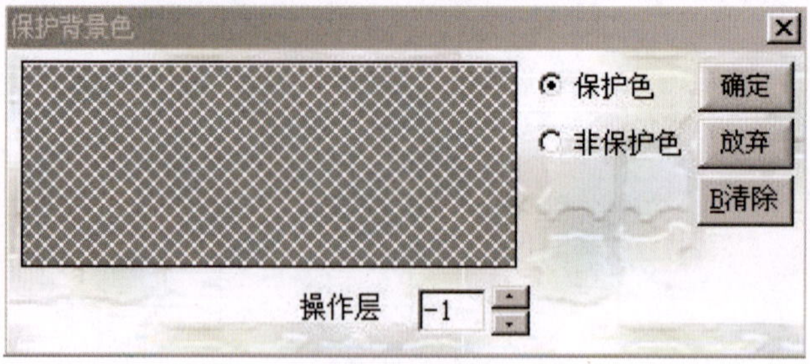

图 4-40

保护色：需保护的颜色，除非保护色外，其他颜色都将默认被保护。选取保护色方法：打开对话框，按对话框要求在需要保护的活动层上直接用鼠标选择。操作层的序号表示：0 指最上层，-1 指当前层，其他均按顺序排列。

设置保护色效果如图 4-41 所示，未设置保护色效果如图 4-42。

图 4-41

图 4-42

（3）色彩→定义透明色

在层上操作，可透视图层。被选中的颜色都将定义为透明色。打开定义透明色对话框，用鼠标左键在画布中直接选颜色即可。操作层的序号表示：0 指最上层，-1 指当前层，其他均按顺序排列，如图 4-43 所示。

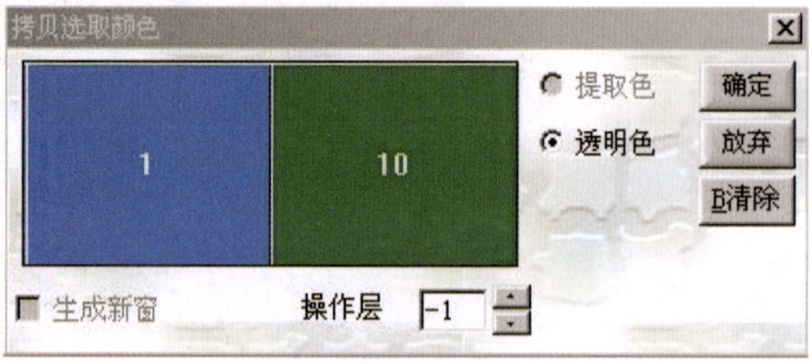

图 4-43

定义透明色操作：

①利用文件菜单中的多层合并功能把素材盘—透明色中 2 个文件合并为一个多层文件。层管理如图 4-44 所示。

图 4-44

②把 e2.bmp 这个层中的浅红色定义为透明色，打开定义透明色对话框设置如图 4-45 所示。

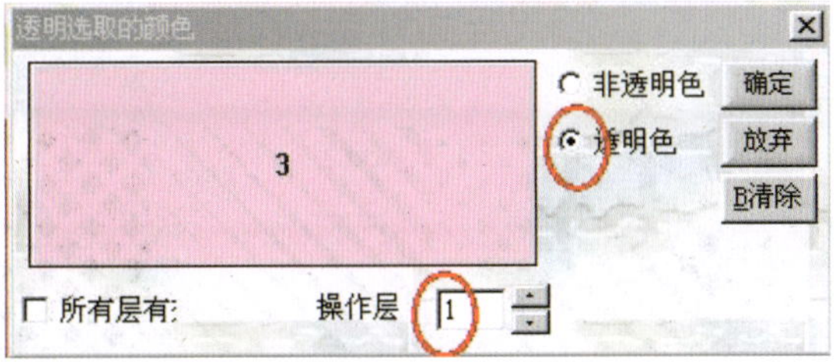

图 4-45

③确定后定义透明色，如图 4-46 所示。

图 4-46

4.3.1.7　转换

（1）转换→加网（CTRL+F8）

将灰度稿加网转换成单色稿。工厂印花（平网、圆网直接印花）的时候，不能处理灰度渐变效果。因此要对云纹灰度渐变的图案加网，利用各种网型（各种点子或线条通过不同的排列组成的图案）表现深浅层次效果。打开对话框如图 4–47 所示。

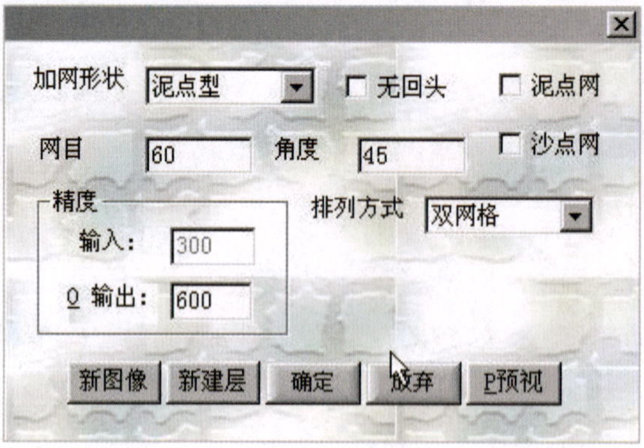

图 4–47

加网形状：有各种网形可供选择。网目、角度：控制网点大小和排列角度。精度→输入：加网前的分辨率。精度→输出：加网后的分辨率。新图像：加网后生成一个新窗口。新建层：加网后生成一个新层。预视：可预视加网形状。

常用网型如图 4–48 所示。

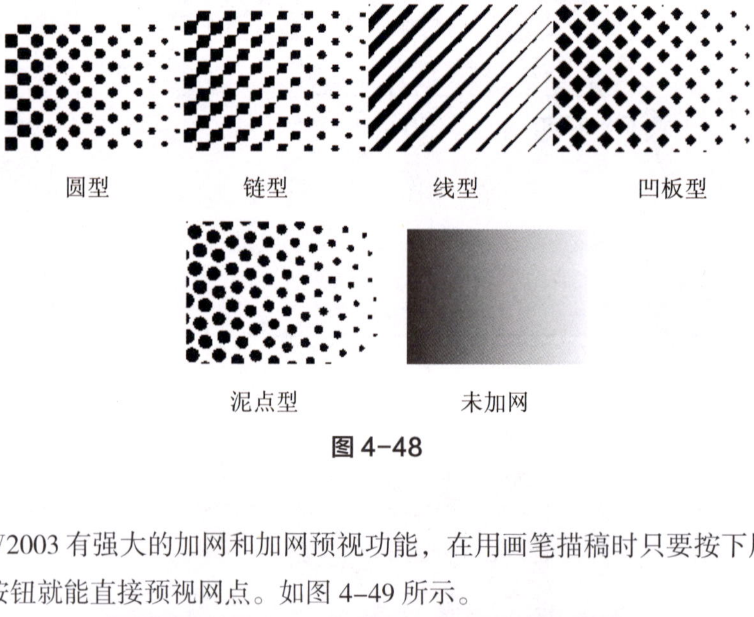

圆型　链型　线型　凹板型

泥点型　未加网

图 4–48

秋风 V2003 有强大的加网和加网预视功能，在用画笔描稿时只要按下层管理中的网点预视按钮就能直接预视网点。如图 4–49 所示。

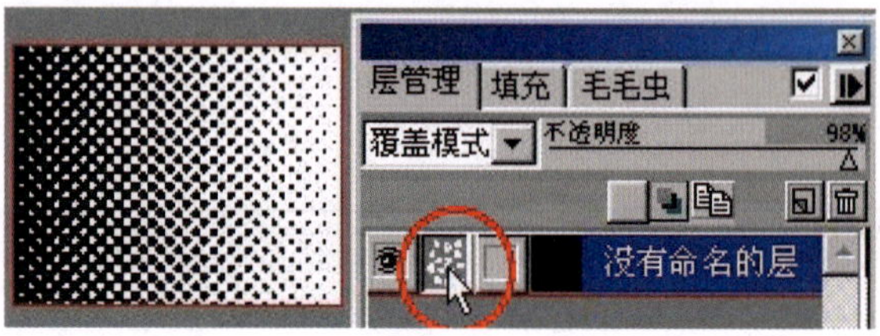

图 4–49

（2）转换→分为单色（CTRL+B）

将 8 位稿转换成 1 位稿。打开对话框如图 4–50 所示。

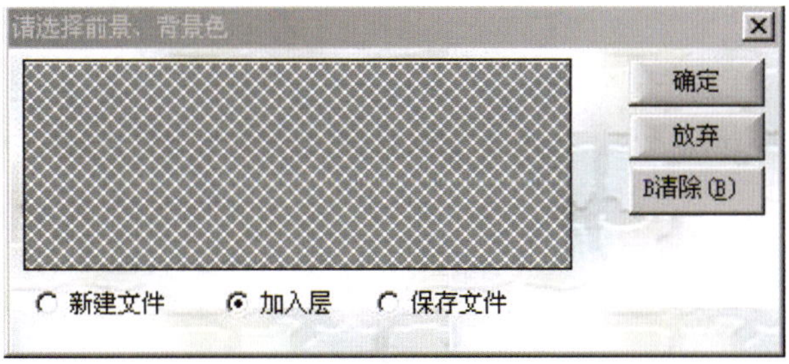

图 4–50

灰色框内显示被选中的颜色，用鼠标左键单击可选中颜色。清除：清除灰色框内的所有颜色。

（3）模式→转为 8 位灰度（CTRL+G）

将图像转换成 8 位灰度。调色板显示如图 4–51 所示。

（4）模式→转为 8 位索引（CTRL+8）

将图像转换成 8 位索引。文本框内可输入调色板颜色的数量。如图 4–52 所示。

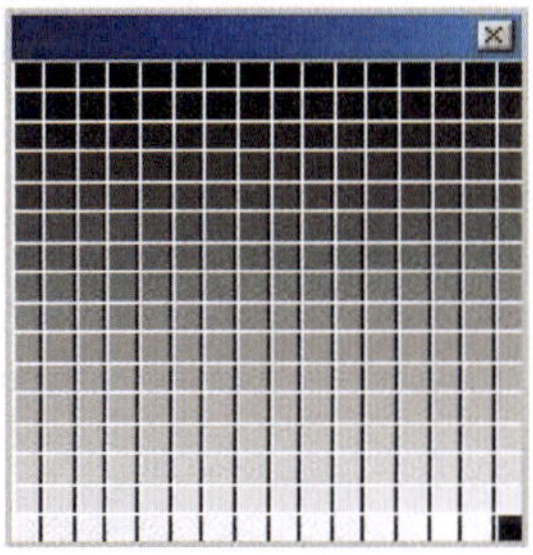

图 4–51

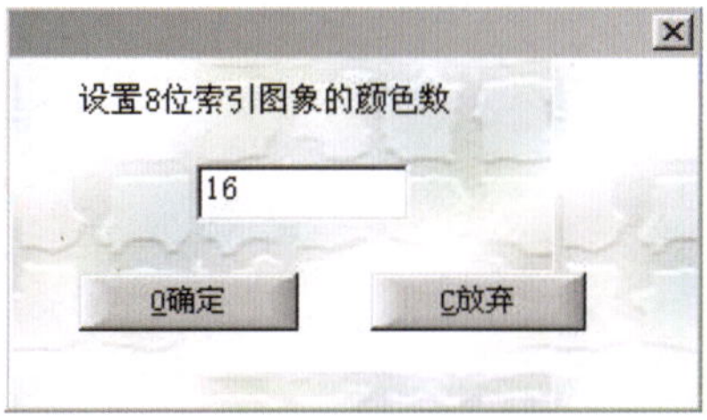

图 4–52

16 色 8 位索引调色板显示如图 4–53 所示。

（5）模式→转换成 24 位真彩色（CTRL+2）。

将图像转换成 24 位真彩色。调色板显示如图 4–54 所示。

图 4–53

图 4–54

（6）模式→转换成 CMYK（CTRL+8）

将图像转换成 CMYK。

（7）模式→分离通道

可以把 RGB、CMYK 等模式的图案中每种色系按单独的通道分离出来，常用的喷墨打印机就是通过 CMYK 模式 4 分色技术来实现的。

在印花描稿中可通过分离通道技术提取各种云纹效果。图 4–55 是一个分离通道功能完成的分色效果图。

4 色合并如图 4–56 所示。

图 4–55

图 4–56

4.3.1.8 显示

显示（只与显示有关，图像各项参数不变）。

放大（+）：放大图像。

缩小（–）：缩小图像。

放大到一屏：缩放到适中位置。

缩放到 1/1：将图像缩放到 1/1。

实样大小：将图像缩放到实际大小。

尺子：显示尺子刻度。

回头线显示：快速打开回头线。

（ALT+H）H：显示回头线。

网格：显示网格。

整屏显示：使图像布满整个屏幕。

抖动：突出显示前景色。

4.3.1.9 工具

显示工具栏和各项活动调板。

4.3.1.10　窗口

层叠窗口：选择此项时，打开的文件窗口是一个压着一个。

平铺窗口：选择此项时，打开的文件窗口是一个个平铺的。

设置背景：选择此项时，所打开的对话框都有背景图案。

打开风格：选择此项时，打开文件只能预览单个图像。不选此项，打开文件可预览多个图像。

4.3.2 工具栏

工具栏用于显示一些经常操作的快捷按钮，如图 4–57 所示。

新建文件	打开文件	按原来位置保存文件	另存为文件	复制文件
粘贴	恢复最后一次操作	反恢复	清除	圆整
花回参数	模糊	锐化	加网	全屏显示
打印	打印预览			

图 4–57　工具栏及其含义

文本框：显示绘图时的线条粗细。通过右边黑色三角形箭头可以调整大小，也可以手工输入。如果在调整线条大小时出现不能调到 1，这时候要选择撇丝工具。调整撇丝形状，先使撇丝归零，这样就可以调到 1 了。这主要是因为撇丝和线条的大小是相互关联的。

填充：画色块时，用一种颜色填充整个闭合路径。

描边：画线条时用文本框显示的线条描出路径线。

回头：打开回头线（Alt+h）， Insert 或 h 可显示和隐藏回头线。按数字键盘中的方向键，可连续滚动图案（注：numlock 指示灯灭）；若中间键是滚动键也可以通过它来连续滚动图像。若按住空格键不放，鼠标将显示成手状，这也可以用鼠标移动图像。放开空格键鼠标恢复成原先状态。

全图：保证超过显示屏的图案也能画上，如果不选此项超过显示屏的图案将被自动裁剪，因此也叫屏幕裁剪。

几何框信息栏：双击数字可更改，按回车键确定。

X、Y：表示坐标位置。

W、H：表示几何框大小。

R：旋转角度。

Q：扭曲角度。

4.3.3 绘图工具操作

带有黑色三角形的工具中隐藏有多个工具。鼠标左键点住一会儿可以打开，也可用鼠标右键单击切换。右边蓝色方块 1 表示前景色，也就是绘图时所用的着色颜色即工作色。若调色板不存在，在前景色区域单击鼠标左键可以打开调色板。在调色板上点击鼠标左键可以选择（改变）前景色，也可以直接在画布上通过鼠标中键＋左键＋中键进行选择。白色方块 0 表示背景色，绘图时用于擦除前景色。可以通过调色板点击鼠标右键选择，也可以直接在画布上通过鼠标中键＋右键＋中键进行选择。用鼠标单击前景色或背景色小方块可打开和关闭调色板。黑色双向箭头可互换前景色和背景色，其快捷键是 X。后面灰色空白处显示是否有保护色。如图 4–58、图 4–59、图 4–60 所示。

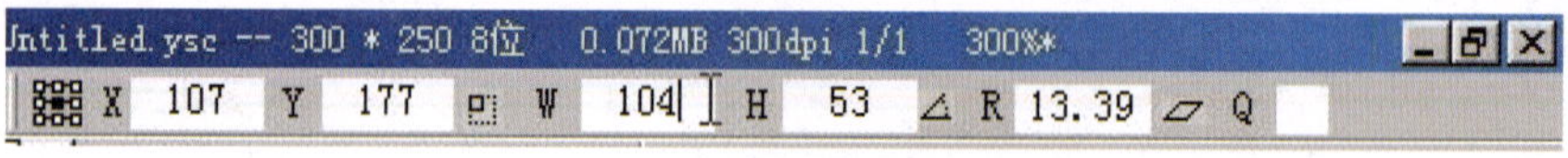

图 4–58 几何框信息栏

调色板

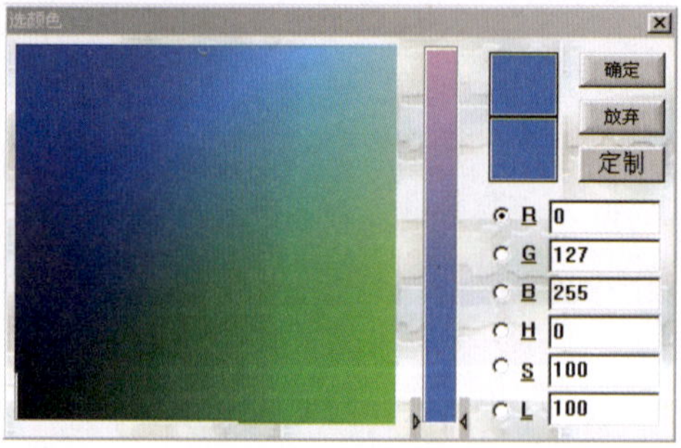

双击调色板区域可调颜色

图 4–60

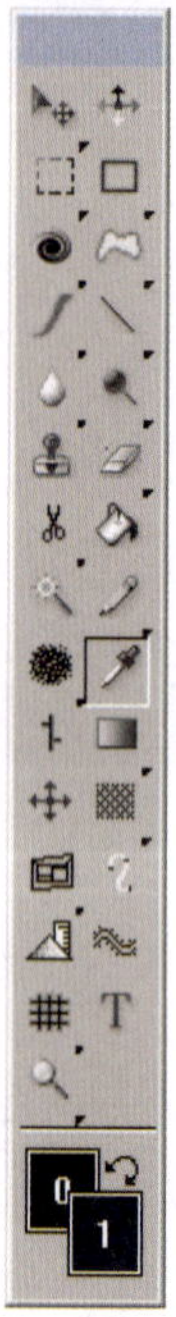

图 4–59

4.3.3.1 渐开线

（1）渐开线可以画出蚊香形状的图案。

（2）可画波浪线。拖动鼠标右键可以调整波浪线形状。如图 4–61 所示。

操作方法：

①鼠标左键选择渐开线或波浪线，系统会自动打开活动调板。

②在活动调板中的循环节数文本框中，输入相应数字，可以控制渐开线或波浪

线的循环节数。

③在空白文件上点住鼠标右键并同时拖动鼠标，就可以画出如上图所示图案。

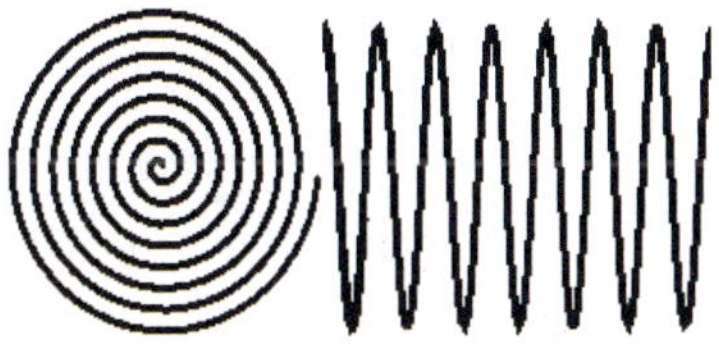

渐开线波浪线

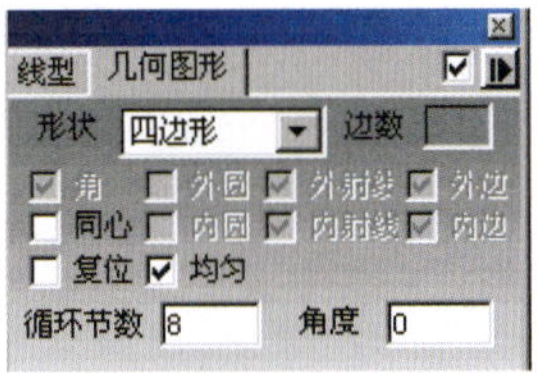

活动调板

图 4-61

4.3.3.1　**色块**

（1）贝赛尔曲线画色块。如图 4-62 所示。

操作：

①单击鼠标左键确定曲线的起点。

②移动鼠标，前一个端点与笔端之间会出现一条路径。（从本步骤可直接跳到步骤 7）

③单击鼠标左键可确定曲线的中间节点。（从本步骤可直接跳到步骤 7）

④移动鼠标，路径会被拉成曲线。（从本步骤可直接跳到步骤 8）

⑤单击鼠标左键可第一次确定曲线形状。（从本步骤可直接跳到步骤 7 ）

⑥在第一次确定的曲线附近拖动“+”字光标，将曲线拖成令人满意的形状。

图 4-62　贝赛尔色块

⑦单击鼠标中键确定整段曲线。

⑧可重复 4~7 步骤确定一系列中间节点和曲线段。

⑨当终点与起点相连时，鼠标会变成一个十字形，并击鼠标中键可确定整个路径的填充颜色。

（2）B 样条。如图 4-63 所示。

操作：

按住鼠标左键移动，可以画出随意形状。

（3）随笔折线。如图 4-64 所示。

图 4-63　B 样条色块

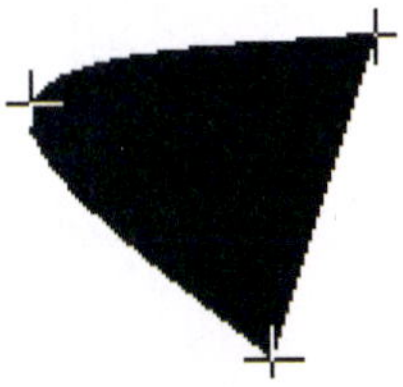

图 4-64　随笔折线色块

操作：

①按住鼠标左键移动可以画出一条带三个“+”字形的折线。

②鼠标右键点击并拖动“+”字形，可以改变折线形状。

③中键删除路径。

（4）随笔画。如图 4–65 所示。

操作：

①按住鼠标左键移动，可以画出一条带四个“+” 字形的闭合曲线。

②鼠标右键点击并拖动“+”字形，可以改变曲线形状。

③中键删除路径。

（5）跟踪曲线。如图 4–66 所示。

操作：

①单击鼠标左键确定曲线的起点，有一个“+”字形显示。

②移动鼠标再单击左键，在两点间会产生一条曲线并显示出一个“+”字形。

③连续单击左键会连续出现曲线。

④右键拖动“+”字形可改变曲线形状。

⑤中键确定并删除路径。

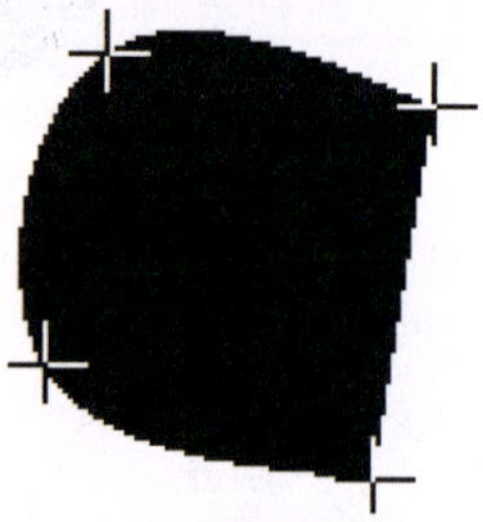

图 4–65　随笔画色块

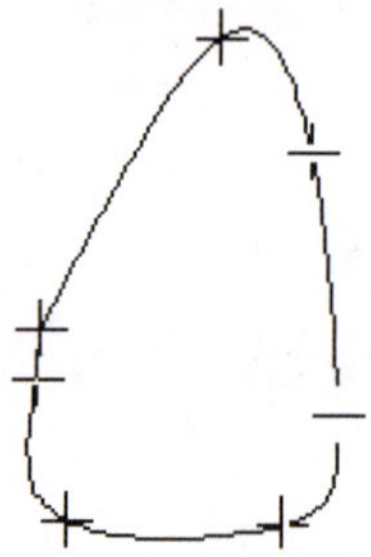

图 4–66　跟踪曲线画色块

右键单击，删除最近路径点；按 CTRL 键在没有路径时切换色块类型。双击右键取消所画对象。中间键或回车键表示确认此笔画。

4.3.3.3　**撇丝**

撇丝，也可解释为又尖又细的色块。工具种类和操作方法与色块有些相似，分别有贝赛尔曲线、B 样条、随笔折线、随笔画、跟踪曲线等。如图 4–67 所示。

通过对撇丝的形状和效果的控制可以画出多种效果的撇丝。选中撇丝工具后可自动打开工具属性活动调板。调板内容解释如下：

（1）右上角文本框内显示的撇丝效果，可以通过下拉三角形选择：

①模糊撇丝，指在灰度稿时可以画出边缘比较模糊的效果。

②泥点撇丝，指在撇丝的闭合路径内由一些无规则小点子填充。通过调整工具属性活动调板中的层次、密度、大小可以调出各种不同效果的点子组合。选择泥点撇丝后，

活动调板中会出现一块控制泥点的文本框，如图 4–68 所示。

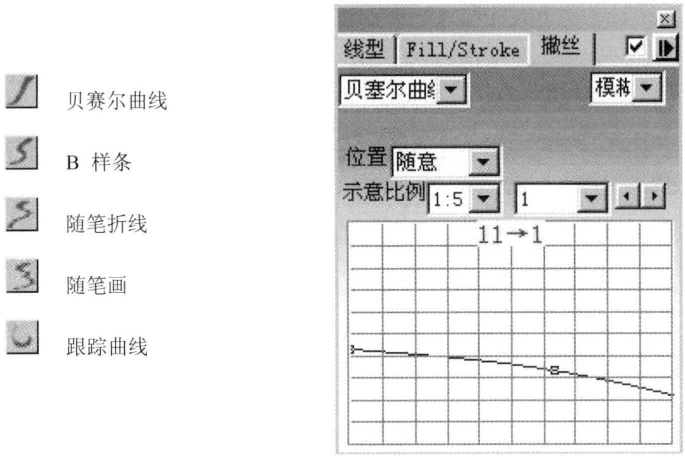

图 4–67　撇丝

图 4–68　泥点控制文本框

③云纹撇丝，能画出各种云纹渐变效果的撇丝。

④一搬撇丝，指直接用色块填充的撇丝形状，如图 4–69 所示。

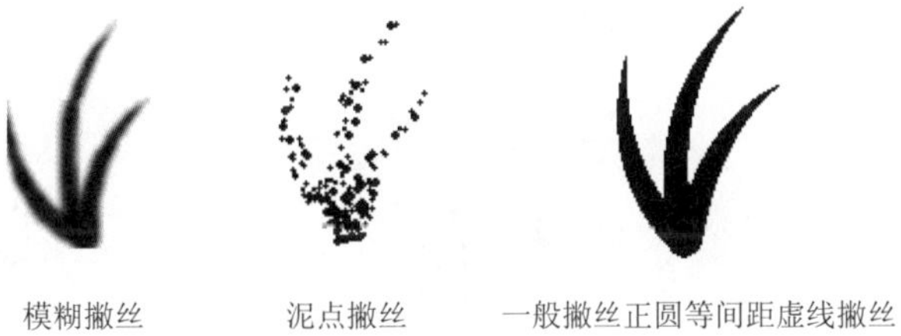

图 4–69

（2）撇丝位置：在画撇丝时可以在属性调板中选择起点的位置，通过选择不同位置可以大大提高工作效率。

①随意：指每画一根撇丝都有不同的起点。

②同一端点：指每画一根撇丝都有相同的起点。

③沿曲线：指画撇丝前先画一条曲线，以后每次画的撇丝都会以这条曲线为起点，直到曲线尽头。

（3）撇丝形状：在活动调板右下方的空白框内有 24 种撇丝形状可选择。可在属性调板中直接调整撇丝形状，或者通过双击或右键快捷菜单中的打开撇丝形状对话框，在对话框中调整。

打开撇丝调整框如图 4-70 所示。

最粗：调整撇丝最粗点。最细：调整撇丝最细点。

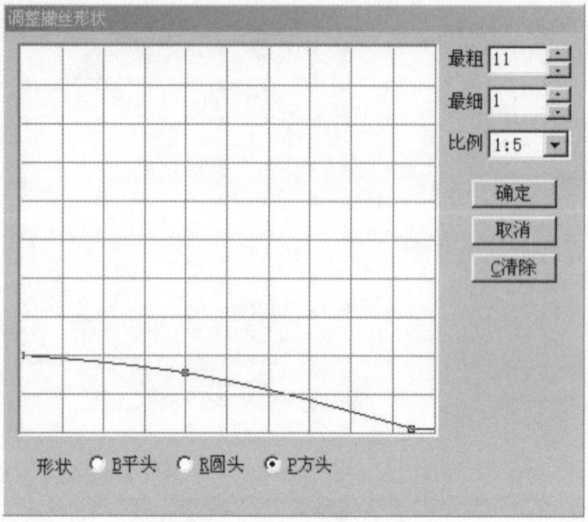

图 4-70　撇丝调整框

通过鼠标左键调整撇丝形状控制点可随意调整形状。SHIFT+ 鼠标左键可以增加控制点，鼠标右键可以删除控制点。

平头、圆头、方头表示撇丝起点的形状，如图 4-71 所示。

（平头）　（圆头）　（方头）

图 4-71

（4）撇丝的保存与提取：通过撇丝属性活动调板中右上角黑色下拉三角形可以打开一个下拉菜单，如图 4-72 所示。

保存操作：

①选中某号撇丝，调整撇丝形状。

②选择下拉菜单中的保存。

③在打开的保存对话框中选择保存路径，并取好文件名，按保存结束。

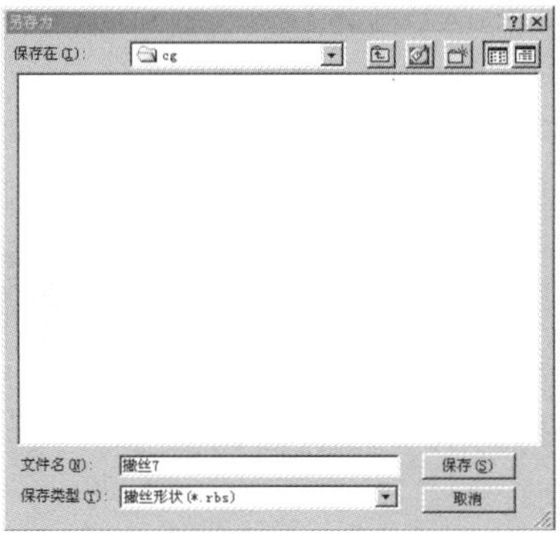

保存撇丝对话框

下拉菜单

图 4-72

提取操作：

①选择下拉菜单中的提取。

②在提取对话框中找到刚才保存的文件，并选定（提取对话框和保存对话框界面相同）。

③选中打开，调整好的撇丝形状就会把保存时选中的那号撇丝替换掉。

右键单击，删除最近路径点；加 SHIFT 键是切换形状；加 CTRL 键在没有路径时是切换色块类型。双击右键是取消所画对象。

中间键或回车键表示确认此笔画；CTRL+←→↑↓，可调撇丝形状。

4.3.3.4　描径

描径其操作与色块操作相似，不同的是描径每次都是以细径的形式描画路径。同样描径工具也分别有：贝赛尔曲线、B 样条、随笔折线、随笔画、跟踪曲线。

通过描径工具属性调板的调整，可以画出多种类型的细径。属性调板的各项内容如图 4-73 所示。

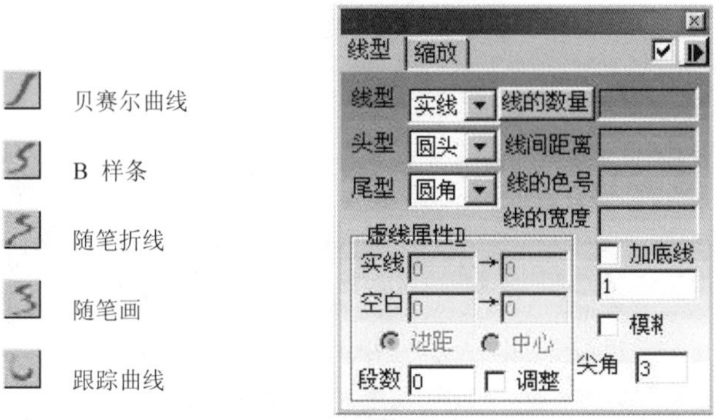

图 4-73　描径

4.3.3.5 拷贝、移动

拷贝工具可以对刚画上去的图像进行提取复制，如图 4-74 所示。

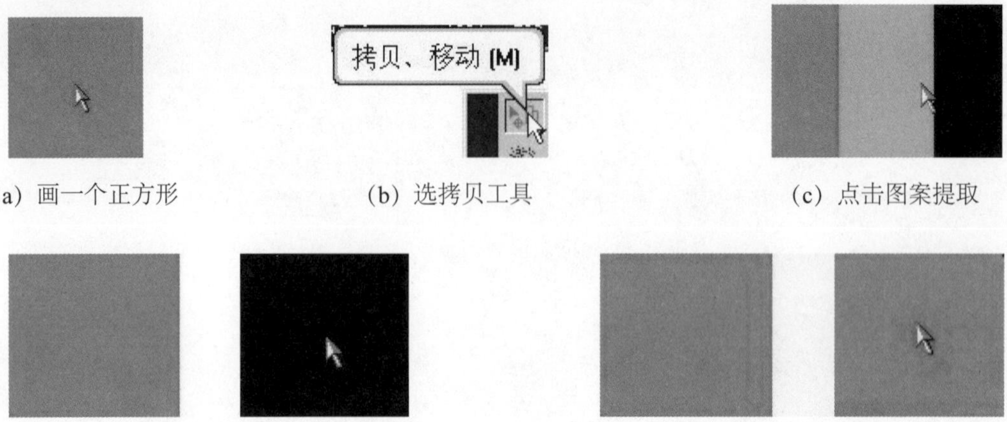

(a) 画一个正方形　(b) 选拷贝工具　(c) 点击图案提取

(d) 移动鼠标　(e) 点击确定

图 4-74　图像复制

操作方法：

①画一个图形→选择拷贝工具→单击需要复制的图像→移动位置→单击左键确定。

②按住左键拖动可同时选择多个图案，只能对画好后未保存过的图案进行操作。如图 4-75 所示。

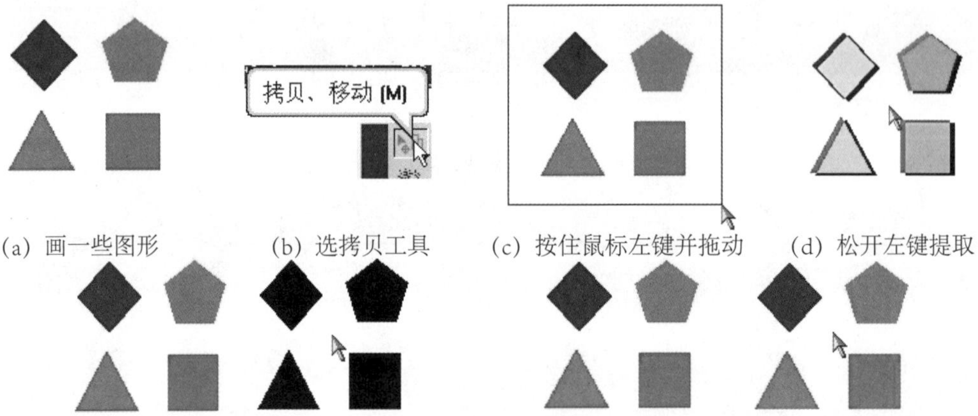

(a) 画一些图形　(b) 选拷贝工具　(c) 按住鼠标左键并拖动　(d) 松开左键提取

(e) 移动鼠标　(f) 点击确定

图 4-75　拷贝、移动操作步骤

③在提取图像上图 5 的时候，可以单击右键或 DELETE 键删除。

④旋转角度：单击 R 可旋转。按 CTRL + T 可任意角度旋转。

提取图像 CTRL + T 的几种操作方法如下：

A：任意角度旋转

ⓐ 提取图形，如图 4–76 所示。

ⓑ 按 CTRL + T，出现一个旋转控制框。如图 4–77 所示。

图 4–76

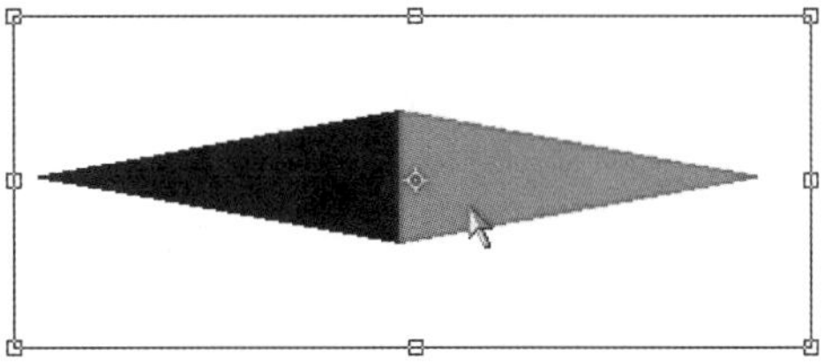

图 4–77

ⓒ 将鼠标移到框外，鼠标会变成一个双向转角箭头，按住鼠标左键不放并拖动，就可以旋转图形。如图 4–78 所示。

ⓓ 中心带圈“＋字形”表示旋转轴心，鼠标点住“＋字形”可将它移到指定位置。如图 4–79 所示。

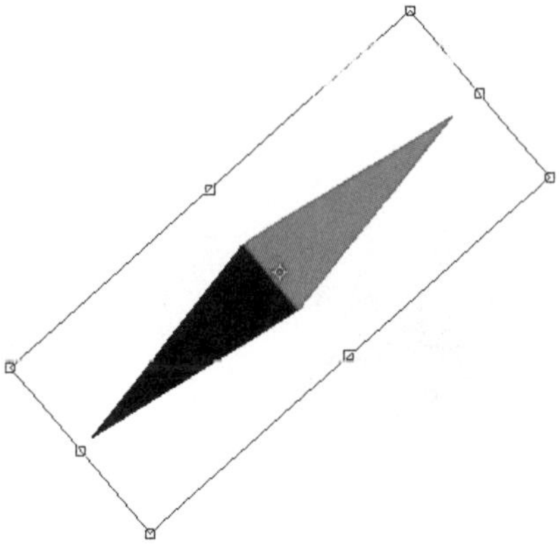

图 4–78

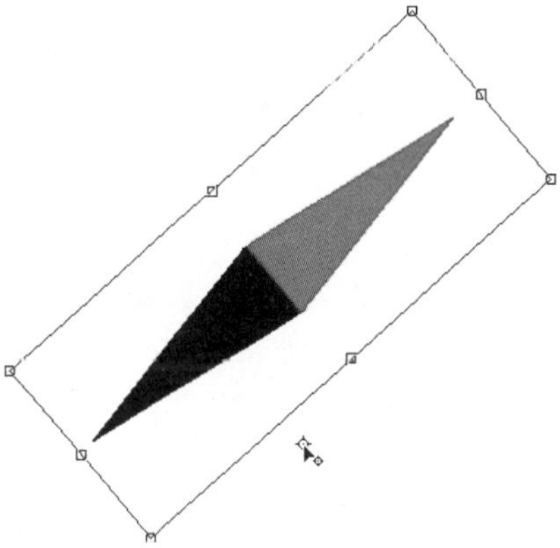

图 4–79

ⓔ 与第 3 步相同，可随意旋转。如图 4–80 所示。

ⓕ 按下 CTRL + T 取消旋转框。如图 4–81 所示。

B：提取图案可以随意缩放和拉伸扭曲

ⓐ 提取图像，CTRL + T 出现一个调整框。将鼠标移到调整框四边的某个小方点上，鼠标指针会变成一个双向箭头。按住鼠标左键不放并拖动可以缩放图像。拖动时按住 SHIFT 键，可以固定比例。如图 4–82 所示。

ⓑ经过随意缩放后的图像，如图 4–83 所示。

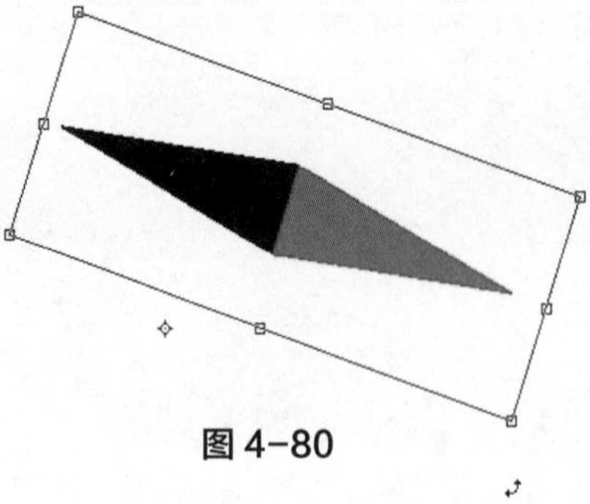

图 4–80

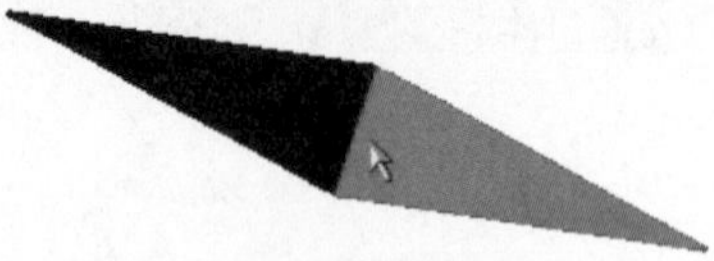

图 4–81

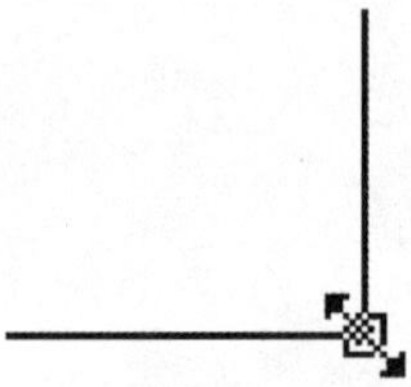

图 4–82

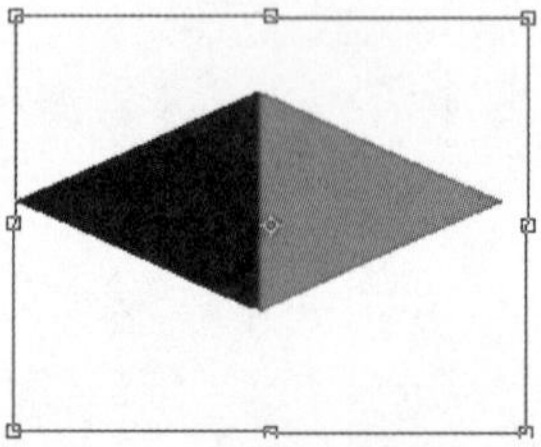

图 4–83

ⓒ将鼠标移到调整框四边的某个小方点上，按住 CTRL 键，鼠标指针会变成一个小三角形。按住鼠标左键不放并拖动可以拉伸和扭曲缩放图像。如图 4–84 所示。

ⓓ扭曲后的图像，如图 4–85 所示。

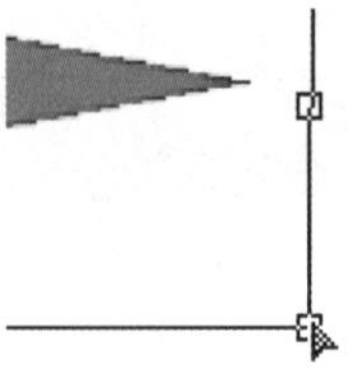

图 4–84

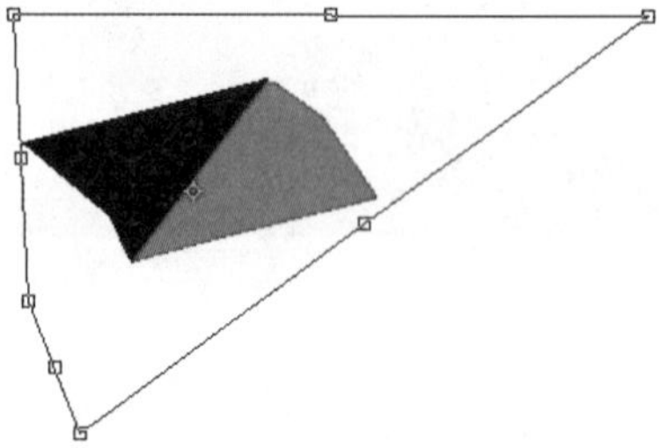

图 4–85

⑤镜像："P"水平镜像，"O"垂直镜像，"L"180 度。如图 4–86 所示。（垂直镜像）

注：在镜像时如果没有提取图像，将对整个图像文件进行镜像操作。

⑥直线移动：CTRL ＋ SHIFT ＋方向键。

⑦层间拷贝：如果要将 A 层的图像拷贝到 B 层。打开活动调板中的工具属性。选中锁定层，然后在层管理中将 A、B 层锁定。用拷贝工具选定 A 层中需要拷贝的图像，再选中 B 层移动位置即可。同时选中该颜色，可以改变被拷贝图像的颜色。

水平镜像　　　　　　　　　180 度

图 4-86

⑧多层拷贝：秋风 V2011 有独特的多层拷贝功能，可以同时选定多个层中的图案进行同时拷贝，大大提高工作效率。

⑨绘制平分圆的多方对称图形。提取图形后，利用 CTRL + T 功能方便地画出平分圆的多方对称图形。

操作方法如下：

ⓐ 新建文件。

ⓑ 利用色块工具画一个图案。

ⓒ 选取拷贝工具，在拷贝工具对话框中输入角度为 60。

ⓓ 提取所画图形，按 CTRL + T 键，把轴心“＋字形”移动到适当位置。按住 CTRL 键不放，单击回车键直到图形画好整个圆。

ⓔ 按 CTRL + T 键，取消调整框。

 移动工具可以对刚画上去的图像进行提取移动。操作：选择此工具→单击需要移动的图像→移动位置→单击左键确定。（层间移动不能做，其他与拷贝工具相似）

移动层：

 多层操作时，选中此工具可对当前操作层进行随意移动。

4.3.3.6　**选区**

选区的作用主要是选取一个绘图范围，使选区以外的图像都受到保护，不被破坏。这样，就可以方便地处理复杂的图像，如右图 4-87 所示。选区的另外一个重要功能是：提取选区内的图像。

CTRL + D 可以快速删除选区，D 可恢复选区。

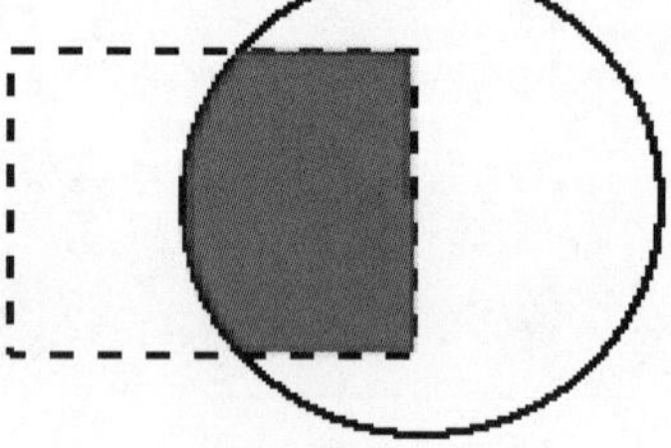

图 4-87

几何区域。有各种规则的几何图形可选，可随意画出各种形状。

曲线选区。选择区域操作，与色块中的贝赛尔曲线相同：

①选择区域工具，单击鼠标左键确定曲线的起点。

②移动鼠标，前一个端点与笔端之间会出现一条路径。（从本步骤可直接跳到步骤⑦）

③单击鼠标左键可确定曲线的中间节点。（从本步骤可直接跳到步骤⑦）

④移动鼠标，路径会被拉成曲线。（从本步骤可直接跳到步骤⑧）

⑤单击鼠标左键可第一次确定曲线形状。（从本步骤可直接跳到步骤⑦）

⑥在第一次确定的曲线附近拖动“+”字光标，将曲线拖成令人满意的形状。

⑦单击鼠标中键确定整段曲线。

⑧可重复 4~7 步骤确定一系列中间节点和曲线段。

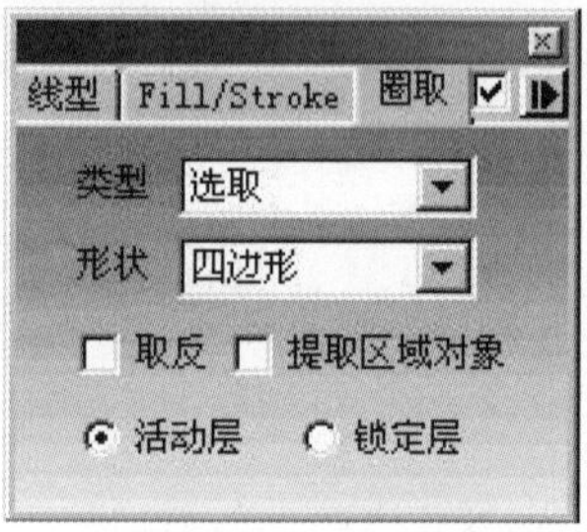

图 4-88　选区属性调板

选中选区工具后，会出现选区属性调板。如图 4-88 所示。

类型：类型有选取、区域相交、区域相减、区域相交取反、区域相加各项可选，如图 4-89 所示。

形状：形状有多种几何图形可选。

取反：可反向选择区域。

提取区域对象：可以提取选区内图像。

活动层和锁定层：意义和拷贝工具进行多层提取时一样。

利用选区提取图形的操作方法：

①打开一个文件，如图 4-90 所示。

②选择选区工具，在工具属性调板中选择提取选区对象。如图 4-91 所示。

③选取目标图形就可以轻松地把图形提取并复制到其他地方。如图 4-92 所示。

④如果只需要提取几种目标颜色，在步骤②后选择菜单 \ 色彩 \ 获得颜色 \ 用鼠标左键选取目标提取色。（在活动调板中选择提取区域对象的同时，点鼠标右键可选取提取图像的颜色）可打开获取颜色对话框。如图 4-93 所示。

区域相交：

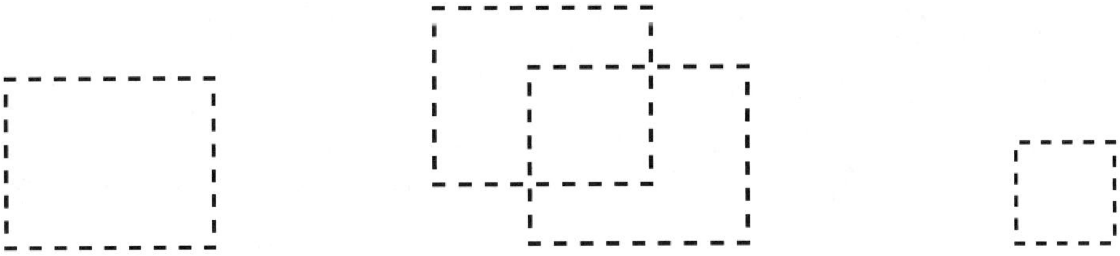

1　　2　　3

区域相减：

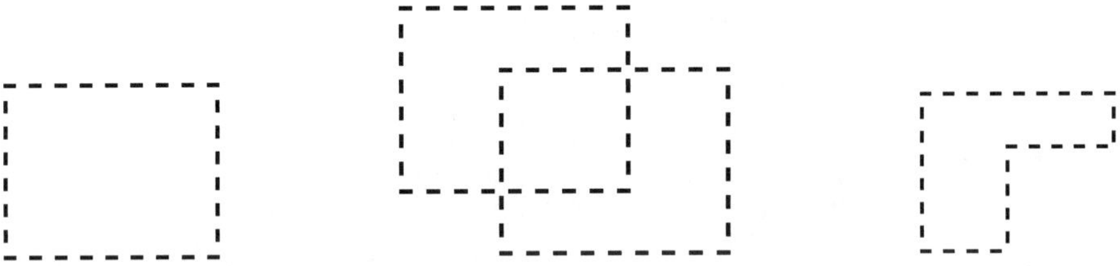

1　　2　　3

区域相交取反：

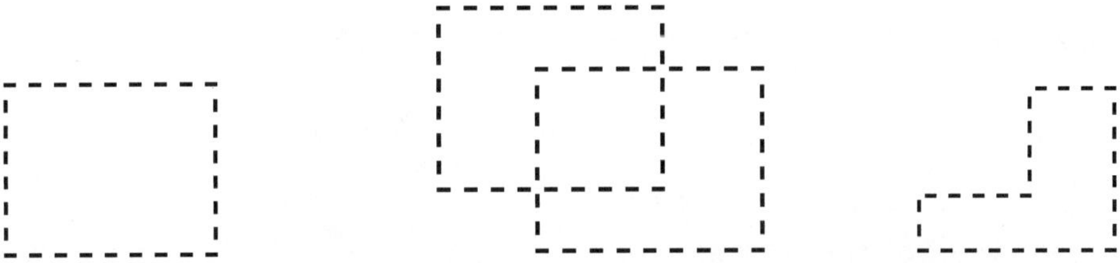

1　　2　　3

区域相加：

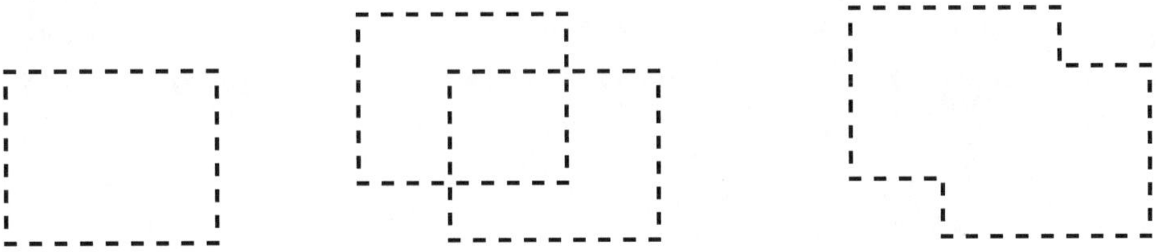

1　　2　　3

图 4-89　选区操作示意图

图 4-90

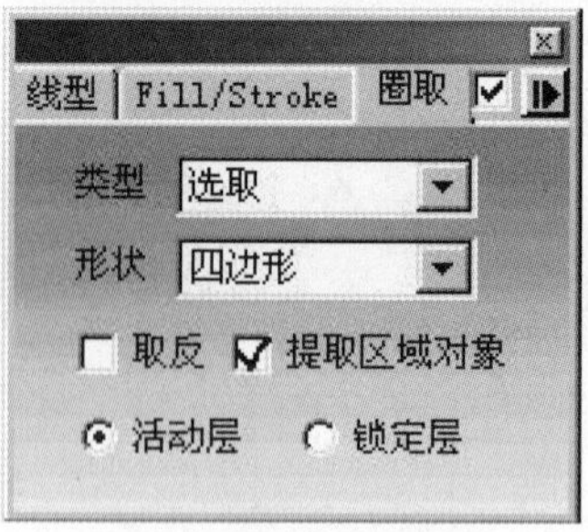

图 4-91

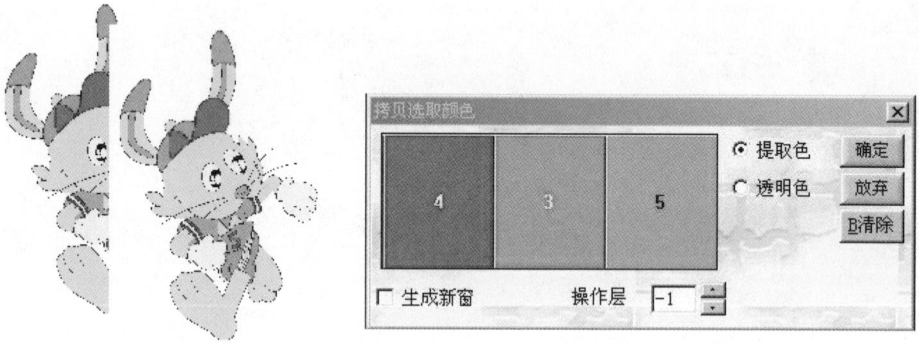

图 4-92

图 4-93

对话框中各项意义分别为：提取色表示红、绿、黄为我所提取的颜色。透明色表示红、绿、黄为我不需要提取的颜色。选中生成新窗口，利用几何框选区提取图像时，提取对象会自动生成一个新文件。操作层 -1 为当前操作层。

图 4-93 右图为提取红、绿、黄三种颜色的效果。被提取的图形可用鼠标左键或 DELETE 键删除。在工具属性调板中选择类型 \ 选取、相加、相减、取反、相交可以

轻松处理选区之间的关系。

⑤多层提取时和拷贝工具一样操作，按住 CTRL 键可以把每层的图像分到各自层，如果不按 CTRL 键，就会把所有层的图像合为一层移动到当前层。

4.3.3.7　几何图形

有各种形状可以选择，通过此工具能方便地画出各种几何图形。选择复位按钮可以使图形还原。选择同心可以方便地画出同心几何图形。键盘 R ＋移动鼠标可以调整旋转度。按住右键拖动可以缩放图形。通过对工具属性中的角、外圆、外射角、外边、同心、内圆、内射角、内边、均匀等各项功能的选择画出多变的几何图形，如图 4–94 所示。

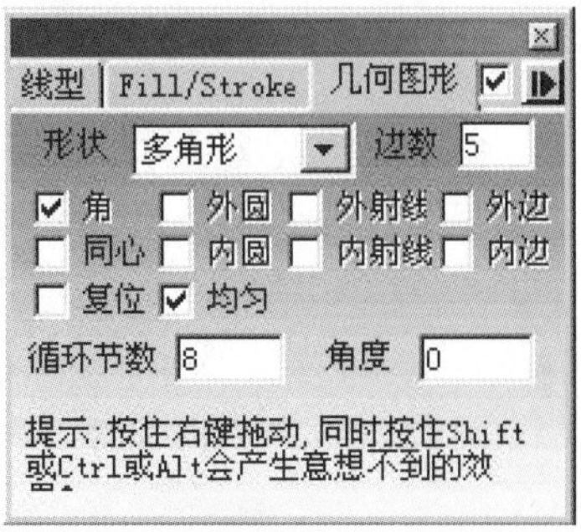

图 4–94

如：画一个五角星。

①选择几何图形工具。

②在工具属性调板中按右为属性调板中设置符号，选择形状 \ 多角形，边数 5，选中角和均匀，其他各项均为空白。

③这时可在画布上得到一个五角星的路径图案，把鼠标移动到五角星内角上，这时鼠标会变成十字形，点住左键并移动鼠标可以调整五角星的角度。如图 4–95 所示。

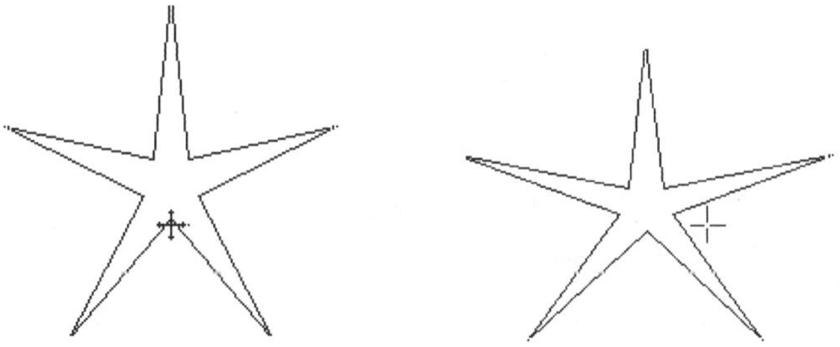

图 4–95

④空白处单点鼠标可移动五角星的位置。拖动右键可缩放图形（拖动时同时按住 SHIFT 图形按比例缩放），并且在底下状态栏中会显示缩放比例。

⑤按一下键盘 R 并移动鼠标可调整角度。

⑥在绘图工具栏中选中填充区域（直接以色块填充）或描边（用细线填充边缘）。如图 4–96 所示。

4.3.3.8　泥点

画出不规则小点点效果。系统提供 20 种模板选择，也可以自己制作模板。如图 4–97 所示。

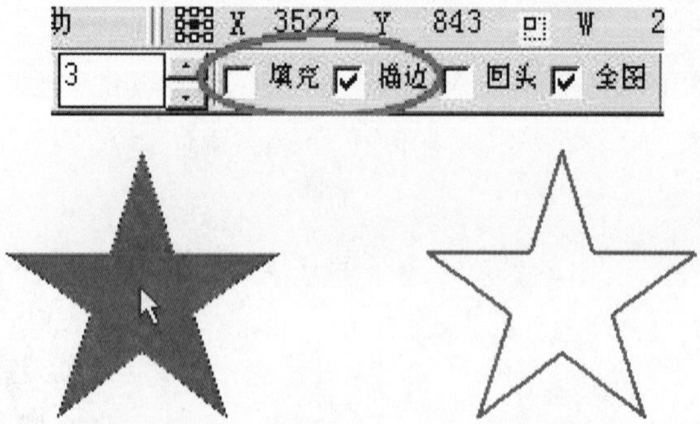

色块填充　　描边

图 4-96

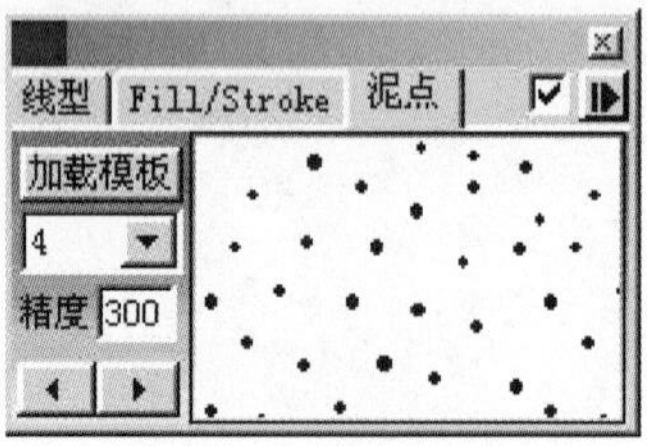

属性设制

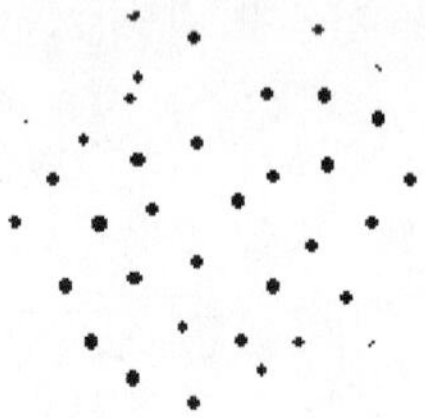

4号泥点

图 4-97

方法：①新建一个尺寸为 250 dpi × 250 dpi 分辨率为 300 dpi 的单色图像。

②画上图案，并保存。

③点击加载模板，然后选择所保存的文件。

④右键拖动可调整大小。

精度：调整模板分辨率。

以喷枪形式画出点子效果。工具属性中滑动调板可以调整喷枪压力。还有各种形状可供选择。大小：输入数字可以调整点子大小。如图 4-98 所示。

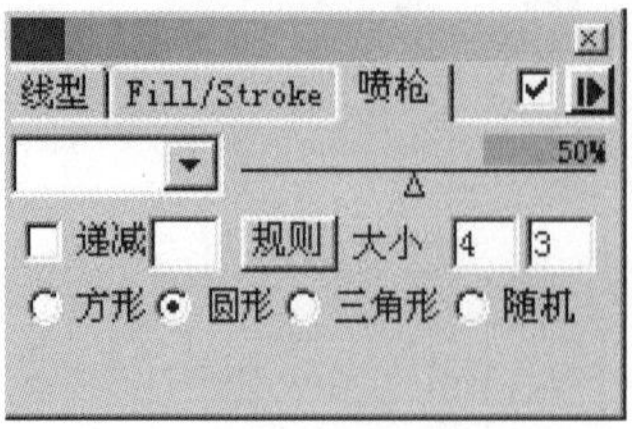

属性设制

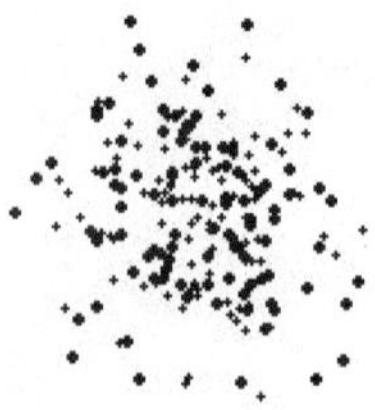

喷枪效果

图 4-98　喷枪形式的点子效果

4.3.3.9　颜料桶

 填充颜色。可进行表面色填充也可以进行边界色填充。①表面填充的时候不需要做任何设置，直接在某种颜色上点鼠标左键就可以了。也可以同时选多种颜色为表面色。方法：双击颜料桶工具，出现一个对话框，用鼠标左键在图案上点颜色，在颜料桶对话框中选定表面色。做了此项操作后，只能在被选为表面色的颜色上才能填充颜色。②边界色填充方法：双击颜料桶，出现一个对话框，用鼠标左键在图案上点颜色，在颜料桶对话框中选定边界色。做了此项操作后，颜料桶只能填充除边界色以外的连通范围。如图 4-99 所示。

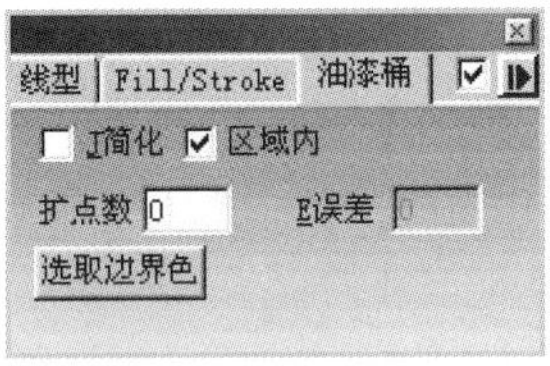

漏壶属性设制

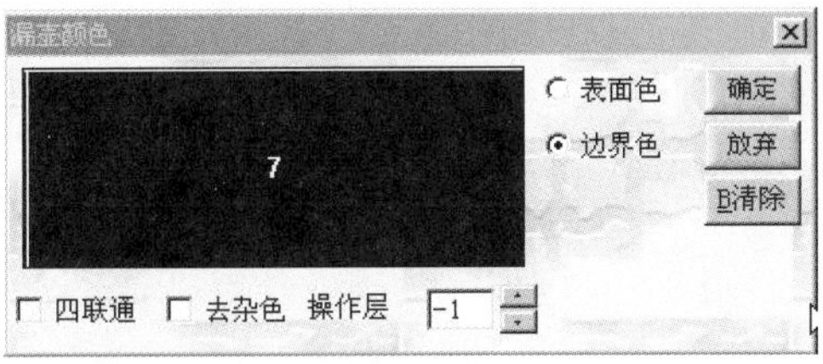

表面色选取

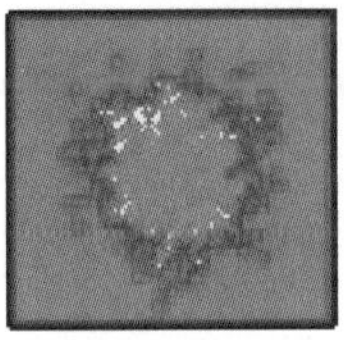

不选边界色

黑色为边界色

黑色为边界色

图 4-99　扩点数为 6

4.3.3.10　自由画笔

 自由画笔类似喷枪一样能画出云纹渐变效果，但只能在真彩色或者灰度稿时才能操作。

方法：

①新建一个灰度稿，如图 4-100 所示。

②选取自由画笔  。

③用鼠标左键可以在画布上直接画，鼠标移到哪儿画笔就会画到哪儿。右键拖动可控制画笔大小，键盘 R 可以调整画笔角度。工具属性中，移动滑动调板可调整画笔压力大小。如图 4-101 所示。

④在本工具内还隐藏了毛笔和枯笔，枯笔可以模仿墨水用干的效果。操作要求和画笔相似。如图 4-102 所示。

4.3.3.11 毛毛虫

毛毛虫。可以画出类似毛毛虫一样的曲线，如图 4-103 所示。

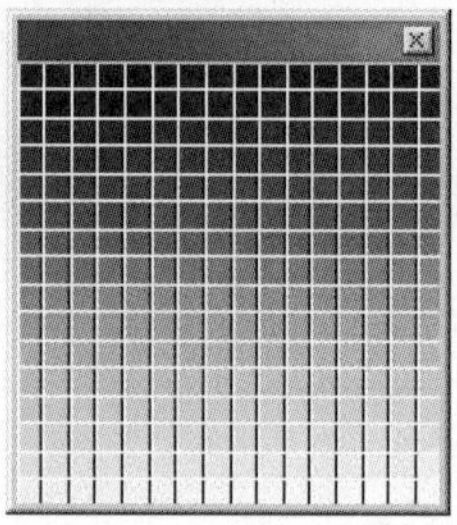

图 4-100 灰度稿调色板

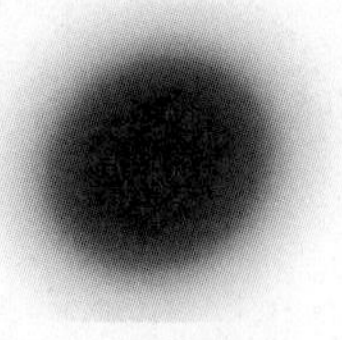

画笔效果

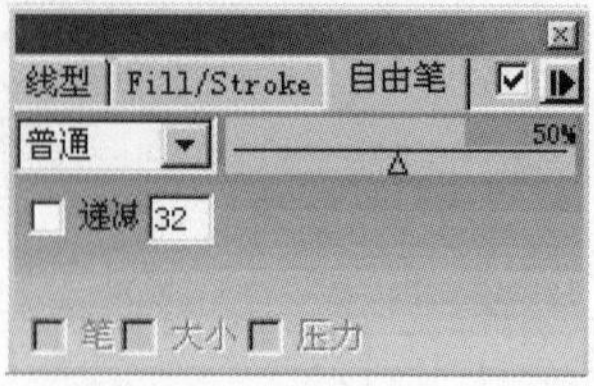

画笔属性

图 4-101

图 4-102 枯笔效果

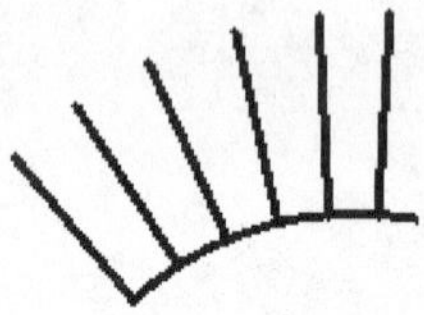

图 4-103 毛毛虫

操作方法：

①打开一个需要用毛毛虫工具作画的图案。利用几何选区工具，在工具属性调板中选中提取区域对象，按快捷键 SHIFT + G（菜单色彩 \ 获得颜色），打开对话框。

②在对话框中选中生成新窗口一项。

③用选区工具在画布上画一个方形选区就会生成一个新窗口。

④用线条或撇丝在生成的新窗口中画一根线条作为毛毛虫母板。

⑤选择毛毛虫工具会出现一个“+”字形带两个圆的图形，用鼠标左键拖动“+”字形到刚才所画的线条位置，将“+”字形对准线条底端，如图 4-104 一样设置。

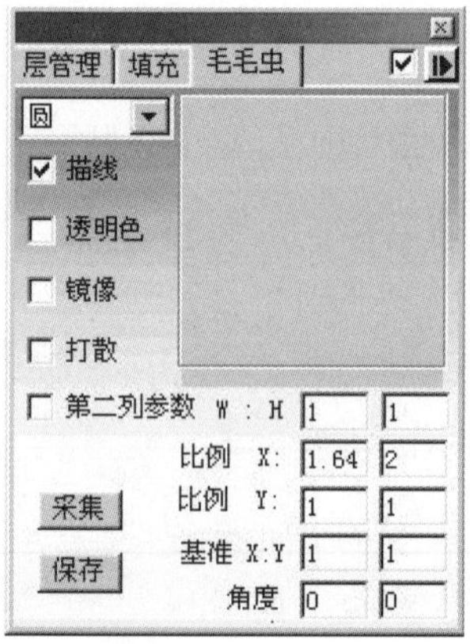

图 4-104

⑥通过调整两个圆的大小可以调整毛毛虫线间距离，调整带箭头的线可以调整毛毛虫的角度。同样的效果也可以通过对毛毛虫工具属性调板的调整得到，打开调板 ALT + 7（菜单工具 \ 毛毛虫）。

⑦回到原图，利用描径工具就可以画出相应毛毛虫效果。（毛毛虫属性）

4.3.3.12　拼接与接回头

 拼接，当需要扫描的图案大于扫描仪面板时，就要把图像分多次扫描。如：图案长度和宽度各大于扫描仪一半时，要把整个图案都输入电脑，就需要分 4 次扫描。扫描完后可以用拼接工具把 4 个分开的图案拼接为一个完整图案。

操作方法：

①把多次扫描图像分别按顺序保存为 A（左上角）、B（右上角）、C（左下角）、D（右下角）。如图 4–105 所示。

②打开 A 图，在工艺菜单中选择水平拼接。

③选择水平拼接后会出现一个对话框，在对话框中打开 B 图，会出现一个由 A 和 B 拼接的图案。你会发现 A 图和 B 图上各有一些共同点（如果没有，那就是在分次扫描时，没有把共同点扫描进去，这样的话只能重新扫描），而且用绘图工具栏中的拷贝、移动工具可以移动 B 图。如图 4–106 所示。

A　B　C　D

图 4–105

A＋B

图 4–106

④选择拼接工具，用鼠标左键把最上端的一组共同点连接起来（单击两个点）。会出现两条直线和一条由两个共同点相连的横线。如图 4–107 所示。

图 4–107

⑤用鼠标左键把最下端的一组共同点连接起来（单击两个点）。由以上 4 点会组成一个四边形。

⑥可以在两组共同点之间连接无数条共同点连线。只要找几个有代表性的共同点就可以了。点鼠标中键完成拼接。

⑦保存完成拼接的图案，退出。

⑧用同样的方法拼好 C 图和 D 图。如图 4–108 所示。

图 4–108

⑨打开 AB 拼接图，选择工艺菜单中的垂直拼接，在对话框中打开 CD 拼接图。用同样的方法把它们拼接起来（先确定两端的共同点，再确定中间的共同点），就完成了全图的拼接。如图 4–109 所示。

垂直拼接　　连接共同点　　完整拼好

图 4–109

接回头（取最小花回）：

A. 跳接接回头

定义：跳接接回头是指采用跳接方式进行花型图案的回头（循环）连接。进行此操作的前提是：同一幅图像内必须包含三个完全相同的花型单元。

操作方法：

①设置回头方式：在“贴边、连晒”对话框中，选择并输入正确的“跳接”回头方式。

②定位跳接点：移动屏幕视图，观察图像起始端与需要连接端的相对位置。在正确的跳接连接点处，按 H 键会显示出 T 字形的回头线标记。

③选择工具：选择软件中对应的“接回头”工具。

④连接垂直（平接）方向：在图像垂直方向（通常是平接方向）的回头线处，使用工具连接两端的共同点（连接方法与普通拼接操作类似）。连接完成后，按鼠标中键确认。

⑤连接水平（跳接）方向：滚动屏幕到水平方向（跳接方向）的回头线处（即步骤 2 中显示的 T 字形水平线位置）。在该位置，使用工具连接两端的共同点（连接方法同上一步）。连接完成后，按鼠标中键确认。如图 4–110 所示。

用于接回头的图案

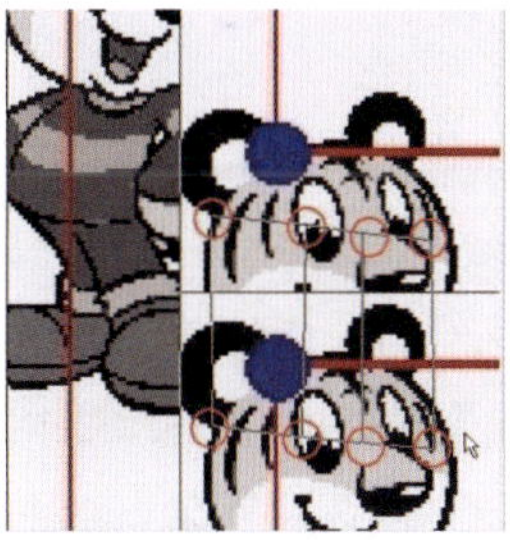

接回头第 2 步操作

图 4-110

B. 平接接回头：平接花回至少有两组两个相同的共同点，一般有 4 个共同点。

操作方法：

①接回头之前同样在贴边、连晒对话框中输入回头方式（$X=1$、$Y=2$）移动屏幕按 H 键出现“+”字形回头线。

②选取接回头工具。

③连接四个共同点出现一矩形框，点中键完成接回头。

注：所有共同点连接都必须跨越回头线。

4.3.3.13　效果工具组

颜色加亮工具。

可以精细地处理图像中的光照效果。（灰度与真彩色时可用）

模糊工具。

选择此工具可对图像进行局部模糊操作。其中还隐藏了锐化和涂抹工具。

印章工具。

可进行定点拷贝操作。按 ALT +鼠标左键选择拷贝点，放开 ALT，移动鼠标就可以进行操作。

4.3.3.14　橡皮

智能橡皮：用背景色填充橡皮区域。

换色橡皮：背景色替换前景色。

层间橡皮：可以在层与层之间替换颜色。

操作：如需要把第 1 层图像擦到第 2 层，选择层间橡皮，将 2 层选定为当前层，在属性调板中把操作层选为 1 就可以进行操作。

4.3.3.15　裁剪

单向裁剪：可以进行图像单边裁剪。选择此工具点右键可以旋转剪刀方向，点左键确定。带剪刀方向是剪去部分。

选区裁剪：可以剪去图像中间部分。点左键确定裁剪起点，移动鼠标再点左键确定终点。

4.3.3.16 一些辅助工具

吸管可在图像中随意选择颜色。左键可选择前景色；右键可选择背景色。

单击左键放大，单击右键缩小。大小不变：窗口大小不变，缩放图像。缩放到对话框：图像大小随窗口大小一起变化。按住 SHIFT 键双击左键可缩放图像到 1∶1，并且移动图像到鼠标点击位置。在当前对象为任何工具时，同时按住“空格键”+ALT 键，鼠标变成放大镜，表示此时就具有上述功能。放掉按住的“空格键”，鼠标自动恢复以前对象；若按住的“空格键”而放掉 ALT 键，鼠标变成手形状。

快速改变回头线位置。就像使用剪刀一样。在工具属性调板中输入数字可以精确移动回头线。

选择此工具可以按住鼠标左键移动图像；单击左键放大，单击右键缩小，按住 SHIFT 键双击左键可缩放图像到 1∶1，并且移动图像到鼠标点击位置。在当前对象为任何工具时，按住“空格键”，鼠标变成手形状，表示此时就具有上述功能。放掉按住的“空格键”，鼠标会自动恢复以前的对象。

可测量两点间的角宽和距离。

校斜工具，用于校正扫描时扭曲的图像。用鼠标左键将原本同一直线的两点连起来即可。

逐点修改工具，把图像放大到能清楚看到每个像素点，然后进行图像细节部分修改。点一下其他工具可恢复原大小。

使用镜向工具，可以调整部分图案。选择此工具，在画有图案的画布上点住鼠标左键并拖动会出现一个箭头，再次单击左键出现一条带箭头的直线。箭头指向就是镜向图案的方向。直线为镜向的中心点。单击鼠标左键就会把箭头后面的图案镜向到箭头前面。

操作方法与跟踪曲线相似。不同的是：按住 SHIFT 键＋鼠标左键可移动路径。单击中键填充颜色，右键删除路径。左键调整曲线形状。

可以拉出颜色的深浅过渡层次。通过对属性调板中的调整可以画出多种图形。

用于输入文字。在工具属性调板中输入文字，把鼠标移到图像上单击左键，就会在图像中出现所输入的相应文字。然后就可以通过处理图像的方法方便地对文字进行编辑。如图 4-111 所示。

图 4-111

4.3.4　模拟试衣工具

立体贴面：也叫模拟试衣工具，具体功能在下面详细图解。

打开模特，放大看局部。因为软件设定的起始点是在衣服的左下角开始，逆时针沿服装边缘点击鼠标左键。看图 4–112 的起始点有一个“+”字就是起始点，从起始点逆时针沿衣服边缘点击鼠标，点击中间会自动连线。

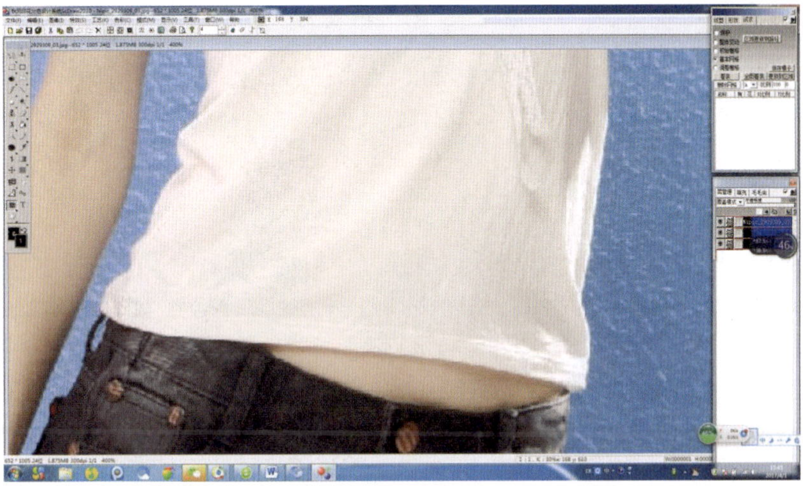

图 4–112

到水平的尽头（服装底部水平线），点击鼠标中键，连成一条线，且中间的“+”不见了。

从刚才画完的右下角开始，由下往上画线，步骤同上面一样。如图 4–113 所示。

图 4–113

从右上角开始，由右往左画，如图 4–114 所示。

图 4–114

上面完成后，由左上角开始往下画左边竖线，如图 4–115 所示。

图 4–115

到最初的起始点，如图 4-116 所示。

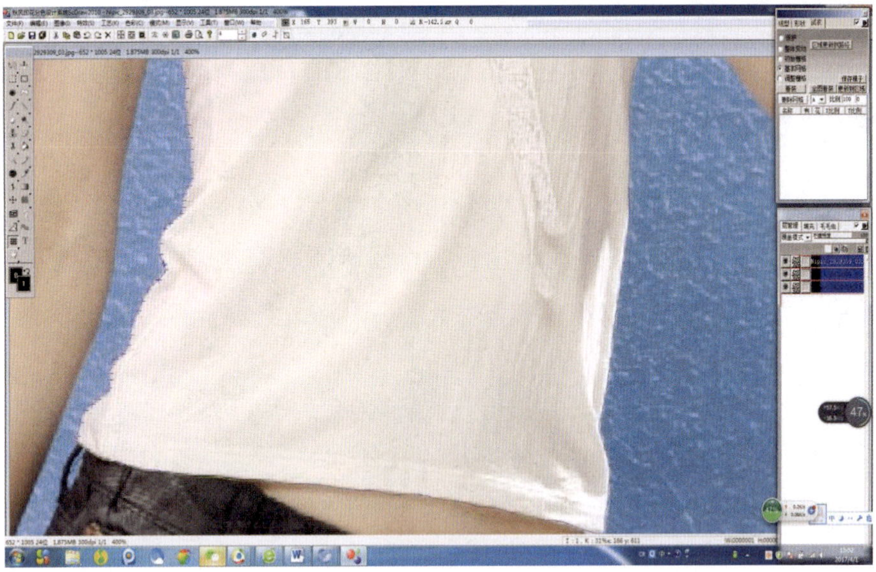

图 4-116

点击中键后，出现如下网格图片，勾摹完成如图 4-117 所示。

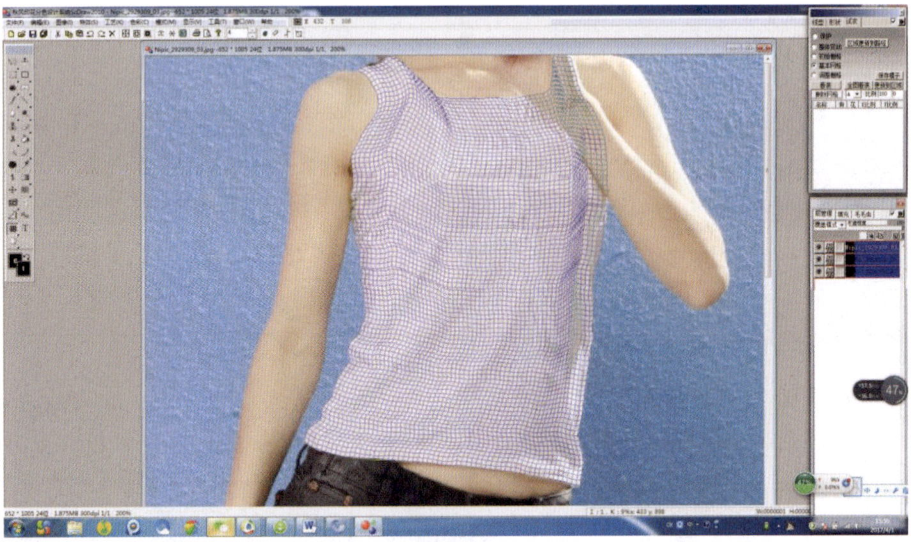

图 4-117

选择需要模拟的花样图案，如图 4-118 所示。

图 4-118

此按键管理旁边的“填充”按钮，显示对话框里有“采集”命令。

点击采集命令后，打开的图片就会被程序采集并显示在“填充”对话框里面，如图 4-119 所示。

图 4-119

回到模拟试用工具就进入模特文件界面，如图 4–120 所示。

图 4–120

点击“着装”命令（“着装”是用于单个模块模拟，而“全图着装”用于多个模块一起模拟使用），如图 4–121 所示。

图 4–121

上图是 100% 比例进行模拟试衣，因为模特是缩小图，所以图案太大显示不下，更改比例为 10%，再试后，效果如图 4–122 所示。

图 4-122

完成后，点击随意工具或关闭网格后效果，如图 4-123 所示。

图 4-123

图 4-123 中，画出的网格盖住了模特的手臂，影响了整个模拟效果。怎样才能够把这样的瑕疵去掉，做成完美的模拟效果呢？下面继续用图案说明。

图 4-124 是跟上面一样的图，勾好的网格也把模特手的部位一起勾画进去了。为了祛除这个情况，需要进行一些操作。

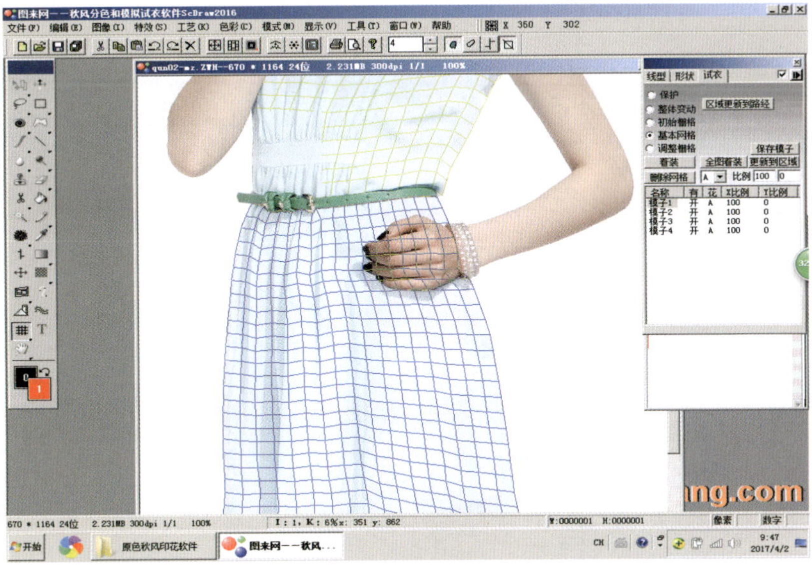

图 4-124

首先点击“试衣”对话框里的“更新到区域”的命令。

第二步，选择区域工具，切换到“曲线”工具，类型选择“区域相减”。然后像勾块面那样勾画需要去掉的部分，如图 4-125 所示实线勾画的部分。

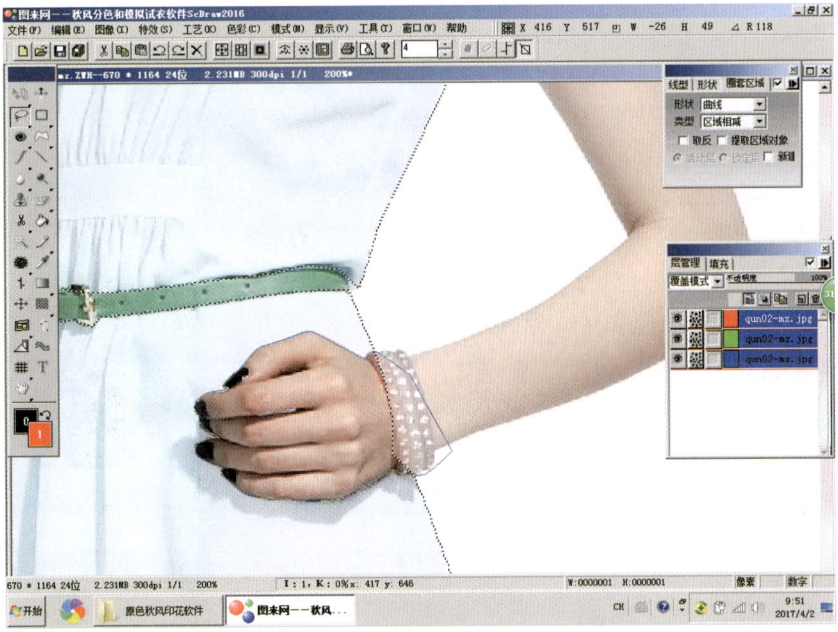

图 4-125

勾画完成后，区域就会变成图 4-126，模特手的部位就被去除到区域之外了。

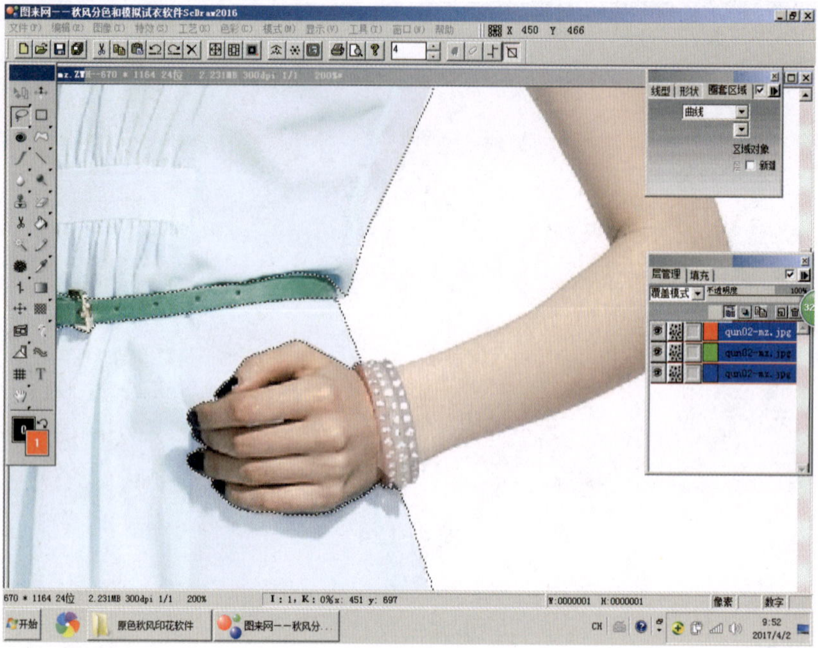

图 4-126

回到试衣工具，会看到网格还在，但手的位置已经不在试衣区域里了，如图 4-127 所示。

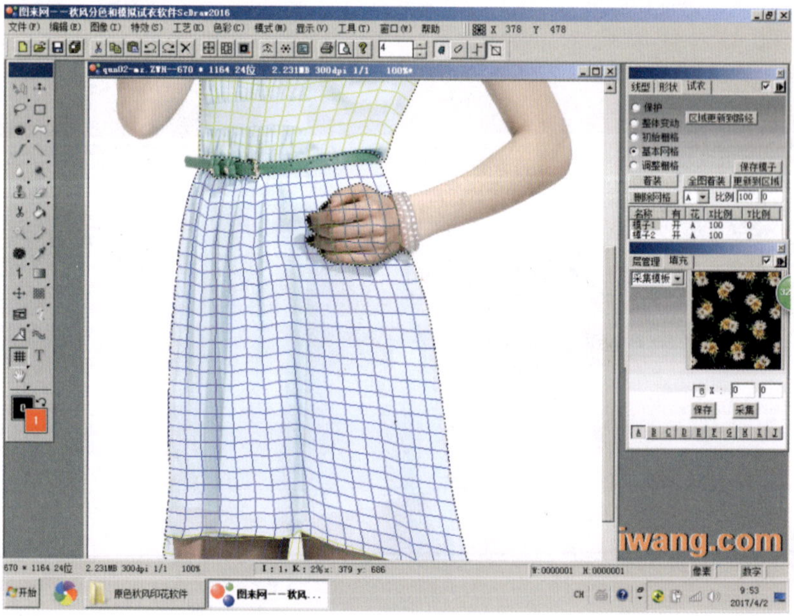

图 4-127

点击“着装”后，会看到模特手上没有图案。如图 4–128 所示。

图 4–128

关闭网格后，完成试衣模拟，效果如图 4–129 所示。

图 4–129

4.3.5 层管理

在多层操作时通过层管理可以方便地控制层与层之间的各种关系（右键快捷菜单有一些常用功能，如新建层、删除层等），包括层间拷贝、多层提取、当前层括点、连接层保护（也可以保护单色稿层）、选取透明色、层间橡皮、任意层合并、当前层移动、当前层并色、当前层分为单色、改变层属性等。如图4-130所示。

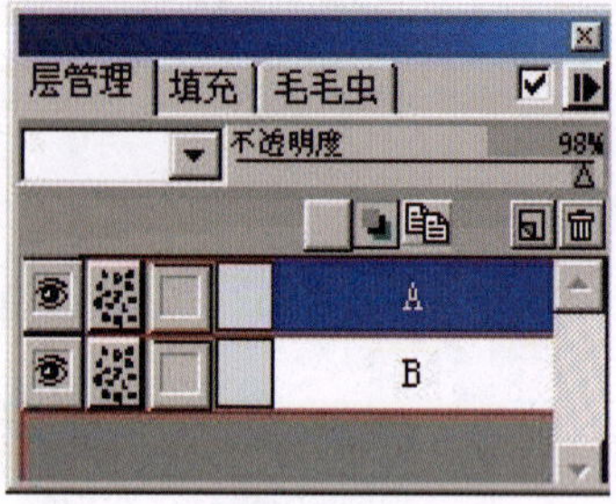

图 4-130

（1）层管理的内容

①层间拷贝（见拷贝、移动工具）。

②多层提取：按住SHIFT键选中要提取的层，然后利用选区工具操作（见拷贝、移动工具）。

③当前层扩点：把需要扩点的层先作为当前层然后按扩点方法操作即可（见工艺菜单中缩扩点操作）。

④连接层保护：按保护色方法操作，在保护色对话框中选操作层为需要保护色的活动层即可。在层管理中从上至下排列顺序为0、1、2、3、4等，需要对哪个层进行保护，只要在保护色对话框中选择哪个层即可。图4-131表示可以对第一层上的颜色进行保护色操作。

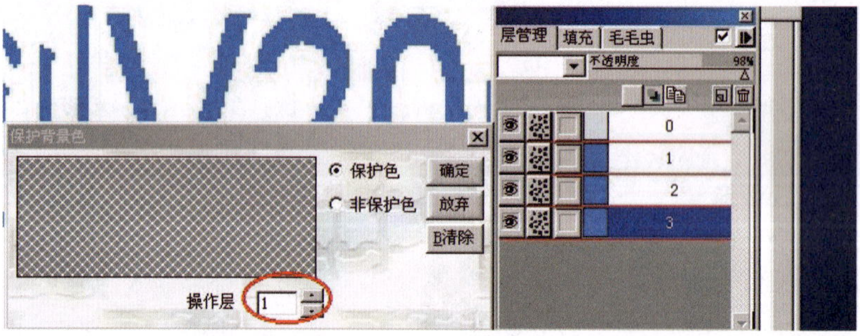

图 4-131

⑤任意层合并：将需要合并的层打上层连接钩，点右键选择合并选定层。还可以产生复色，选中层的“混合模式”，然后合并。

⑥快速分为单色，即将当前层的前景色提取出，并加入到层中。快捷键ALT +1。

⑦改层属性：右键菜单\转为灰度、转为索引。

⑧当前层移动：见绘图工具中层的移动工具。

⑨重命名：双击当前层可以更改层名。

⑩可以删除多个活动层，按 SHIFT 键，表示多选。

⑪保存活动层：将若干个活动层以单独文件形式保存。只要命名第一个文件名，后面文件名就以此为序号自动依次命名。文件类型既可以选择，也可以输入。

⑫层快速复杂合并，将指定锁定层，合并到第一活动锁定层中，并保留层。效果类似“合并选定层”。二者不同的是：“合并选定层”操作大文件图像（比如 500 M、800 M 甚至更大的文件），合并速度很慢，且可能会因为内存不够而导致死机。这种情况对于“多层快速复杂合并”绝对不会存在，合并层速度很快，不管是几层，对于单色稿速度更快。它的优势表现在合并大图像文件层（500M 以上），适合床单、被单、地毯、毛毯等大图案分色描稿和花形设计。这二者都能自动匹配颜色，且可以恢复。快捷键 ALT +C。

⑬合并层即将当前所有层合并为一层，可以恢复。

⑭层快速拷贝：可以快速复制当前层，并且可以两层同时操作。

⑮层快速拷贝（内存不共享）：可以快速复制当前层，但两个层独立进行单独操作。

⑯分离通道：通过转换菜单可将文件转换成 CMYK 格式，然后保存活动层就可以了。

层管理中，增加了锁定层的概念。在层拷贝、层移动、多层切口、层合并等过程中都需要用到此标志。

（2）开路

开路主要用于对成像图像进行 S 型黑开档或白开档（黑开档或白开档指在胶片的四周涂黑边或白边），使之便于掩盖印花接版痕迹。使用本开路功能可做到开路速度快捷、准确，还可执行各种开路要求，如要求四周黑开路、经向白开路、纬向黑开路等进行各种不同的开路，充分体现了电脑制版的优越性。

①开路时的要求：ⓐ单色稿必须是平接；ⓑ在同一个稿子中开路模子的尺寸必须一样大；ⓒ在制作开路模子时，开路线画好后，在贴边复制开路线时必须是向下和向右进行复制。为了使印花容易，开路时的波峰不宜太大，一般控制在 5~7 cm。

②开路中黑白模子各自的作用。黑模子，一般用于一个网分多次感光时使用，它是为了在感光过程中把暂不感受光的部分进行保护，使其不感光，以便下一次感光；白模子，为了在印花过程中，使印花时产生“叠色”和“露地”。

③具体使用：一边白开路，指经向进行白开路；四周黑开路，指经向、纬向同时进行黑开路；一边白开路、一边黑开路，指经向进行白开路，纬向进行黑开路。

4.3.6　新增功能介绍

（1）自动配色功能

①原稿颜色配色

首先打开一个分色好的画稿，把所有活动层选中，再在图像菜单下选中自动配色，如图 4-132 所示。

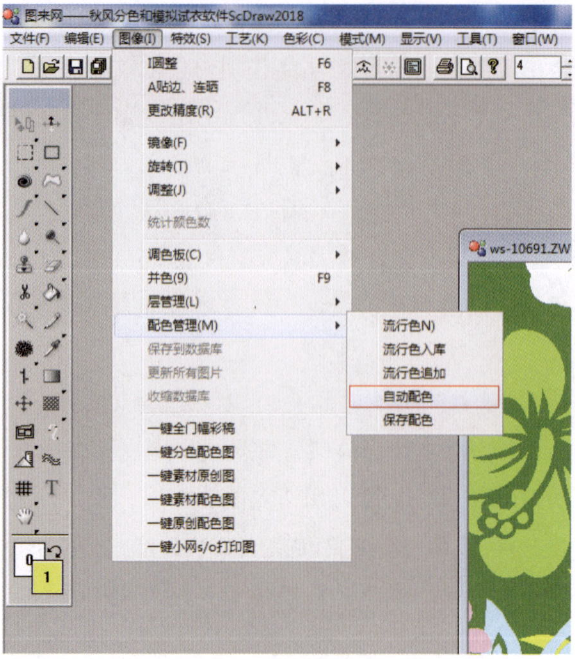

图 4-132

打开后界面，出现如图 4-133 所示的页面。

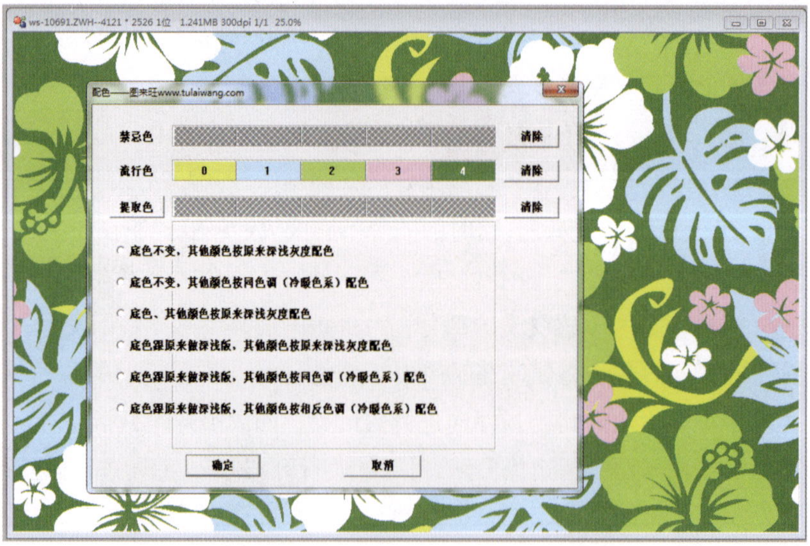

图 4-133

图 4-133 中禁忌色就是客户不喜欢的颜色，在此选取的颜色，配色过程中将不使用。

流行色默认是稿件本身颜色，使用者可以在颜色上双击后，选择自己喜欢颜色或选取流行色，进行配色。下面在不改变任何条件下点击“确定”命令。

出来的对话框默认的是随机四个配色，如图 4–134 中的左下图所示。对话框中提到的变化是可以选择颜色偏好（如偏红、偏黄、偏蓝等）的；N 个是指配几个配色，这里最多限制 24 个（太多影响视觉，看不清楚）；颜色互换是指用稿件本身颜色进行不同通道变换，进行配色；提取配色是提取以前存过的配色方案；保存配色是保存自己喜欢的配色到电脑，需要先选取配色，在配色上的小方框打勾。这里点击颜色互换，选择 12 种配色，如图 4–135 所示。

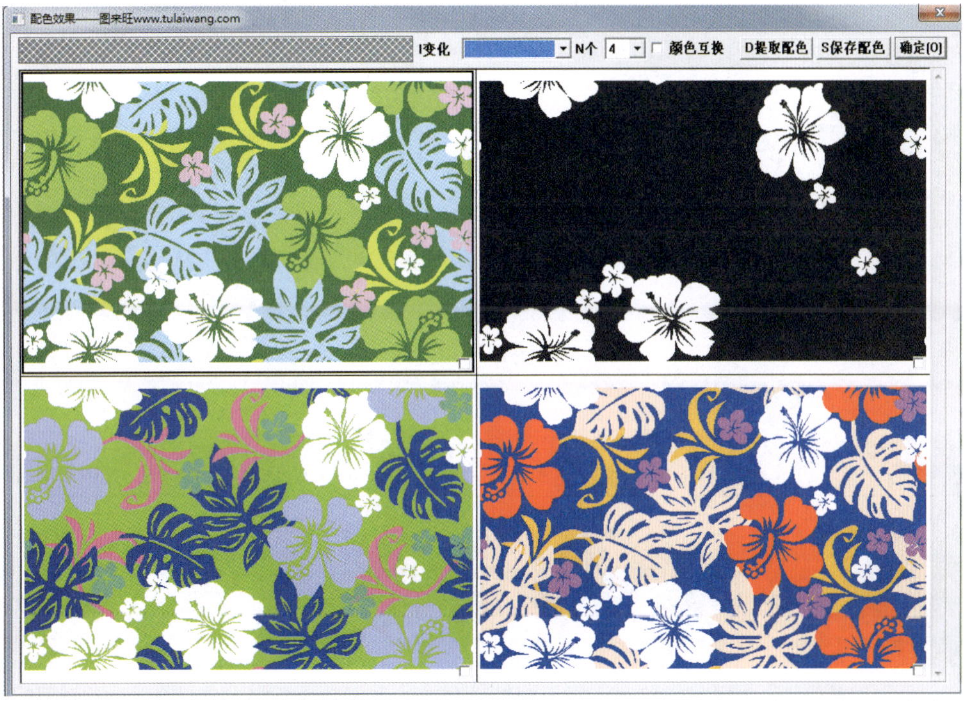

图 4–134

去掉颜色互换，12 个随机配色如图 4–136 所示。如果不喜欢，可以重复点取配色 12，颜色会随机变化。

在点击某一个配色时，左上角方框就会显示所选配色的颜色，在这里也可以对喜欢的颜色进行选取和更换。对喜欢的配色进行打勾选择，如图 4–136 所示。

在其中一个配色上双击后，出现放大的单个配色图，可以对上一张和下一张进行翻看，或可以进行配色保存，也可以进行虚拟试衣，更可以一键输出（分色稿单色排列图、模拟加配色图、设计稿加元素图），如图 4–137 所示。

配色效果——图来旺www.tulaiwang.com
I变化
N个
12
颜色互换
D提取配色
S保存配色
确定[0]

图 4-135

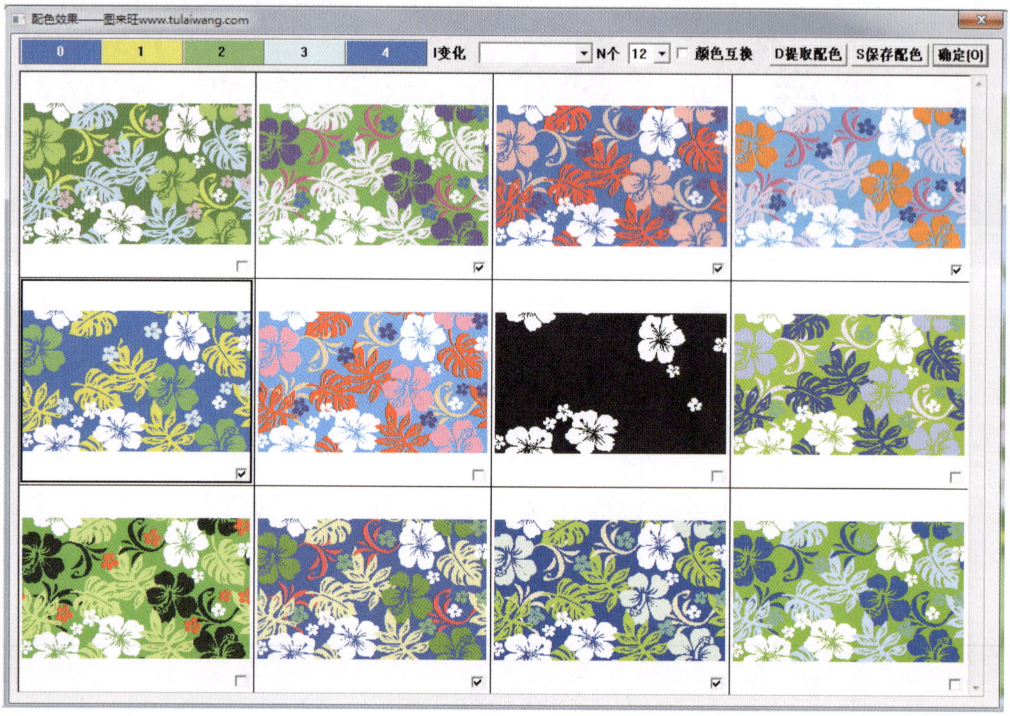
配色效果——图来旺www.tulaiwang.com
0
1
2
3
4
I变化
N个
12
颜色互换
D提取配色
S保存配色
确定[0]

图 4-136

图 4-137

点击虚拟试衣，在软件文件夹中找到 model-ok 文件夹，显示的界面如图 4-138 所示。

图 4-138

打开文件夹后，选择自己需要的模特，点击确定，出现图 4-139。

图 4-139

在图 4-139 上双击鼠标左键，会在配色及模拟图间转换；如果在图上按鼠标中键，则会显示配色图和模拟图。选择双联模特，如图 4-140 所示。

图 4-140

界面上面的对话框都打勾，再点击一键输出，如图 4-141 所示，出现一键分色配色图（适合印花厂制版车间使用，看单色稿进行制版前网版目数选择及准备）。

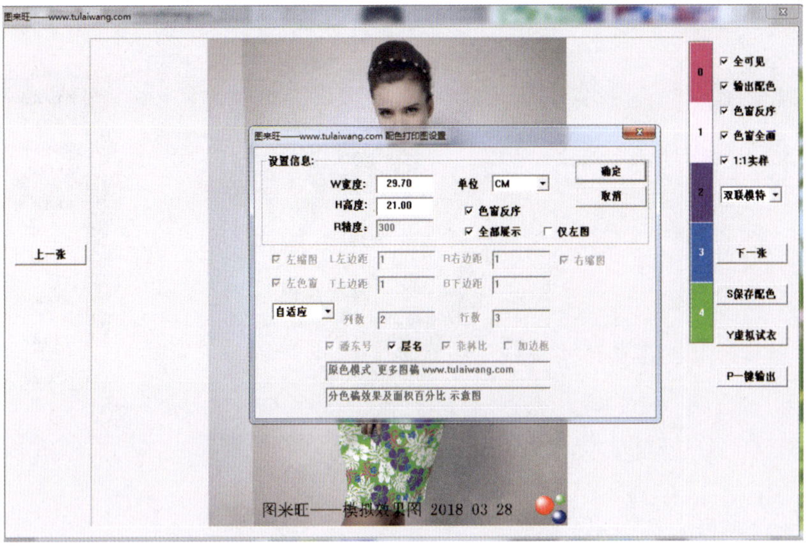

图 4-141

图 4-141 对话框确定后，还会出现一键原创素材图，这是把设计稿和主要使用素材放在一起的排列图，这里就不展示了。一键素材原创图确定后，就会出现如图 4-142 所示的界面。

图 4-142

点击确定按钮，然后关闭图 4-143 中的两个窗口。

图 4-143

展现出下面三幅图片。第一幅是素材原创图（如图 4-144 所示），左边是使用的素材，右边是设计稿（本图片只是模拟，不是真的设计素材稿）；第二幅是分色配色图（如图 4-145 所示）；第三幅是模拟试衣加配色图（如图 4-146 所示）。

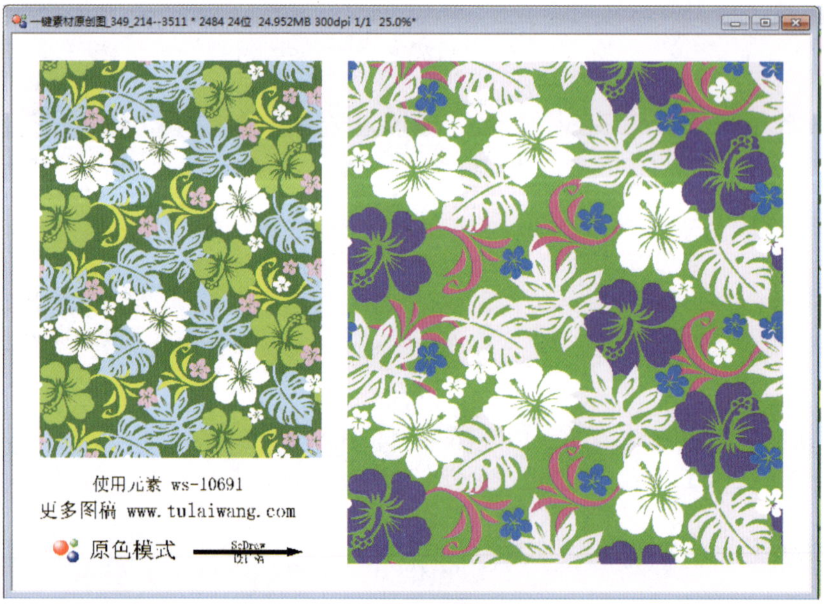

图 4-144　素材原创图

图 4-145　分色配色图

图 4-146　模拟试衣配色图

②提取色配色

如果上面的配色不能满足需求，自己又不知道怎样选择流行色，而客户只给了一幅图片做参考，可以重新选择配色方案。打开自动配色，选择“提取色”按钮，出现图 4–147。

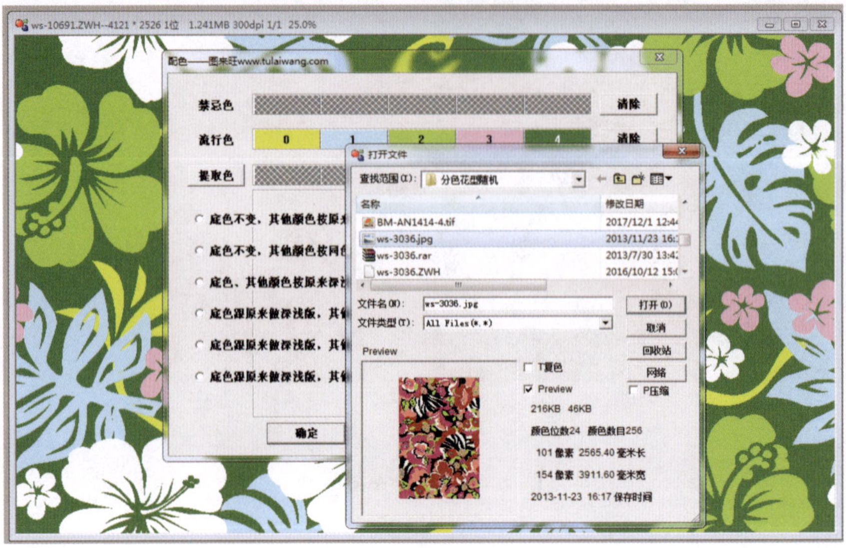

图 4–147

选取客户图片，点击“打开”，软件系统会自动归结图片颜色进行排序，然后选择最多颜色排序下与分色稿分色套数匹配（如果有客户喜欢，但颜色比较少的没有选到的话，也可以手工干预一下），确定后如图 4–148 所示。

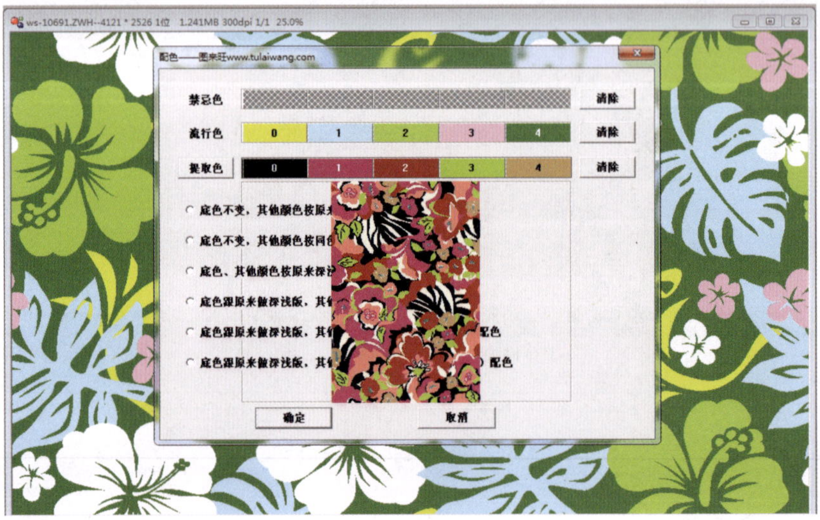

图 4–148

点击确定后，出现配色界面，再选择配色数量，点击颜色互换，出现下面配色（必须勾选颜色互换，要不然就是随机配色了）界面，如图 4–149 所示。

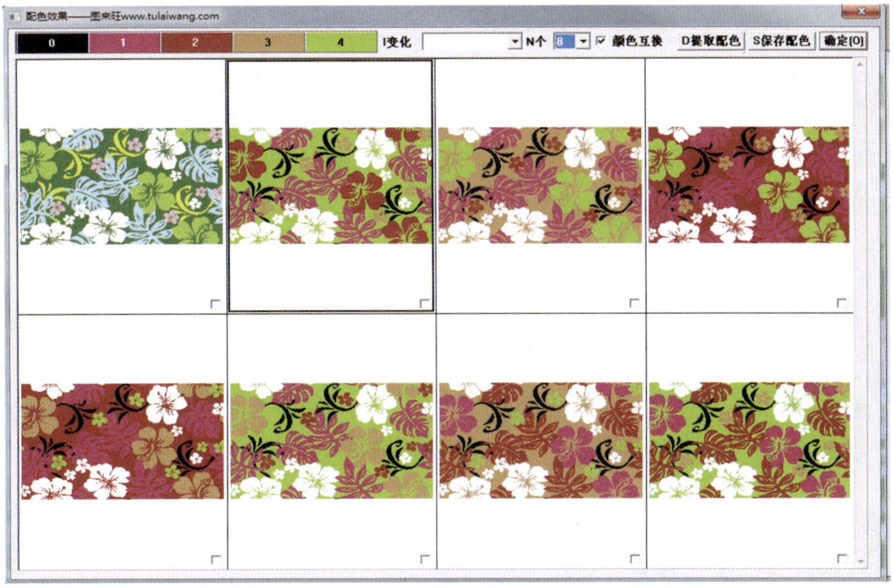

图 4–149

其他功能跟上面原稿配色一样，这里就不重复讲解了。

③流行色的配色

同①中配色一样，打开配色界面后，在需要改变的流行色颜色位置上双击，换取自己喜欢的颜色，案例中的颜色改变如图 4–150 所示。

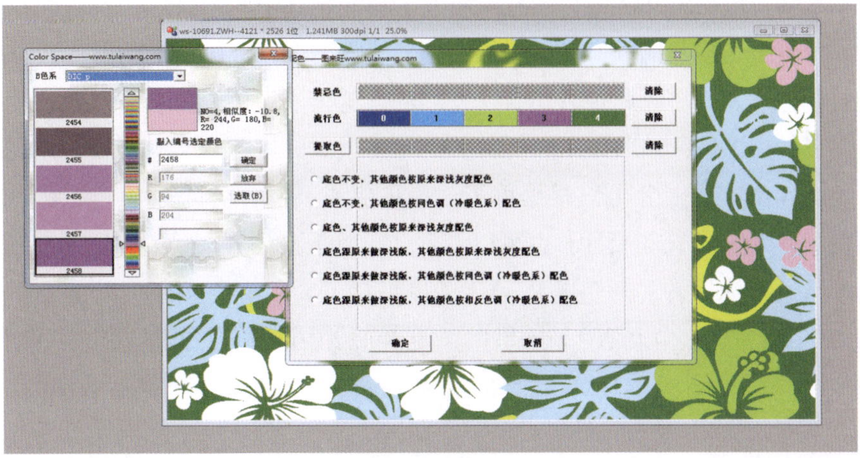

图 4–150

确定后，出现配色界面，选取 12 配色再勾取颜色互换，配色效果如图 4-151。

图 4-151

其他功能如①，这里也不再赘述。

（2）一键功能

图 4-152 中，一键功能部分，共展示 6 个功能，其中两个已经在自动配色功能中展现，如一键分色配色图和一键素材原创图。另外两个画红色线的功能：其一是一键生成素材配色图，是绍兴原色公司自己使用的，这里不做讲解。下面先把一键全门幅彩稿讲一下，点击后，如图 4-153 所示。

图 4-154 中，作业者可以根据稿子选择平网或圆网；可以选择“单元”，这样标尺寸时就是一个单元到尺寸；也可以不勾选，而是在尺寸框输入自己想要的尺寸；0 号色选择是指标尺寸的颜色是零号色（最黑色），色窗的顺序可以由 0 到 N，也可以由 N 到 0（N 代表总套数）。这里选择图 4-152 中的单元，然后确定，如图 4-154 所示。

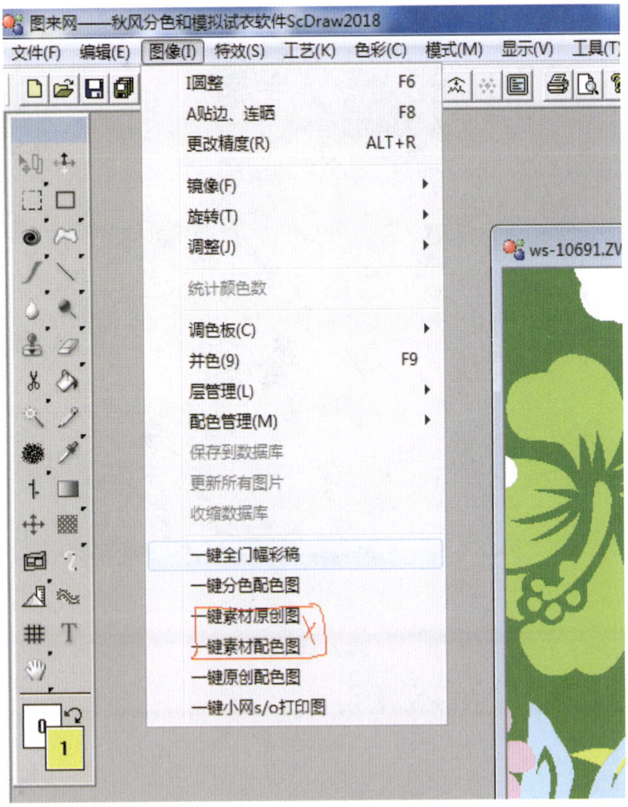

图来网——秋风分色和模拟试衣软件ScDraw2018
文件(F)
编辑(E)
图像(I)
特效(S)
工艺(K)
色彩(C)
模式(M)
显示(V)
工具(T)
I圆整 F6
A贴边、连晒 F8
更改精度(R) ALT+R
镜像(F)
旋转(T)
调整(J)
统计颜色数
调色板(C)
并色(9) F9
层管理(L)
配色管理(M)
保存到数据库
更新所有图片
收缩数据库
一键全门幅彩稿
一键分色配色图
一键素材原创图
一键素材配色图
一键原创配色图
一键小网s/o打印图
ws-10691.ZV

图 4-152

ws-10691.ZWH--4121 * 2526 1位 1.241MB 300dpi 1/1 25.0%
图来旺www.tulaiwang.com一键全门幅尺寸彩稿(给客户)
Y圆网
P平网
文档大小:
W宽度: 34.89
CM
H高度: 21.39
单元
R精度: 300
加黑线
线宽: 6
mm
0号色画
1:1实样
WIDTH
色窗反序
OK
Cancel

图 4-153

图 4-154

点击一键分色配色图后，出现图 4-155 界面，直接确定，界面如图 4-156 所示。

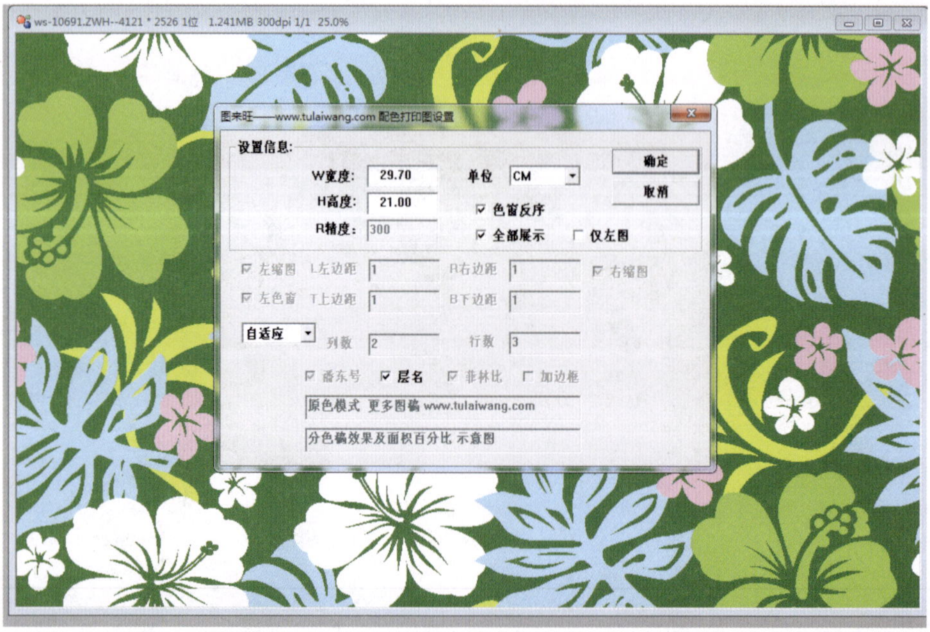

图 4-155

图 4-156

这个功能一般用作印花厂 S/O 打样，以及制版车间用于看单色稿百分比及选择网版目数。

一键原创素材图打开后，点击原创素材按钮，选择使用素材，画面如图 4-157 所示。

图 4-157

点击打开后，确定，出现下面界面(左边是素材，右边是设计稿。这里只是讲解概念，没有找真正的素材和设计稿，所以展示的图片是不匹配的)如图 4-158 所示。

一键 S/O 小片功能，打开后，展示如图 4-159。

图 4-158

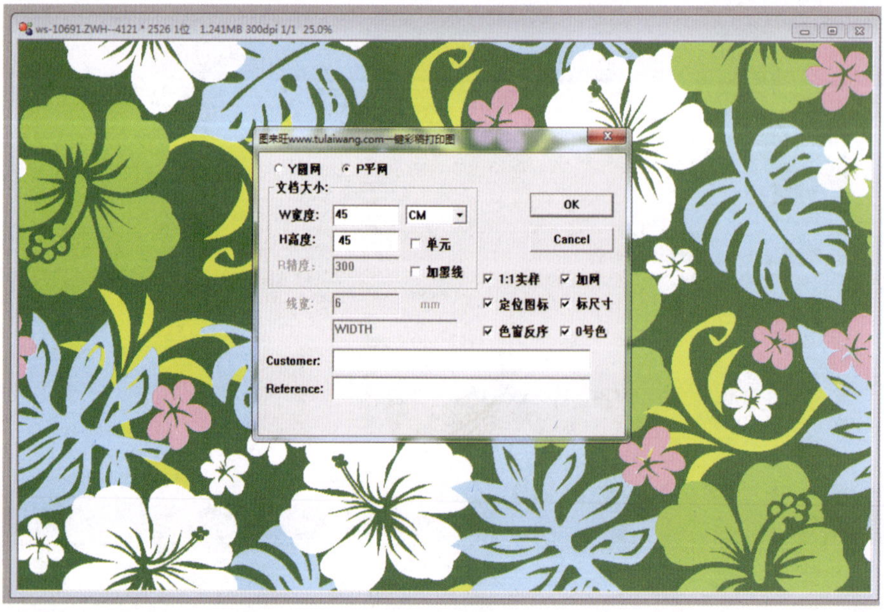

图 4–159

选择稿件是平网或圆网，可选择是否加网（灰度稿要加网），是否标尺寸等，也可以在上面对话框填入企业信息等，这些信息会自动出现在小片上，点击“ok”后，如图 4–160 所示。

图 4–160

一键原创配色图是为原创稿件做配色时使用，即把原创稿跟其他配色组合在一张打印纸上，节约时间，其中，文件名前面必须一样，后面是序号，如模特 1、模特 2、模特 3 等。点击“一键原创配色图”后，选择“模特图片”，如图 4–161 所示。

选择模特，选择“打开”后，点击确定。排列图如图 4–162 所示。

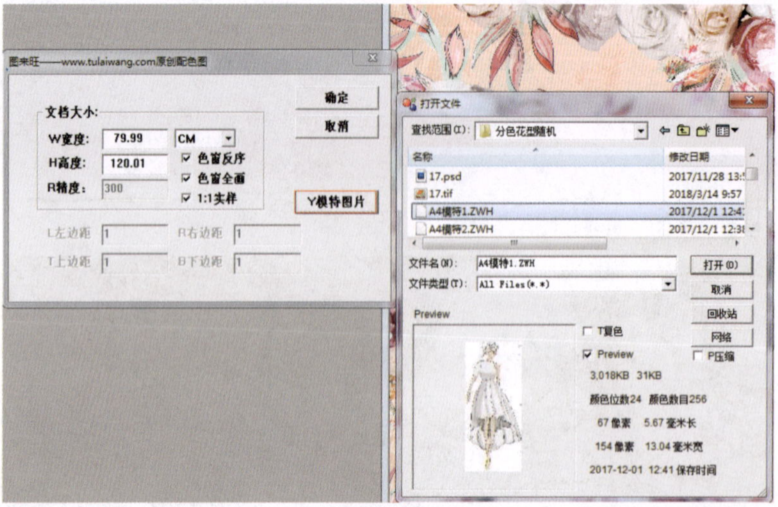
图来旺——www.tulaiwang.com原创配色图
确定
取消
文档大小:
W宽度: 79.99
H高度: 120.01
R精度: 300
CM
色窗反序
色窗全画
1:1实样
Y模特图片
L左边距
R右边距
T上边距
B下边距
打开文件
查找范围(I): 分色花型随机
名称
修改日期
17.psd
17.tif
A4模特1.ZWH
A4模特2.ZWH
文件名(N): A4模特1.ZWH
文件类型(T): All Files(*.*)
打开(O)
取消
回收站
网络
Preview
T复色
P压缩
3,018KB 31KB
颜色位数24 颜色数目256
67 像素 5.67 毫米长
154 像素 13.04 毫米宽
2017-12-01 12:41 保存时间

图 4-161

一键原创配色图--3161 * 7155 24位 64.708MB 300dpi 1/1 ...

图 4–162

4.4　应用案例——领带制图

4.4.1　领带制图的基本要求

（1）线条：小花型，600 dpi 时用 3 个像数点，848 dpi 时，5 个点；大花型，600 dpi 用 4 个点，848 也用 5 个点；金线要 4 点以上，一般比原版细。

（2）复色：小花型深地色用 2~3 点（比线条小一点），浅地色用线条压色或 5 点，与金粉压色为 2 点。

（3）云纹：用 45 目或 55 目等。因为领带花型较小，所以画时需要特别仔细，精度要高，分色要精细。

（4）模子：4 种模子如图 4–163 所示。

图 4–163

4.4.2　模子的做法及要求

（1）模子颜色数要求：最多 4 色，一般可用 2 种代表。如图 4–164 所示。

图 4–164

把颜色 1 和 2 位置不一样的颜色换成 3 和 4。其中颜色 1 和 3 上的花型和制图的小回头的图案方向一样；颜色 3 和 4 上的图案是小回头转 180° 后加上的。

（2）色标的颜色要求：色标上的细茎从 5 号色到 31 号色；色标上的色块的色号从 32 号色到 58 号色。细茎的色号和色块的色号要一一对应，即 5 号对应 32 号、6 号对应 33 号，依此类推。

（3）特殊号：每个单色上都可以加上 64 号色，一般用做光标色。

（4）做法：其一普通做法（单裁剪线），如图 4–165 所示，根据客户的裁剪版线和大小要求，剪出等高度（窄的部分）大小，画一条角度为 50° ~54° 的斜线，把其中一边涂成线的颜色，用剪刀把对角的颜色切掉，再根据大小要求加大尺寸，把加大的部分分别涂成 1 和 2 号色。再把边缘加大，贴上色图标即可。上下的空白应该一样！其二（主要做法）：做一半大小，增大到模子尺寸存盘，再转 180° 后合并，四边贴空白，贴色标即可。

图 4-165

4.4.3 领带制图方法

（1）扫描原图，如图 4-166 所示。

（2）如图 4-166 模样，直接取回头：第一种，用 600 线做；第二种用 848 线做。第二种如果用领带加模子，做稿前图扩大 1.414 倍；用 F12 单色做菲林时，不用扩大，做菲林时点“毫米”。用 848 线做时，不管哪种方法做菲林都要转 45°。

（3）如图 4-166 模样，用 600 线做时，模子的方向如图 4-167 所示。

如果用 848 线做，加模子如图 4-168。模子如图 4-167 时，小回头要顺转 90 度做。

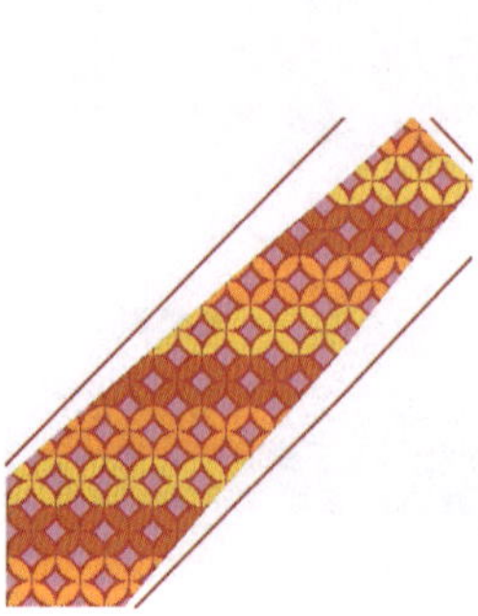

A　　B

图 4-166

图 4-167

图 4-168

（4）定位领带做法：首先，要知道模子和手卷边为多少；稿子用 848 线做时，要先把原版放在模子里，图做完后定位。方法是：把做好的图滚回头贴在有原版的模子里看位置对不对，不断滚回头到对准为止。注意：贴原稿时不要忘了把手卷边也要给算进去。

用 600 线做时，扫描整条领带，套在模子上，补好大头就好；中头和小头，根据稿子随便贴；大花型在做小头时，转 180° 贴上就可。

4.5　数码制版设备

随着时间的推移，科技成果的不断转化，目前大部分激光照排机（分色文件用胶片成像曝光到设备）被淘汰，随之而来的是更省耗材和时间的先进设备，并且操作也越来越简单。这里对几款设备做简单介绍。

（1）菲林喷墨机。由于激光照排片价格昂贵且暗室操作要求严格，且对技工的熟练程度要求高，国外首先开发了用打印油性墨水代替激光照排机的方案。机器一般选用打印广告的设备（写真机），直接换上专业墨水即可。也有把写真集改良，改成激光照排机的样子，为的是提高胶片的准确性。优点是价格低，操作简单；缺点是由于机器走纸系统的误差（两边进纸时），多套色稿件的对版的准确性不好，有错位。目前一般用于大的家纺类印花出片或服装面料印花打小样的样片。

（2）喷墨制版机。由于菲林喷墨机的误差大，有人就做了平板式打印，把菲林贴在平板上，机器平行移动进行打印。再后来有人做了网版支撑架，做平网网版时直接把网版扣在支撑架上进行打印，并将墨水改换成水性墨水，省去了胶片的费用。圆网也是根据这个原理，把喷头平行移动，而圆网滚筒匀速转动，完成制版。喷墨制版后的网版需要曝光，被墨水挡住的部分因为没有感光，遇水后就会冲洗掉，而没被挡住的部分因为感光而固定在网版上。

（3）喷蜡制版机同喷墨制版机。使用耗材为蜡，而不是墨水。相比喷墨，精细度稍高，但耗材价格高于墨水。

（4）蓝光制版机。为了能更节省耗材，提高精细度，绍兴金昌软件公司开发出蓝光制版设备，代替喷墨设备。蓝光设备是直接曝光图案到网版上，曝光过的部分留在网版上，而没有曝光的感光胶遇水后脱离。圆网蓝光比较稳定好用，而平网蓝光受网版的平整度限制，问题比较多。但也是目前比较先进的制版设备了。

（5）激光制版机。这个设备目前只有圆网使用。因为激光制版的功率较大，它主要是靠激光把感光胶打掉。普通的平网网纱没有办法承受这么高的热度。所以这样的制版方式是把圆网网版上胶固定后，再进行激光打印。打印后的网版就是成品了。

思考题：

1. 计算机分色软件有哪些功能？
2. 分色软件的基本操作有哪些步骤？
3. 分色软件的常用菜单有哪些？
4. 用分色软件设计一个领带图案。

参考文献：

[1] 王灿才 . 喷墨印刷质量的分析与研究 [J]. 包装工程，2008，29(2):55-57.
[2] 占红武 . 工业喷墨打印控制系统研究 [D]. 杭州 : 浙江工业大学，2008.
[3] 杜威，鲁国涛，李玉光 . 喷墨数码印刷机喷墨头拼接方式及整体调节机构 [J]. 数码印艺，2010(9):70-72.
[4] Product Manual of StarFire SG1024/A Printheads[Z]. USA:FUJIFILM DIMATIX Inc，2014.
[5] 陈黎明 . 喷墨印刷机的分辨率 [J]. 印染，2013，39(3):18-19.
[6] King K. Emerging technologies for digital textile printing[J]. AATCC Review，2009(8):34-36.
[7] 房宽峻 . 数字喷墨印花技术 [M]. 北京 : 中国纺织出版社，2008.
[8] 张为海 . 数码印花工艺教程 [M]. 北京 : 中国纺织出版社，2015.

第5章
数码印花前处理与喷墨印花

喷墨印花工艺不同于纸张打印，为了让喷墨印花效果得到提高，并增强保水性及喷墨印花时织物对油墨的吸墨量，通常会对织物表面实施预处理。前处理液中糊料的种类和含量可根据织物的性质针对性地选择，碱剂和保湿剂的选择可根据具体情况作具体分析，若选择不好，很大程度会影响固色率和颜色效果。对于棉织物，糊料更多选择海藻酸钠，丝织物则更多选择羧甲基纤维素。碱剂最常用的为碳酸氢钠，保湿剂为尿素。碱剂用量对印花效果的影响很大，用量过多容易引起活性染料水解，导致固色率下降，织物颜色偏浅，还会导致废水的COD偏高；过少则提供的碱性反应条件不够，导致活性染料与织物的反应不足，织物颜色偏浅。为保证染料能充分上染并固着在纤维上，并充分体现喷墨印花优异的图案效果，同时为保证涂料的色牢度和改善印花图案的颜色深度和鲜艳度，防止涂料墨水在某些织物上渗化并扩大涂料墨水的色域，必须对织物进行预处理。喷墨印花织物的预处理要根据织物品种、墨水性能和喷墨印花的质量要求来选择合适的预处理工艺。

5.1 数码印花预处理目的

在常规印花的色浆中除了染料之外通常还有增稠剂、尿素、释酸剂或碱剂等化学药剂。其作用在于使染料固色以及获得染色牢度和保持印花清晰度。但是纺织品数码印花机却不能直接使用这种色浆。印花机的喷头是一个具有一定化学和物理性能的精细部件，使用常规的色浆会对其喷嘴造成堵塞甚至严重损害机器。因此，喷墨印花所使用的墨水必须符合一定的要求。除染料外的其他药剂需通过其他的方式附着在织物上。

数码印花机喷嘴喷出的墨滴与织物表面发生碰撞，从而在织物表面形成所需要的图案。影响图案形成质量好坏的因素主要有两方面：一方面是墨滴的大小；另一方面则是墨滴与织物之间的相互作用。从之前的介绍中已知每个喷嘴的直径非常小，所产生的墨滴可达微米级。因此，只要喷头规格稍有不同，产生的墨滴大小会有很大改变，继而导致印制的图案产生偏差。此外，墨滴与织物间的相互作用也很关键。墨滴在织物上的附着过程可细分为碰撞和吸收两个部分。其中，墨滴碰撞后在织物上的铺展润湿过程影响着印制图案的精细程度。

墨滴的大小与喷头的构造有关，在此不进行深入探究。现主要探讨墨滴与织物表面的相互作用。通常会根据不同种类的织物选择相应的工艺对织物进行预处理。预处理的目的一方面在于控制墨滴与织物之间的相互作用，另一方面则是为墨水上染织物纤维提供必要的环境。其成分主要包括防渗剂、膨化剂、酸/碱剂、无机盐等。

防渗化剂主要是一些印花增稠剂。其作用是在织物纤维表面形成一层薄膜，对织物中的毛细管起到堵塞作用，在印花时抑制墨水的铺展（经纬向渗化）；同时在织物烘干或汽蒸时能够防止染料的扩散，达到提高印花精度的目的。

酸/碱剂主要是提供酸性染料、活性染料与织物反应的 pH 环境。一般活性染料常用 Na_2CO_3 或 $NaHCO_3$，其作用相当于固色剂，促进染料在汽蒸过程中与织物的固色反应，使得墨水具有一定的固色率。

膨化剂一般使用的是尿素或乙二醇。尿素的作用机制比较复杂，但对提高染料的上染率有很明显的作用。其原因在于经尿素处理过的织物在喷印后的烘干过程中织物上附着的尿素会发生水合作用，形成染料－尿素－水这一形态的共融化合物。汽蒸固色时纤维表面凝结的水量增多，织物被润湿和溶胀，染料以共融化合物的形式存在更有利于纤维内部扩散，并与纤维上的羟基发生化学键合反应。

总而言之，织物预处理的目的一是阻塞纤维之间的毛细管效应改善织物的润湿性；二是为染料的上染提供必要的环境。在常规的印花工艺中会采用合适的印花糊料防止染料的渗化，固色所必需的助剂只能添加至预处理液中，而非像传统印花那样与染料一起调制成色浆。

5.2 活性染料喷墨印花

活性染料主要应用于纤维素纤维如棉、麻以及黏胶纤维的着色，也可以应用于丝绸、羊毛和大豆纤维的着色。活性染料分子中的活性基团可以与纤维素纤维和蛋白质纤维中的羟基或氨基发生化学反应形成共价键结合，因此活性染料在纤维上着色后可以得到良好的手感和湿处理牢度。活性染料应用于数字喷墨印花时，需要将活性染料制备成活性染料喷墨墨水，制作活性染料喷墨墨水需要根据数字喷墨印花机装配的喷墨打印头和控制系统进行设计和制作，活性染料可以应用于不同的印花机和打印头，但由于打印头的型号和打印头的控制系统的不同，往往需要对活性染料墨水进行单独设计。因此在应用活性染料喷墨墨水时需要注意是否与数字印花机匹配，同时活性染料喷墨墨水是一个体系较为复杂的混合物，不同厂家生产的活性染料喷墨墨水的组分往往是不同的，所以通常在更换使用不同厂家生产的活性染料喷墨墨水时，对数字印花机中的墨水供应系统进行彻底清洗是必要的，由于活性染料为含有水溶性基团的染料，因此可以使用纯净的去离子水进行清洗，为了提高清洗的效率也可以使用活性染料喷墨墨水专用清洗液。

活性染料喷墨墨水除了实现要求的着色色域和良好的固色性能，储存稳定性以及使用稳定性也是活性染料喷墨墨水的重要性能。由于水和纤维素都可以作为亲核试剂与活性染料发生化学反应，活性染料喷墨墨水中的活性染料与水会发生水解反应，尤其在较高温度下运输、储存和使用活性染料喷墨墨水会加速活性染料的水解反应，所以活性染料喷墨墨水储存、运输和使用环境温度不宜超过 25 ℃，水解反应后的活性染料由于不具备与纤维素纤维和蛋白质纤维上的羟基或氨基发生化学反应的活性基团，会降低活性染料喷墨墨水在纤维素纤维或蛋白质纤维上的固色率，从而影响印花图案的色域。同时水解后的活性染料存在于喷墨墨水中会破坏整个墨水体系平衡进而影响打印稳定性。活性染料喷墨墨水的大致组分为去离子水、活性染料和添加剂，其中添加剂需要根据不同型号活性染料的性质进行选择，同时还要考虑数字印花机打印头和打印头控制系统的要求，通过活性染料喷墨墨水的组分和制作工艺综合实现。活性染料喷墨墨水在数字印花中扮演重要角色，但往往只是通过品质良好的墨水并不能够实现要求的印花效果，还需要数字印花设备、色彩管理以及印花工艺的控制。

数字印花机主要涉及印花的精细度或效率，印花精细度和效率是矛盾的，通常需要根据对印花图案的精细要求来设置喷墨精度。不同的印花机有时装配了不同型号和厂家的打印头，在实际应用中印花精细度参数的设置也会有区别。通常数字印花都要进行色彩管理，制作色彩管理特性曲线需要根据数字印花机设置的精度以及织物类型来进行。在制作色彩管理特性曲线以进行色块读取时需要使用经过预处理的色块，同时在制作过程中需要固定对织物前后处理工艺全流程的影响因素，从而实现色彩管理。在活性染料喷墨印花时，需要对喷墨印花前和喷墨印花后的织物进行一系列处理，进而实现活性染料在织物上良好的固色以及赋予织物更多的功能。

喷墨印花前对织物进行处理是喷墨印花的第一道工序，纺织厂生产的织物为没有加工的原布或称之为坯布。原布中含有大量的杂质，如棉纤维的天然杂质、合成纤维上的油剂以及经纱上的浆料和污垢。这些杂质会使织物泛黄、手感粗糙以及吸水性差。需要对棉织物进行烧毛、退浆、精炼和漂白，从而去除棉织物中的各种杂质，同时提高织物的白度和吸水性。根据需要还可以对棉织物进行色光和热定型，以改善棉织物的品质。

（1）棉织物的预处理

对于棉织物前处理，首先需要对原布进行检验，检验的项目包括原布的长度、幅宽、质量、经纬纱线密度、经纬纱线强力等，通过检验来判断原布在纺织过程中形成的疵病是否超标，比如缺经、断纬、跳纱、棉结、油污纱、筘路等。检验合格的原布需要进行翻布，翻布主要通过对布匹进行分批、分箱和打印实现加工中布匹的输送和管理。翻好后的布需要逐箱逐批通过缝纫机将每匹布的首尾连接起来，即缝头。棉织物由棉纤维纱线纺织而成，在纱线表面有许多露出的纤维末端，因此棉织物表面存在许多长短不一的绒毛，这些绒毛会降低织物表面的光洁度且易沾污，给后续加工造成不利。通常使用气体烧毛机、热板烧毛机和圆筒烧毛机进行去毛处理。经过烧毛处理的棉织物表面纹路清晰、光滑整洁、不易起球。

（2）退浆

织物织造过程中，经纱易受到较大的张力和摩擦产生断裂，为减少经纱由于张力和摩擦产生的断裂，提高织造效率和原布质量，在织造前通常需要对经纱进行上浆处理，将经纱在浆液中浸轧后烘干，使纱线中的纤维黏合在一起，并在纱线表面形成一层薄膜，使纱线变得紧密、光滑，进而提高纱线的断裂强度和耐磨性能。经纱上浆浆料既可用天然的，也可以用合成的，应用较多的是淀粉或变性淀粉，还可以用聚乙烯醇和丙烯酸类等合成浆料。棉纤维和黏胶纤维通常采用变性淀粉进行上浆，涤棉、涤黏混纺纤维通常采用聚乙烯醇与变性淀粉的混合浆进行上浆，也可以使用变性淀粉和聚丙烯酸酯混合浆。上浆后的纱线有利于织物的织造，但织造完成后由于浆料仍存在于原布，浆料的存在不利于原布的染色和印花，因此需要将存在于原布的浆料去除，即退浆。

①常用的退浆方法包括碱、酸、酶和氧化剂退浆，退浆方法需要根据织物品种、织物上的浆料成分、退浆要求来确定，如可以单独使用碱、氧化剂或酶退浆，也可以分别使用碱和酸、酶和酸退浆。碱退浆原理为淀粉、变性淀粉、聚乙烯醇等浆料织物在热碱液中发生溶胀，从凝胶转变为溶胶，使浆料与纤维的黏着力变小同时在机械力作用下从织物上脱落下来。碱退浆通常经过在 70~80℃质量浓度在 4~10 g/L 的氢氧化钠溶液浸轧，再汽蒸 60 min 或在 50~70 ℃环境堆置 4~5 h 后水洗。

②酶是一种具有蛋白质性质的生物催化剂，淀粉酶对淀粉浆料和改性淀粉水解有高效催化作用，因此可以应用于淀粉或变性淀粉上浆织物的退浆。淀粉酶退浆具有退浆效率高以及不损伤纤维素纤维的优点，但只能用于淀粉或变性淀粉浆料的退浆。使用淀粉酶进行退浆时通常需要对织物进行预水洗，通过预水洗增加浆料薄膜的溶胀程度，同时洗去对酶退浆不利的防腐剂及酸性物质。可以将原布在 80~90 ℃含有 0.5 g/L 的非离子表面活性剂水溶液中进行预水洗。预水洗后的织物在 70~85 ℃和 pH=5.5~7.5 的条件下浸轧或喷淋酶溶液，然后依据酶的稳定性在 40~50 ℃堆置 2~4 h 或直接在 100~115 ℃环境汽蒸 12~120 s 进行酶水解。完成酶水解的淀粉浆料仍然黏附在织物上，可以使用洗涤剂在高温水中进行洗涤，洗涤后的织物即完成退浆。

③酸退浆常与碱退浆或酶退浆联合使用。为了避免酸退浆对纤维素的损伤，酸退浆时需要严格控制工艺条件，酸退浆可以有效地去除织物中的矿物盐和提高织物白

度，但酸退浆的退浆率并不高。这主要是因为酸可以使淀粉或改性淀粉发生一定程度水解但不充分。因此酸退浆通常是织物先经碱或酶退浆再进行酸退浆，以进一步去除矿物盐的作用。酸退浆首先将织物浸轧 4~6 g/L 硫酸溶液，温度控制在 40~50 ℃堆置 45~60 min 后进行充分水洗即完成酸退浆。

④氧化剂退浆原理为淀粉浆料或其他合成浆料在氧化剂的作用下发生氧化反应使分子断裂后更易溶解于水。氧化剂退浆率高于碱退浆，尤其对未知浆料具有高效的退浆效果。用于退浆的氧化剂有氧化氢、亚氧酸钠、次氯酸钠、亚溴酸钠、过硼酸钠、过硫酸钠、过硫酸铵和过硫酸钾等。若使用氧化剂退浆，可以将织物浸轧按溴计为 0.5~1.5 g/L 的亚溴酸钠溶液，控制 pH=9.5~10.5 室温堆置 15 min 后进行水洗，水洗包括碱水、洗热水洗和冷水洗。

（3）煮染

织物经过退浆去除了织物上的大部分浆料、油剂以及部分天然杂质，但大部分天然杂质仍然存在，同时还存在残留浆料和油剂，因此退浆后的织物需要进行以去除天然杂质为主要目的的煮练，或称精炼。煮练通常是将退浆后的织物在烧碱、乳化剂、络合剂、还原剂组成的煮练液中，于高温 100 ℃或更高温度条件下处理加工。煮练后的织物需要用 80 ℃以上的热水洗涤，温度过低容易导致已经溶解的杂质溶解度下降进而重新黏附在织物上。经过热水洗涤再经过冷水洗涤即完成煮练。

煮练过程去除了天然杂质以及残留的浆料和油剂，煮练后的织物手感柔软，同时吸水性有较大提高。但煮练并不能去除织物中的天然色素，天然色素的存在导致织物的白度不高。为了提高织物的白度和浅色印花布的鲜艳度，可以对织物进行漂白处理。漂白可以破坏织物中的色素分子，同时会对织物纤维本身造成损伤，因此需要通过对漂白工艺各个因素的控制来保持纤维最低损伤的情况下使织物达到最佳的白度。织物经过漂白后白度有了较大程度的提高，但织物的颜色还会略呈微黄色，若对白度有更高要求，还可以使用微量的蓝色染料或荧光增白剂进行增白处理。漂白织物的质量指标包括白度、白度稳定性、织物吸水性、织物强度和聚合度等。漂白剂有还原性漂白剂和氧化性漂白剂。二氧化硫、亚硫酸氢钠及二亚硫酸钠属于还原性漂白剂，还原性漂白剂通过还原色素实现漂白，通过还原性漂白剂漂白的织物容易被空气中的氧气氧化而恢复漂白前的颜色，因此使用还原性漂白剂时白度稳定性不高。使用氧化性漂白剂可以实现较好的白度和白度稳定性，氧化性漂白剂有氧化氢、次氯酸钠、亚氯酸钠、过醋酸和过碳酸钠等，氧化氢、次氯酸钠和亚氯酸钠较为常用，其中氧化氢漂白效果好并具有较好的白度稳定性，同时具有环保的优点。

（4）丝光技术

为了改善和提高织物的尺寸稳定性、拉伸强度，需要对织物进行丝光处理。可以对漂白后的织物进行丝光，也可以对漂白前的织物进行丝光，甚至可以对原布或经过染色后的织物进行丝光。通常是对织物漂白后进行丝光，漂白后进行丝光有较好的效果，但会稍微影响织物的白度，所以对白度要求高的织物可以漂白前进行丝光。所谓丝光一般是使用浓度较高的氢氧化钠溶液并在一定张力的条件下对织物进行处理。棉织物或面纱经过丝光后，棉纤维超分子结构和形态结构发生变化，可以使织物得到丝绸一样的光泽，同时织物的拉伸强度、尺寸稳定性和染色性能得到进一步提高和改善。使用浓度较高的氢氧化钠溶液对棉织物进行处理是一个不可逆的化学改性过程，棉纤维在较高浓度的氢氧化钠溶液中或剧烈溶胀，使纤维素大分子的分子形态、取向、结晶度、结晶尺寸发生改变。纤维大分子的变化使纤维的拉伸强度、尺寸稳定性、光泽和吸附能力得到提高。棉纤维在浓烧碱中发生溶胀时，纤维的横截面增加，同时在轴向上收缩，纤维的横截面由相对扁平的不规则形转变为圆形，纤维轴向在适当的张力下拉伸纤维阻止纤维收缩，纤维表面褶皱消失变成光洁的圆柱体，对光线的反射更加规则并显现光泽。浓氢氧化钠溶液处理棉织物除了渗透到纤维的无定形区，还渗透到结晶区使部分结晶区转变为无定形区，即纤维的晶格发生了一定程度的变化。用水洗去织物上的氢氧化钠并干燥后，纤维仍会发生一定的收缩，但基本上保存了纤维溶胀时的形态，已经恢复不到原来的状态，无定形区的含量增大，成为不可逆的溶胀，纤维具有较高的光泽和化学活泼性。纤维素在浓氢氧化钠溶液中溶胀时纤维素大分子间氢键断裂，在张力的作用下无定形区分子排列取向整齐，将氢氧化钠洗去后纤维素的取向度得到提高并形成新的氢键和结合力，故纤维的强度得到提高。

（5）反应基团对喷墨印花的影响

织物经过退浆、煮练、漂白、丝光等工序不仅去除了各种杂质而且提高了织物的白度、拉伸强度以及吸附性能。这些性能提升使得织物进行染色和印花时可以得到良好的效果。活性染料分子或离子中含有一个或一个以上的反应基团，反应基团在一定条件下可以与纤维素纤维上的羟基以及蛋白质纤维或聚酰胺纤维上的氨基发生化学反应形成共价键结合。活性染料与纤维的反应主要为亲核取代反应或亲核加成反应，如卤代均三嗪和卤代嘧啶类活性基的活性染料与纤维发生亲和取代反应，而乙烯砜和乙烯磺酰胺基类活性染料与纤维发生亲和加成反应。活性染料在织物上的反应性和固色率通常由活性染料的结构和染色条件综合决定，如活性染料结构中活性基越大，可以越大地提高活性染料的反应性，同时扩散性能降低。乙烯砜硫酸酯生成活性基乙烯砜后染料的水溶性降低，直接性提高。活性染料的直接性越高，越容易吸附到纤维上，进而提高固色效率和固色速率。染料的扩散性影响上染速率和匀染性，若染料扩散快，那么在一定时间内和纤维的羟基接触的概率高，有利于提高染料的反应速率和固色效率。

① pH 值对染料与纤维的反应影响较大。pH 值高到一定程度时纤维素阴离子与氢氧根离子的浓度比值会缩小，进而影响固色速率和固色效率。同时 pH 值增高，增加

了纤维素羟基的离解，纤维带更多的负电荷，纤维对染料阴离子的斥力增加进而使染料的直接性降低。因此活性染料固色时，需要在碱性条件下进行，但碱性太强反而降低固色效率。在活性染料与纤维反应时，提高温度可以使反应速率提升，同时染料水解反应速率也会提高。温度的提高使染料的直接性降低，固色速率得到提高，同时固色效率降低，故在实现一定固色速率的情况下温度不宜过高。

②电解质对固色速率和固色效率也有很大影响，如使用元明粉等中性电介质可以提高染料的直接性，同时由于染料和纤维素都带有负电荷，电解质的加入使离子强度得到提高进而加速染料与纤维素之间的反应。但过多的电解质会加重染料的聚集程度，染料的聚集程度增加过多，固色速率、固色效率和匀染性会不断下降。

③尿素作为助剂常用于织物染色和印花，尿素具有染料助溶作用并可以加速纤维溶胀，又是良好的吸湿剂，因此可以加速染料的固色。固色率随尿素用量的增加而增加，但过高的用量对固色率的提高并不明显，因此尿素用量不宜过高。

④活性染料印花通常是在织物的局部进行染色，因此印花与染色有相同的地方又相互区别。使用筛网（圆网或平网）对织物的局部进行染色时，为了实现印花边缘的清晰度，在印花色浆中除了含有必要的活性染料及化学药剂外，需要使用糊料来阻止染料的渗化。糊料通过提高溶液的黏度来实现防止渗化的功能。常用的糊料主要有淀粉、海藻酸盐、野生植物种子胶、树胶、蛋白质、纤维素、淀粉和植物种子胶的变性物、丙烯酸共聚物的铵盐和钠盐、马来酸酐共聚物的铵盐和钠盐，以及油 / 水或水 / 油乳化糊料等。淀粉由直链淀粉和支链淀粉组成，通常淀粉中支链淀粉含量为 70%~80%，直链淀粉含量为 20%~30%，不同原料制得的直链淀粉和支链淀粉比例不同，筛网印花时应用较多的是小麦淀粉。淀粉为不规则形状的颗粒，在水中难于溶解，但都是亲水性高分子。制备糊料时随温度的提升，水分子逐渐进入淀粉颗粒内部使淀粉颗粒逐渐溶胀，颗粒体积逐渐增大促使黏度升高，继续升温时溶胀的淀粉颗粒破裂，黏度开始降低，冷却后由于分子间引力结合成三维网状结构进而产生较高的结构黏度。为了进一步提高淀粉的性能可以将淀粉与适当的试剂反应制得淀粉衍生物，如羧甲基淀粉钠用于活性筛网印花可以获得较好的匀染、透染和易清洗性能。另外纤维素衍生物如羧甲基纤维素钠与羧甲基淀粉钠相似，同样可以得到较好的匀染和易清洗性能。海藻酸钠是一种重要的印花糊料，来源于海藻，海藻酸钠分子中具有羧基阴离子，因此和阴离子染料存在静电斥力，由于分子中不具有伯醇基，不易与活性染料反应，同时有利于活性染料从浆料中上染纤维，特别适用于活性染料印花。除了淀粉及其衍生物、纤维素衍生物和海藻酸钠等糊料，还可以使用龙胶、刺槐豆胶、瓜尔豆胶、阿拉伯树胶作为筛网印花糊料。使用筛网对织物进行印花欲获得良好的上染率、给色量、印花清晰度等性能，需要综合协调染料性质、织物性质、化学药剂、固色工艺条件、糊料性质等各种因素，有些因素往往是相互制约的。

（6）喷墨印花的预处理剂

活性染料喷墨印花方式不同于筛网印花方式，由于喷墨打印系统对活性喷墨墨水性能的要求，活性染料喷墨墨水中并不能添加织物印花所需的化学药剂及糊料，将活性染料印花所需化学药剂及糊料预涂到织物对于活性染料喷墨印花是必要的。

①喷墨印花前处理剂可以由活性印花所需的化学药剂及糊料制得。在喷墨印花前通过浸轧或涂布工艺对织物进行前处理，处理后进入数字喷墨印花机进行喷印。采用数字喷墨方式对织物进行印花时除了活性染料喷墨墨水外，前处理也成为影响印花清晰度、固色率、色深度等性能的重要因素。织物的前处理剂可以将海藻酸钠糊料、尿素、碳酸钠或碳酸氢钠、抗还原剂和水混合调制得到，可供参考的活性染料喷墨印花织物前处理剂的化学药剂品种和用量如下：

海藻酸钠糊料	1% ~ 5%
尿素	3% ~ 20%
防染盐 S	1%
碳酸钠或碳酸氢钠	1% ~ 4%
水	X%
	100%

Ciba 公司用于活性染料喷墨印花棉织物前处理剂如下：

Ciba FLUID 或 IRGAPADOL MP	15% ~ 20%
氯化钠	10%
尿素	10%
碳酸钠	4%
LYOPRINT RG	2%
水	X%
	100%

Ciba 公司用于活性染料喷墨印花黏胶织物前处理剂如下：

LALCOPRINT RD-HT	3%
无水硫酸钠	10%
尿素	20%
碳酸钠	4%
LYOPRINT RG	2%
水	X%
	100%

Ciba 公司用于活性染料喷墨印花真丝织物前处理剂如下：

IRGAPADOL MP	15% ~ 30%
Ciba FLUID C	15% ~ 30%
尿素	5% ~ 10%
碳酸氢钠	1% ~ 2.5%
LYOPRINT RG	1%
LYOPRINT AIR1 : 1	1%
水	X%
	100%

②喷墨印花后需要进行固色、水洗工序，可供参考的气蒸固色条件为 100~102 ℃饱和蒸汽条件下汽蒸 1~3 min。汽蒸后的织物进入水洗工序，水洗是活性染料喷墨印花后处理工艺中的重要工序。水洗工序的目的是去除未固着的染料、前处理化学药剂以及糊料。活性染料印花织物水洗通常包括冷水洗、40~50 ℃热水洗、皂洗、热水洗、冷水洗等。在皂洗之前进行冷水洗和热水洗为的是从织物上去除未固着的染料、化学药剂及糊料，从而提高下阶段皂洗时的效果。一般热水洗涤时间为 10 min，在洗涤液已经接近饱和时延长洗涤时间并不会明显提高洗涤效果。由于有些染料与纤维形成的共价键耐碱性差，为了避免造成染料与纤维共价键的断裂，以及前处理剂中的碱剂清洗不彻底所导致的染料色光萎暗，皂洗前可以将织物在酸性浴中进行中和，中和产生的盐也要加以注意，因为盐含量太高会导致纤维内部未固着的染料向皂洗液中扩散，清洗不彻底的未固着染料停留在织物中会造成印花织物的湿处理牢度指标。

③可以通过整理改善织物外观和内在品质，进而提高织物的服用性能或赋予织物不同功能。在纺纱、织造、印花前处理和印花过程中，纤维和织物经过多次在不同环境下反复拉伸和干燥，往往使织物经向伸长、纬向收缩、幅宽不匀、纬斜、手感粗糙，以及出现高温干燥引起的“极光”等缺点。为了尽可能消除这些缺点，需进行定幅整理。

由于棉、黏胶纤维、蚕丝或羊毛为亲水性纤维，这些纤维在潮湿状态有一定可塑性，可以将门幅缓慢拉宽至规定的尺寸，消除织物内部的部分应力，纬斜得到纠正，织物经烘干、冷却后实现较为稳定的尺寸进而满足织物的规格要求。织物的定幅整理在拉幅机上进行。

5.3 分散染料喷墨印花

分散染料主要应用于合成纤维涤纶纤维织物的染色和印花，还可以应用于锦纶、腈纶、丙纶、氨纶和芳纶等合成纤维。分散染料分子结构中通常会含有少量的非离子极性基团如羟基、氨基、羟乙基、氰基、硝基等，但分子结构中不含离子化的水溶性基团，因此分散染料属于水溶性很低的非离子染料。分散染料通常以染料微粒（分子聚集体）的形式存在，分散染料对涤纶织物的上染，通过在一定温度条件下分散染料分子发生剧烈运动，分散染料聚集释放出单分子分散染料，单分子分散染料由于与涤纶纤维间的亲和力吸附到纤维表面，同时在一定温度条件下纤维大分子链段发生剧烈运动，聚合物分子间空隙增大并增加了聚合物的自由容积，单分子分散染料向纤维内部扩散并使染料与纤维发生牢固固着。分散染料对涤纶的上染为自由体积扩散模型过程，因此降低涤纶纤维的玻璃化温度或提高纤维无定型区的空穴密度可以实现更高的固色速率。分散染料上染纤维主要通过氢键、范德华力来实现。

分散染料应用于数字喷墨印花时需要将分散染料制备成分散染料喷墨墨水，分散染料喷墨墨水主要包括分散染料、添加剂和水。由于分散染料为难溶性着色剂，分散染料应用于喷墨墨水时需要进行必要的表面处理，以得到分散性能稳定的分散染料悬浮液。分散染料喷墨墨水可以应用于不同的印花机和打印头，但由于打印头的型号和打印头的控制系统的不同，往往需要对分散染料喷墨墨水进行单独设计。

通常数字印花都要进行色彩管理，制作色彩管理特性曲线需要根据数字印花机设置的精度以及不同的织物来进行。与活性喷墨墨水相似，在制作色彩管理特性曲线时进行的色块读取，需要使用经过前后处理的色块，同时在制作过程中需要将对织物前后处理工艺的全流程影响因素进行固定，通过对流程中影响因素的控制来实现色彩管理的正确性和重现性。

（1）分散喷墨印花的预处理

涤纶在纺纱和织造过程中为了提高纺纱效率和质量通常需要上油和上浆处理，这些油剂和浆料会影响涤纶织物的染色和印花，因此需要对涤纶织物进行退浆和精炼以去除织物上的油剂、浆料等杂质。涤纶织物常用的浆料有聚酯、聚丙烯酸酯和聚乙烯醇等，这些浆料在碱性条件下发生水解而去除，同时为了去除织物上的油剂以及使水解后的浆料不再沾污纤维，在退浆剂中常添加表面活性剂。

①为了进一步去除织物上的油剂，可以通过不同表面活性剂复配成精炼剂对织物进行精炼处理。为了提高精炼效果，制备的精炼剂通常要具有较低的表面张力、较低的 CMC 和较大的胶束量、HLB 值在 10~14。涤纶织物退浆通常是在 90~100 ℃，以及 pH 值 8~9 的条件下进行。常用的退浆设备和工艺有精炼槽间歇式退浆工艺、喷射溢流染色机间歇式退浆工艺和连续式松式平幅水洗机退浆工艺。

②为了获得似真丝织物的风格可以进行松弛加工，以消除纤维在纺丝、加捻和织造时产生的内应力，进而提高织物的手感和丰满度。事实上，涤纶纤维的松弛加工常与精炼同步进行，但对于纤维线密度较高的超细纤维织物，由于纤维线间隙中的浆料油剂不易去除，可以将精炼与松弛加工分开进行。为了便于涤纶织物的后续整理和印花等工序的顺利进行，需要对织物进行预定形，对涤纶织物进行预定型通常采用干热定形工艺，干热定形可以在 180~190 ℃、30~60 s 条件下进行。

③由于涤纶为疏水性纤维，其吸湿性和服用性并不佳，为了改善涤纶织物的吸湿性进而提高服用性，可以对涤纶织物进行碱减量处理。碱减量处理是通过浓烧碱溶液并在高温条件下对织物进行处理。碱减量处理后涤纶表面被碱刻蚀并形成凹坑，织物的质量得到减轻，并使织物的手感柔软性和吸湿性得到提高，因此碱减量整理常被称为仿真丝整理。通常使用氢氧化钠、氢氧化钾等无机碱作碱减量处理的碱剂。为了提高碱减量处理效率，常采用阳离子表面活性剂作为碱减量促进剂，包括季铵盐阳离子和阳离子聚合物表面活性剂，季铵盐阳离子表面活性剂如十二烷基二甲基苄基氯化铵、十二烷基二甲基苄基溴化铵、十六烷基三甲基溴化铵等，阳离子聚合物表面活性剂如甲基二乙基铵烷基苯甲基聚乙二醇醚苯磺酸盐、聚二甲基二烯丙基氯化铵和聚 –4– 乙烯基苄基三甲基氯化铵等。

碱减量处理后，织物强力会随减量率的提升而下降，涤纶表面被碱刻蚀形成凹坑，并且涤纶纤维变细，从而改善了织物的透气性、吸湿性、光泽和手感，同时由于经过碱减量处理，涤纶表面形成了大量凹坑，这些凹坑增加了分散染料与涤纶接触的面积，进而会提升分散染料对涤纶织物的上染率。对涤纶织物进行碱减量加工可以使用的加工方法有间歇式、半连续和连续加工法。

涤纶织物经过退浆、精炼或碱减量处理后，为了便于染色或印花需要对涤纶织物进行热定型处理。

（2）分散染料喷墨印花的工艺及注意事项

①使用分散染料进行筛网印花时除了使用糊料来阻止分散染料的渗化，为了加速高温固色时纤维对染料的吸附和扩散，筛网印花色浆中还可以加入一定量的尿素。使用含有硝基或偶氮基的分散染料时，在高温固色时易被还原而变色，可以通过在筛网印花色浆中加入防染盐 S 或氯酸钠等氧化剂来改善。筛网印花色浆的 pH 值对分散染料印花有较大影响，如某些含羟基的分散染料在 pH 值过高时会使分散染料离子化而产生变色，有些含氨基、酯基和酰胺基的分散染料在 pH 值过高时同时在高温环境中容易水解而变色。当筛网印花色浆的 pH 值过低时有些含氨基的分散染料可能被离子化或氧化而变色，因此需要对筛网印花色浆的 pH 值进行严格控制，通常将 pH 控制在 4.5~6。

②喷印后的织物可以在 175~180 ℃条件下汽蒸固色 6~10 min 或在 180~200 ℃条件下热熔固色 1.0~2.5 min。经过固色处理的涤纶织物进入水洗工序。需要指出的是，如果使用具有一定高温升华性能的分散染料制备喷墨墨水，那么这种墨水可以使用热转印工艺对织物进行印花。热转印工艺通过将分散染料墨水喷印在转印纸上，然后将印有图案的热转印纸与涤纶织物贴合在一起，并在 195~210 ℃条件下热轧 30~40 s 实现固色。由于热转印工艺不需要将喷墨墨水喷印在织物上，没有染料渗化问题，故不需要在喷墨印花前采用处理剂对织物进行前处理，同时印花后也可以省去水洗工序，使用热升华工序省去了前处理剂处理和水洗工序，但对热转印纸的消耗量大，同时由于染料具有一定升华性能，故印花后织物的热熔牢度通常不高。

可供参考的涤纶织物数字喷墨印花用前处理液组分如下：

DGT-3	3% ~ 6%
柠檬酸	0.5% ~ 1%
水	X%
——————————	
	100%

Huntsman 公司推荐用于涤纶织物预处理液的组分如下：

Ciba® ALCOPRINT® PDN	1% ~ 5%
Caba® ALCOPRINT® DT-CS	1% ~ 5%
Ciba® LYOPRINT® AIR	1%
CIBAFAST® P	5%
水	X%
——————————	
	100%

通过制备的预处理液对织物进行处理，处理后的织物进入数字喷墨印花机进行喷印。在织物喷墨印花后，可以通过 180 ℃条件下汽蒸 8 min 或在 180~200 ℃条件下处理 1~2 min 实现固色。固色后的织物首先进行冷水淋洗，冷水淋洗后使用 Ciba® ERIOPON® OS 0.1% 的水溶液在 40℃条件下皂洗，皂洗后需要再经过还原清洗、热水洗和冷水洗。

Ciba 公司的 Terasil DI 系列分散染料墨水适用于直接对涤纶织物进行喷墨印花，具有较高的日晒牢度。Ciba 公司的 Terasil TI 和 Terasil TS 系列分散染料墨水既适用于直接喷墨印花工艺，也适用于热转移印花工艺。Terasil DI 和 Terasil TI 系列在涤纶纤维织物喷墨印花使用前，处理剂有经济型、标准型和改进型。经济型前处理剂的组分如下：

ALCOPRINT DT-CS	0.4% ~ 1%
CIBATEX AR	1%
水	X%
	100%

标准型前处理剂组分如下：

ALCOPRINT PDN	1% ~ 2%
CIBATEX AR	1%
LYOPRINT AIR	1%
ALCOPRINT DT-CS	1.5% ~ 2.5%
水	X%
	100%

改进型前处理剂组分如下：

ALCOPRINT PDN	2% ~ 3.5%
CIBATEX AR	1%
LYOPRINT AIR	1%
ALCOPRINT DT-CS	3% ~ 5%
水	X%
	100%

将前处理剂通过浸轧工艺控制轧余率 70%~80% 对织物进行处理，并在拉幅机上烘干。烘干后进入数字喷墨印花机进行喷印，喷印后的织物在 170 ~ 180℃条件下汽蒸 8 min 或在 180~200 ℃条件下焙烘 1~2 min 实现固色。固色完成后首先通过冷水淋洗，冷水淋洗后通过 ERIOPON Ⓡ OS 0.1% 的水溶液在 40℃条件下皂洗，皂洗后通过保险粉 0.1%、烧碱 0.2%、EPIOPON Ⓡ OS 0.1% 的水溶液控制温度经 40~70 ℃进行还原清洗，还原清洗后的织物先后进入 70℃温水淋洗和冷水淋洗。

BASF 公司的 Bafixan Ⓡ P100 HS 分散染料既可以用于涤纶织物的直接喷墨印花，也可以用于涤纶织物的热转移印花。使用直接喷墨印花工艺时通过 LupreJet HD 前处理剂对织物进行浸轧处理并在低于 100 ℃条件下烘干，采用 Helizarin Ⓡ EVO P 100 墨水对经过前处理的涤纶织物进行喷墨印花，印花完成后通过 165 ℃条件下气蒸 7 min 或在 175 ℃条件下焙烘 1.5 min 实现固色。固色后的涤纶织物进入水洗工序。

事实上对于不同规格的织物以及不同厂家的分散染料喷墨墨水，为了获得较好印花效果，对织物的预处理组分和用量以及工艺条件并不是完全相同的，往往需要进行必要的调整。

③涤纶作为合成纤维，与天然纤维素纤维相比具有强度高、光泽好、化学稳定性高、防霉蛀等优势，但涤纶的耐热性、导电性和吸湿性等性能较天然纤维素纤维差。涤纶织物在完成喷墨印花、固色或水洗等工序后，为了提升或赋予织物某些功能或风格可以对织物进行后整理，比如抗静电整理和亲水性整理。抗静电整理通过提升涤纶织物的导电性来实现。对涤纶织物进行亲水性整理可以改善涤纶织物的吸湿性、透湿性和放湿性，进而提升织物的穿着舒适性。

抗静电整理通常选用表面活性剂作为抗静电整理剂，包括阴离子、阳离子和非离子。阴离子表面活性剂有烷基磺酸盐和烷基磷酸酯盐；阳离子表面活性剂有脂肪胺的季铵盐和环氧乙烷加成物、咪唑啉衍生物、脂肪胺的有机和无机酸盐等；非离子的表面活性剂有高级脂肪酸酰胺的环氧乙烷加成物、烷基酚的环氧乙烷加成物等。使用抗静电剂对涤纶织物进行整理可以通过浸轧工艺来实现，浸轧后在120℃下进行预烘干，再经 180 ℃焙烘 30 s。对涤纶织物进行亲水性整理常选用聚酯聚醚树脂、亲水性乙烯化合物、聚烷撑氧化物、丙烯酸树脂、高分子电解质、纤维素系物质等。使用亲水性整理剂对织物进行整理可以采用浸轧工艺，浸轧后在 110~120 ℃条件下预烘干，再在 150~170 ℃条件下焙烘 40~60 s。

5.4 酸性染料喷墨印花

酸性染料可以与蛋白质纤维和聚酰胺纤维以离子键、氢键和范德华力的方式结合，因此主要应用于羊毛、真丝和锦纶的着色和印花。羊毛、真丝和锦纶均属于聚酰胺纤维，羊毛和丝绸为天然聚酰胺纤维，锦纶属于合成聚酰胺纤维。羊毛、丝绸和锦纶纤维分子中含有氨基和羧基，因此具有两性性质。氨基和羧基可以在水溶液中离解，在水溶液中的离解程度随 pH 值的不同而不同，pH 值的变化使氨基和羧基离解的数量不同，进而使纤维产生不同的净电荷。纤维中质子化的氨基与离子化的羧基数量相等时对应的 pH 值为纤维等电点 pH 值，pH 值小于等电点 pH 值时，纤维带正电荷的氨基与酸性染料中的阴离子形成离子键结合。范德华力可以提高染料上染时的亲和力，并促进了酸性染料阴离子与纤维带正电荷氨基的离子键结合，因此酸性染料与纤维的结合除了离子键力还包括范德华力和氢键等。

酸性染料用于数字喷墨印花时需要将酸性染料制备成酸性染料喷墨墨水，其主要组分包括酸性染料、添加剂和去离子水，其中添加剂需要根据不同型号酸性染料的性质进行选择，同时还要综合数字印花机打印头和打印头控制系统的要求，通过酸性染料喷墨墨水的组分及制作工艺来实现。酸性染料喷墨墨水在数字印花中扮演了重要角色，但往往性能良好的酸性墨水并不能够实现要求的印花效果，还需要数字印花设备、色彩管理以及印花工艺的控制。

数字印花机主要涉及印花的精细度或效率，通常需要根据对印花图案的精细要求来设置喷墨精度，同时不同的印花机往往装配了不同型号和厂家的打印头，在制作色彩管理特性曲线时色块读取需要使用经过前后处理的色块，同时在制作过程中需要将对织物前后处理的各个工序因素进行固定，从而实现色彩管理的正确性和重现性。在酸性染料喷墨印花时，需要对喷墨印花前和喷墨印花后的织物进行一系列处理，进而实现酸性染料在织物上良好的固色以及赋予织物更多的功能。

（1）锦纶为合成纤维，通常不含天然杂质，但为了提高锦纶织物在纺纱和织造环节的质量和效率，纺织厂通常会对纤维进行上油和上浆处理。锦纶原布通常含有蜡质、矿物油、酯化油和表面活性剂，同时还含有 PVA、聚丙稀酰胺和聚丙烯酸盐等浆料，对锦纶织物进行退浆处理是必要的。由于氢氧化钠或纯碱可以使浆料发生水解或溶胀作用，可以使用氢氧化钠或纯碱作为锦纶织物的退浆剂。氢氧化钠或纯碱使浆料发生水解或溶胀作用后从锦纶纤维上去除，同时还可以促使部分蜡质、矿物油或酯化油皂化后形成水溶性物质从而去除，但由于锦纶织物组织紧密，上浆量较大，水解后的浆料容易再次沾污纤维导致锦纶织物退浆效果不佳，所以在对锦纶织物退浆时可以在退浆剂中添加适量的非离子型表面活性剂，表面活性剂的存在使水解后的浆料不易再次沾污纤维从而使浆料更易去除。退浆处理去除了锦纶织物上大部分的油剂和浆料，但仍然存在少量的油剂和浆料，为了去除残留的浆料和油剂，需要对退浆后的锦纶织物进行精炼。可以将阴离子表面活性剂、非离子型表面活性剂和防沾污助剂配合组成精炼剂对锦纶织物进行精炼处理。退浆和精炼可以通过精炼槽间歇式、喷射溢流染色机间歇式或连续式平幅水洗等工艺实现。

为了提高织物的尺寸稳定性还可以进行定型处理。对于锦纶织物，为在获得良好尺寸稳定性同时保持织物良好的手感，通常采用湿热定型，在高压釜中于 125~135 ℃处理 20~30 min 可以得到较好的定型效果，对于锦纶纬编针织物可以通过经轴染色机来实现。锦纶织物经过退浆、煮练和定型等工序不仅去除了各种杂质，而且提高了织物尺寸稳定性。这些性能的提升使得织物进行染色和印花时可以得到良好的效果。

（2）酸性染料对锦纶织物具有较高的亲和力，因此酸性染料对锦纶织物具有较高的初始固色速率。为了获得良好的匀染性，需要设置较低的初始温度。pH 值对酸性染料上染锦纶纤维时的固色率和固色速率有较大影响。由于酸性染料对锦纶织物有较高的亲和力和初始固色速率，可以通过对 pH 值的控制来实现对固色速率的控制，通过减缓酸性染料对锦纶织物的固色速率进而实现良好的匀染性和固色率。对 pH 值的控制可以通过分段加酸或使用pH滑移剂来实现。pH滑移剂主要为有机酯类化合物，随温度的升高，有机酯被水解或离解生成有机酸和醇，生成的有机酸使pH值缓慢降低，同时上染率也在缓慢增加。为了进一步提升匀染性和减少疵病，还可以使用适当的匀染剂。匀染剂主要通过缓染作用来达到匀染的目的，可以是离子型，也可以是非离子型，应用时往往使用它们的复配物。离子型匀染剂分为阴离子型和阳离子型：阴离子型在pH较低的条件下可以起到较好的匀染作用；阳离子型在pH接近中性时有较好的匀染作用，但需要避免对固色率的影响。使用烷基胺聚氧乙烯醚弱阳离子型匀染剂或离子型与非离子型复配匀染剂往往可以得到良好的固色率和匀染性。

（3）使用酸性染料对织物进行筛网印花时，可以将所需的化学药剂、糊料和酸性染料制备成印花色浆进行印制，而使用酸性染料喷墨墨水对锦纶织物进行喷墨印花时，由于喷墨打印系统对酸性喷墨墨水性能的要求，所需的化学药剂及糊料不能添加到酸性染料喷墨墨水中，需要将酸性染料印花所需的化学药剂及糊料制备成预处理液，在喷墨印花之前对织物进行预处理。采用数字喷墨方式对织物进行印花时，除了酸性染料喷墨墨水外，预处理也成为影响印花清晰度、固色率、色深度的重要因素。织物前处理剂可通过将糊料、硫脲或尿素、释酸剂和水混合而得，可供参考的化学药剂品种和用量如下：

变性淀粉或瓜尔豆胶糊料	10% ~ 15%
硫脲或尿素	5% ~ 15%
硫酸铵或酒石酸铵	1% ~ 3%
水	X%
	100%

糊料主要起防止酸性染料喷墨墨水喷射到织物后的渗化，进而提高喷墨印花清晰度的作用。糊料用量过少不能较好阻止酸性染料喷墨墨水渗化并使印花清晰度不高，糊料用量过多不利于酸性染料喷墨墨水向纤维内部扩散进而降低固色率。硫脲或尿素主要起溶胀纤维的作用，可以促进染料向纤维内部的扩散进而提高染料固色率，但用量过多容易使染料过多扩散并进而降低喷墨印花的清晰度。硫酸铵或酒石酸铵为释酸剂，释酸剂主要影响酸性染料的固色率、固色速率和匀染性，过多的释酸剂可以提升染料的固色速率但不利于染料的匀染性，释酸剂过少有利于染料的匀染性但会影响染料的固色速率和固色率。使用制备好的处理剂对织物进行处理时，可以采用筛网将处理剂印到织物上，也可以使用浸轧的方式，若采用浸轧的方式轧余率可以控制在70%~80%。处理后的织物需要通过烘干将水分挥发掉。烘干后进入数字印花机印制，印制时需要设置合适的印制模式、印制精度以及调用正确的色彩管理曲线。数字印花

机将酸性染料喷墨墨水形成微液滴喷射到织物上，经过数字印花机印制后的织物进入烘干系统将水分挥发，通常数字印花机与织物烘干系统连接在一起形成连续工作系统。经过喷墨印花和烘干后的织物进入连续蒸化机于 103 ℃汽蒸 20~30 min 进行固色。为了得到更好的固色率，也可加压挂蒸 30 min。汽蒸固色后的织物进入水洗工序，水洗工序的目的主要是去除未固着的染料、前处理化学药剂及糊料。首先进行冷水洗涤，可以在松式绳洗机上冷水洗涤 20~30 min，再进行 30~55 ℃温水皂洗或 0.1% 的稀碱溶液洗涤，皂洗后的织物再分别进行温水洗和冷水洗。为了进一步提高锦纶织物印花成品的湿处理牢度，可以使用锦纶固色剂进行固色处理。

Ciba 公司用于酸性染料喷墨印花锦纶和羊毛织物的前处理剂如下：

尿素	10% ~ 15%
Ciba ® IRGAPADOL ® MP	20% ~ 30%
酒石酸铵（25%）	1% ~ 2%
Ciba ® IRGAPADOL ® PN NEW	0.5% ~ 1%
水	X%
	100%

将前处理剂通过 70% ~ 80% 的浸轧控制带液率对锦纶或羊毛织物进行预处理，将预处理的织物烘干，烘干后的织物进入数字喷墨印花机印制并烘干，之后进入汽蒸固色工序，羊毛织物于 102 ℃汽蒸 20~30 min。锦纶织物于 102 ℃汽蒸 30~45 min。汽蒸固色后的锦纶织物进入水洗工序，先通过 Ciba ® ALBEGAL ® NF 0.2% 水溶液在 pH 值 9.5~10.0 条件下进行冷水漂洗，再通过 Ciba ® ALBEGAL ® NF 0.2% 水溶液在 pH 值 9.5~10.0 分别进行 30、40 和 50 ℃皂洗，最后分别进行热水漂洗和冷水漂洗。

Ciba 公司用于酸性染料喷墨印花真丝织物的前处理剂如下：

尿素	10% ~ 15%
Ciba ® ALCOPRINT ® RD-HT	3%
硫酸铵	2%
水	X%
	100%

使用前处理剂在浸轧控制带液率 70%~80% 条件下对真丝织物进行预处理，然后烘干织物，进入数字喷墨印花机印制并烘干，之后进入汽蒸固色工序，真丝织物于 102 ℃汽蒸 20~30 min。汽蒸固色后进入水洗工序，首先通过冷水漂洗，冷水漂洗后通过 Ciba ® TINEGAL ® W 0.2% 水溶液在 30℃条件下皂洗，再通过 Ciba ® TIN-

EGAL ® W 0.2% 水溶液在 40 ℃条件下皂洗，之后进入 Ciba ® TINEGAL ® W 0.2% 水溶液在 50℃条件下皂洗，最后分别进行热水漂洗和冷水漂洗。

为了进一步提升喷墨印花织物的湿处理牢度，可以对水洗后的喷墨印花织物进行固色处理。真丝织物可以通过 CIBAFIX ® ECO 0.2~0.5% 并控制 pH 值 6~7 在 30~50 ℃条件下固色处理 20~30 min。锦纶织物可以通过 CIBAFIX ® PAS 0.1%~0.3% 并控制 pH 值 4~5 在 60~70 ℃条件下固色处理 10~20 min。

Dupont ® Artistri ®酸性染料墨水喷墨印花工艺：织物首先通过 Dupont ® Artistri ®预处理液经过浸轧处理，处理后的织物烘干并进行喷墨印花，印花后织物在 75 ℃环境下以 20 m/min 的速度进行干燥。干燥后进入高压釜中于 102 ℃汽蒸 45 min。汽蒸后的织物通过乙酸控制水溶液 pH 值 4.5 进行 35 ℃漂洗，再加入 2% 单宁酸调节 pH 至 4.5 在 40 ℃漂洗 5 min，之后加入 2% Intratex SCS 在 45 ℃处理 7 min，处理后进入冷水漂洗 3 min。事实上，织物前处理剂所用的糊料和化学药剂的品种和用量以及水洗工艺条件并不是固定的，往往需要根据实际情况进行适当调整。

水洗后根据需要还可以进行各种整理，如赋予织物尺寸稳定性、舒适、柔软、亲水、防污、抗静电、阻燃、抗菌等性能。

5.5 涂料喷墨印花

颜料为不溶性着色剂，不溶于水和一般有机溶剂，颜料对织物的着色机制不同于染料，需要借助高分子成膜物质的黏着力来实现织物着色，高分子成膜物质的黏着力、机械物理性能和化学稳定性会影响颜料印花织物的色牢度。颜料印花工艺较为简单，同时对织物具有广泛的适应性，如蛋白质纤维、纤维素纤维、涤纶、锦纶、维纶、腈纶、玻璃纤维、黏胶纤维、涤棉混纺、涤毛混纺等织物。但颜料印花织物通常手感柔软性不佳，同时湿摩擦牢度和干洗牢度相对较低。颜料应用于数字喷墨印花时需要将颜料制备成颜料喷墨墨水，或称涂料喷墨墨水。涂料喷墨墨水主要组分包括颜料、高分子成膜物质、添加剂和水。

由于颜料为不溶性着色剂，颜料应用于涂料喷墨墨水时需进行改性处理。改性处理方法有物理法、化学法或物理化学结合等 。在数字喷墨墨水中，染料以单分子的形式存在，染料由于自身的分子结构和性质可以与纤维形成较好的结合力从而得到理想的印花色牢度。颜料不同于染料，颜料通常是以微粒（分子的聚集体形式）形式存在，颜料微粒（分子的聚集体）与纤维的结合力较弱，要实现颜料与纤维较好的结合力，需要通过高分子成膜物质即黏着剂或黏合剂来实现，黏着剂通过自身的黏着力将颜料和纤维连接在一起。制作涂料喷墨墨水时需要根据数字喷墨印花机装配的喷墨打印头和控制系统进行设计和制作。涂料喷墨墨水可以应用于不同的印花机和打印头，但由于打印头的型号和打印头的控制系统不同，往往需要对涂料喷墨墨水进行单独设计。因此在应用涂料喷墨墨水时需要注意是否与数字印花机匹配，同时涂料喷墨墨水是一个体系较为复杂的混合物，每个厂家生产的涂料喷墨墨水的组分和制作工艺往往是不同的，所以通常在更换使用不同厂家生产的涂料喷墨墨水时，有必要对数字印花机中的墨水供应系统进行彻底清洗，通常可以使用纯净的去离子水进行清洗，为了提高清洗的效率也可以使用涂料喷墨墨水专用清洗液。

涂料喷墨墨水除了要实现要求的着色色域和良好的固色性能，储存稳定性和使用稳定性也很重要。涂料喷墨墨水在数字印花中扮演重要角色，但往往仅通过品质良好的墨水无法实现要求的印花效果，还需要数字印花设备、色彩管理以及印花工艺的控制。

数字印花机主要涉及印花的精细度或效率，但印花精细度和效率是矛盾的，通常需要根据对印花图案的精细要求来设置喷墨精度。不同的印花机有时装配了不同型号和厂家的打印头，在实际应中印花精细度参数的设置也会有区别。通常数字印花都要进行色彩管理，制作色彩管理特性曲线需要根据数字印花机设置的精度以及织物类型来进行。与活性或酸性染料喷墨墨水相似，在制作色彩管理特性曲线时进行色块读取时需要使用经过预处理的色块，同时在制作过程中需要固定对织物前后处理工艺全流程的影响因素，从而实现色彩管理。

使用涂料喷墨墨水对织物进行印花不同于筛网（圆网或平网）印花。使用筛网（圆网或平网）对织物进行印花时，为了实现印花边缘的清晰度，印花色浆中除了含有必要的颜料及黏着剂，还需要使用糊料来阻止颜料的渗化。糊料通过提高溶液的黏度来实现防止渗化的功能。常用于涂料筛网印花的糊料主要有乳化糊料和合成糊料。乳化糊料为石油溶剂与水在乳化剂的作用下制备而成的乳化液，为非亲水类糊料，在涂料筛网印花中对印花后织物色牢度影响小并且所得印花织物手感相对柔软，但由于使用石油溶剂带来安全和污染环境问题。合成糊料通常属于高分子电解质，在水中以胶体的形式存在，合成糊料可以减少或避免安全和污染环境问题。合成糊料用于筛网涂料印花时通常需要用氨水中和，以使糊料中的羧酸形成羧基铵盐；经过筛网印花后对织物进行焙烘固色时，由于高温的原因，羧基铵盐分解并逸出氨气，糊料的吸湿溶胀性能降低从而改善涂料印花的摩擦牢度。涂料喷墨印花由于喷墨打印系统对涂料喷墨墨水性能的要求，涂料喷墨墨水中不能添加织物印花所需的糊料，因此使用涂料喷墨墨水对不同织物进行印花时可以进行预处理。涂料喷墨墨水中的颜料微粒以分子聚的形式存在，染料喷墨墨水的染料以单分子的形式存在。在对织物进行喷墨印花时涂料喷墨墨水较染料喷墨墨水更不易渗化，特别是亲水性好的织物如棉织物和毛织物，因此对于亲水性好的织物可以不经过预处理而直接喷墨印花，但对于亲水性稍差的织物如涤棉混纺、涤纶织物或其他合成纤维织物可以进行必要的预处理。

在亲水性较差的织物上，为了阻止涂料喷墨墨水的渗化并实现清晰的印花图案，可以使用具有一定亲水性的高分子化合物制备成预处理剂对织物进行前处理。但由于亲水性高分子化合物的亲水性，用量过少不能得到很好的防止渗化效果和印花图像清晰度，用量过多易造成印花后织物的湿处理牢度下降并使织物手感发硬。前处理时可以采用筛网将处理剂印到织物上，也可以使用浸轧的方式对织物进行前处理。根据织物的不同或对印花织物的要求不同进行前处理或不进行前处理，之后进入数字喷墨印花机进行印制。印制时同样需要设置合适的印制模式、印制精度并调用正确的色彩管理曲线。数字印花机将涂料喷墨墨水以微液滴形式喷射到织物上，经过数字印花机印制后的织物进入烘干系统将水分挥发，经过喷墨印花和烘干后的织物进入后处理工序。

后处理时先进行固色处理，可供参考的焙烘固色条件（140~150 ℃条件下焙烘 3~ 5 min 或 105 ℃汽蒸 5 min）。经过焙烘或气蒸固色后的织物进入水洗、皂洗工序。喷墨印花前没有经过前处理剂处理的织物可以不必进行水洗工序。为了进一步提升涂料喷墨印花织物后的湿处理牢度，还可用固色剂对织物进行印花后固色处理。

Ciba 公司的 Ciba ® IRGApHOR ® TBI HC 系列喷墨墨水对棉、毛等亲水性较好的织物进行喷墨印花时不必进行前处理，可直接喷墨印花，对亲水性差的合成纤维织物进行喷墨印花时，前处理剂如：

Ciba ® ALCOPRINT ® PT-RV	0.4%
润湿剂 Ciba ® ULTRAVON ® 9109	0.4%
水	X%
--	
	100%

预处理通过浸轧工艺来实现，控制轧余率在 90%~100%。使用 Ciba® IRGApHOR® TBI HC 系列墨水对织物进行喷墨印花，印花后的织物在 170~180 ℃焙烘固色 3~5 min 或者在 200~210 ℃焙烘固色 1 min。

BASF 公司的 Helizarin ® EVO P 100 对织物进行喷墨印花时不必进行前处理，如果需要改善喷墨印花效果，BASF 公司推荐使用预处理剂 LupreJet EVO 对织物进行浸轧处理，处理后的织物可以改善喷墨印花效果。使用 LupreJet EVO 通过浸轧对织物处理后在低于 100 ℃条件下烘干，烘干后的织物使用 Helizarn® EVO P 100 墨水对织物进行喷墨印花，印花后的织物可以在 150 ℃条件下焙烘 5 min、170 ℃条件下焙烘 1 min 或者 180~190 ℃条件下压熨 30~40 s 进行固色。

Dupont 公司的 Artistri 700 系列墨水对织物进行喷墨印花后，印花后的织物若为 120 g/m^2 的轻薄织物可以在 190 ℃条件下以 68.95 kPa 压力热压 1 min 或在 175 ℃条件下焙烘 4 min 进行固色，印花后的织物若为 237 g/m^2 的厚重织物可以在 190 ℃条件下以 68.95 kPa 压力热压 1 min 或在 185 ℃条件下焙烘 4 min 进行固色，如果使用的是涤棉混纺（35/65）织物可以在 160 ℃条件下以 68.95 kPa 压力热压 5 min 或在 175 ℃条件下焙烘 5 min 进行固色。

对于不同织物以及不同厂家的涂料喷墨墨水，为了获得较好的固色效果、固色工艺条件，往往需要进行必要的调整，同时由于不同织物的性质，有时需要经过水洗、皂洗工序，有时不需要经过水洗、皂洗工序。喷墨印花后为了进一步提升织物的色牢度可以进行固色处理，根据需要还可以进行各种整理，赋予织物更多功能，如尺寸稳定、舒适、柔软、亲水、防污、抗静电、阻燃、抗菌等功能。

5.6　数码印花织物的后整理

为了改善织物的外观，还可以进行轧光、电光和轧纹整理。棉纤维表面相对粗糙，对光线呈漫反射，利用织物在湿热条件下的可塑性，对其进行轧光后表面变得比较平滑，降低了织物对光线的漫反射，从而增进了光泽。电光整理是通过在织物表面压制很多相互平行的斜线使织物对光线呈规则反射进而获得较高的光泽。轧纹整理的目的是通过刻有花纹的轧辊对织物进行压轧从而产生凸凹花纹来改善织物的外观。需要指出的是，在对织物进行轧光、电光和轧纹整理时，若只是利用机械加工，整理的效果并不持久，为了提高轧光、电光和轧纹效果的持久性，可以与树脂联合应用。

5.6.1　硬挺整理

不同的用途对织物手感也有不同的要求，比如领衬需要硬挺，而接触皮肤的内衣、床单或被套需要手感柔软。硬挺整理通过使用高分子物质黏附在织物表面来实现，早期的硬挺整理使用天然高分子如淀粉加以陶土、滑石粉等填充剂，但天然高分子的耐洗性和持久性较差。使用改性天然高分子和合成高分子物质可以实现较好的耐洗性和持久性。

5.6.2　柔软整理

柔软整理可以通过机械整理和化学整理来实现。机械整理通过松弛织物结构、经多次屈曲和轧压降低织物的刚度进而增加织物的蓬松度和柔软度。化学柔软整理通过使用柔软剂实现织物柔软的手感。柔软剂有表面活性剂类和高分子聚合物类，表面活性剂类根据离子性质的不同分为阴离子、非离子、阳离子和两性离子柔软剂，应用较多的是阳离子柔软剂。

高分子柔软剂主要有聚乙烯乳液和有机硅柔软剂。阴离子柔软剂不易与阴离子染料和荧光增白剂相互作用，会发生色变或降低增白效果，适用于纤维素纤维、黏胶纤维、真丝和醋酯纤维织物的柔软整理，但阴离子柔软剂对织物的作用力较弱，因而易于洗去。

非离子柔软剂对电解质稳定性较高，可以与阴离子、阳离子和两性离子柔软剂合用，同时非离子柔软剂对纤维摩擦因数的降低明显并且具有耐高温性能，但通常对纤维的吸附性较低，因而耐久性不高。

阳离子柔软剂对纤维有较强的吸附和作用力，具有相对较好的耐高温和耐洗性能，但往往会造成某些染料色变或对荧光增白剂有抑制作用，同时对人体皮肤有一定刺激作用。

两性柔软剂通常不会造成染料色变，也不会对荧光增白剂产生抑制作用，对人体皮肤没有刺激作用，易于生物降解，常用于卫生整理，但柔软效果较阳离子柔软剂稍差。

聚乙烯乳液柔软剂通过在织物表面形成一层柔韧的拒水薄膜来提高织物的柔软性。聚乙烯乳液柔软剂不易造成染料色变，同时具有较好的耐久性，常用于棉织物、黏胶纤维和麻织物的柔软整理。

有机硅柔软剂主要为硅氧烷基聚合物及其衍生物，可称为硅醚或硅酮。有机硅柔软剂主要有二甲基聚硅氧烷、聚甲基氢基硅氧烷、聚二甲基羟基硅氧烷和改性聚硅氧烷柔软剂。聚甲基氢基硅氧烷可以在催化剂作用下，通过 150~160 ℃焙烘发生交联固化成一定强度的网状薄膜，整理后的织物具有较好的柔软性和耐久性。聚二甲基硅氧烷自身不能发生交联固化反应，但与聚甲基氢基硅氧烷合用时，在催化剂和高温作用下聚甲基氢基硅氧烷自身或与聚二甲基羟基硅氧烷可以发生交联固化反应。较聚甲基氢基硅氧烷单独使用，聚二甲基硅氧烷与聚甲基氢基硅氧烷合用，可以形成更为柔软的薄膜，耐久性也较好。改性有机硅柔软剂如氨基硅油，在硅氧烷分子中引入氨基进一步提高柔软剂的性能，氨基硅油整理后的织物具有优异的柔软性、回弹性和耐洗性，可应用于毛织物。醚改性硅油在硅氧烷分子中引入醇基或聚醚，增加了柔软剂的亲水性，进而增加了整理后织物的吸湿和防沾污性能。另外羧基改性硅油柔软剂整理的织物具有较好的耐干洗性能。环氧和聚醚改性硅油由于聚合物中含有两种反应性基团，经其整理的织物除了具有柔软和耐洗性能外，还具有改善织物撕破强力的功能。对织物进行柔软整理可以采用浸轧或浸渍等方法，而对于织物的硬挺整理可以采用浸轧上浆的方法。

5.6.3 防缩整理

织物在服用过程中，由于反复洗涤常会出现织物缩水进而使服装产生变形和走样，尤其纤维素纤维和蛋白质纤维织物缩水较为明显。织物缩水的原因主要来自内应力和吸湿溶胀产生的不可逆收缩。为改善织物的缩水，对织物进行防缩整理，防缩整理的方法有定型法和预缩法。

①定型法防缩整理通过消除内应力或构造更大的形变回复位垒来稳定织物的形态从而达到防缩目的。棉织物的定性可以通过丝光或树脂整理来实现，但丝光后的织物再次经历过强张力作用时会因为新应力的存在而导致织物尺寸稳定降低。树脂整理由于树脂整理剂或交联剂与纤维反应后，会在纤维大分子链段间建立稳定的化学链接进而增大纤维素大分子链段扩散运动的位垒，使内应力造成的缩水得到明显改善，同时由于纤维内部形成的交联，纤维素分子上的部分羟基被封闭进而降低了纤维素纤维的吸湿性溶胀异向性，从而改善由吸湿溶胀产生的不可逆收缩。

②预缩法防缩整理通过预缩工序让织物产生回缩进而恢复组织结构原有的平衡，以达到改善织物缩水的目的。主要有机械预缩法、松弛水洗法和冷凝预缩法。机械预缩法常用橡胶毯和毛毡毯预缩机来实现。松弛水洗法可以选用溢流式喷射染色机或转鼓式工业洗衣机来进行预缩处理。冷凝法预缩法是将织物冷却至零下 30℃以下，使纤维内部的水分冷冻后再向织物喷射蒸气，温差的剧烈变化为织物伸缩形变提供驱动力，由织物的伸缩形变实现预缩。

5.6.4 防皱整理

棉织物用于服装有很多优点，但在服用过程中容易起皱，起皱的主要原因是棉纤维弹性不佳。为了改善棉织物起皱，需要进行防皱整理，防皱整理主要通过增加棉纤维的弹性来实现。增加织物弹性可以通过在纤维素之间增加一些联接，由于这些联接的存在，纤维素分子在折皱应力下会发生位移，但在应力取消后这些联接会使发生位移的纤维素分子回到原来的位置。

防皱整理剂含有两个或两个以上能与纤维素发生反应的官能团，通过官能团与纤维反应将纤维素联接成网状结构进而增加织物的弹性。防皱整理剂主要有醛类、酰胺 - 甲醛类、乙烯砜类、环氧类及聚氨酯类化合物。使用防皱整理剂时需要对甲醛释放加以注意，如使用酰胺 - 甲醛类防皱整理剂对织物进行整理，整理后的织物会有甲醛释放。

5.6.5 特种功能

纺织品应用领域广泛，不同领域对纺织品的功能往往有不同的要求。实现这些功能需要对织物进行特种功能整理，如阻燃、拒水拒油、易去污、亲水、卫生、防辐射、防毒气、防红外等。

（1）阻燃织物可以通过使用有阻燃性能的纤维进行纺纱织造或在织物上施加阻燃整理剂来获得。天然纤维只能通过施加阻燃剂来获得阻燃性能，而赋予织物阻燃性能可以通过提高织物的热稳定性和纤维阻燃改性来实现。阻燃整理需要根据对织物阻燃性的要求来进行，在对织物进行阻燃整理时还可以与拒水拒油、抗菌、抗静电等其他功能整理结合进行多种功能整理。根据阻燃功能的耐久性可以将阻燃织物分为暂阻燃织物、半耐久阻燃织物和耐久阻燃织物。暂阻燃织物通常采用无机酸及其盐或者它们的混合物作为阻燃剂对织物进行整理，由于无机酸及其盐易溶于水，其只能应用于不需要水洗的织物，如电热毯或沙发用织物。半耐久阻燃织物具有一定耐洗性能，可应用于窗帘。耐久阻燃织物的阻燃效果可以耐多次洗涤，可应用于服装及床上用品。

热、纤维和氧气是纤维燃烧三个要素，即当纤维遇到火源，高温使纤维发生裂解产生可燃性气体并与空气中的氧气接触发生燃烧，燃烧产生的热又使未燃烧的纤维发生裂解产生可燃性气体与空气中的氧气接触而燃烧。阻燃即是降低织物遇到火焰时的可燃性、减缓燃烧蔓延速度以及火焰移去后能够较快自熄灭。实现阻燃需要从纤维燃烧的三要素着手影响或切断热、纤维和氧气的构成，可以通过覆盖作用、气体稀释作用、吸热作用、熔滴作用、提高热裂解温度、凝聚相阻燃等方法来实现。

覆盖作用如使用硼砂和硼酸的混合物作为阻燃剂，当遇到高温时硼酸发生熔融形成玻璃层覆盖到纤维表面，玻璃层将可燃性气体与氧气隔绝并阻挡热能的传导进而实现阻燃功能。气体稀释作用通过阻燃剂在遇到火焰高温后分解释放出氮气、二氧化碳和二氧化硫等不燃性气体，通过这些不燃性气体在稀释可燃性气体的同时起到散热作用从而阻止织物燃烧。吸热作用主要靠阻燃剂在高温时发生吸热分解反应降低织物表面温度，进而减缓纤维裂解速度来获得阻燃效果。熔滴作用阻燃剂通过增加熔点和着火点之间的温差使纤维在裂解前形成熔融液体滴落将温度携带走、将火焰熄灭。提高纤维裂解温度是通过在纤维分子中引入提高纤维内聚力的化合物，从而阻止纤维的热裂解。凝聚相阻燃如磷酸盐或有机磷化合物在遇到高温时会改变纤维的裂解历程并减少可燃性气体的产生，起到阻燃作用。气相阻燃则是通过阻燃剂受热裂解的产物在燃烧区捕获高能量的羟基或氢自由基来达到阻燃目的。

对棉织物进行阻燃整理时通常使用的阻燃剂为含磷化合物。经过含磷化合物阻燃剂整理的棉织物，其含有的磷化合物受热分解出磷酸并发生聚合反应使纤维形成焦炭，同时部分经高温裂解的产物可以捕获氢自由基，从而棉织物在凝聚相阻燃和气相阻燃的共同作用下获得良好的阻燃效果。对织物进行阻燃整理时，需要在阻燃剂中加入必要的添加剂制备成阻燃整理液，然后通过浸渍法、浸轧法或涂层法等方法来完成整理。

（2）拒水拒油整理可以赋予织物拒水拒油的性能。拒水拒油整理剂通常是一种具有低表面能基团的化合物，可以使织物纤维形成新的表面并具有较低的表面能。常用的整理剂包括有机硅整理剂和含氟烃类整理剂，通过有机硅整理剂进行整理的织物可以得到良好的拒水性，而含氟烃类整理剂具有较好的拒油性。需要指出的是，拒水整理不同于防水整理。防水整理通常是在织物表面形成连续相的薄膜，通过薄膜来阻挡水的通过，即使给予一定压力，水也不易通过，同时防水整理后的织物不透气。拒水整理的织物由于拒水整理剂沉积于纤维表面，纤维和纱线之间仍然保持着大量孔隙，使织物具有拒水性能的同时保持织物的透气性，但可以透过较大压力的水。拒水拒油整理可以使织物防止水性或油性污垢的污染，因此具有防污功能。除了防污功能，往往还要求织物要具有易去污功能。易去污功能不同于防污功能，这种功能整理为织物在沾上污垢后使用常规的洗涤条件容易将污垢去除，常用的有聚醚酯型和聚丙烯酸型易去污整理剂。

（3）卫生整理主要包括抗菌、防霉和除臭。抗菌整理后的织物对细菌是有效的但往往对霉菌无效，而防霉整理对霉菌是有效的但往往对细菌无效，因此虽然同属卫生整理，由于抗菌和防霉的不同，往往需要根据整理目的进行选择。常用的卫生整理剂有无机卫生整理剂、有机卫生整理剂和天然卫生整理剂。无机卫生整理剂通常具有环保无污染以及对人体安全的优点。比如银离子具有无毒和较强的抑菌能力，以银离子及其化合物制备的抗菌整理剂非常适合对织物进行抗菌整理，但由于银具有较强的光敏性，同时在遇到水时银离子易析出而降低抗菌能力，在制备抗菌剂时可以将能够负载银离子的空洞结构材料或可以螯合金属离子的材料作为载体，通过载体控制银离子的光敏和释放速度来实现持久的抗菌能力。根据载体的不同，可以制备成硅胶抗菌剂、沸石抗菌剂、磷酸复盐抗菌剂和膨润土抗菌剂。二氧化钛属于无机光催化抗菌剂，光催化抗菌剂具有较高的耐热性，但只有在紫外光照射和氧气或水存在时才具备杀菌作用。

有机卫生整理剂常用于织物的抗菌、防霉和防臭整理，根据有机卫生整理剂的化学结构分为苯类、脲类、季铵盐类、胍类、杂环类、有机金属类等。

天然卫生整理剂为使用天然动植物提取物制备的卫生整理剂，如从桧柏中提取的桧柏油对真菌具有较好的抗菌性，同时具有广谱的抗菌性能。从植物中提取的山梨酸和姜黄根醇同样具有较好的抗菌和防霉功能，还可以使用艾蒿、芦荟、甘草、茶叶等植物的提取物制备天然卫生整理剂。昆虫对细菌和病毒往往具有较强的抵抗能力，因此可以适应恶劣环境而生存，从昆虫体内提取的抗菌性蛋白质可以用来制备抗菌整理剂。源自动物贝壳中的甲壳质以及壳聚糖对大肠埃希杆菌、枯草芽孢杆菌、铜绿假单胞菌和金黄色葡萄球菌具有较好的抑制能力，因此也可以作为抗菌整理剂对织物进行整理。

抗菌整理剂一般通过破坏细菌细胞膜、原生质活性酶、细胞内蛋白质结构、细胞内的 DNA 或阻止细胞壁的生物合成等方式来实现抗菌功能，抗菌整理在杀灭或抑制细菌的同时往往起到防臭作用，但除臭不同于防臭，除臭是指消除环境中已经存在的臭气或者使环境中不再产生臭气，较为强烈的恶臭物质有氨、甲硫醇和硫化氢等，除臭通常通过掩盖中和、吸附吸收、化学反应和生物代谢等方式实现除臭。选用合适的卫生整理剂可以对织物进行抗菌、防霉和除臭整理，对织物进行卫生整理时可以使用的方法有涂层法、浸渍法和浸轧法等。

（4）织物在用于风雨衣、羽绒服、劳防服、窗帘时往往需要具备防水、防油、防腐蚀、防辐射以及遮光等功能，为了实现这些功能通常需要对织物进行涂层整理。对织物进行涂层整理时需要根据欲达到的功能制备合适的涂层整理剂，如使用聚氯乙烯、聚丙烯酸酯或聚氨酯等高分子成膜物质制备的涂层整理剂具有防水防油功能，使用紫外线屏蔽剂或紫外线吸收剂制备的涂层整理剂具有防紫外线功能。对织物进行涂层整理时可以使用的方法有干法涂层、湿法涂层、喷涂法、层压法、转移法和真空镀膜法等。

5.7 数码烫画转印技术及产业化创新案例

东莞市鸿泰烫画材料有限公司的数码烫画转印技术是一种基于数字化印刷与热压转印的创新工艺，其核心原理是通过数码喷墨打印技术将高精度图案直接印刷在特制热转印胶片上，再通过精准控温的热压设备将胶片上的图案转印至纺织面料或其他基材表面。该技术的关键在于热转印胶片的特殊结构：通常由离型层、吸墨层组成，通过精确的温度和压力控制，使热熔胶层与面料纤维结合，同时离型层释放图案，实现色彩牢固附着。该技术突破了传统丝网印花的物理制版限制，依托数字化流程实现“按需印制”。

东莞市鸿泰烫画材料有限公司在此领域的技术突破主要体现在以下方面：

第一，材料创新与工艺优化。

研发高精度热转印胶片，通过纳米级涂层技术提升离型均匀性，确保图案转印时无断裂或失真。此项技术已获得中国专利（专利号：CN202211631393.7。专利名称：《用于热转印的离型组合物、热转印膜及其制备方法》）。

采用环保水性墨水与耐高温色料，突破传统丝网印花的色彩限制，实现 1670 万色阶的细腻表现，且无 VOCs 排放。

独创“即印即烫”工艺，将传统丝网印花的制版、套色、固色等多工序整合为数码印刷 + 单次热压，生产周期缩短 60% 以上。该工艺也已获得中国专利（专利号：CN201910631691.8。专利名称：《一种高效数码热转印纸生产工艺》）。

第二，解决行业痛点。

效率提升：数字化流程支持 1 件起订，响应小批量订单需求，生产准备时间从传统工艺的 48 小时压缩至 2 小时内。

成本控制：无需制版费和最低起订量限制，综合成本降低 30%，特别适合个性化定制市场。

环保升级：消除丝网印花中的洗版废水、染料残留等问题，能耗降低 40%，符合 REACH 环保标准。

第三，标准化与行业影响。

鸿泰主导制定的《数码烫画胶片技术规范》团体标准，首次定义胶片基材厚度偏差（±0.02 mm）、热转印剥离强度（≥3.5 N/cm）等 23 项关键技术指标，推动行业从作坊式生产向标准化制造转型。其技术已赋能 300+ 服装品牌实现快速定制，在运动服饰领域实现 8 μm 超薄烫画对丝网胶浆的替代，使服装面密度降低 15%。

第四，应用拓展与产业影响。

开发出针对不同基材的胶片系列：如弹性面料专用低温烫画（130℃转印）、运动服耐水洗型烫画（通过 50 次洗涤测试）。

推动纺织印花从“规模化生产”向“分布式智造”转型，赋能服装、鞋帽、家居等行业实现柔性供应链，单个订单交货周期从 7 天缩短至 24 小时。

该技术通过数字化重构传统印花价值链，使纺织品印花分辨率突破 2400 dpi，色牢度达 4—5 级，同时将能耗降至 0.15 k · Wh/ ㎡，较传统工艺减排 65%。鸿泰的产业化实践表明，数码烫画技术正在重塑纺织印染业的生产方式，驱动行业向绿色智造升级。

5.7.1 工艺流程

（1）数字成像：采用高分辨率喷墨打印机将设计图案直接输出至热转印胶片，利用纳米级墨水颗粒实现色彩渐变、复杂细节的精准还原，支持 CMYK+ 白墨的多通道打印，突破丝网印刷的色域限制。

（2）胶片结构优化：鸿泰研发的烫画胶片采用多层复合结构（离型层、吸墨层），通过专利涂布工艺确保墨水附着力与热熔胶的均匀分布，在热压过程中实现离型层精准剥离、图案完整转移。

（3）智能热转印：通过温度（130~160 ℃）、压力（4.5~5.5 kg/cm^2）、时间（8~15 秒）的精准协同控制，激活热熔胶层与面料纤维结合，完成图案的分子级渗透与固着，确保耐水洗、耐摩擦性能。

当前鸿泰正推进 AI 驱动的色彩管理系统研发，通过光谱匹配算法将专色还原误差 ΔE 控制在 1.2 以下，进一步巩固其在个性化定制市场的技术壁垒。这一技术路径标志着纺织印花从劳动密集型制造向数据驱动型智造的范式转变。

5.7.2 产品介绍

<table>
<tr><th colspan="6">白墨烫画膜 DTF Transfer Film</th></tr>
<tr><th>产品图片
Product Picture</th><th>产品名称
Product Name</th><th>产品类型
Product Type</th><th>涂布
Coating</th><th>产品规格
Product Size</th><th>适用</th></tr>
<tr><td rowspan="3">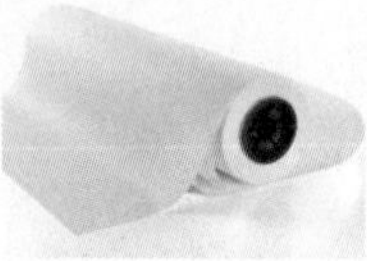</td><td rowspan="3">常规烫画膜
DTF film</td><td>全时撕
All the time peel</td><td rowspan="3">单面 /
双面打印
Single Matte/
Double Matte</td><td rowspan="7">30 cm × 100 m × 75 μm
60 cm × 100 m × 75 μm
A3、A4
可定制尺寸</td><td rowspan="7">数码
打印
Digital
Printing</td></tr>
<tr><td>热撕
Hot peel</td></tr>
<tr><td>冷撕
Cold peel</td></tr>
<tr><td></td><td rowspan="4">特殊膜
Special Film</td><td>幻彩膜
colorful Film</td><td rowspan="4">单面 / 冷撕
Single</td></tr>
<tr><td></td><td>变色龙
Chameleon Film</td></tr>
<tr><td></td><td>烫金膜
Gold Film</td></tr>
<tr><td></td><td>烫银膜
Silver Film</td></tr>
<tr><td colspan="6">其他特殊膜可定制 Other special films can be customized</td></tr>
</table>

<table>
<tr><th colspan="6">丝网印刷胶片 Screen printing film</th></tr>
<tr><th>产品图片</th><th>产品名称</th><th>产品类型</th><th>涂布效果</th><th>规格</th><th>适用</th></tr>
<tr><td></td><td>丝印胶片
Silk screen film</td><td rowspan="2">冷撕 /
冷热撕</td><td rowspan="3">单面</td><td rowspan="2">48 cm × 64 cm</td><td rowspan="3">丝网
印刷
Screen
Printing</td></tr>
<tr><td>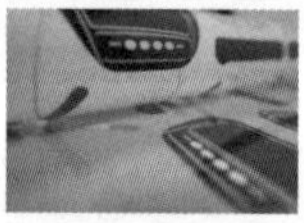</td><td>彩印胶片
Color printing
film</td></tr>
<tr><td></td><td>硅胶胶片
Silicone film</td><td>冷撕</td><td>39 cm × 54 cm</td></tr>
</table>

5.7.3 白墨烫画膜

基膜厚度：75 μm PET

涂布效果：单面或双面（双面不易打滑，精准度高，无静电）

撕离方式：全时撕 / 热撕 / 冷撕

尺寸：常规尺寸：A3+、A3、A4、30/60/120 cm × 100 m 等，可定制卷材或片装。

包装规格：规格不同，包装不同，卷材 1/2/4 卷 / 箱，片装 100 张 / 包，10 包 / 箱。

全时撕 All time peel
（无需等待 No need to wait）
Wait until completely cooled）

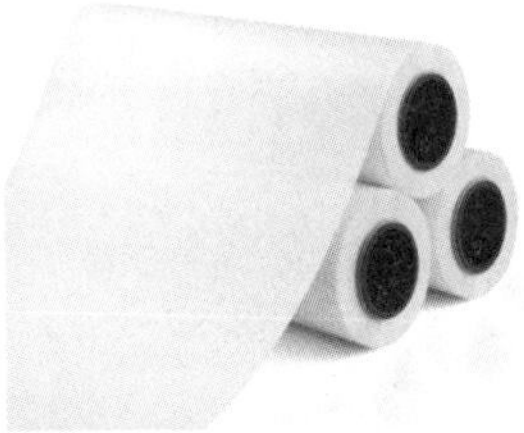

热撕 Hot peel
（等待 8–10 s Wait for 8–10 s）

冷撕 Cold peel
（待完全冷却 Wait until completely cooled）

5.7.4 烫印效果

变色龙

幻彩效果

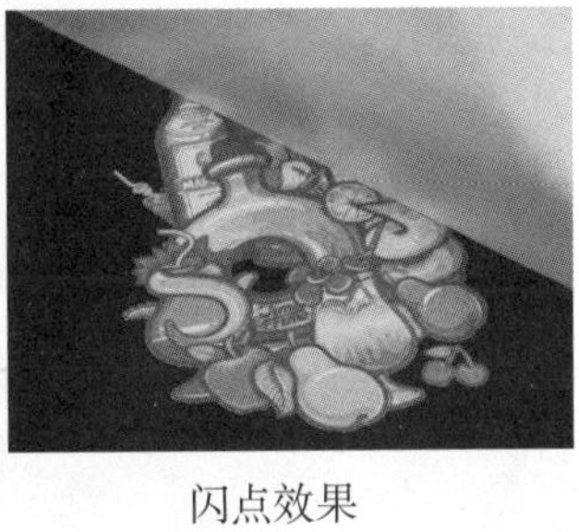

闪点效果

5.7.5 工艺方法

打印：适用于 DTF 抖粉机及桌面 DTF 打印机；打印环境：常温，相对湿度＜ 50%（有利于图案干燥和抖粉）

墨水：适用于市面上 90% 的品牌和型号

热熔胶粉：有细小图案时，建议选择 80~170 μm 混粉（有利于细小图案粘粉），当环境湿度较高时可选用 120~250 μm 混粉。

热转印条件：温度 130~160℃，时间 8~15 秒。

5.7.6 产品特点

品质稳定，离型效果好，撕离无残留。

打印图案色彩鲜艳，无水边、无泡点。

抖粉干净，非图案部分不粘粉。

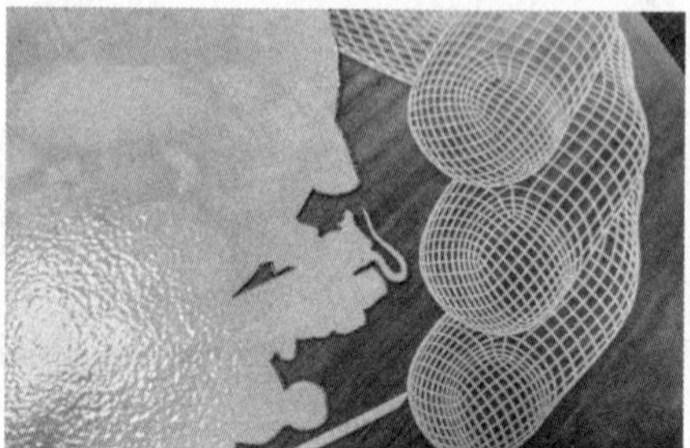

吸墨性好，不聚墨、不流墨。

5.7.7 转印流程

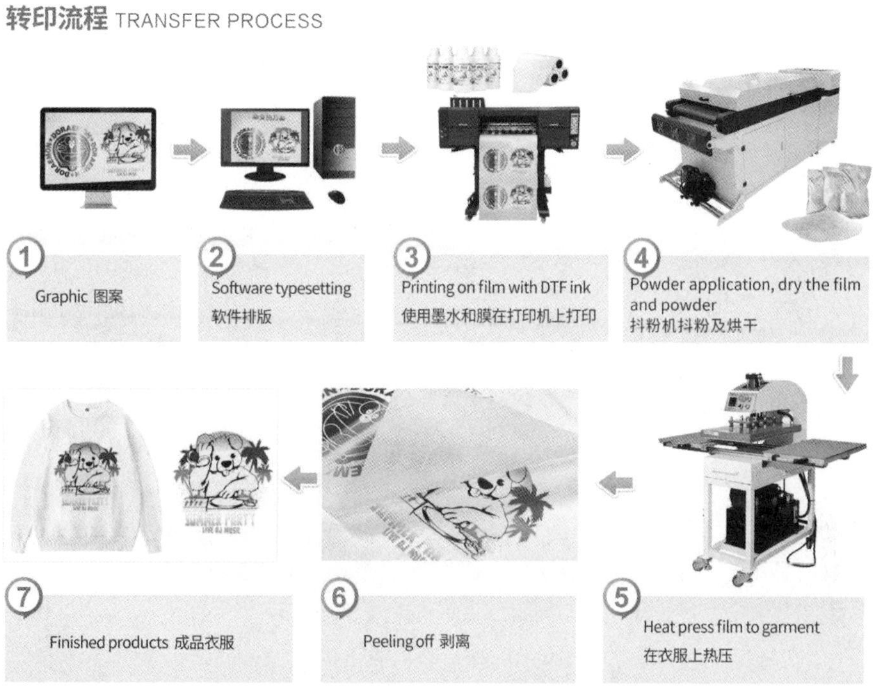

产品应用：T恤、卫衣、布袋、手袋、书包、围裙、帽子、雨伞、运动服、服装纺织面料等。

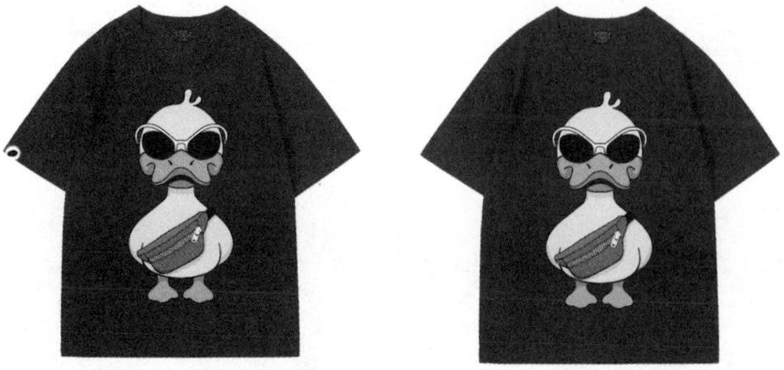

思考题：

1. 喷墨印花为什么要对织物进行预处理？
2. 各种墨水喷墨印花对前处理有什么不同的要求？
3. 各种喷墨印花后处理工艺有什么要求？
4. 各种喷墨印花固色的原理是什么？

参考文献：

[1]任建华，郑光洪，李远惠．数码喷墨印花技术研究现状及发展趋势[J]. 成都纺织高等专科学校学报，2016(1):172–176.

[2] 房宽峻．中国数码喷墨印花设备的现状与发展趋势 [C]// 第十二届亚洲纺织会议分会场——2013 全国染整可持续发展技术交流会．2013 : 4.

[3] 马学功， 周兴叶， 何剑雄．纺织品数码印花技术综述 [J]. 针织工业， 2014(6): 40–44.

[4] 周才东．新型数码印花机与喷印单元机械结构的研究 [D]. 杭州：浙江理工大学， 2017.

[5] 仇明慧， 李敏， 付少海．纺织品数字喷墨印花设备发展现状及趋势 [J]. 纺织导报， 2016(11): 66–68.

[6] 薛朝华， 贾顺田．纺织品数码喷墨印花技术 [M]. 北京：化学工业出版社， 2008: 29–31.

[7] 孟庆涛．第 18 届上海国际纺织工业展览会针织印花机械述评 [J]. 针织工业， 2017(12): 42–46.

[8] 李明珠， 张庆， 余逸男．数码印花的现状及发展趋势 [J]. 染料与染色， 2011(6):32–34.

[9] 黄宗文．数码服装设计一体化 [M]. 北京：中国纺织出版社，2016.

[10] 王旭娟．印花分色 CAD 基础教程：金昌 EX9000 操作详解 [M]. 北京：清华大学出版社， 2013.

[11] 张为海．分色软件初级教程 [M]. 丝网印刷，2018，276(4):42–46.

[12] 杨燕．我国纺织品印花的数字化时代 [J]. 丝网印刷，2009(6):38–40.

[13] 房宽峻．数字喷墨印花技术的发展与应用 [J]. 中国纺织工业技术，2007.

[14] 李淑华，邱红娟．数码印花技术的进展 [J]. 纺织科技进展，2006(1):13–15.

[15] 徐强．利用数码印花技术减少丝绸产品在印花中的能耗与污水排放 [J]. 辽宁丝绸，2008(3):23–24.

[16] 闫腾．羊绒织物数码喷墨印花的应用与研究 [J]. 河北纺织，2006(2):50–56.

[17] 黄国光．纺织品的数字化印花 [J]. 丝网印刷，2000(3):35–36.

[18] 朱碧平，屠天民．纺织品静电印花及其墨粉的研制 [J]. 印染，2006，32(5):1–6.

[19] 刘华平．新型丝绸数码印花技术的开发应用 [J]. 江苏丝绸，2013(4):32–36.

[20] 朱钱黎．纺织品数码喷墨印花技术 [J]. 济南纺织化纤科技，2009(3):28–31.

[21] 蔡沐芳，梁惠娥．数码印花技术的应用 [J]. 针织工业，2007(7):54–57.

[22] 杨玉倩．数码印花颜色还原性评价体系研究 [D]. 杭州：浙江理工大学，2013.

[23] 方泓钊，侯有军，梁天祥，等 . 数码喷墨印花技术的研究现状及发展趋势 [J]. 印染助剂，2011，28(9):5–9.

[24] 刘莉 . ShanghaiTex 2015 上海纺机展 6 月强势归来：探索创新纺织技术的广泛应用和行业新增长点 [J]. 中国纤检，2015(10):42–43.

[25] 郑如晶 . 宏华数码：引领时尚，创造印花新模式 [J]. 丝网印刷，2013,6:11.

[26] 张俊龙 . 创新技术引领数码印花宏华数码图像自适应数码精准印花设计系统侧记 [J]. 纺织服装周刊，2014(2):31–32.

[27] 志原 . 意大利 Reggiani 推出新一代印花机 [J]. 纺织装饰科技，2011(2):26–27.

[28] 谢峥 . 符合家纺行业需求的 ReNOIR 数码喷墨印花机 [J]. 印染，2013(7):55–56.

[29] 刘雅 . 美加尼： ReNOIR 工业级数码印花革命 [J]. 纺织机械，2014(9):86–89.

[30] 研祥 . 康丽数码革新技术 NeoPigment 好评如潮 [J]. 江苏纺织，2013(7):18–20.

[31] 苏珍珍 . 康丽数码：锐意诠释先进印花技术 [J]. 中国纺织 , 2015(11):79–81.

[32] 白琼琼 . 数码印花技术发展的机遇和挑战 : 记第 6 期纺织科技新见解学术沙龙 [J]. 纺织学报，2015，36(2):169–71.

[33] 蒋亮 . 糊料在棉织物数码印花中的应用研究 [D]. 上海 : 东华大学， 2016.

第 6 章
纺织品数码印花生产工艺与新产品开发

纺织品数码印花在柔性供应链、生产链，实现纺织品印花行业转型升级的道路上，需要设计、加工、设备多方合力，在确保产品质量的前提下，要有生产技术规范，例如打印的技术规范和转印的技术规范。现在“90 后”“00 后”年轻消费群体的需求是时尚化与个性化，追求新颖。对于生产者来说，数码印花正好满足了这一需求，我们也必须顺应这个需求。现在的年轻消费者购买场景都在网上，不像传统的实体店里面的商品能看得到摸得到，这就对供应商提出了挑战：网上展示的色牢度、色差和买回去的可能有一定的差异，不一定是机器造成的，也可能是拍照造成的。这同时也对生产型企业包括贸易型企业提出了巨大挑战。此外，年轻消费者可能将美观放在首位，但生产商必须把安全性放在首位，例如 pH 值、甲醛含量、污染性气味、生产过程中的污染以及材料和墨水等环保问题。生产者针对客户需求提供不同解决方案时，必须把安全环保放在第一位。在选择材料的过程中，一定要把环保放在第一位，这是底线。还有一点就是牢度问题，例如水洗、日晒牢度都是客户经常测试的项目，这些牢度都跟客户面料和印花过程的条件有关系。此外，有些客户对颜色要求很高，在墨水选择上，色域必须比较广，包括机器的色域必须较广。

6.1 数码印花工艺标准化流程设计

6.1.1 纯棉布活性染料墨水数码印花工艺流程

◆ 总工艺流程设计

从宏华和东莞宏顺化工已经公开的资料来看，从坯布到最后印花成品，要经过“坯布检验—打浆—上浆—打印—烘干—蒸化—水洗—烘干”等过程。下面从各步工艺对生产的影响来分析一下。

6.1.2 坯布的检测

数码印花用的坯布就是市场上常用的印花坯布，例如棉布、人造棉布、真丝面料等。坯布的检验主要是检测面料是否符合印花要求。检测的项目有烧毛光洁度、白度、pH 值、毛效、纬斜等。毛羽、毛粒、毛絮要处理干净。织物布面必须平整、光洁，烧毛必须达 4 级以上，布面不能有绒毛，否则会影响墨滴与织物表面的正常接触，并导致沾污喷嘴和印花图案。

布面的疵点：布中不可以有大洞，有大洞的一律缝成布头；车布头时一定要车直布头，两头不留线头，以免在蒸化时绕在挂布杆上。布的干湿度要一致，布料潮湿的要回修处理。查毛巾布、剪毛布时，要逆毛上机，且每匹布线圈或毛向要统一。每匹布理门幅，及抽匹切重时，门幅不稳定的交定型返定，荷叶边严重的回修处理。数码印花半制品毛边不能过长，必要时选择烧边、切边、压边等有效方法，防止因毛边过长造成停机甚至擦到喷头，致其损坏。织物的白度要好，这对喷墨印花的鲜艳度有着非常重要的影响。白度差，颜色的鲜艳度也差，最好能进行增白处理以提高织物的白度，这对提高印花的鲜艳度很有帮助。

pH 值对印花影响很大。活性印花是在弱碱条件下上色，pH 在 8~9。坯布的 pH 值偏高或偏低都会影响蒸化固色，出现色差或花斑，导致成批的次品。

毛效是指坯布的吸湿性，一般织布厂只有合格的产品才能出厂。毛效不好，吸湿性差，染料的上染率就低，得色量小，颜色就浅，达不到想要的颜色，后处理浮色就多，耗水量就大。

纬斜度，一般控制在 3~5 cm。纬斜太大，上浆时会进一步加大，打印时就经常起绉，影响打印速度与印花质量。坯布的毛边不应过长，只能在 1 cm 以内，否则打印时就会擦喷头，出现堵头问题。

6.1.2.1 坯布的选择

秦曙文基于实际生产经验认为：在坯布品种的选择上要注意除常规坯布标准要求外，由于数码表面喷印印花，得色量和渗透性这两点远不如传统印花，应注意调整：

（1）同传统印花一样，数码印花在凹凸纹路突出的提花剪花类织物上，暴露出的问题比传统印花更突出，不适合用在数码印花上。

（2）组织稀松、纱支稀薄类织物，数码印花表面给色，一旦位移，翻纱造成露白情况比较常见，也是数码印花应注意的。

（3）粗纱支、麻棉类、棉纱等级不好的坯布，粗经粗纬、粒头情况较重的织物，也是目前数码印花用坯上的一个突出问题，选择好的纱线，坯布是源头、根本，跟进烧毛措施是改善的必要手段。

（4）有条件选择坯布的工厂要和织布厂沟通，毛边不能过长，过长的毛边易擦伤喷头，造成损坏。

（5）重磨毛、抓毛、灯芯绒、平绒类服装面料，要选择与这类产品相适应的喷印设备及工艺，这类技术和常规活性直喷有一定区别。

6.1.2.2 翻缝、烧毛的注意事项

由于数码印花是无压力非接触性印花，布表面给色，喷头距布面仅有 3~5mm，对翻缝和烧毛有特定要求：

（1）缝头质量所造成的损耗、缝头压痕损耗是巨大的，对操作管理提出了更高的要求：平、直、齐、牢。不产生卷边和缝头绉是数码基本保证。

（2）缝头高度不能超过 3 mm，长车连续化生产用 5 线、3 线缝头，上浆前重新改为 2 线平缝或较平的缝头，保证不损坏喷头是第一要点。

（3） 缝头要平，打卷张力不宜过大，缝头处要用适合方法处理，防止出现缝头压痕损失。

（4） 烧毛质量要进一步提高，数码印花染料喷射在织物表面对织物正面毛羽、粒头等情况要求更高，除选择更好的纱线织物以外，还要注意：

①织物表面毛羽多，烧毛不干净，会造成数码布面图像清晰度、均匀性大打折扣。

② 遇到粗纱粒头较多的织物，选择烧毛设备及加强烧毛工艺是改善粒头、减少露白点疵品的有效手段，如接触式烧毛设备，先用磨毛设备轻磨打粒头，再用烧毛等方法。

6.1.2.3 数码半制品拉幅整纬和检验

数码成品附加值高，定位、定裁花型也多。对半制品的整纬要求也高，有些产品生产时要严格控制在 1% 以内，除半制品整纬外，上浆前半制品的纬斜检查，整纬修正手段很有必要。

半制品毛边问题要重视。全棉、棉 / 麻、棉 / 涤等中厚织物两边毛边不能长，提前与织布厂提出毛边切得要短要齐。如果来坯毛边过长，需处理毛边，方法有高速切刀、特制火口烧边、剪边等，目前看这些方法不是很理想，需进一步完善。

6.1.3 煮漂、丝光的注意事项

运用传统前处理设备，工艺要求虽基本相同，但数码印花要求会更高。

（1）由于煮练、丝光工艺不到位，得色太浅，消耗墨水成本也是成倍地增长，往往是得不偿失。

（2）数码印花布表面喷印，布面折皱、猫爪印、压痕印均会影响数码产品质量。这种情况，传统印花能用，数码印花却不一定能用，无绉情况下，卷装存放半制品能有效解决压绉问题。

（3）针对品种、设备及工艺的特点，制定适合数码前处理工艺要求，各家均有

许多经验和教训，值得研究总结。

6.1.4 前处理上浆的配制与调制

数码喷墨印花时染料是以液体形式喷在织物上，使用的染料量较少，这对糊料的给色量提出更高的要求。徐谷仓认为在常规印花中糊料的流变性十分重要，但对数码喷墨印花而言，糊料的保形性、抱水性比流变性更重要。网印印花用的糊料并不完全适合数码喷墨印花，对此，可将不同特性的印花糊料经过复配使用，以达到理想的喷墨印花效果。根据坯布的种类，配制不同的浆料，棉、麻、丝、毛和化纤性能各不相同。同种材质的面料，面料的面密度不同，配方也是不同的。布面上浆左中右均匀一致，前后车速烘干均匀，打卷整齐，最小纬斜，印花贴布方便，上浆后的布受环境湿度影响小，得色量高，不渗化，脱糊后不影响手感。大部分数码喷墨印花工艺要采用汽蒸固色，固色后需要水洗。由于数码喷墨印花颜色多，花纹精细，批量产品大部分采用缨状水洗，对防沾色的要求比较高。徐谷仓建议采用聚丙烯酸类螯合分散剂络合金属离子，这有利于浮色、糊料等杂质的洗净，且又能与染料发生氢键结合而吸附染料，达到防沾污效果。

膨化剂常选用尿素和乙二醇，其中尿素具有使纤维膨化、增溶、保温、增塑的作用，它能提高印花墨水的渗透性和织物颜色的深度及花纹轮廓的清晰度，如增加尿素用量，墨水的渗透性会明显提高，织物的颜色深度和固色率也会逐渐增加，这有利于染料在短时间内沿着纤维内部的自由孔道扩散并固着，但是用量过多则会使部分染料移向纤维内部，渗透至织物反面，导致织物的颜色深度和清晰度变差，故尿素的用量和浓度不宜过大。防染盐 S：选择白色晶体状的产品，黄变小许多，在黏胶、麻纤维上追加用量。

打浆时先把水称量好，放到打浆机上搅拌，把称量好的尿素逐步放进桶里搅拌 10 min 左右，尿素在水溶液中充分化后，逐步加入元明粉搅拌 20 min 充分深化，再将海藻酸钠与 GTC-6 混合物加入桶内搅拌 30 min 使糊料充分溶解后溶水成糊，最后称量好的小苏打用适量的水溶化后加至浆糊中搅拌 2 h，各种配料都溶解充分后浆糊细腻清爽。夏天打浆时注意浆桶的温度，温度过高时小苏打会分解，影响蒸化固色时上色率，达不到想要的颜色。打好的浆用 80 目（187.5 μm）的网过滤，除去固体杂质，存放在阴凉的室内。冬天用温水打浆，这样各种配料溶解充分。打完的浆最好当日上浆，存放时间过长，气温太低会有尿素、元明粉等析出，影响固色时的上色率。

打好的浆在两日内用完，如果没用完，应采取措施并防止浆料及其中的组分吸湿霉变，必须用塑料薄膜密封并置于阴凉干燥处储存（储存期一般为 6 个月左右）。下次用时，一定要重新放在打浆机上搅拌均匀，否则上浆后固色时的上色率很低，成为次品。所有的配料都是合格产品，在保质期内使用。

上浆方式有涂层，单面浸轧、两面浸轧浆料等方式，不论是常规拉幅机上浆还是专用上浆机上浆，实际生产中暴露出许多问题。衣服裁片用平网刮浆，然后烘干就可以了。注意裁片一定要放平整，刮浆才会均匀，不然的话没浆的地方就不能上色。成卷的布就用单面上浆工艺。上浆时注意引布缝头一定要平直，这样可减少纬斜率。轧辊的压力根据不同面密度的面料调节，使上浆均匀平整。一般 300 g/m^2 以上的面料气压在 0.2 kPa，300 面密度以下的 0.3~0.5 kPa 的气压。上浆机的车速根据上浆机加热管所能达到的温度来调节，温度越高，车速就越快。面料要烘干，洁白，不能将烧浆烘得发黄，也不能不干，存放时间长了就会发霉，影响面料的上色量与清洁度，从而增加次品，浪费面料。上浆机前后的速度要保持同步，收卷要平整，如果不平整打印时就会跑偏，影响打印速度。由于上浆糊料助剂，大量墨水堆积在布表面，连续喷印速度有限，印花后未蒸化的布易吸潮，上下里外不均匀。蒸化过程中温湿度变化是引起色光变化的重要原因，生产过程中在布面干湿度控制上必须加强管理。

王建明和徐谷仓认为上浆设备应该满足下列条件：设备的适应面一定要广，也就是要使针织、机织物上浆后形变小，不产生纬斜（尤其要注意弹性织物以及适应小批量生产的要求）；占地面积小；幅宽可调节范围大；非接触式烘干；含有自动打卷装置；速度不一定很高，5~20 m/min 可调即可。另外，要重视数码印花设备和上浆设备的联合配套技术开发。当前的数码印花工艺是上浆与打印分开，需要对整个织物进行上浆。实际上印花图案中有些是“露白”的，不需要上浆，如果使用计算机技术对上浆设备加以控制，可以将露白的地方不上浆料，这样既可以避免浪费，也可以减少污水的排放。目前宏华的设备可以对要处理的图案，采用红外技术或激光技术进行定位，提高了打印的准确性，可以借鉴此项技术实现上浆和打印的联动。

秦曙文提供了喷印前上浆注意事项：目前上浆工艺、设备、材料上虽能满足现有生产，但存在问题比较多，大多是原传统印染延续过来的工艺、设备及材料，亟待改进，提高。

（1）设备

目前通常用小型上浆机或是传统定型拉幅机上浆，存在一些问题：

①小型上浆机不是烘干装置不合理，就是生产效率低，产品适合能力小，已不能满足中高速机的要求。

②传统定型机，轧车在前，整纬器在后，上浆后整纬，上浆后造成斜绉或沾污，影响印花均匀性，整纬机和轧车均要调整。

③针对数码要求的专用上浆定型机还比较少，市面上看到的设备，浸轧槽均匀性，整纬和上浆次序、打卷、压边、切边的稳定性和精度存在问题，还需改善提高。

（2）工艺方法

①常用上浆方式有两面浸轧、单面轧浆、单面辊涂、刀涂、网涂等，布面上不印

花的部分也是满上浆料和助剂，除增加上浆、烘干成本以外，后整理蒸化、水洗负担风险也大，这也是数码布面蒸化易搭色的主要原因之一。

② 国内外许多厂家，在研究使用数码印花一体机的方式。喷印上浆有满涂和定位上浆，有湿罩湿法。在线烘干再印花一体机，是节能方便的方法，已有部分机器在使用。

（3）活性数码上浆材料

① 活性上浆材料可选择的比较多。天然类：海藻类、瓜尔豆胶类等。半合成类：变性淀粉类、纤维素衍生物类。合成类：丙烯酸酯类。

②各种材料均有自身的优缺点，生产型企业运用时应当了解原材料性能，根据自身设备的特性及加工产品的要求，合理选择上浆材料。

③根据产品要求，在得色深度、鲜艳度、抱水性、渗透性、易脱糊上做出 2~3 个适合自身产品的上浆方案是数码企业必须要做的。

④针对上浆、车速、轧液方式的不同，不同设备、机构体、黏度的墨水，选择对应上浆材料与之匹配来运用，以发挥出各自优点。生产原料企业和数码生产企业应加快研发和合理运用，目前还有许多潜力可挖。

6.1.5　印花机检查

打印前要检测打印机是否正常，各墨盒里的墨水是否充足，喷头有无堵塞。数码打印机是高精密的电子产品，受周围的环境影响很大，保证打印室内的温度在 18~25 ℃，相对湿度在 40%~70%。温、湿度过高或过低都会影响打印机的状态，堵头很严重，无法生产。打印室内的空调与加湿器是不可缺少的。一般上半年要除湿降温，下半年就要加湿加温。

打印机工作时面料一定要平整，张力适当，使面料在导带上平稳前进。250 g/m^2 以上的面料无需给张力，250 g/m^2 以下的面料给适当的张力才能平整前进。人要时刻看着机器，消除面料上一些不必要的影响生产的因素，如起皱、有毛头、布边毛过长，要及时处理，不然擦到喷头就会出现堵头，有杂色块，影响生产效率，浪费面料，损坏喷头。

数码印花机是数码印花生产中主要生产工具，价格昂贵，耗材也很贵，所以数码印花机的日常保养很重要。选用的墨水对喷头的影响很大，好的墨水杂质少，酸碱度适中，不会经常堵头，不会腐蚀喷头面，保证喷头使用寿命长，减小损耗。印花机要定期清洗墨水管路，清洗墨囊，深色喷头要与浅色喷头互换位置使用，深色染料浓度高，容易堵喷头，换动可以减小喷头的压力，延长适用寿命。喷头要经常用去离子水擦洗除去杂物，每次生产完后都要清洗一遍喷头。打印机头与导带机要分开通电，打印机 220 V 的电压，导带机 380 V 的电压。此外，以目前使用最多的导带机为例，现有数码印花机的进布装置虽然有张力控制，但没有吸边和整纬装置，而小批量织物上浆容易产生纬斜和褶皱，在高精细度数码印花时，如果没有上述装置，很难保证成品质量。

6.1.6 喷印落布烘干与喷印后的面料烘干

打印完成后保证面料上的墨水完全烘干，方能进行下一步流程。

（1）喷印落布烘干

① 活性喷印落布必须烘干，除防止搭色，以及干湿不一造成色差的风险外，还不能过烘，过烘会影响蒸化时湿度造成色浅、暗。

② 数码印花车速较慢，落布易在空气环境中回潮，故保持数码落布环境干湿均匀是保证色光稳定的重要条件。

（2）喷印后的面料烘干

打印好的面料要放到烘房里烘干，保证面料上的墨水完全干后才能进行下一步蒸化固色。未干透的面料蒸化固色后，上色率不稳定，浮色多。青色就很容易在水洗中粘色，无法洗去，如此次品就增加了。数码印花后的烘干设备最好是松式烘干，以保证打印图案的精确，防止烘干过程中由于外界张力过大造成图案变形。另外，烘干设备的速度和烘干的加热功率要与打印设备相匹配，最好能够联动。

6.1.7 蒸化固色

活性数码蒸化，有别于传统蒸化：

（1）上浆布面上带有大量染料和墨水，蒸化吸湿后在蒸化机内印花面相碰，卷边均会搭色、沾色，并且搭色比传统印花的难去除。

（2）整幅布面均有浆料和尿素，这不论是对待蒸化花布，还是对蒸化过程中箱体的湿度、温度影响都很大，也影响色光、发色的稳定性，尤其是黏胶类织物变化更大。

（3）生产企业均有降低自身布面温度，提高布面湿度，保证蒸箱温度、湿度的方法，这些均是实战总结出的成果，方法比较多，无统一制造和操作标准。

（4）活性染料的色光稳定性是个难题，也是个老问题。它跟染料结构体、配伍性、工艺操作、设备可靠性、日常管理监检均有关系，是个标准化系统工程，不能仅依赖好的墨水和蒸化机，工艺操作管理也非常重要。

由于数码印花布面含有大量染料，助剂蒸化易吸收大量水分，引起蒸化机内温度湿度变化，造成色光变化。另外布面吸潮，在蒸化过程中布与布碰撞，摩擦造成布面搭色，这是数码蒸化与常规印花蒸化的区别。昂业数码的经验是：选择适合数码产品的蒸化机；严格控制待蒸化前布面干湿度；蒸化过程中掌握开头机、正常生产温湿度变化的规律；建立防止印花搭色的措施和制度并严格执行。现在小批量加工一般采用汽蒸箱常压汽蒸，因为采用圆形或者星形挂布的方式，一方面容易产生挂布的钩洞，另一方面设备顶部的滴水现象时有发生，影响了产品的质量。

蒸箱先要预热到 90 ℃，再把布车推进蒸箱，要以最快的速度完成进布，关好箱门，这样热量损失少，可节约耗电量。蒸箱内的温度达到 102 ℃时开始计时，根据布的量来设定时间，棉布一般在 15~20 min。蒸化发色温度控制在 102~105 ℃。当温度达到 102 ℃时打到保温档，减少电能的损耗。蒸化时间到了就要马上推出布，时间过长染料会水解，得色率下降。

6.1.8　水洗

通过水洗，可以去面料上的糊料与浮色。

水洗机有绳状与平幅，平幅机容量大，对面密度大的面料比较好用，绳状洗真丝面料与轻薄的面料无损伤。平幅水洗设备效果好，但是占地面积大，张力大，不适合弹性尤其是针织物的加工。绳状水洗容易产生沾色，对厚重织物尤为严重。

一般都是先用冷水洗透，洗时排水阀门打开三分之一，既能让最初的污水排出，又能保证水槽里的水量充足，节约用水。水质清撤后，用温水洗 30 min，再加热水，加入专用的皂洗剂皂煮（用量每升水 5 g），在 90 ℃水温下 洗 10 min，然后排水，冷水冲洗。加一个用蒸汽烧热水的容器，可以用蒸箱里蒸化时的蒸汽来加热水，用于水洗用。由于各地的水质硬度不同，皂煮工艺也有所不同。水质硬度大的地方在皂煮时要加入适量的软水剂，否则就可能出现第二污染，皂煮的污垢会粘到面料上。

6.1.9　烘干、定型

烘干，水洗好的面料通过烘干定型，整理平整。

（1）水洗，拉幅，预缩

①利用传统水洗、拉幅、预缩、后整理生产线做数码产品是较经济的路线，但随着数码产能的增加，快速返单的销售模式的推广，传统生产线由于产品定位、工艺要求、质量操作标准、考核制度的不同，已难跟进数码产品发展，暴露出质量、交期等问题。

②有条件的数码企业还要建立适合数码产品要求的后整线、定制化的后整设备，提高快速反应的服务能力来满足日益增长的市场要求，这是数码厂做大、做精的必经之路。

③专用于数码水洗机越来越多，低张力、节能交换快、多品种适应能力强是方向。

烘干时在上浆机上烘干，把机器幅宽调到批布来坯时的幅宽，通过烘干定型。注意清洁卫生，不要在最后一步沾到油污。烘干的车速与加热管的温度成正比。通过以上八步的分析与探索，控制好每个环节的操作，可以最大程度减少原材料的浪费，节约水电。提高生产效率，降低生产成本，让数码印花真正实现工业化生产，为节能减排出一份力。

（2）纯棉布活性染料墨水数码印花工艺

①数码直喷面料上的深度不够，纯度不够，许多企业在墨水浓度、喷头密度、打印方式及上浆工艺上做了许多工作，提升还是显著的，今后还有提升空间。

②数码直喷，渗透性不够，翻丝、勾丝露白问题也突出。数码直喷工艺中，表面给色量（k/s）染料渗透深度与渗化程度三者同步提升的需求存在技术矛盾，要分别对待。要根据产品要求，选择合理工艺，根据工艺要求来选择设备，可选方案有：ⓐ选择喷头类型，用大墨滴，高出墨量来提高渗透性；ⓑ选择糊料，轧烘渗透性，喷渗透剂，湿打印均是条有效路径；ⓒ选择设备，双面对印是种新型喷印工艺，是解决渗透、提高产品附加值的新方案。

③活性直喷面料耐水洗牢度不高，活性直喷面料比传统印花更不耐水洗，多次水洗褪色变旧，目前还未找到有效解决方案：ⓐ从染料上看，选择更高上染率、固色率的染料是必要的；ⓑ从印花工艺上，喷射印花表面给色，如何在保证印花清晰、得色前提下，提高固色率，提高各项牢度，还有很多工作要做。

④活性直喷日晒牢度亟待提高，活性直喷中，浅色日晒只有 3 级。等待高日晒活性墨水推出运用，目前替代方案是选择涂料喷印，可提高中浅色日晒 1~2 级。

6.2 数码印花工艺单制定与设备选择

普通纺织品圆网、平网印花的印染工艺流程是：配坯—缝头—退浆—煮练—漂白—浸轧染液—汽蒸固化—热熔固化—调浆—制版—辊筒印花—高温蒸化—退浆—浸轧树脂—焙烘—定型。而数码印花通过“数字文件→喷印成型”的直喷模式，实现柔性定制与绿色制造，尤其在小批量、多品类、快交付场景中构建不可替代优势。国内一些科技企业正推动该技术向工业级精度与多材料兼容方向进化。

6.2.1 按印制方法分类

（1）数码直喷印花

数码直喷印法适用分散、酸性染料、涂料、活性墨水。数码直喷印法是直接在上过浆的半成品纺织物上进行直接喷印的过程，工艺过程是：根据纺织品选择对应的墨水，进行设计花样、上浆，再到纺织直喷印花机处进行直接喷印，然后再进行烘干，蒸化、水洗、烘干、加柔定型等工艺（其中涂料只要烘焙一下即可固色）。

（2）热转印方式

热转印花是先把纺织染料打印到纸上（上了涂层），再用热转印印花机械把纸上的图案转印到纺织品上。优点是精度比较高，但印花效率低，只能做全涤或含涤比较高的纺织品，其中转印面料都是经过半成品处理的，并且没有加过柔软剂（加了柔软剂可能会影响上色率）。

（3）冷转印方式：与热转印一样，都需要先把纺织染料打印在纸上，再用专用机械将纸和面料压印，实现图案的转移。压印后的织物有 2 种处理方式：一是进行传统的蒸化、水洗、定型等传统工艺处理；二是进行冷堆化学反应处理固色（面料需提前化学处理）。使用活性、分散、酸性等染料墨水，除混纺以外的织物都适用此工艺。

6.2.2　按染料及工艺分类

（1）分散数码印花

目前我国印花用墨水中 50% 以上为分散染料墨水，用于聚酯纤维等化纤织物印花。分散染料是一类水溶性很低、染色时借助于分散剂的作用、以微小颗粒在水中主要呈高度分散状态的非离子染料。

（2）活性数码印花

活性染料墨水约占 29%，主要用于丝绸和棉织物印花。活性染料，又称反应性染料，为在染色时与纤维起化学反应的一类染料。这类染料分子中含有能与纤维发生化学反应的基因，染色时染料与纤维反应，二者之间形成共价键，成为整体，使耐洗和耐摩擦牢度提高。活性染料分子包括母体染料和活性基两个主要组成部分，能与纤维反应的基团称为活性基。目前主要用在全棉、全麻、真丝等梭织和针织面料上或含以上成分较高的面料上。

（3）酸性数码印花

酸性染料墨水用量较小，约占 7%，用于羊毛、尼龙等织物印花。酸性染料是一类结构上带有酸性基团的水溶性染料，在酸性介质中进行染色。酸性染料大多数含有磺酸钠盐，能溶于水，色泽鲜艳、色谱齐全，主要用于羊毛、蚕丝和锦纶等染色，也可用于皮革、纸张、墨水等方面，对纤维素纤维一般无着色力。

（4）颜料墨水数码印花

我国颜料墨水的使用量比较少，不到 2%，大多为国外产品，生产商有亨斯迈、巴斯夫、杜邦、克莱恩等公司。

6.2.3　按面料成分分类

数码印花中，墨水类型的选择主要取决于面料纤维成分：

（1）纤维素纤维面料（如棉为主）：主要使用活性染料墨水。此类墨水也适用于麻、真丝等其他纤维素或蛋白质纤维。

（2）化纤面料（以涤纶为主）：主要使用分散染料墨水。这包含两种工艺：

分散热升华印花：将墨水打印到转印纸上，再通过热压将图案转印到化纤面料上。

分散直喷数码印花：将墨水直接喷印到化纤面料上，然后进行固色处理。

（3）混纺面料（如涤棉 /T/C）：对于无法单一使用活性、分散或酸性染料墨水获得理想效果的混纺面料（尤其是涤棉混纺），需采用涂料墨水进行打印。

（4）蛋白质纤维面料（如锦纶、羊毛为主）：主要使用酸性染料墨水。此类墨水同样适用于真丝。

6.3 数码印花生产中容易出现的问题以及解决方法

泓印数码科技提供的资料认为：数码印花技术与传统印花技术的原理完全不同，因此有些传统印花厂家在接触数码印花工艺初期，不论是在工艺还是设备上总会有这样那样的不适应，因而形成了数码印花工艺难控制、机器娇贵等误解。相比传统印花的专色印花，数码印花是通过计算机的测色配色系统，采用 CMYK 拼色形成所需的颜色图案。因此，严格控制从设计到生产的每一个环节，对整个生产的稳定性非常必要。目前较为先进的高速数码印花机，都可兼容认读市场主流的 RIP 软件所制作的花稿文件，如瑞士 Ergosofi 的 Textile Printing 及西班牙 Inedit 公司的 Neostampa 软件。花稿图案制备非常方便，同时这些高端印花机一般都具有喷头自动检测及清洁等功能，保证了喷印的稳定性。此外，必须根据喷墨印花图案的特点来试验研究选择相匹配的织物组织结构，以充分发挥喷墨印花技术的色彩表现力。

6.3.1 图像设计

常用的图像平面设计软件有 Photoshop、CorelDRAW、Illustraror、FreeHand 等，根据客户提供的资料和所要设计的图片，来选择所用的软件，如：

（1）客户提供的是位图原稿，并且要做很多的修改，建议用 Photoshop 来做。Photoshop5.0 以上的版本，在图像修整方面非常方便。

（2）当客户需要做一些文字、细线条等稿件时，建议用矢量图制作软件。CorelDRAW、Illustraror、FreeHand 这几款软件的功能都相差不大，就要看用户用的是什么打印软件，能支持所选软件的保存矢量图格式就可以了。

王建明和徐谷仓认为数码喷墨印花的效果主要取决于印花图案的质量，因此相关印染工作者必须重视印花图案的设计。喷墨印花要求所有的印花图案在印花前都要进行数字化处理，将要印制的图案转换为数字图案。通常把数字化处理前的印花图案叫作印花图案原稿，原稿应满足下列要求：

①清晰度高。清晰度是记录原稿景物、色调、颜色、质感、立体感、透视感等的基础，只有具备了高清晰度，才能通过数字化处理将原稿的效果再现于所印制的织物上。

②色彩饱和度高。只有色彩饱和度大的原稿，才是色调正常的原稿。

③动态密度大。动态密度是指肉眼所能观察到的图案中最浅颜色和最深颜色之间的密度差值，原稿的动态密度必须正常，一般要求动态密度在 1.8~4.0。

④图像颗粒度细腻。原稿的颗粒影响色彩、层次、质感，颗粒度细腻的原稿有利于层次和色调的再现以及色彩真实感的提高。

（3）关于图像输出有色差的原因，杭州赛顺数码分析认为：

①糊头，频繁地清洗打印头所致。糊头、断墨等故障需要频繁清洗打印头，这样会导致画面上出现色差、画面效果不连续。因为打印头清洗前后，打印效果会有比较大的区别。建议：1）在数码印花打印之前，对数码印花机的工作状况进行检查，确保无误后方可生产；2）选用墨水时需要购买品质优良、质量有保证的墨水。

②介质的质量问题。比较劣质的介质，吸墨性不强（不均匀），导致沾墨不均，图像就容易出现色差。

③供墨系统不稳定（尤其是墨盒液位）。墨盒液位的高低，在很大程度上影响了打印头的供墨动力，直接影响了打印效果。液位高时的颜色比液位低时的颜色要深，进而导致画面的色差。

④打印过程中进行过其他处理。其他处理：打印过程中更换介质（大幅拼接的画面）、更换墨水或者加注不同型号的墨水、打印过程中暂停时间过长或者暂停的次数过多。以上的操作都可能会导致画面不连续、图像输出有色差。为了避免上述的情况发生，需要在打印前检查介质和墨水是否充分，若墨水不足，需要及时进行补充。需要注意的是，具备加热烘干装置的数码印花机，暂停时间过长，在暂停前后打印的几张 PASS 图像，色差有很大差异。

⑤打印头工作电压不稳定或在打印过程中改变电压。打印头工作电压的大小直接影响墨滴的喷射力度（特别是压电式打印头），进而从整体视觉效果看，会有深浅不一、清晰度不同的效果。所以在打印输出之前，要将打印头电压设置正常（一般在软件中调节），打印机的输入端要加接稳压装置。

⑥负压不稳定。对于利用负压原理供墨的打印机，负压不稳定，也直接影响打印头的供墨压力，进而影响打印头的喷墨效果。

⑦同一幅图，不同的机器或在不同的条件下完成打印（主要是对于需要拼接的大幅画面），其打印的效果（色差）都有差别，打印完拼接后，整体就有色差。所以，如果有需要拼接的画面，尽量利用同一台打印机在相同的条件下打印完成，才能保持整体效果和连续性。

6.3.2 数码印花图案与色牢度问题处理方法

东莞基汇针对数码印花机印刷图案的不同缺陷进行改进，提出以下解决方案：

（1）数码印花机印刷图像清晰度不高。表现在：图像模糊不清；图像中有残缺的图形；喷射喷嘴的细度调节不当。主要是因为选用的喷墨分辨率与该坯布不匹配。

由于坯布的织造方式，织物表面不可能像纸那样光滑。一般数码印花机大都使用360~720 dpi 进行喷墨的。丝织品等精细织物极少喷墨到 1 440 dpi，无限提高图像清晰度不仅没有效果，而且会影响喷射速度的提高。应根据花型的精细度和坯布光洁度，合理选择分辨率对不同厚度的面料合理调节喷头的高度。喷头太低，易使喷头堵塞，影响图案颜色；喷头太高，墨水随着喷头的左右移动，离织物有一定的高度，会产生一定角度的抛物线，喷印出的图案边界会模糊，精度较差，色彩也不够鲜艳。所以在喷印时，要调整喷头到恰当的高度。

（2）数码印花机印刷色牢度不好。使用颜料墨水时，颜料达到纳米级分散度时的唯一缺点是日晒也牢度降低。耐晒牢度次序如下：丙烯酸树脂 > 聚氰胺树脂 > 尿醛树脂 > 体质染料 > 松香脂。我们熟知，阳离子染料的耐光性特差，而染着在腈纶上时，日晒牢度很好。用丙烯酸乳液作涂料印花黏合剂时，印花织物一般都不存在日晒牢度不合格的问题。丙烯酸乳液中硬单体一般都采用丙烯腈或甲基丙烯酸甲酯，以提高其在光照和热处理条件下的稳定性。用它作涂料黏合剂时，也能明显提高颜料的日晒牢度。在选用染料墨水时要特别注意染料墨水的构成要素。

（3）数码印花机印刷图案中色彩层次不够丰富。现象：图案中有两节伤，层次过渡不自然；色调表现力不强；层次较平润。产生原因为选用染料墨水不当或不适合该坯布。

数码印花机以喷射液滴的数量来改变颜色层次，作为点描的喷射印花。用高点密度表现深色是没有问题的，有时会有点层次性差的感觉，或由于多余色点的混入，容易产生色泽灰暗感、色泽鲜艳度降低的现象。解决浅色区的问题：可通过使用深浅两种色料、双重色料增加密度；也可预先混合色泽，即所谓“专色”喷射印花，但必须有测配色系统和自动调浆系统来支持，而且套色将受到限制。

6.3.3 数码印花墨水与手感问题处理方法

6.3.3.1 问题 1

（1）问题描述：在数码印花机喷印过程中，若出现织物表面图案颗粒感明显（粒度较粗）或墨水流动扩散（流墨）现象，通常是由于喷墨嘴调节不当或喷墨嘴损坏所导致。

（2）解决方案：喷印精度的选择

精纺薄织物：推荐采用高精度打印模式，例如 720 dpi。此分辨率与打印机硬件能力直接相关，能够提供精细的图案效果。

粗纺类毛织物：可选用 360 dpi 精度进行打印。此精度既能显著提高打印速度，又能充分满足此类织物的图案精度要求。

6.3.3.1　问题 2：数码印花后墨水渗化（渗开）

（1）现象描述：喷印后的染料墨水在织物上出现超出预定图案边界的不规则扩散现象。

（2）产生机理：当织物印花区域可容纳的墨水体积不足时，在毛细效应作用下，积聚在织物表面的过量墨水会沿着纤维间的毛细管通道扩散，导致图案边缘模糊不清（渗开）。

（3）关键影响因素：

墨水本身的物理化学性质（如黏度、表面张力）。

纤维种类（亲水性 / 疏水性等）。

织物的组织结构、密度和规格（紧密程度、厚度、孔隙大小等）。

（4）解决方案：应用增稠剂进行预处理

①核心原理：通过使用合适的增稠剂（糊料）对织物进行前处理，旨在提升印花区域的局部黏度，从而有效抑制墨水在毛细管中的自由流动和扩散。

②针对性应用：

轻薄与疏松织物：此类织物纤维间空隙较大，自身保水性能差，墨水极易沿毛细管扩散。增稠剂处理尤为关键，能显著填充空隙，增加墨水体系黏度，降低其流动性。

紧密织物：组织结构紧密的织物，其纤维间空隙较小，墨水渗化趋势相对较弱。但仍需使用增稠剂，其质量和配比同样重要，以保证最佳印花效果和防止细微渗化。

③关键要素：

增稠剂的选择：需匹配纤维类型和墨水体系。

增稠剂的质量：性能稳定、抱水性好、脱糊性佳。

使用配比：浓度过低可能无法有效抑制渗化；浓度过高则可能影响墨水渗透、色牢度及最终手感。精确的配比至关重要。

6.3.3.1　问题 3：问题：数码印花织物后整理手感不佳

（1）原因分析：此问题主要源于坯布前处理工艺不当

具体表现为：

浆料配方设计不合理：未能针对特定坯布特性（如纤维成分、组织结构）进行优化。

染料选用错误：所选染料与坯布纤维、浆料体系或后续工艺不兼容。

（2）解决方案：优化前处理浆料性能

为获得良好的印花效果和最终手感，数码印花前处理浆料需满足以下关键性能要求：

①优异的保水性：高保水性可有效抑制墨水在织物上的扩散，是保证高精度、清晰印花图案（精细度）的关键。

②良好的退浆性：印花完成后，浆料应易于彻底洗除。这是确保印花织物获得柔软、自然手感的前提条件。

③适宜的流变性能：浆料需具备良好的流动性（低黏度），以确保在浸轧上浆过程中能均匀、充分地渗透坯布。

④出色的耐电解质稳定性：浆料需能耐受墨水中的电解质（如无机盐），防止因电解质作用导致浆料稳定性破坏（如增稠、絮凝），从而影响上浆均匀性和印花质量。

6.3.4 打印及转印生产过程中的其他注意事项

为了能够得到良好的产品，在喷绘打印生产过程中应该注意以下几方面：

（1）在打印之前，首先必须要打印测试条，在检查没有断线的情况下才可以打印图片。每打印一个小时都要重新检测测试条是否有断线，如果有断线需要清洗好才可以继续下边的打印工作。

（2）喷头不出墨或打印断线。杭州赛顺数码认为出现这种情况有好几种原因：一是墨盒里没墨了，添加墨水即可；二是喷头堵塞，轻微堵塞用印花机本身自带的清洗功能清洗即可，若是堵塞严重，将喷头取下用清洗液浸泡清洗；三是供墨线路中其他环节堵塞，如墨囊、供墨管等，此时清洗或更换堵塞的部件即可。每隔三个月要清洗一次墨囊，以保证打印的流畅性。

（3）打印图像中有明显断线条纹。深圳赢彩认为其原因是：墨头断针引起，压点式喷头只要有一个墨孔堵塞，就有可能在图像中产生断线条纹。如有多个喷孔堵塞，将使断线条纹越加变得严重。数码印花机喷嘴有一个小喷嘴、喷墨孔，几乎数码印花尘埃粒子，如灰尘、小碎片进入喷嘴，喷嘴堵塞，同时也容易弄脏墨水喷嘴面板，最终导致喷墨的不良现象。重要的是保持日常维护。

墨头断针堵塞原因包括：①管道中有杂；②墨囊中有杂质清洗墨囊管道；③墨水被污染；④墨水品质有问题，更换墨水；⑤环境问题，温度太低安装空调，改善工作环境温度；⑥喷头状态不佳，更换喷头；⑦喷头表面太脏，用绒毛清洁喷头表面；⑧执行刮墨系统深度清洁：清洗全部 8 组刮片、墨栈核心组件、二级墨盒及喷头供墨管路，消除墨水结晶导致的堵头风险；⑨墨囊中有空气管道，将墨囊中空气抽出。

解决方法：清洁喷头，把堵塞喷头清洁出来。

（4）保持适宜的生产环境条件。王建明和徐谷仓认为在生产喷墨印花时还必须考虑周围的环境条件。由于在不同的温、湿度条件下，纤维会因吸湿回潮而影响织物的张力，并可能产生静电现象，而这会影响喷墨印花的效果，并且温、湿度也会影响喷墨印花设备的正常运转。喷墨印花的工作环境适宜保持在 18~25 ℃，相对湿度≥ 50%，最佳温度 20~22 ℃，相对湿度≥ 60%。温度太高则会影响设备的正常运行，温度太低会造成墨水黏度增大，导致打印不流畅；湿度太高容易造成图案渗化，湿度太低则容易造成喷嘴堵塞。此外，还要求喷墨印花车间中尽量减少空气中悬浮的灰尘，以免沾污织物和喷头，影响喷墨印花的效果。

（5）尽量不要用手去接触喷绘纸的打印面，以免污染纸张，影响打印效果，造成次品。

（6）打印机应连接地线，以免给打印机带来静电，影响打印效果，造成次品。

（7）打印车间必须保持清洁卫生，避免空气中的灰尘杂质污染纸张、墨水甚至打印机喷头，对打印机造成损害。

（8）时刻注意墨盒中墨水的墨位高低，千万不能把墨盒中的墨水打空掉。墨盒中墨水的位置不能低于最低刻度线，造成断线。往墨盒中加墨水的时候也要注意，不能高于墨盒的最高刻度线；以免压力过大，造成甩墨。

（9）打印机放置的地面要保持水平，避免造成打印过程中的墨水压力不均匀产生色差和甩墨现象。

（10）打印重影错位。印花机打印重影错位有两个原因：一是光栅上面有污垢，导致小车架感应到的位置不准确，从而打印出错，出现打印重影错位问题，此时需要对光栅进行清洗或者更换；二是小车架运行不顺畅，导轨太脏或者小车垫片、铜套磨损有异物，小车在移动过程中会出现卡顿现象，喷头乱喷墨，打印出来的画面就会错位或者重影，此时需要清洗或更换导轨、垫片和铜套。

6.3.5　前处理的配方

数码印花工艺相对于传统印花工艺主要减少了分色制版等工序，从而大大节约了客户的等待时间。不同于圆网平网等传统印花，用染料墨水进行喷墨印花时，染料与纤维结合所需的酸性或碱性条件无法在墨水中实现，同时染料墨水本身黏度低，墨水直接打印在织物上容易渗化，所以必须对织物进行预处理（上浆）。针对不同墨水及面料，前处理的配方也不尽相同，但应尽量满足以下工艺要求：

（1）通过前处理，使被印面料尽量平整光滑（去除毛羽），便于印花工序形成精细的印花效果。

（2）减少布面褶皱及毛边，防止在生产过程中布面擦坏喷头，形成疵品。

（3）增加布面的吸色能力，防止喷印及蒸化过程中墨水渗化。

当然为了取得良好的发色效果及提高得色率，或更好的布面渗透效果，用户还可以在浆料中添加相应助剂。由此可以看出前处理及上浆工序对数码印花的品质影响非常重要。

普通数码印花浆料配方成分为海藻 2.2%、尿素 12%、小苏打（碳酸氢钠）3.5%、防染盐（间硝基苯磺酸钠）5%（注：因各地海藻的黏度不同，客户面料不同，以上数据仅供参考）。喷印过程中，应保持印花机特别是喷头处于良好稳定的工作状态。生产车间湿度及洁净度应进行严格控制，温度一般应控制在 25 ℃，相对湿度最好控制在 50% 左右。操作人员应勤检布面，发现喷头有漏墨或堵塞现象，应及时停机维修清理，减少疵品的产生。

①印制过程

在印制过程中，要注意对相关的技术指标进行合理设置，如出墨量的控制、ICC 曲线的制作、墨水的色彩组合等。

②出墨量的控制

喷墨印花机出墨量的控制范围因机器不同，具有较大的差别。常见的 CMYK 四色喷墨印花机总出墨量为 0~400%，一般情况下单个墨道的出墨量不大于 100%。而实际上，为了尽可能扩大喷墨印花色域，有时会尽量提高单墨道的出墨量及墨水的总出墨量。由于喷墨印花是一种非接触式印花方式，墨水是喷射在织物表面的，出墨量的提高会造成织物表面墨水堆积量的增加，引起墨水在织物上渗化，影响喷墨印花图案的精细度。一般情况下织物很难承受 400% 的总出墨量，通常总出墨量控制在 230%~320%。对于以浅青 Lc、浅品红 Lm 为深色补充的六色喷墨印花机来说，在做色彩校正曲线时，C 及 Lc 作为青色通道，M 及 Lm 共同作为品红通道，其总出墨量也不超过 400%。

③ ICC 特性曲线的制作

RIP 软件是整个喷墨印花系统的中枢，它起着控制色彩、调节墨量、控制输出墨点大小的重要作用。一个好的 RIP 软件能够最大程度地表现出墨水、印花介质的色域，同时提高图案的印花精细度。ICC 曲线是 RIP 的灵魂，一个好的 RIP 软件必须要有一条优秀的 ICC 曲线与之配伍，只有做好这条曲线，才能够获得理想的喷墨印花产品。对喷墨印花来说，选择合适的织物是非常重要的，但针对不同类型的织物制作高质量的 ICC 特性曲线，对喷墨印花效果来说也是极其重要和必不可少的。

6.4　数码印花产品的质量标准与检测

6.4.1　生态纺织品检测的标准

河北科技大学的王俊杰、魏玉娟和国家羊绒产品质量监督检验中心的吴丽文中认为：许多国家对纺织品所含的有毒有害物质作了限量规定，出现了 10 多种绿色纺织品的标准和标志，代表性的有：Oeko-Tex Standard 100（生态纺织品标准 100）、M.S.T（通过了有害物质测试的纺织品）、Eco-Tex（国际生态协议）、M.U.T（无环境污染方法制造纺织品商标）、GUW（生态友好装饰织物协会印记）。这些标志对纺织品所含的有害物质作了明确限制，综合检测项目多达 30 个。

生态纺织品标准及检测方法（以 Oeko-Tex Standard 100 为例）中，Oeko-Tex Standard 100 用以检测纺织品和成衣制品在影响人体健康方面的性质。它规定了在纺织、服装制品上可能存在的已知有害物质，包括 pH 值、甲醛、重金属、杀虫剂、可分解致癌芳香胺染料、致敏染料、氯化苯、有机锡化合物等，并将产品按最终用途分为 4 类：婴儿用产品，如婴儿或两周岁以下幼儿各种用品；直接与皮肤接触的产品，如上衣、衬衫、内衣以及床上用品；不直接与皮肤接触或只有一小部分面积直接与皮肤接触的产品，如各种西服外衣、大衣、衬垫等；室内装饰材料，如桌布、窗帘、床垫以及地毯等，规定了相应的有害物质的限量和测试项目。

6.4.1.1　pH 值

织物加工过程中的各种化学药剂未清洗干净，自来水、深井水或水质较差的水含碳酸氢钠，烘干后使织物带碱性。由于人类皮肤带一层弱酸性物质，能防止疾病的侵入，因此纺织品上的 pH 值在中性至弱酸性对皮肤最为有益，规定一般纺织品的 pH 值为 4.8~7.5，羊毛织物的 pH 值为 4.0~7.5。

一般工厂在检测时，可在织物的不同部位取样，剪碎混匀，称取混匀布样 5 g，加蒸馏水 100 mL，加热煮沸回流 30 min，冷却至室温将清液倒入烧杯内用 pH 计测量。

6.4.1.2　甲醛

甲醛来源：洗涤可穿免烫整理用氨基树脂；部分阻燃、防水、柔软等整理剂；固色剂或固色工艺；涂料印花黏合剂（自交联丙烯酸酯类）。我国规定了生产车间内空气中甲醛含量的极限值，即取样在 8 h 以上时必须在 3 mg/m^3 以下。目前，日本和德国的纺织生态标准均规定甲醛含量：直接接触皮肤的服装如内衣、床单等为 75 mg/kg，直接接触皮肤较少的服装如衬衫为 300 mg/kg，外衣为 1 000 mg/kg（日本）、300 mg/kg（德国），2 岁以下婴儿服装为 20 mg/kg。

纺织印染助剂对甲醛的限制：

能使直接与皮肤接触的纺织品的甲醛量超过 3×10^{-5} 和使所有其他纺织品的甲醛量超过 3×10^{-4} 的纺织助剂，如含超标甲醛量的羊毛保护剂、固色刑、交联剂、黏合剂等。限制纺织染料中游离的和部分能水解产生的甲醛量，保证在织物上游离的和部分能水解产生的甲醛量对直接与皮肤接触的纺织品来说不能超过 3×10^{-5}，而其他纺织品不能超过 3×10^{-4}。在纺织品中不能用重金属盐（除铁之外）或甲醛作为去色剂或褪色剂。

6.4.1.3 重金属

化学上根据金属的密度把金属分成重金属和轻金属，常把密度大于 5 g/cm^3 的金属称为重金属（heavy metal），如金、银、铜、铅、锌、镍、钴、铬、汞、镉等，大约 45 种。环境污染方面所说的重金属是指汞、镉、铅、铬以及类金属砷等生物毒性显著的重金属。当重金属含量小于人体体重 0.01% 时，某些重金属如锌和铜是人体所需要的微量元素，铬、汞、钴等元素在一定剂量内对人体也起着重要的作用，但当它们的浓度在体内积蓄到一定阈值时，就会对人体产生毒性甚至危及生命。流行病学资料显示，砷、铬、镉、镍具有致癌性，锑、钴可能致癌，此种情况对儿童尤为严重，因为儿童对重金属有较强的消化吸收能力。

有害金属少量由天然纤维从土壤中吸收或食物中吸收引入，大量来自染料，包括金属络合染料或染料固色整理。部分防霉抗菌防臭织物用 Hg、Gr 和 Cu 等处理也会带来重金属污染。纺织品上可能残留的金属是 Cu、Cr、Co、Ni、Zn、Hg、As、Pb 和 Cd 等。纺织品中有害金属的检测方法有定性法和定量法。

杀虫剂和除草剂在棉花播种阶段使用。天然纤维织造时，浆料要加防腐剂。有些后整理包括抗菌防臭整理也用到对人体有害的整理剂。这些物质包括五氯苯酚、2，3，4，6- 四氯苯酚、2，4，5- 三氯苯酚、2，4- 二氯苯酚、2- 氯苯酚、六氯苯、苯酚、二苯酚等。

6.4.1.4 致癌染料

禁用染料从染色纺织品上转移到皮肤上，在一定条件下发生还原反应释放出 22 种致癌芳香胺。这些致癌物透过皮肤扩散到人体内，经过人体的代谢作用使细胞的脱氧核糖核酸（DNA）发生结构与功能的变化，成为人体病变的诱发因素，从而诱发癌症或引起过敏。规定织物上允许含有致癌芳香胺 30 mg/kg。

6.4.2 检测的质量指标与术语

6.4.2.1 现行的防紫外线性能检测标准

① AATCC 183—2014《织物抗紫外辐射性能》

② GB/T 18830—2009《纺织品 防紫外线性能的评定》

③ EN 13758-1：2001+A1：2006（E）《纺织品——紫外线防护性能 第 1 部分：外衣织物试验方法》

④ AS/NZS 4399：1996《防晒服装——评价与分类》

⑤ Japan Garment Association Standard《日本服装协会标准》

6.4.2.2 常用术语

① Dimentional Stability（尺寸稳定性）

② Physical Performance（物理性能）

③ Appearance Retention（外观持久性）

④ Washing （皂洗）

⑤ Tensile Strength（拉伸强度）

⑥ After Laundering（洗烫性能）

⑦ Drycleaning（干洗）

⑧ Tear Strength（撕破强度）

⑨ After Drycleaning（干洗之后）

⑩ Colour Fastness（色牢度）

⑪ Seam Slippage（接缝滑裂）

⑫ Flammability（阻燃性）

⑬ Washing（皂洗牢度）

⑭ Seam Strength（接缝强度）

⑮ Fibre Content（纤维含量）

⑯ Drycleaning（干洗牢度）

⑰ Bursting Strength（顶破强度）

⑱ Zipper Strength（拉链强度）

⑲ Rubbing/Crocking（磨擦牢度）

⑳ Pilling Resistance（抗起球起毛性）

㉑ Banned Azo Dyes（禁用偶氮染料）

㉒ Light（光照牢度）

㉓ Abrasion Resistance（耐磨性）

㉔ Eco-Textile（环保纺织品）

㉕ Perspiration（汗渍牢度）

㉖ Water Repellency（拒水性）

㉗ Water（水喷牢度）

㉘ Water Resistance（抗水性）

㉙ Actual Laundering（实际洗涤）

㉚ Threads Per Inch/Stitch Density（织物密度）

㉛ Chlorine Bleach（氯漂白）

㉜ Yarn Counts（纱支数）

㉝ Non-chlorine Bleach（非氯漂白）

㉞ Fabric Weight（织物克重）

6.4.2.3 **色牢度**

染色牢度（简称色牢度），是指染色织物在使用或加工过程中，在外部因素（挤压、摩擦、水洗、雨淋、曝晒、光照、海水浸渍、唾液浸渍、水渍、汗渍等等）作用下的褪色程度，是织物的一项重要指标。根据试样的变色和未染色贴衬织物的沾色来评定牢度等级。纺织品色牢度测试是纺织品内在质量测试中的一项常规检测项目。色牢度的检测项目很多，技术规范或产品标准中经常考核的主要有：GB/T 5713—2013《纺织品色牢度试验　耐水色牢度》、GB/T 3922—2013《纺织品色牢度试验　耐汗渍色牢度》、GB/T 3920—2008《纺织品色牢度试验　耐摩擦色牢度》、GB/T 18886—2019《纺织品色牢度试验　耐唾液色牢度》、GB/T 3921—2008《纺织品色牢度试验　耐皂洗色牢度》、GB/T 5711—2015《纺织品色牢度试验　耐四氯乙烯干洗色牢度》、GB/T 8427—2008《纺织品色牢度试验　耐光色牢度》、GB/T 31127—2014《纺织品色牢度试验　拼接互染色牢度》、GB/T 5714—2019《耐海水色牢度》。

色牢度好与差，直接涉及人体的健康安全，色牢度差的产品在穿着过程中，碰到雨水、汗水就会造成面料上的颜料脱落褪色，其中染料的分子和重金属离子等都有可能通过皮肤被人体吸收而危害人体皮肤的健康；此外还会导致穿在身上的其他服装被沾色，或者与其他衣物洗涤时染脏其他衣物。

因织物在加工和使用过程中所受的条件差别很大，要求各不相同，故现行的试验方法大部分都是按作用的环境及条件进行模拟试验或综合试验，所以染色牢度的试验方法内容相当广泛。纵观国际标准组织（ISO）、美国染色家和化学家协会（AATCC）、日本（JIS）、英国（BS）等诸多标准，最常用的还是耐洗、耐光、耐摩擦及耐汗渍、耐熨烫、耐气候等。在实际工作中，主要是根据产品的最终用途及产品标准来确定检测项目，如毛纺织产品标准中规定必须检测耐日晒色牢度，针织内衣当然要测耐汗渍色牢度，而户外用纺织品（如遮阳伞、灯箱布、蓬盖材料）则要检测其耐气候色牢度。相应标准如下：

①水洗色牢度: ISO 105 C06: 1994/Cor.2:2002（E）《纺织品 色牢度试验 第 C06 部分：耐家庭和商业洗涤的色牢度》；BS EN ISO 105-C06: 1997《纺织品 色牢度试验 第 C06 部分：耐家庭和商业洗涤的色牢度》。

②干洗色牢度：

ISO105 D01:1993/BS EN ISO105 D01:1995《纺织品 色牢度试验 耐干洗色牢度》。

③耐水色牢度：

ISO 105 E01: 1994/Cor.1:2002（E）《纺织品 色牢度试验 耐水色牢度》。

④耐海水色牢度：

ISO 105 E02: 1994/Cor.1:2002（E）《纺织品 色牢度试验 耐海水色牢度》。

⑤汗渍色牢度：

ISO 105 E04: 1994/Cor.1:2002（E）《纺织品耐汗渍色牢度试验方法》。

⑥耐干热色牢度：

ISO 105 P01: 1993《纺织品 色牢度试验 耐干热（热压除外）色牢度》；

BS EN ISO 105-P01: 1995《纺织品 色牢度试验 耐干热（热压除外）色牢度》。

⑦摩擦色牢度：

BS1006 X12:1990《纺织品 色牢度试验 耐摩擦色牢度》；

EN ISO105 X12:2002《纺织品 色牢度试验 耐摩擦色牢度》。

⑧耐热压色牢度：

BS EN ISO 105 X11: 1996《纺织品 色牢度试验 耐热压色牢度》。

⑨光色牢度：

GB/T 8427-1998《纺织品 耐人造光色牢度》。

6.4.2.4 织物的缩水率

织物的缩水率是指织物在洗涤或浸水后，织物收缩的百分数。

本色白布为 3%；毛蓝布为 3%~4%，府绸为 3%~4.5%，花布为 3%~3.5%，卡叽华达呢为 4%~5.5%，斜纹布为 4%，哔叽为 3%~4%，劳动布为 10%，人造棉为 10%。

织物的原材料不同，缩水率也不同。一般来说，吸湿性大的纤维，浸水后纤维膨胀，直径增大，长度缩短，缩水率就大，如有的黏胶纤维吸水率高达 13%，而合成纤维织物吸湿性差，其缩水率就小。织物的密度不同，缩水率也不同，如：经纬向密度相近，其经纬向缩水率也接近，经密度大的织品，经向缩水就大；反之，纬密大于经密的织品，纬向缩水也就大。织物纱支粗细不同，缩水率也不同。纱支粗的布缩水率就大，纱支细的织物缩水率就小。织物生产工艺不同，缩水率也不同。一般来说，织物在织造和染整过程中，纤维要拉伸多次，加工时间长，施加张力较大的织物缩水率就大，反之就小。

6.4.3 检验步骤

棉布（包括坯布、漂布、色布、花布、色织布、绒布）属于法检商品。出口棉布需经检验检疫部门检验，符合外贸合同要求和国家标准规定的才准许出口。

6.4.3.1 检验方式

出口棉布检验不论是出口检验还是预验，检验检疫部门都应在工厂检验（出具厂检合格证）和外贸公司验收合格的基础上进行。

①出口检验：出口正式检验是指对已成交商品的检验，接受申请人报验后，认真

审核合同、信用证和各项检验依据等有关规定，要求批次清楚，货证相符，外观和包装在现场进行检验，理化项目按规定抽样后带回检验室检验，全部项目检验合格后，出证或放行。

②预验。预验是对出口纺织品尚未对外成交的备货或已确定交货对象尚未出厂的合格成品进行检验，预验需凭外贸公司给生产厂的要货单，必须在工厂对出口品种的花、色位数量齐全、包装完整和批次清楚的情况下进行。外观和包装在现场进行检验、理化项目按规定抽样带回试验室检验，全部项目检验合格后，发预验合格证，预验合格后的纺织品，在正式出口前需查验外包装，如若超出存放期限，还需重新进行质量检验。

③产地检验和换证放行。产地检验是指内地省、市或自治区生产的出口棉布，须异地出口，该地区所受管辖的检验检疫机构接受报验进行检验，检验合格后发给合格检定单，以后随货交给口岸检验检疫机构，换证放行。口岸检验检疫机构在换证放行前必须逐批查验，根据查验具体情况，必要时可开箱（包）查验品质。

④委托检验。接受委托检验，一般按报验人提供的样品、检验项目、标准、方法和目的要求进行检验。检验后提供实际检验结果，不作合格与不合格的评定结论。

6.4.3.2 检验步骤和依据

①抽样。以外贸部门所报验申请数量为一批，从中抽取具有代表性样品进行检验，其抽样方法和数量按 FZ/T 10004—93《棉及化纤纯纺、混纺本色布检验规则》、FZ/T 10005—93《棉及化纤纯纺、混纺印染布检验规则》进行。

②外观质量检验。外观质量检验一般结合包装检查，涉及：外包装是否包装完整，有无破损、污染、水浸等不正常情况，查对品名、标记、批号、件数；内包装塑料布包裹松紧程度和塑料袋封口质量，拆包后检验商标是否正确，品质规格的标签是否完整，字迹清楚符合成交合同或外贸要货单规定。外观质量检验包括货品与成交指定小样的色差，核对疋与疋之间的色差、花型和手感，然后将布疋平摊于验布台上，坯布按 GB/T 406—2008，印染布 GB/T 411—2008 进行检验评定，在检验过程中，注意检验前后色差和左中右色差，测量纬斜、测量幅宽、折幅和计算匹长等，最后做好检验记录。

③内在质量检验。外观质量和包装检验在现场进行，而内在质量检验是在检验外观质量的同时抽样后带回检验室检验，内在质量的检验按照 GB/T 406—2008《本色棉布试验方法》，GB/T 411—2008《印染棉布试验方法》进行。

6.4.3.3 包装储运

包装是保证商品数量、质量完好无损的重要条件之一。出口棉布除品质检验外，检查包装同样是一项重要的检验工作。

包装分为外包装和内包装，出口棉布的外包装需适用于远途航海、运输和一定时间的储存，一般有布包装、纸箱装和木箱装三种。其包装尺寸、大小可根据需要，但必须清楚地标明在外包装上，方便储运。外包装一般需标明唛头、货号、品名、花色号、数量、规格、体积、毛净重、要货单号、批次标志及储运注意标志等。

内包装的要求一是要坚牢，二是要美观，它不但起到保证商品质量的作用，同时还可提高商品身价，吸引消费者购买。内包装形式多样，一般有折叠、单卷板、双卷板、圆筒等。内包装包括每匹小塑料布（包），刷（烫）金印、商标、腰封等，其中包含：

①甲醛含量≤ 75 mg/kg。

② pH 值：4.0–7.0。

③异味：无。

④撕破强力：国标没有明确规定，但一般在 10 N。

⑤干摩擦牢度：2~3 级，湿摩擦牢度：1~2 级。

⑥断裂牢度：国标 220 N，一般内控 250 N 以上。

⑦脱缝强力：国标 0.6 cm 以内，一般内控在 0.5 cm 内。

⑧色牢度：衣服的色牢度三级达国家标准，把染色的布放入杯中，随后浇入 100 ℃的开水，同时，杯中再投放肥皂粉，不掉色是超过四级。

6.5　数码印花新产品开发

纺织新产品开发必须与市场和客户需求相结合，以市场需求为方向，开发适销对路、符合时代潮流的产品。一个纺织服装企业的核心产品如果过于单一，极有可能受到竞争对手的影响导致现金流不稳，未来增长的新兴产品积累不足，增长潜力受限。纺织新品开发应当基于两个原则：适销对路和大胆创新。在对市场进行充分、细致的调研与分析后，对产品的市场现状和发展前景作出正确评估与判断，并对新品开发方向有一个准确的预测，这是任何一个产品开发都必须做到的。移动互联网、智能软件的兴起，社交分享需求的增强，将吸引更多消费者参与个性化定制。数码印花定制产品面临如何引导快速消费、高频购买，使定制更方便快捷。

技术创新是企业生存的基础，尤其是生产设备的智能化改造，对产品的稳定性具有特殊意义。产品开发要使用新技术，比如信息技术在数码印花图案设计中得到了广泛的运用，设计人员可通过计算机辅助设计系统，建立纹样库，利用现有纹样进行各种重组设计新图形，并可模拟打样，使设计效果更加直观。网络定制平台可以理解为前端系统，把产品设计的环节分解为顾客操作菜单，吸引用户参与和购买，而菜单功能的设计依据，是将数码印花 T 恤产品设计、印花工艺、生产制造相关的各个技术指标、物料，进行科学统计和分类，得出数字化的标准，基于这些数字化标准制定模块，并将模块合并为一个数据系统，借助信息化技术实现用户与这些数据的互动。

产品开发要使用新原料，传统以全棉为例，随着市场的变化，原料种类不断拓展，涤棉混纺、黏棉混纺、黏涤棉混纺及麻棉混纺等面料相继出现，其他纤维品种如氨纶等弹性纤维、羊毛和亚麻等天然纤维以及天丝、竹浆纤维、铜氨纤维、再生涤纶等也被不断应用到面料中，通过混合比例的不断调整和优化赋予面料和服装更加丰富的功能和更高的舒适性。此外，数码印花企业产品定位必须专业化，因为数码印花可以在棉、毛、丝、麻、黏胶、尼龙、涤纶等各种纤维上印花，服装、家居、家纺应用领域更加广泛，印花企业要明确自己在哪些领域、哪些产品是自己的优势，并把它做专做强。只有明确企业定位，才能有产品定位，根据产品要求制定工艺要求，根据工艺要求定购选择设备和培养所需的团队。

6.5.1 数码印花新产品设计应该考虑的问题与过程

6.5.1.1 考虑的问题

（1）企业有没有核心产品以及核心产品的扩张与防守？我们是否能保持并提高市场的占有率？我们如何提高在国际市场上的占有率？我们应集中渗入哪个客户群？

（2）发展新兴的产品时，我们应该扩展哪些新产品？我们什么时候进入或加速扩张选定的产品？新产品成长速度如何？

6.5.1.2 开发的过程

新产品开发过程分成两个时间阶段：市场投放前和市场投放后。市场投放前阶段由新产品概念的逐步形成过程、支持新产品开发所需的管理活动，以及提供必需的测量和控制的新产品预测所组成。市场投放后阶段则由新产品营销计划，以及将营销结果与预测进行比较以确定所得成绩值组成。它为新产品在市场投放后跟踪它的表现以便作必要的调整作了准备。在智能化信息技术支撑下，在线设计的操作变得简单，如 VR、3D 试衣系统等，而具有愉悦感的设计过程体验将吸引更多的消费者参与个性化定制，信息技术的进步也促使消费者真正成为主导产品设计、生产方向的力量。数码印花技术本身具有便利、快捷的生产特点，其产品的天然属性更趋向大众化、流行性，与消耗大量时间才得以完成的高价位手工品完全不同，目前数码印花定制产品主要集中为个性化 T 恤、快时尚、家庭软装饰品等，定制模式基本以小订单、来样加工为主，面临的问题包括，如何促进体验消费，引导快速消费、高频购买。

（1）使新产品开发可操作化的两个主要方面是：

①源于市场需求的新产品概念的提炼；

②产品开发实施所涉及的各个层面的梳理与管理协调。

（2）为了优化新产品开发过程，企业领导必须干预它的设计与实施，并要注意以下三个主要要求：

①必须系统地将产品的想法表述成一种清晰的、能在技术、生产、市场和营销人员中进行交流的核心产品概念；

②这种新产品概念必须是清晰的、可实施的，能够适应动态变化的商业环境和市场竞争环境；

③新产品开发的过程必须伴有一个测量和控制系统来提供关键步骤和市场与客户的反馈意见，以支持不断的新产品决策。具体到新产品开发的实施，开发过程可分为五个层次：（1）灵感与想法→（2）概念提炼→（3）原型构建→（4）产品设计→（5）线下线上营销计划。在以上五个层次中所进行的开发活动有：问题诊断、调查、设计、评价、决策、实施、监督等七项工作。

6.5.2　数码印花新产品开发的步骤

新产品开发是一项极其复杂的工作，从根据用户需要提出设想到正式生产产品投放市场为止，其中经历许多阶段，涉及面广、科学性强、持续时间长，因此必须按照一定的程序开展工作，这些程序之间互相促进、互相制约，才能使产品开发工作协调、顺利地进行。

6.5.2.1　调查研究阶段

发展新产品的目的是满足市场和客户需要。客户与消费者的要求是新产品开发选择决策的主要依据。为此必须认真作好市场和展会调查计划工作。这个阶段主要是提出新产品构思以及新产品的原理、面料结构、面料功能、纤维材料和印花工艺等方面的开发设想和总体方案。

6.5.2.2　新产品开发的构思和创意阶段

产品创意对新产品能否开发成功有至关重要的意义和作用。新产品开发是一种创新活动，产品创意是开发新产品的关键。在这一阶段，要根据消费者调查掌握的市场需求情况以及企业本身条件，充分考虑客户的使用要求和竞争对手的动向，有针对性地提出开发新产品的设想和构思。

6.5.2.3　新产品设计阶段

产品设计是指从确定产品设计任务书起到确定产品结构为止的一系列技术工作的准备和管理，是产品开发的重要环节，是产品生产过程的开始，分为初步设计阶段、技术设计阶段（编制设计任务书）和工艺设计阶段。其中技术设计阶段尤其重要：必须让主管领导对设计任务书提出体现产品合理设计方案的改进性和推荐性意见，经主管领导批准后，作为新产品技术设计的依据。

6.5.2.4 新产品试制与评价鉴定阶段

新产品试制阶段又分为样品试制和小批试制阶段。

①样品试制阶段。它的目的是考核产品设计质量，考验产品结构、性能及主要工艺，验证和修正工艺流程，使产品设计基本定型，同时也要验证产品结构工艺性，审查主要工艺上存在的问题。

②小批试制阶段。这一阶段的工作重点在于工艺准备，主要目的是考验产品的工艺，验证它在正常生产条件下（墨水、喷头、面料、前处理、后整理等）能否保证所规定的技术条件、质量和良好的经济效益。

6.5.2.5 正式生产和销售阶段

在这个阶段，不仅需要作好数码印花生产计划、劳动组织、耗材与面料供应、数码印花设备管理等一系列工作，还要考虑如何把新产品引入市场，如研究产品的促销宣传方式、价格策略、销售渠道和提供服务等方面的问题。新产品的市场开发既是新产品开发过程的终点，又是下一代新产品再开发的起点。通过市场开发，可确切地了解开发的产品是否适应市场需要以及适应的程度。要分析与新产品开发有关的市场信息、消费者意见反馈，可为开发产品决策、改进下一代产品、提高开发研制水平提供依据，同时还可取得有关潜在市场大小的数据资料。

6.6 AI 驱动下的纺织品数码印花工艺优化

6.6.1 基础认知

6.6.1.1 纺织品数码印花技术演进史

技术里程碑：

20 世纪 90 年代，压电式喷墨技术取得突破，实现纺织品直接喷印。

2010 年，MS-JP5 工业级数码印花机量产精度达 1440 dpi。

2020 年，Single-Pass 高速扫描技术普及，速度突破 75 m/min。

数码印花与传统工艺对比如表 6-1 所示。

表 6–1　与传统工艺对比

指标	平网印花	平网印花	数码印花
最小起订量 /m	1000	500	1
最小起订量 /%	30	25	0
色彩还原 Δ*E* 值	≥ 5.0	≥ 4.0	≤ 2.0

课堂讨论：数码印花为何能推动“零库存”供应链模式？

6.6.1.2 人工智能技术核心概念图谱

技术树解析：

计算机视觉：YOLOv5 在印花缺陷检测中的应用原理。

python

复制

```python
import cv2
def color_difference（img1， img2）：
    lab1 = cv2.cvtColor（img1， cv2.COLOR_BGR2Lab）
    lab2 = cv2.cvtColor（img2， cv2.COLOR_BGR2Lab）
    return cv2.norm（lab1， lab2， cv2.NORM_L2）
```

生成对抗网络（GAN）：StyleGAN2 生成仿真图案的对抗训练过程。

强化学习：Q–learning 算法在喷墨参数优化中的奖励函数设计。

代码示例 1–1：基于 OpenCV 的简单色差检测。

6.6.2 关键技术

6.6.2.1　智能图案生成系统

（1）技术架构

输入层：趋势数据（Pantone 色卡、社交媒体热词）。

生成层：Pix2PixHD 网络实现草图到高分辨率图案的转换。

优化层：NSGA- Ⅱ多目标优化算法平衡美学性与生产可行性。

（2）案例：万事利丝绸的 AI 设计平台

万事利丝绸 AI 设计平台：用户上传草图→ GAN 生成 10 种衍生方案→ 3D 效果预览→生产。订单转化率提升 34%。

输入：唐代纹样数据库 + 巴黎时装周流行色。

输出：符合面料特性的新中式图案，设计耗时从 3 天缩短至 2 小时。

6.6.2.2 动态色彩管理算法

（1）核心技术栈

光谱预测模型：

$R(\lambda)= \sum i=1n\alpha_i \cdot e-\beta_i(\lambda\text{-}\lambda_i)2R(\lambda)= \sum i=1n\alpha_i \cdot e-\beta_i(\lambda\text{-}\lambda_i)^2$

其中：λ 为波长，α、β 为面料 – 墨水组合特征参数。

闭环校准系统：

复制

```
喷墨 → 在线分光光度计检测 → LSTM 预测调整量 → 反馈至 RIP 软件
```

实验数据：某涤纶面料的色差优化效果如表 6–2 所示。

表 6–2　某涤纶面料的色差优化效果

调整次数	ΔE 平均值	标准差
0（初始值）	6.2	1.8
3	2.1	0.7
3	0.9	0.3

（2）强化学习驱动的动态色彩管理

Q–Learning 算法在墨水配比优化中的应用：

状态空间：包含面料 pH 值、环境湿度、历史色差数据等 32 维参数。

奖励函数设计：$\Delta E<1$ 时奖励 +10，同时惩罚墨水消耗量超标。

闭环校准系统架构：

复制

```
光谱仪采集→ L*a*b* 值转换→神经网络预测补偿方案→压电喷头电压调整
```

6.6.3 应用实践

6.6.3.1 快时尚品牌案例：AI 驱动的敏捷生产体系

（1）业务挑战

ZARA 要求每周上新 200 款，传统打样周期无法满足。

印花次品率高，导致每月超 50 万美元的损耗。

（2）技术方案

① AI 预审系统：ResNet–50 分类网络过滤不符合生产条件的图案。

②分布式生产调度：基于蚁群算法优化多工厂任务分配。

（3）经济效益

产品上市周期：14 天 → 3 天。

单位成本：8.5 元 /m → 8.5 元 /m → 5.2 元 /m。

（4）AI- 数码印花全流程优化实践

①预处理阶段的智能决策

面料自适应预处理方案：基于 ResNet-50 的面料纤维识别模型（准确率为 98.7%），AI 决策树推荐预处理液配方（案例：亨斯迈 NT-X 系列预处理剂数据库）

②生产参数动态优化，表 6-3 所示为喷墨控制的参数矩阵。

表 6-3　喷墨控制参数矩阵

变量	调节范围	影响因子权重
喷头温度	25–45℃	0.32
喷射频率	8–24 kHz	0.41
墨滴体积	6–42 pL	0.27

③数字孪生仿真系统

oANSYS Fluent 耦合 AI：模拟墨滴在空气中的飞行轨迹与扩散形态，后处理质量智能评估。

④多模态质量检测体系

视觉检测：OpenCV 分析图案边缘锐利度（阈值：≥ 95%，轮廓符合度）。

物性检测：机器学习预测水洗牢度（输入参数：墨水渗透深度、固色温度）。

6.6.4　前沿探索

6.6.4.1 AI 与可持续制造的融合路径

（1）创新实践

墨水浪费预测：时间序列分析预测喷头清洗频率，减少 15% 溶剂使用。

碳足迹追踪：区块链 +AI 核算每米印花的碳排放量，生成环保标签。

（2）政策合规

欧盟 EU Ecolabel 认证要求 AI 系统提供化学品使用证明。

中国《纺织行业数字化转型三年行动计划》补贴 AI 设备改造。

（3） 教学实验与技能培养

基础实验：基于 Python 的色彩预测模型开发。

（4） 实验步骤

①采集棉 / 涤纶面料在不同墨水配比下的色卡数据（可使用 Datacolor 800 分光光度仪）。

②构建 3 层 BP 神经网络，输入 =[面料类型， CMYK 配比]， 输出 =Lab* 值

③评估模型在测试集上的 ΔE 平均值（目标：$\Delta E<2$）。

（5）综合实训：数字印花车间虚拟仿真

Unity3D 仿真场景功能模块：

参数设置：选择面料类型、环境温湿度。

故障模拟：喷头堵塞、皮带偏移等 20 种异常工况处理。

考核指标：单位时间产值、能耗比、良品率三维度评分体系。

（6）教材特色设计建议

①知识图谱：每章结尾绘制本章技术关联图（例如 GAN 与强化学习在流程中的衔接点）。

②行业对话：插入 EFI、柯尼卡、美能达等企业技术专家的访谈实录。

③伦理讨论：AI 设计引发的版权归属问题（如 GAN 生成图案的著作权认定）。

④扩展阅读：推荐 MIT《Digital Textile Printing with AI》等前沿论文。

此框架已包含技术原理、商业案例、实验教学等教材核心要素，完整扩展时可加入更多图表、代码示例及参考文献，形成理论 – 实践一体化的教学体系。

（7）教学配套资源

①虚拟仿真实验

登录 TexAI–Lab 平台，体验 GAN 图案生成与喷墨参数调优。

②数据集

公开数据集：H&M 2023 年印花图案库（CC–BY–NC 4.0）。

专有数据集：EFI Reggiani 生产日志（需授权）。

③延伸阅读

论文：《Digital Textile Printing with Machine Learning》（Textile Progress， 2022）。

行业报告：麦肯锡《AI 如何重塑全球纺织价值链》。

6.6.5 数码印花技术在牛仔上的应用

根据《时尚印花》2024 年 3 月报道：《SHEIN 创新“数码冷转印”技术，墨水自主专利开发》

6.6.5.1 冷转印牛仔工艺技术

近日，SHEIN 与长胜科技（NTX）联合研发的“冷转印牛仔工艺技术（Cool Transfer Denim）”获得国际权威机构 Bureau Veritas 认证。认证显示，相比传统的牛

仔面料生产方法，该项冷转印牛仔工艺技术能够节省高达 70.5% 的用水量。从 2021 年逐步采用冷转印牛仔技术至今，SHEIN 在牛仔面料的生产上已节省近 9000 吨用水，相当于 1800 万瓶瓶装水。

6.6.5.2　SHEIN 自主专利环保墨水

此次 SHEIN 和长胜科技（NTX）联合研发与革新的冷转印牛仔工艺技术解决方案，将原本依靠多次水洗才能达成的牛仔效果，通过数字打印的技术实现。电脑完成制图后，数字打印机会通过压力将活性墨水印入纱线内部，直接在布料上形成牛仔的花纹和效果，最大程度降低了水资源的消耗，同时实现了更好的色彩还原度和色牢度，此外，在该项工艺技术中应用的墨水也是 SHEIN 自主专利开发的环保墨水，具有高固色率、高色牢度等特点。相比普通墨水，该环保活性墨水可以有效减少助剂的使用，减少水电气使用，减少污水排放。

6.6.5.3　像“打印机”一样印花、扎染、渐变

相较于传统牛仔工艺，冷转印技术下牛仔面料无需最低起订量也不会出现过度采购浪费的问题，可以进行按需的印制和实时控制。在环保的基础上，消费者的需求也更好地得到满足。冷转印技术可以像“打印机”一样实现在白坯布上印制水洗效果并附加花型，印花、扎染、渐变……消费者能够拥有更定制化、个性化的牛仔风格产品。

6.6.5.4　已将冷转印技术向工厂推广

据了解，SHEIN 已经将冷转印技术逐步推广给生产牛仔面料和成衣的供应商工厂，并通过人员培训、开发协助等多种形式支持新技术的落地。由此可见，冷转印牛仔工艺技术不仅可以在 SHEIN 得到广泛的业务落地，也可以借助 SHEIN 在行业得到更多的应用的推广。

冷转印牛仔工艺技术只是 SHEIN 与合作伙伴诸多创新探索的成果之一。自 2018 年起，SHEIN 印花类产品就开始应用数码热转印的方式进行生产，在全球测试、检验和认证服务领导者必维国际检验集团（BV）进行的验证中，报告确认了 SHEIN 的数码热转印技术是一种零水资源消耗的印刷工艺。SHEIN 品牌已有超过 50% 的印花产品采用该项技术，四年节省超过 59 万吨水，相当于 11.8 亿瓶 500 毫升的瓶装水，在印花质量、面料使用率和降低资源浪费方面均取得重大突破。

6.6.5.5　与柔性按需模式相结合

此次冷转印牛仔工艺技术的革新，SHEIN 将国际领先的技术解决方案与其行业领先的柔性按需模式相结合，不仅能够灵活实现牛仔的按需印制，还能够显著减少牛仔面料生产过程中的水资源消耗，对于牛仔生产是一次颠覆性的绿色变革，借助 SHEIN 业务的快速发展和行业影响力，冷转印牛仔工艺技术也将得到广泛的应用和推广。

6.7 数码印花新产品开发案例

6.7.1 案例一：数码印花机直接打印鞋面面料

印花社 TopPrint 张看根据当前网上年轻消费者的新奇酷消费需求提出了鞋面面料数码印花的设计思路，很有新意（如图 6–1 所示）。

图 6–1 休闲鞋面印花

（1）抽象艺术

采用扎蜡染的手法，由图案变的款式而且独一无二的视觉盛宴（如图 6–2、图 6–3 所示）。

（2）手绘印花

简单线条勾勒出花卉的雏形，再以丰富的色彩，点缀出春的清新活力（如图 6–4 所示）。

图 6–2 女士鞋面印花

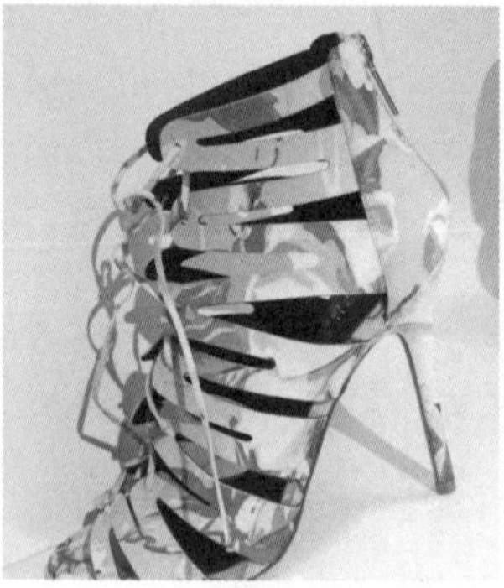

图 6–3 女士鞋面印花

图 6–4 休闲鞋面印花

（3）复古印花

鲜艳饱满的色彩让复古花卉印花焕然一新（如图 6–5、图 6–6 所示）。

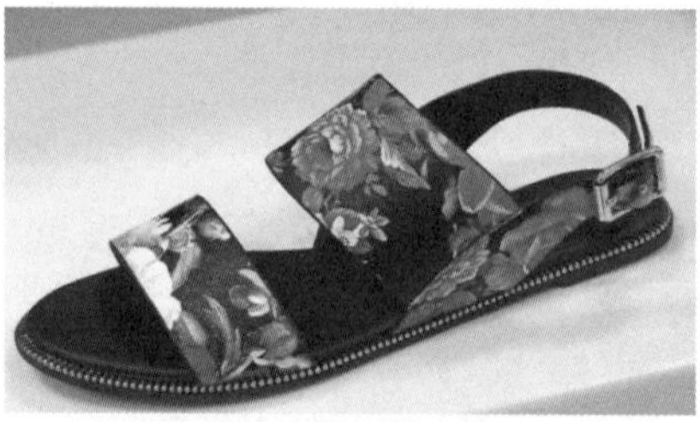

图 6–5 凉鞋鞋面印花

图 6–6 凉鞋鞋面印花

（4）热带风情

椰树图案以其本身自带的热带风情，夹杂着雨林植物的异域风情，成为各大设计师最爱的元素之一（如图 6–7、图 6–8 所示）。

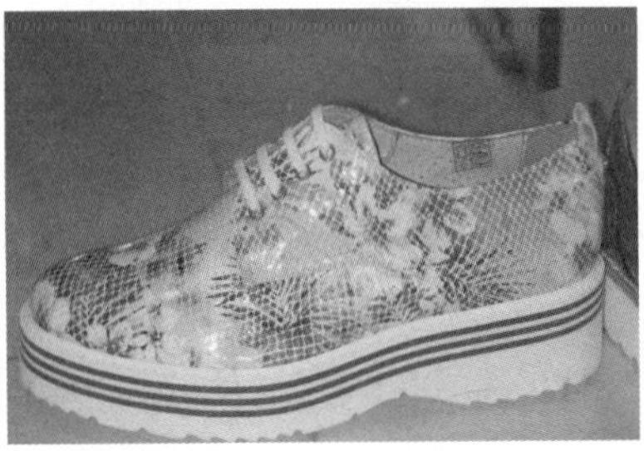
图 6–7　休闲鞋面印花

图 6–8　时尚鞋面印花

（5）趣味印花

新颖印花妙趣横生，例如将文字图案重叠在报纸图案上，还有简洁的黑白条纹上搭配着红唇、扑克等图案，趣味十足，如图 6–9~ 图 6–11 所示。

图 6–9　休闲鞋面印花

图 6–10　休闲鞋面印花

（6）多彩动物纹

动物皮纹印花包括鸟类羽毛图案、蛇皮纹、豹纹和斑马纹，色彩充满异域风情。数码式动物皮纹印花惟妙惟肖，足以以假乱真，丰富了立体感（如图 6–12 所示）。

（7）佩斯利涡纹

版画式抽象泪滴形佩斯利涡纹图案有着密集的纹理，运用柔和单色或同色系配色，散发出淡淡的波西米亚风（如图 6–13 所示）。

图 6–11 休闲鞋面印花

图 6–12　时尚鞋面印花

图 6–13　休闲鞋面印花

6.7.2 案例二：梅西数码的原创路线

梅西数码拥有100多台设备，光32头设备就有3台。面对市场上花型抄袭等乱象，梅西数码认为这个行业必须要一个坚持原创花型的公司来引领，丝绸不能走低端市场，它应该走高端路线。梅西数码不走抄袭路线，也可以做出更漂亮、更适合中国人的花型。如今梅西数码的花型有了自己设计的版权。

梅西数码坚持永远只做最新的理念，没有见过的东西才叫做创作，见过的东西叫模仿。已有大面积的流行的花型一定就是市场尾声的产品，这就是模仿大牌的花型，满大街的流行的花型。下面是梅西数码的产品花型图（如图6–14、图6–15所示）。

直销01双绉数码印花

01双绉数码印花面料

直丝顺纡数码印花面料

01双绉直丝面料

直丝乔其面料 数码印花

双绉数码印花

图6–14 梅西时尚数码印花设计

6.7.3 案例三：敦煌诗巾数码印花（如图6–16至图6–22所示）

600岁的故宫，这几年越来越火，从文具到彩妆，一边卖萌一边想要掏空你的钱包，但凡有动静，必定吸一大波粉。这下拥有千年历史的敦煌可坐不住了，立马展示出壁画，秀出石窟里的美。上线了由敦煌研究院联合腾讯共同推出了新年献礼——“敦煌诗巾”项目，以敦煌石窟的藻井图案为主题，让用户可在小程序中 DIY 专属敦煌丝巾，并且打通线上线下，实现一键购买丝巾实物，最大限度缩短了刺激消费到促成购买的间隔，减少此过程中用户的流失。最后，如果你对自己的作品非常满意，还可以下单定制并购买，会有京东小哥带给你这份来自敦煌的祝福。印花社 TopPrint 的张看和王立力介绍了“敦煌诗巾”背后的数码印花设备及加工耗材。

年会围巾加工定制

数码印花长丝巾

数码印花两面围巾

数码印花长巾

数码印花长丝巾

数码印花长丝巾

图 6-15 梅西时尚数码印花设计

（1）工位式印花设备

工位式印花设备，多工位的业内叫“跑台机”（如图 6-23 所示）。该设备分好几个工位，每个工位可以粘贴一片裁好的材料（裁片白胚），打印小车移动到工位上方开始打印。工位式印花设备最大的优点是设备成本低，一片起印。缺点是工作效率低，工作人员需要花大量时间放裁片。

图 6-16 “美到极致”系列

图 6-17 “美到极致”系列

图 6-18 波普风

图 6-19 “用尽所有才甘心”系列

图 6-20 “用尽所有才甘心”系列

图 6-21 黑道大哥气质的“范思哲”同款

（2）导带式印花设备。

“导带式印花设备”，业内叫“导带机”。导带式喷印设备（如图 6-24 所示）是目前喷印设备里最复杂的一款设备了，该设备可以打印成卷的面料。成卷的面料通过复杂的放布机构，将面料平整地粘贴在导带上，通过导带将面料输送到喷印单元来完成打印。导带式印花设备最大的优点就是效率高，高端的进口设备每小时可以达到 100 米以上，收放布全自动控制。虽然和传统的印花的效率还有一定差距，但是按照现在的技术发展，将来一定能够超越传统印花的效率。缺点是设备成本相对较高，严格来说不能一片起印。

图 6-22 敦煌壁画惊现东北大花袄

图 6-23 跑台机印花

图 6-24 Zimmer 数码印花机

在喷印行业，墨水的选择至关重要。可以说喷印行业的发展是跟随着墨水来发展的。并不是将色彩喷印到材料表面就完成了打印，我们需要考虑成品的色牢度、耐洗度、日晒、摩擦等因素。

根据产品信息，丝巾的材质是 100% 桑蚕丝，属于动物蛋白面料。最适合的墨水是酸性墨水，酸性墨水是染料墨水的一种，酸性墨水里的化学物质与蚕丝结合会产生化学反应，能把色彩牢牢地锁在面料里，通过蒸化水洗后能保证日常使用颜色保持鲜艳（如图 6-25 所示）。

图 6-25　丝巾数码印花设计

6.7.4　涂料数码印花在羊绒织物上应用的案例

羊绒制品具有良好的保暖性能，通常柔软、顺滑、高贵美观，深受消费者的喜爱。随着经济的发展和生活水平的不断提高，羊绒制品的成分和颜色也发生了更多的变化，款式和印花方式也变化明显。消费者追求的不再单单是保暖等传统要求，更加注重衣服的色彩、款式、印花个性、健康环保等要求，这无疑给羊绒制品的染整加工带来新的机遇和挑战。当前数码印花的流行趋势势不可挡，数码印花以其图案逼真、色彩过渡连贯、操作方便快捷、无污染等优点深受企业和消费者的喜爱。涂料数码印花更是当下流行的新型印花方式，今天就来为大家介绍这一新兴印花工艺。

涂料数码印花在纤维上着色，是借助一种能生成坚牢薄膜的合成树脂，以固体微小颗粒的形式粘在纤维表面。涂料数码印花上色原理的物理属性，决定了其在经济性、应用性和环保性上，相较传统印花具有明显的优势。

优点：就经济性而言，涂料数码印花生产过程简单，无需蒸化、水洗步骤，不仅能省去蒸化机、水洗机等固定设备投资，也能大大节约电费、水费和人工费；同时还能缩短生产时间和交货期，从而更好地满足目前终端品牌客户“小批量、多批次”的供货需求。另外，由于涂料印花没有蒸化流程，它在生产过程中避免了在蒸化过程中由温度和湿度控制不当而引起的色变风险，能够最大程度地保证“所见即所得”，即打印后的颜色即是每件终端产品的色彩，从而大大降低次品率，提高印染企业的投入产出比。就应用性而言，涂料墨水几乎可以用于所有面料，特别适合混纺织物，如涤棉混纺织物，并且这些混纺织物只能通过涂料墨水印花。就环保性而言，涂料数码印花工艺简单，印花后直接通过高温焙烘即为成品，一般无需水洗，没有污水排放，是真正节能环保的纺织品生产模式。

缺点：涂料数码印花的缺点是色彩和色牢度不够。涂料色彩不够鲜艳，色域低于活性染料和分散染料，尤其是黑色和红色。此外，在色牢度尤其是湿摩擦牢度上需要提高。随着技术的进步，涂料墨水的色密度和色牢度也在逐步提升。国内纺织品应用涂料印花的产品在所有印花织物中的比重较小，而羊绒织物上应用涂料印花的产品更为少见。这是因为传统的涂料印花需高温焙烘，这会使羊绒纤维脆损，强力降低且表面泛黄，并且印花部位固化成膜，膜层厚硬粗糙会影响羊绒织物柔软、蓬松、顺滑的高贵特性。但涂料印花有着染料印花难以比拟的不受纤维限制的特点，并且工艺简单、流程短、节省能源，是未来印花的发展趋势。因此研究出适合羊绒织物的涂料印花新工艺迫在眉睫。

目前，经过专业机构的不断摸索和探究，在羊绒织物涂料印花新工艺方面取得了一些成果。如对黑色羊绒织物“白盖黑”的印花工艺，针对乙烯砜型活性染料可被二氧化硫脲拨染的特点，结合特殊的水性盖白油墨，通过优化合理的配比和用量，对黑色羊绒织物底色进行拨白的同时叠加盖白效果，使白度优于单纯的拨白和盖白，使织物损伤变少，白度增加。效果如图 6–26 所示。

图 6–26　羊绒织物白盖黑工艺效果图

另外还有被优化的金银粉印花和金葱粉印花工艺，通过刮印特殊的金粉和金葱片从而赋予织物金光闪闪的效果，并且具有较好的光亮度和抗氧化性，增加了羊绒织物的华贵感。效果如图 6–27、6–28 所示。

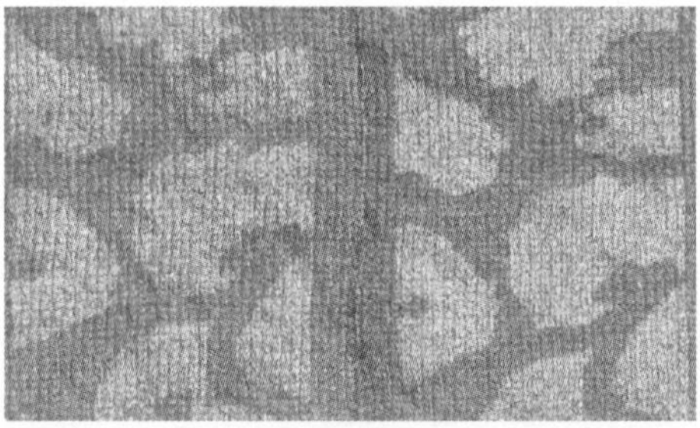

图 6–27　羊绒织物金银粉工艺印花效果图

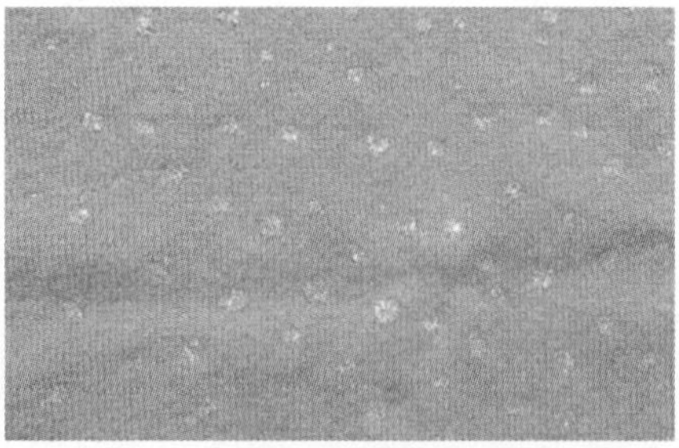

图 6–28　羊绒织物金葱片印花效果图

羊绒织物的涂料数码印花工艺给羊绒制品的色彩、款式、个性化定制带来了更多的可能性，当然目前还存在着涂料数码印花花型表面手感不佳，牢度难以达标等有待解决的问题，相信随着技术的不断进步这些问题终会迎刃而解，涂料数码印花工艺将会大范围地应用于羊绒织物的加工中去，给企业和消费者带来更多的福音。

思考题：

1. 简述 YoLOVS 在印花实际检测中的优势与局限性。
2. 设计一个实验方案：如何验证光谱预测模型在不同面料上的液化能力？
3. 案例分析：某企业引入 AI 后，印花次品率不降反升，可能的技术原因有哪些？

参考文献：

[1] 房宽峻 . 数字喷墨印花技术 [M]. 北京 : 中国纺织出版社出版，2008.
[2] 郭文登 . 我国数码喷墨印花现状与发展对策 [J]. 浙江印染信息与技术，2014(11/12):6-10.
[3] 田伟，巍伟 . 数码喷墨印花技术的实践与应用常见问题的分析 [J]. 浙江印染信息与技术，2014(4):62-64.
[4] 陈小山，陈文政 . 数码喷墨印花的市场现况与未来展望 [J]. 浙江印染信息与技术，2014(7):17-20.
[5] 黄谷，张庆 . 数码喷墨印花技术在印染工业中若干问题的探讨 [J]. 浙江印染信息与技术，2014(10):23-27.
[6] 王建明，徐谷仓 . 对我国发展数码喷墨印花的看法与建议 (一)、(二)、(三) [J]. 纺织导报，2015(5):64-66.
[7] 姜怀 . 生态纺织的构建与评价 [M]. 上海 : 东华大学出版社，2005:21-26.
[8] 仇晓坤，朱宝瑜 . 绿色纺织品与织物检验 [J]. 四川纺织科技，2001(2):27-29.
[9] 黄艳丽 . 生态纺织品的标准及出口服装的绿色认证 [J]. 北京纺织，2005，26(2):6-7.
[10] 王为诺 . 生态纺织品主要检测项目介绍 [J]. 中国纤检，2005(9):14-15.
[11] 国际生态纺织品标准（Oeko-Tex 100）2003 版简介 [J]. 纺织装饰科技，2005(1):27.
[12] 陈荣圻 . 绿色纺织品及相关的染料 [J]. 印染，1999(5):38-41.
[13] 张运生 . 喷墨印花在纺织品印花中的应用与探讨 [J]. 染整技术，2009，31(5):17-21.
[14] 房宽峻，付少海，张霞，等 . 数字喷墨印花技术及其进展 [J]. 印染，2004(24):48-51.
[15] 王潮霞，张冠峰 . 棉织物喷墨印花技术及其设计规律与发展趋势 [J]. 纺织导报，2012(3):36-40.

后　记
（第二版）

《纺织品数码印花技术》第二版的编写工作历时两年有余，在全体编写组委员的共同努力下终于付梓。作为一部面向高等教育与产业实践的部委级规划教材，本书的修订不仅是对技术发展脉络的梳理，更是对新时代背景下产教融合、新工科建设以及教育使命的深刻回应。在此，我愿以寥寥数语，回顾成书历程，展望未来方向，并向所有支持本书的同行、师生及各界人士致以诚挚谢意。

一、技术迭代：从革新到普惠的十年跨越

回首数码印花技术近十年的发展，其速度之快、影响之深远超业界预期。第一版教材成书时，数码印花尚被视为传统印染行业的补充技术，而如今，它已凭借高效率、低能耗、高定制化的优势成为全球纺织产业升级的核心驱动力。喷墨打印精度从600dpi跃升至2400dpi，纳米颜料墨水实现98%以上色牢度，AI驱动的图案生成系统将设计周期从数周压缩至分钟级……这些突破不仅重构了生产流程，更催生出柔性供应链、智能定制等全新商业模式。

值得关注的是，技术的普惠性正日益凸显。十年前动辄千万元的工业级设备，如今通过模块化设计与开环控制系统的应用，已衍生出适用于中小企业的百万元级解决方案；水性墨水的普及使印染废水排放量降低70%，呼应全球可持续发展议程。本次修订特别增设“AI设计应用案例”“纺织品数码印花行业AI应用方案”章节，正是为了记录这一从“高精尖”到“广覆盖”的转型历程。

二、产教融合：构建技术生态的双向通道

教材第二版的核心突破，在于构建起“技术原理—产业应用—教学实践”的立体化知识体系。编写组深入走访长三角、珠三角26家标杆企业，将最新研发的智能色彩管理系统、多材料复合打印工艺转化为教学案例。广东某快时尚服饰企业的“72小时快反生产模型”、浙江某家纺集团的“云工厂分布式打印网络”等真实项目被拆解为渐进式实训模块，使理论学习始终锚定产业前沿。

这种深度融合得益于教育部新工科建设的战略指引。在“纺织工程+信息科学+设计艺术”的跨学科框架下，编写组创新设计“项目制学习单元”，例如将图像处理算法教学嵌入纺织品图案开发，直接对接打印喷头维护实训。

三、团队聚力：跨越五千公里的知识接力

本书的编写过程堪称一场跨越地域与学科的协同攻坚战。核心编写团队涵盖 8 所高校的多位专家学者，以及行业龙头企业的技术总监。为确保技术表述的精确性，东华大学纺织学院团队三易其稿，将纳米墨水分散机理的阐述精度提升至分子动力学层面。

特别令人感动的是编写组的边疆叙事。2023 年秋，我作为教材主编率队赴新疆塔里木大学开展对口援疆，在戈壁滩上的实训车间里，编写组成员与当地师生共同调试捐赠的数码印花设备，将维吾尔族传统艾德莱斯绸纹样数字化项目融入教材案例库。这段经历催生了“区域特色工艺数字化”全新章节，也让教材呈现出多元文化交融的独特维度。我反复强调技术教材不仅要传递知识，更要承载推动区域均衡发展的使命。

四、新工科语境下的教育担当

在教育部全面推进新工科建设的背景下，本版教材着重强化了三重维度：一是突出技术—经济—社会”的系统思维，新增“数码印花与循环经济”专题；二是构建“基础理论—虚拟仿真—实体操作”的渐进式教学链，配套开发的 AR 设备拆装系统已在国内多所高校应用；三是强调创新素养培育，通过引入 TRIZ 理论工具，指导学生完成从技术改进到商业模式创新的完整训练。

五、致谢与展望

本书的诞生承载着太多人的智慧与心血。感谢中国纺织工业联合会的战略指导，使教材始终紧扣《纺织行业“十四五”发展纲要》的核心要义；感激企业提供的技术白皮书与实验数据，这些珍贵资料极大提升了教材的实践价值；更要向三十余位匿名评审专家致敬，你们在寒冬酷暑中的批注建议，铸就了本书的专业高度。

展望未来，随着量子点打印、生物基墨水等前沿技术的突破，数码印花正迈向新的纪元。我们承诺将持续跟踪技术演进，通过在线课程平台动态更新知识模块。期待第三版付梓之时，能呈现更多中国智造的创新案例，记录更多师生共同成长的动人故事。这部教材，正是无数教育工作者在时代经纬中精心编织的锦缎。愿它能为后来者铺就通向未来的道路，在数码印花的绚烂画卷上，续写属于中国纺织人的华章。

王华 教授
2025 年 4 月于塔里木大学